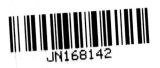

数値電磁界解析のための FDTD法

―― 基礎と実践 ――

工学博士　宇野　亨　編著
博士(工学)　何　一偉
博士(工学)　有馬　卓司　共著

コロナ社

ま え が き

FDTD 法 (finite difference time domain method) とはマクスウェルの方程式の差分近似解法で，電磁界の過渡応答が直接計算できる点に特徴がある．FDTD 法が本格的に電磁界解析に応用され始めたのは高性能コンピュータが広く普及し始めた 1990 年初頭頃からであるが，アルゴリズムがきわめて単純で特別な工夫をすることなく実用的なレベルの精度が容易に得られることから，アンテナやマイクロ波の問題ばかりではなく電磁環境や光デバイスなどのさまざまな分野に応用されてきた．また，国内外を問わず FDTD 法の市販ソフトが広く普及し，アイディアの具現化や製品化に少なからず貢献している．このように，FDTD 法は電磁界解析法の定番の一つであると言ってよい．一方，コロナ社から『FDTD 法による電磁界およびアンテナ解析』が刊行されてから長い年月が経過した．この間，FDTD 法の応用分野の広がりとともに新たに生まれた方法もあれば，逆に淘汰された方法もある．また，多くの読者から具体的なプログラムコードを公開してほしいとの要望をたびたびいただいた．本書はこれらの声に応えるために執筆したもので，新しい解析手法を書き加えるとともに基本的なプログラムコードを掲載してその内容を詳細に説明している†．できるだけ特殊なコーディングはしないように心掛けたが，それでも計算機環境によっては正しく動作しない可能性がないとは言えない．ご了承いただきたい．

本書は FDTD 法を一度経験した技術者，大学院生向けに執筆したものであるが，初学者にも理解できるように工夫した．1 章では FDTD 法を理解するた

† 本書で扱うプログラムコードは，コロナ社 Web サイトの本書書籍ページ（https://www.coronasha.co.jp/np/isbn/9784339008845/）の関連資料からダウンロードできる（コロナ社 Web サイトトップページの書名検索からもアクセス可能）．ファイルを開くのに必要なパスワードは「008845」．

めに必要な最小限度の基本事項をまとめた．2 章は無限空間を扱うための吸収境界について述べている．FDTD 法に習熟している読者も復習を兼ねて一読をお願いしたい．その後は具体的な解析手法とそれに対応するプログラムを説明している．3 章では 1 次元から 3 次元までの基本的なプログラムを載せてその詳細を説明するとともに，コーディングにあたっての基本事項を述べている．4 章は周波数分散性媒質と異方性媒質の取り扱いを説明した章であり，これらの媒質に対する吸収境界についても記述している．5 章は電磁波の散乱問題とその実装例を解説した章で，いくつかの解析例を示すとともに，そのプログラム例も掲載している．6 章ではアンテナの特性を計算する方法を説明している．7 章はメタマテリアルの解析法を示した章であり，具体的には無限周期構造による平面波の散乱問題と周期構造の分散特性を計算する方法を説明している．8 章では FDTD 法に関連する手法を簡単に解説しているが，著者らの独断的な説明になっているところも少なくない．詳細は文献で補っていただきたい．また，本文に導出過程までを載せると冗長になりすぎると思われるものは章末問題として取り上げたが，解答はあえて載せなかった．読者自ら挑戦してほしい．

一方，FDTD 法は計算機の能力に大きく依存した数値解析法である．このため，いかに高速に計算するかは実用上重要な問題である．しかしながら，読者のおかれた計算機環境は多種多様でありすべてをカバーすることはできない．このことから，簡単なコメントは加えたものの大きく取り上げるのは適当でないと判断した．この分野の専門書や学術論文などで補っていただきたい．

最後に，本書はいろいろな方々からのご協力，ご支援によって完成することができた．有益なご助言をいただいた電子情報通信学会をはじめとする各種研究専門委員会の委員の皆さん，研究室の学生諸君に感謝する．また，出版に際し著者らのわがままなお願いを聞いて下さったコロナ社の皆さんに大変お世話になった．ここに記して深く謝意を表する．

2016 年 3 月

宇野　亨・何　一偉・有馬 卓司

目　　次

1. FDTD法基礎

2. 吸 収 境 界

3. 基本プログラム

4. 分散性・異方性媒質

5. 電磁波散乱解析とその実例

6.　アンテナ解析とその実例

7.　メタマテリアル

8. 関 連 手 法

付録 A. 物理定数と物質の電気定数

付録 B. プ ロ グ ラ ム

付録 C. 数値積分と離散フーリエ変換

付録 D. 連立一次方程式と逆行列

1 FDTD 法基礎

本章は FDTD 法を理解するうえで最小限必要と思われる事項をまとめたものである．本書で用いる記号法や 3 章以後で詳しく述べる具体的なプログラミング法を理解するうえでも欠かせない章であるから，FDTD 法に習熟している読者も復習を兼ねて一読をお願いしたい．

1.1 電磁方程式

1.1.1 マクスウェルの方程式

アンテナや電磁界散乱の問題を扱うとき，空間内の特定の領域に局在する電界を等価的な**磁流** (magnetic current) とみなすことによって，電流だけを考えるよりも電磁界の性質をより的確に把握することができる．このことから，電流のほかに，実在はしないが仮想的な磁流を考えると便利である．そうすると，**マクスウェルの方程式** (Maxwell's equations) は

$$\nabla \times \boldsymbol{E}(\boldsymbol{r},t) + \frac{\partial \boldsymbol{B}(\boldsymbol{r},t)}{\partial t} = -\boldsymbol{J}_m(\boldsymbol{r},t) \tag{1.1}$$

$$\nabla \times \boldsymbol{H}(\boldsymbol{r},t) - \frac{\partial \boldsymbol{D}(\boldsymbol{r},t)}{\partial t} = \boldsymbol{J}_e(\boldsymbol{r},t) \tag{1.2}$$

$$\nabla \cdot \boldsymbol{D}(\boldsymbol{r},t) = \rho_e(\boldsymbol{r},t) \tag{1.3}$$

$$\nabla \cdot \boldsymbol{B}(\boldsymbol{r},t) = \rho_m(\boldsymbol{r},t) \tag{1.4}$$

と表される．ここで $\boldsymbol{E}$, $\boldsymbol{H}$, $\boldsymbol{D}$, $\boldsymbol{B}$ はそれぞれ電界（電場），磁界（磁場），電束密度，磁束密度であり，$\boldsymbol{J}_e$, ρ_e および $\boldsymbol{J}_m$, ρ_m はそれらの源となる電流密

度，電荷密度および仮想的な磁流密度と磁荷密度である．また，$\boldsymbol{r}, t$ はそれぞれ位置ベクトル，時間である．本書では電磁界解析という観点からマクスウェルの方程式を連立偏微分方程式として取り扱い，その物理的解釈については特に詳細な説明はしない．標準的な電磁気学の教科書[1)~3)]†で補っていただきたい．また，四つのマクスウェルの方程式のうち，ガウスの法則 (1.3), (1.4) はファラデーの法則 (1.1) とアンペア・マクスウェルの法則 (1.2)，および電磁流の連続の式

$$\nabla \cdot \boldsymbol{J}_e(\boldsymbol{r}, t) + \frac{\partial \rho_e(\boldsymbol{r}, t)}{\partial t} = 0, \qquad \nabla \cdot \boldsymbol{J}_m(\boldsymbol{r}, t) + \frac{\partial \rho_m(\boldsymbol{r}, t)}{\partial t} = 0 \tag{1.5}$$

から導かれるもので独立な方程式ではない．FDTD 法でもガウスの法則は特別な場合を除いて用いられない．

1.1.2　物質と構成方程式

マクスウェルの方程式を電磁界 $\boldsymbol{E}, \boldsymbol{B}, \boldsymbol{H}, \boldsymbol{D}$ に関する連立偏微分方程式と考えると，たとえ電磁流 $\boldsymbol{J}_e, \boldsymbol{J}_m$ などがすべて既知だったとしても方程式の数よりも未知数の数が多いため解を一意的に決めることができない．したがって，連立方程式を解くためには未知変数の間の関係を知る必要がある．この関係を構成関係式，あるいは**構成方程式** (constitutive equations) という．原理的には物質を構成する電子や分子の運動方程式を解くことによって得られるが，実際には測定によって実験的に決定されることが多い．また，構成方程式を記述するうえで $\boldsymbol{E}, \boldsymbol{D}, \boldsymbol{H}, \boldsymbol{B}$ のどれを独立変数に選ぶかは電磁気学の本質的な問題であり，$\boldsymbol{E}$ と $\boldsymbol{B}$ が基本的な場で，$\boldsymbol{D}$ と $\boldsymbol{H}$ が物質の存在によって現れる補助的な場であるとしたほうが合理的であるとされている[2)]．しかし，アンテナやマイクロ波の分野では電界 $\boldsymbol{E}$ と磁界 $\boldsymbol{H}$ を中心に議論することが多いことから，ここでは構成方程式を

$$\boldsymbol{D} = \boldsymbol{F}_D(\boldsymbol{E}, \boldsymbol{H}), \qquad \boldsymbol{B} = \boldsymbol{F}_B(\boldsymbol{E}, \boldsymbol{H}) \tag{1.6}$$

と書くことにする．一方，導体内の電子は熱振動するイオンや不純物原子と衝

---

† 肩付き番号は巻末の引用・参考文献を示す．

突して減速と加速を繰り返しながら全体として電界と反対向きに移動する．この運動を巨視的に正の電荷の流れとして捉えたものが導電電流である．電流が流れると磁界が発生し，運動する電荷にローレンツ力が働く．したがって，$\boldsymbol{J}_e$ も $\boldsymbol{E}$ と $\boldsymbol{H}$ の関数になる．磁流に関しても同様にこれらの関数と考え

$$\boldsymbol{J}_e = \boldsymbol{F}_e(\boldsymbol{E}, \boldsymbol{H}), \qquad \boldsymbol{J}_m = \boldsymbol{F}_m(\boldsymbol{E}, \boldsymbol{H}) \tag{1.7}$$

が成立するものとする．

（1） **等方性媒質** 物質の電気的，磁気的性質が方向に依らないとき，その物質を**等方性媒質** (isotropic medium) という．線形・等方性媒質に対する構成方程式は

$$\boldsymbol{D} = \varepsilon \boldsymbol{E}, \qquad \boldsymbol{B} = \mu \boldsymbol{H} \tag{1.8}$$

$$\boldsymbol{J}_e = \sigma_e \boldsymbol{E} + \boldsymbol{J}_e^{ex}, \qquad \boldsymbol{J}_m = \sigma_m \boldsymbol{H} + \boldsymbol{J}_m^{ex} \tag{1.9}$$

で与えられる．ここで ε, μ はそれぞれ誘電率，透磁率であり，場所や周波数の関数であっても構わない．工学的に重要と思われる物質の電気定数を付録 A.2 節に載せたので参考にしていただきたい．

式 (1.9) はオームの法則と呼ばれ，電磁界の時間的変化が極端に激しくない限り多くの物質に対して成立する．ここで，σ_e は**導電率** (electric conductivity) あるいは**電気伝導率**と呼ばれ，付録 A の表 A.5 のように銅やアルミニウムなどの金属では非常に大きな値となるが，誘電体では無視できるほど小さい．$\boldsymbol{J}_e^{ex}$ は外部から強制的に印加された電流密度である．また，電流と同様に磁流に対してもオームの法則が成り立つとする．σ_m は**磁気伝導率** (magnetic conductivity) と呼ばれる．導電率 σ_e は電流の流れやすさを表す指標であるとともに物質の電気的損失を表す定数でもあるから，σ_m は磁気的損失を表す定数と解釈することができる．なお，電磁流源が存在しない均質領域を自由空間という．$\varepsilon = \varepsilon_0$, $\mu = \mu_0$, $\sigma_e = \sigma_m = 0$ の真空と混同しがちなので注意していただきたい．

（2） **異方性媒質** 物質の電磁的性質が方向によって異なるとき，その物質を**異方性媒質** (anisotropic medium) という．プラズマや液晶などがその代

表例である．異方性媒質に対する構成方程式は，誘電率テンソルを $\overline{\overline{\varepsilon}}$，透磁率テンソルを $\overline{\overline{\mu}}$ としたとき

$$\boldsymbol{D} = \overline{\overline{\varepsilon}}\boldsymbol{E}, \qquad \boldsymbol{B} = \overline{\overline{\mu}}\boldsymbol{H} \tag{1.10}$$

によって与えられる．これは分極ベクトル $\boldsymbol{P}$ が電界 $\boldsymbol{E}$ と異なった方向を向いていることを意味している．磁化ベクトル $\boldsymbol{M}$ も同様に磁界 $\boldsymbol{H}$ と異なる方向を向く．また，導電率が方向によって異なれば，オームの法則 (1.9) も式 (1.10) のようなテンソル表現となる．

式 (1.10) は行列の形で表すこともできる．例えば，直角座標を用いると $\boldsymbol{D} = \overline{\overline{\varepsilon}}\boldsymbol{E} = \varepsilon_0\overline{\overline{\varepsilon}}_r\boldsymbol{E}$ は

$$\begin{bmatrix} D_x \\ D_y \\ D_z \end{bmatrix} = \varepsilon_0 \begin{bmatrix} \varepsilon_{xx} & \varepsilon_{xy} & \varepsilon_{xz} \\ \varepsilon_{yx} & \varepsilon_{yy} & \varepsilon_{yz} \\ \varepsilon_{zx} & \varepsilon_{zy} & \varepsilon_{zz} \end{bmatrix} \begin{bmatrix} E_x \\ E_y \\ E_z \end{bmatrix} \tag{1.11}$$

と書くことができる．ただし，$\varepsilon_{ij}\,(i, j = x, y, z)$ は比誘電率テンソル $\overline{\overline{\varepsilon}}_r$ の要素であり，一般には場所や周波数の関数となる．

(3) 分散性媒質　時刻 t における物質の分極や磁化がその時刻の電磁界だけではなく，過去の電磁界の値にも依存するとき，その物質を**分散性媒質** (dispersive medium) という．分散性媒質に対する構成方程式で最も簡単なものは

$$\left.\begin{aligned} \boldsymbol{D}(\boldsymbol{r}, t) &= \int_0^t \varepsilon(\boldsymbol{r}, \tau)\boldsymbol{E}(\boldsymbol{r}, t-\tau)\,d\tau \\ \boldsymbol{B}(\boldsymbol{r}, t) &= \int_0^t \mu(\boldsymbol{r}, \tau)\boldsymbol{H}(\boldsymbol{r}, t-\tau)\,d\tau \end{aligned}\right\} \tag{1.12}$$

のように**たたみ込み積分** (convolution integral) で表される媒質である．これをフーリエ変換すると，周波数領域における複素電磁界に対する分散性媒質の構成方程式が得られ，式 (1.8) と同じ形で書くことができる．ただし，このときの誘電率，透磁率は一般に周波数の複素関数で表されるため，周波数分散性媒質ともいう．実際のほとんどの物質は少なからず周波数分散特性を持つと考えてよい．

（4） **不均質媒質と均質媒質**　電気的，磁気的性質が場所によって変化する物質を**不均質媒質** (inhomogeneous medium) という．不均質媒質に対する誘電率 ε，透磁率 μ，誘電率テンソル $\overline{\overline{\varepsilon}}$ の要素などはいずれも場所 $\boldsymbol{r}$ の関数となり，それを強調するために本書では $\varepsilon(\boldsymbol{r})$, $\mu(\boldsymbol{r})$ などと記述する．これに対して，これらの構成媒質定数が場所によらず一定の媒質を**均質媒質** (homogeneous medium) あるいは一様媒質という．

（5） **双異方性媒質と双等方性媒質**　通常の物質内では電束密度は電界のみに依存し，磁束密度は磁界のみに依存するが，式 (1.6) のように電束密度と磁束密度が電界と磁界の両方に関係する媒質がある．この中で最も簡単なものは

$$\boldsymbol{D} = \overline{\overline{\varepsilon}}\boldsymbol{E} + \overline{\overline{\xi}}\boldsymbol{H}, \qquad \boldsymbol{B} = \overline{\overline{\mu}}\boldsymbol{H} + \overline{\overline{\zeta}}\boldsymbol{E} \tag{1.13}$$

のように表される物質で，**双異方性媒質** (bi–anisotropic medium) と呼ばれる．また，$\overline{\overline{\varepsilon}}$ や $\overline{\overline{\xi}}$ がテンソル量ではなくスカラ量であるとき，**双等方性媒質** (bi-isotropic medium) という[4)]．このような媒質が重要な役割を果たすのは光の周波数領域であり，本書では扱わない．しかし，本書の内容が理解できればその取扱い方は容易に推察できると考える．

（6） **非線形媒質**　電磁界の強度が小さければ，電界，磁界と電束密度，磁束密度は多くの媒質で線形の関係で結ばれる．しかし，電磁界の強度が大きくなると物質との相互作用も大きくなるため，一般には非線形となり構成方程式は電磁界の複雑な関数となる．身近なものは強誘電体や強磁性体におけるヒステリシス現象である．また，光の周波数でもいろいろな非線形効果が知られている[5)]．このような媒質を総称して**非線形媒質** (nonlinear medium) という．

（7） **ランダム媒質**　誘電率や透磁率が場所や時間に関してランダムに変化するような媒質を**ランダム媒質** (random medium) という．このとき，媒質中の電磁界もまたランダムに変化するため，マクスウェルの方程式を決定論的に解くということはあまり意味を持たず，電磁界の統計的な性質を知ることが重要となる．FDTD 法を応用した例はなくはないが，電磁界解析という観点からはやや特殊になることから詳細は専門書に譲ることにする[6)]．

(8) メタマテリアル　どんな物質（マテリアル）も細かくしてゆくと分子や原子にたどり着くが，それらの間隔より十分長い波長の電磁波に対しては誘電体や導体といった巨視的な振舞いをする．これに対して，原子が規則正しく配列して，いわゆる結晶を形作っている場合を考える．結晶の格子間隔と同程度かそれ以下の波長の電磁波が入射すると原子自体にはない特別な性質が現れることは，物性工学や材料工学で学んだとおりである．したがって，マイクロ波のような波長の長い電磁波に対しても，誘電体や導体といった材料の形や配列を工夫することによって，これまでには知られていない電気的性質を持たせることが可能である．このような人工的な周期構造体を**メタマテリアル** (metamaterials) と呼び，光やマイクロ波，アンテナなどの広い分野でその応用が進んでいる[7)]．マイクロ波帯で用いられるメタマテリアルの具体例と解析法を 7 章で紹介する．

1.1.3 境 界 条 件

物質の誘電率 ε や透磁率 μ が不連続に変化する境界にマクスウェルの方程式をそのままの形で適用することはできない．このような場合は，境界を挟む各領域でマクスウェルの方程式の解を求め，それらを境界で接続する．この接続方法を与えるのが**境界条件** (boundary condition) である．したがって，微分方程式における境界条件のように勝手に決められる条件ではなく，境界におけるマクスウェルの方程式と呼んだほうが適切である．ここではその導出過程は省略し，結果だけを示す．

図 1.1 のような境界 I の表面に流れる面電流密度，面磁流密度をそれぞれ $\boldsymbol{K}_e$, $\boldsymbol{K}_m$ とすると，磁界および電界の接線成分は，つぎの条件を満足する．

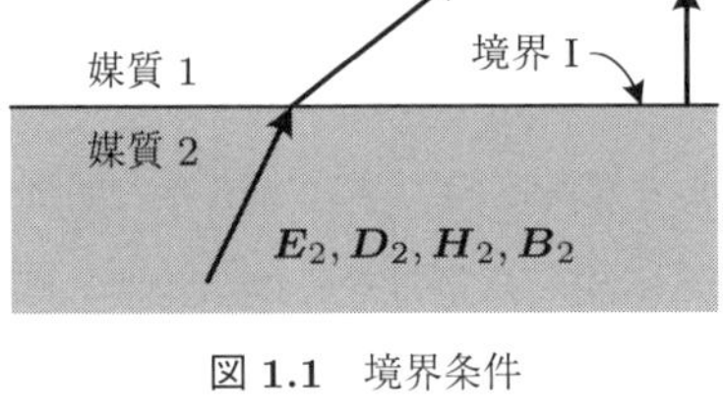

図 1.1　境界条件

$$\hat{\boldsymbol{n}} \times (\boldsymbol{H}_1 - \boldsymbol{H}_2) = \boldsymbol{K}_e, \quad \hat{\boldsymbol{n}} \times (\boldsymbol{E}_1 - \boldsymbol{E}_2) = -\boldsymbol{K}_m \tag{1.14}$$

すなわち，境界面に沿って面電流，面磁流が流れている場合には，磁界，電界の接線成分にこれらに等しい分の不連続が生じる．法線成分は

$$\hat{\boldsymbol{n}} \cdot (\boldsymbol{D}_1 - \boldsymbol{D}_2) = \omega_e, \quad \hat{\boldsymbol{n}} \cdot (\boldsymbol{B}_1 - \boldsymbol{B}_2) = \omega_m \tag{1.15}$$

を満足する．ここで，ω_e, ω_m は境界面上の面電荷密度と面磁荷密度である．

マクスウェルの方程式がそうであったように，式 (1.14), (1.15) の四つの境界条件のうち，式 (1.15) は面電磁流 $\boldsymbol{K}_e, \boldsymbol{K}_m$ に関する連続の式 (1.5) を用いることによって式 (1.14) から導くことができる条件であり，独立なものではない．すなわち，境界条件としては式 (1.14) だけで十分である．式 (1.14) の $\boldsymbol{K}_e$, $\boldsymbol{K}_m$ はそれぞれ式 (1.9) と同様に，外部電磁流源 $\boldsymbol{K}_e^{ex}, \boldsymbol{K}_m^{ex}$ と電磁界によって誘起された導電電磁流 $\sigma_e \boldsymbol{E}, \sigma_m \boldsymbol{H}$ の和であるが，境界に外部面電磁流が流れることはほとんどない．また，両媒質の導電率，磁気伝導率が有限ならば

$$\hat{\boldsymbol{n}} \times (\boldsymbol{H}_1 - \boldsymbol{H}_2) = 0, \quad \hat{\boldsymbol{n}} \times (\boldsymbol{E}_1 - \boldsymbol{E}_2) = 0 \tag{1.16}$$

となることが容易に証明できる[1)~3)]．すなわち，電界，磁界の接線成分は連続となる．ただし，滑らかに変化するという保証はないことに注意してほしい．

図 1.1 において，媒質 2 が**完全導体** (perfect electric conductor, PEC) である場合には，$\boldsymbol{E}_2 = 0$ であるから，完全導体表面では

$$\hat{\boldsymbol{n}} \times \boldsymbol{E}_1 = 0 \tag{1.17}$$

が成り立つ．媒質 1 が等方性媒質なら境界条件としては式 (1.17) だけで十分であり，このときの面電流密度，面電荷密度はそれぞれ $\boldsymbol{K}_e = \hat{\boldsymbol{n}} \times \boldsymbol{H}_1, \omega_e = \hat{\boldsymbol{n}} \cdot \boldsymbol{D}_1$ によって与えられる．

完全導体に対応させて，**完全磁気導体** (perfect magnetic conductor, PMC) を仮想的に考えることができる．表面で

$$\hat{\boldsymbol{n}} \times \boldsymbol{H}_1 = 0 \tag{1.18}$$

が成り立つ物体を完全磁気導体という．完全磁気導体表面の面磁流，面磁荷は式 (1.14), (1.15) より，$\boldsymbol{K}_m = \boldsymbol{E}_1 \times \hat{\boldsymbol{n}}, \omega_m = \hat{\boldsymbol{n}} \cdot \boldsymbol{B}_1$ によって与えられる．

1.2　Yee アルゴリズム

FDTD 法を，できるだけ正確で，しかも誘電体や導体が混在する複雑で相当条件が悪い問題に適用しても特異なことが起こらないロバストな差分近似解法とするためにはどうしたらよいかを考えよう．正確さを優先するなら高次の差分近似を用いたほうがよいであろうが，ロバスト性を重視するなら低次の差分近似を用いるべきである．1.1.3 項で述べたように，媒質定数が不連続に変化する境界では電界と磁界の接線成分はともに連続ではあるが滑らかであるとは限らない．これに対して法線成分は不連続である．また，導体の端部付近の電磁界は激しく変動する．このように必ずしも滑らかではなく，しかも急激に変化する電磁界を滑らかである高次の多項式，すなわち高次差分近似を用いて表現するのは数値的安定性の観点から適当であるとはいえない．このようなことから最低次の一次差分近似を用いたほうがロバスト性の面で優れているといえる．

一次差分の中で**中心差分** (central differences) が最も精度がよいことから，FDTD 法では一次の中心差分近似が用いられる．時間，空間ともに一次中心差分に基づくマクスウェルの方程式の近似表現を与えるのが **Yee アルゴリズム** (Yee's algorithm) である[8)]．本節ではこれについて説明する．なお，本書の記号法は標準的な文献9)～11) に従ってはいるが，やや異なる部分もあるので注意していただきたい．

1.2.1　差分近似と記号法

FDTD 法では空間・時間の両方に対して離散的なサンプリング点の電磁界だけを問題にする．一方，マクスウェルの方程式は時間・空間に関する 1 階偏微分方程式であるから，ここでは簡単のためにまず 1 変数関数 $f(\zeta)$ の 1 階導関数 $df/d\zeta$ がサンプリング点においてどのように近似されるかを説明しておこう．

図 **1.2** のように解析区間 $[\zeta_0, \zeta_N]$ を N 等分し，その間隔を $\varDelta\zeta$ とする．FDTD 法では，ζ が空間座標の場合には $\varDelta\zeta$ を**セルサイズ** (cell size)，時間の場合に

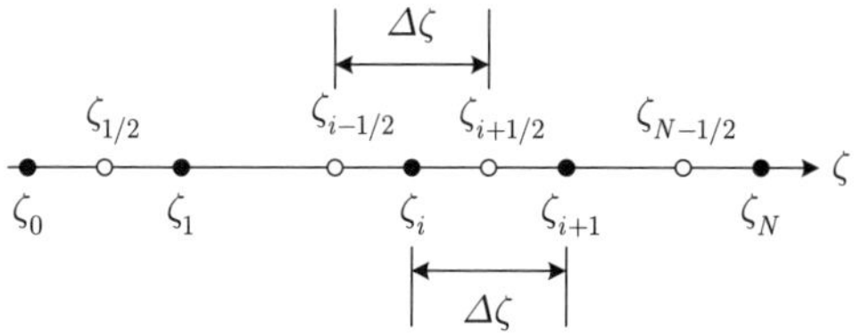

図 **1.2**　解析領域の分割

は**時間ステップ** (time step) という．時間ステップは一定とするのが一般的であるが，セルサイズは場所ごとに変えることもある．その詳細は 5.3 節で説明することとし，ここでは煩雑さを避けるために $\Delta\zeta$ は一定とする．このとき，$\zeta = \zeta_i = \zeta_0 + i\Delta\zeta$ における微分係数の中心差分近似は

$$\left.\frac{df}{d\zeta}\right|_{\zeta=\zeta_i} = \frac{f\left(\zeta_i + \dfrac{\Delta\zeta}{2}\right) - f\left(\zeta_i - \dfrac{\Delta\zeta}{2}\right)}{\Delta\zeta} \tag{1.19}$$

で与えられ，その誤差は $\mathcal{O}\left((\Delta\zeta)^2\right)$ である．FDTD 法では式 (1.19) を

$$\left.\frac{df}{d\zeta}\right|_{\zeta=\zeta_i} = \frac{f\left(i + \dfrac{1}{2}\right) - f\left(i - \dfrac{1}{2}\right)}{\Delta\zeta} \tag{1.20}$$

と書き表す．ζ が時間の場合は

$$\left.\frac{df}{d\zeta}\right|_{\zeta=\zeta_i} = \frac{f^{i+\frac{1}{2}} - f^{i-\frac{1}{2}}}{\Delta\zeta} \tag{1.21}$$

と表す．注意しなければならないのは解析区間の端点 ζ_0 および ζ_N における微分係数である．式 (1.19) を用いると解析区間外側の関数値を使わなければならないことになるからである．これらの点での取扱いは 2 章で詳細に説明する．

このような記号法を用いると，例えば座標 x，時間 t の 2 変数関数 $f(x,t)$ の $x = x_i = x_0 + i\Delta x, t = n\Delta t$ における偏微分 $\partial f/\partial x$ は次式のように表される．

$$\left.\frac{\partial f}{\partial x}\right|_{x=x_i} = \frac{f^n\left(i + \dfrac{1}{2}\right) - f^n\left(i - \dfrac{1}{2}\right)}{\Delta x} \tag{1.22}$$

1.2.2 時 間 差 分

誘電率が $\varepsilon(\boldsymbol{r})$，透磁率が $\mu(\boldsymbol{r})$ で，導電率，磁気伝導率がそれぞれ $\sigma_e(\boldsymbol{r})$，$\sigma_m(\boldsymbol{r})$ の不均質・等方性媒質中に外部電流源 $\boldsymbol{J}_e^{ex}$，外部磁流源 $\boldsymbol{J}_m^{ex}$ がある場合のマクスウェルの方程式を電磁界の時間微分として表すと

$$\frac{\partial \boldsymbol{E}(\boldsymbol{r},t)}{\partial t} = -\frac{\sigma_e(\boldsymbol{r})\boldsymbol{E}(\boldsymbol{r},t)}{\varepsilon(\boldsymbol{r})} + \frac{\nabla \times \boldsymbol{H}(\boldsymbol{r},t)}{\varepsilon(\boldsymbol{r})} - \frac{\boldsymbol{J}_e^{ex}(\boldsymbol{r},t)}{\varepsilon(\boldsymbol{r})} \tag{1.23}$$

$$\frac{\partial \boldsymbol{H}(\boldsymbol{r},t)}{\partial t} = -\frac{\sigma_m(\boldsymbol{r})\boldsymbol{H}(\boldsymbol{r},t)}{\mu(\boldsymbol{r})} - \frac{\nabla \times \boldsymbol{E}(\boldsymbol{r},t)}{\mu(\boldsymbol{r})} - \frac{\boldsymbol{J}_m^{ex}(\boldsymbol{r},t)}{\mu(\boldsymbol{r})} \tag{1.24}$$

となる．

Yee アルゴリズムに従って，まず初めに式 (1.23) 左辺の $\partial \boldsymbol{E}/\partial t$ を時刻 $t = (n-1/2)\,\Delta t$ で，式 (1.24) 左辺の $\partial \boldsymbol{H}/\partial t$ を時刻 $t = n\Delta t$ で差分近似すると

$$\left.\begin{aligned} \left.\frac{\partial \boldsymbol{E}}{\partial t}\right|_{t=\left(n-\frac{1}{2}\right)\Delta t} &= \frac{\boldsymbol{E}^n - \boldsymbol{E}^{n-1}}{\Delta t} \\ \left.\frac{\partial \boldsymbol{H}}{\partial t}\right|_{t=n\Delta t} &= \frac{\boldsymbol{H}^{n+\frac{1}{2}} - \boldsymbol{H}^{n-\frac{1}{2}}}{\Delta t} \end{aligned}\right\} \tag{1.25}$$

となる．このように電界は $(n-1)\Delta t$, $n\Delta t$, $\cdots$ の整数次の時刻に，磁界は $(n-1/2)\Delta t$, $(n+1/2)\Delta t$, $\cdots$ の半奇数次の時刻に割り当てられる．つぎに $t = (n-1/2)\,\Delta t$，$t = n\Delta t$ をそれぞれ式 (1.23) と式 (1.24) に代入すると，右辺第 1 項のサンプリング時刻が左辺と異なるため，$\sigma_e \boldsymbol{E}^{n-1/2} = \sigma_e\left(\boldsymbol{E}^{n-1} + \boldsymbol{E}^n\right)/2$，$\sigma_m \boldsymbol{H}^n = \sigma_m\left(\boldsymbol{H}^{n-1/2} + \boldsymbol{H}^{n+1/2}\right)/2$ と平均値で近似する．このようにして $\boldsymbol{E}^n$, $\boldsymbol{H}^{n+1/2}$ についてまとめると

$$\boldsymbol{E}^n(\boldsymbol{r}) = a_e(\boldsymbol{r})\boldsymbol{E}^{n-1}(\boldsymbol{r}) + b_e(\boldsymbol{r})\left[\nabla \times \boldsymbol{H}^{n-\frac{1}{2}}(\boldsymbol{r}) - \left(\boldsymbol{J}_e^{ex}\right)^{n-\frac{1}{2}}(\boldsymbol{r})\right] \tag{1.26}$$

$$\boldsymbol{H}^{n+\frac{1}{2}}(\boldsymbol{r}) = a_m(\boldsymbol{r})\boldsymbol{H}^{n-\frac{1}{2}}(\boldsymbol{r}) - b_m(\boldsymbol{r})\left[\nabla \times \boldsymbol{E}^n(\boldsymbol{r}) + \left(\boldsymbol{J}_m^{ex}\right)^n(\boldsymbol{r})\right] \tag{1.27}$$

を得る．ただし，係数 a_e, a_m および b_e, b_m は次式で与えられる．

$$a_e(\boldsymbol{r}) = \frac{1 - \dfrac{\sigma_e(\boldsymbol{r})\Delta t}{2\varepsilon(\boldsymbol{r})}}{1 + \dfrac{\sigma_e(\boldsymbol{r})\Delta t}{2\varepsilon(\boldsymbol{r})}}, \qquad b_e(\boldsymbol{r}) = \frac{\Delta t/\varepsilon(\boldsymbol{r})}{1 + \dfrac{\sigma_e(\boldsymbol{r})\Delta t}{2\varepsilon(\boldsymbol{r})}} \tag{1.28}$$

$$a_m(\boldsymbol{r}) = \frac{1 - \dfrac{\sigma_m(\boldsymbol{r})\Delta t}{2\mu(\boldsymbol{r})}}{1 + \dfrac{\sigma_m(\boldsymbol{r})\Delta t}{2\mu(\boldsymbol{r})}}, \qquad b_m(\boldsymbol{r}) = \frac{\Delta t/\mu(\boldsymbol{r})}{1 + \dfrac{\sigma_m(\boldsymbol{r})\Delta t}{2\mu(\boldsymbol{r})}} \tag{1.29}$$

また，$b_e = (\Delta t/2\varepsilon)(1 + a_e)$, $b_m = (\Delta t/2\mu)(1 + a_m)$ の関係がある†．これに対して文献 9) では $\sigma_e \boldsymbol{E}^{n-1/2} \simeq \sigma_e \boldsymbol{E}^n$ と近似しているため，式 (1.28), (1.29) とは表現が異なる．また，その精度はここで述べた方法よりもやや劣る．詳細は文献 10) の 8.7 節と本書 4 章の章末問題【**4**】を参照いただきたい．

式 (1.26), (1.27) は，初期値 $\boldsymbol{E}^0$, $\boldsymbol{H}^{1/2}$ から出発し，時間を $n = 1, 2, \cdots$ と順次進めながら電磁界 $\boldsymbol{E}^n$, $\boldsymbol{H}^{n+1/2}$ がつぎつぎと計算されていくことを意味している．ただし，$(\boldsymbol{J}_e^{ex})^{n-1/2}$, $(\boldsymbol{J}_m^{ex})^n$ は外部電磁流であるから既知の量として与えるものである．また，式 (1.26), (1.27) はこの後で何度も参照されることから，本書ではこれらをマクスウェルの方程式の**時間差分公式**と呼んで，次項以降の空間差分公式と区別しておく．

簡単のために，$\boldsymbol{J}_e^{ex} = \boldsymbol{J}_m^{ex} = 0$ としてこの様子を示したものが図 **1.3** である．$t = (n-1)\Delta t$ の電界 $\boldsymbol{E}^{n-1}$ と $t = (n-1/2)\Delta t$ の磁界 $\boldsymbol{H}^{n-1/2}$ から $\Delta t/2$ 時間後の電界 $\boldsymbol{E}^n$ が計算され，さらにこの電界 $\boldsymbol{E}^n$ と磁界 $\boldsymbol{H}^{n-1/2}$ から磁界 $\boldsymbol{H}^{n+1/2}$ が計算される．また，電界の計算が磁界の計算より先になるよう

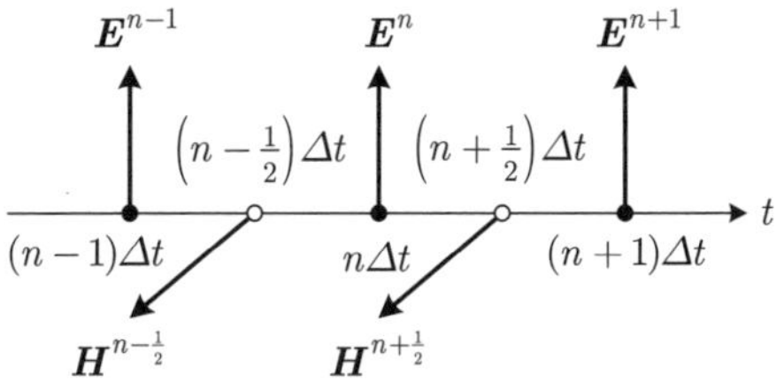

図 **1.3** 電磁界の時間差分

† $a/(bc)$ を括弧をとって a/bc と書くが混乱はないであろう．

にしている．このようにしたのは，アンテナや電磁界解析の分野では電界を中心に議論することが多いためである．もちろんこの順序を逆にしてもかまわない．磁性体を扱うような場合にはそうしたほうが便利である[9)]．

さて，$\sigma_e \neq 0, \sigma_m \neq 0$ ならば，式 (1.26), (1.27) の差分方程式は $|a_e| < 1$, $|a_m| < 1$ のときに定常状態に収束する（章末問題【**4**】）．ところが，これらの方程式はもともと $\Delta t \to 0$ のときに成り立つ関係式であるから，$a_e < 0$ の場合には $\Delta t > 2\varepsilon/\sigma_e$ となって不合理である．したがって，少なくとも $0 < a_e < 1$, $0 < a_m < 1$ になるように，$\Delta t < 2\varepsilon/\sigma_e$，$\Delta t < 2\mu/\sigma_m$ としなければならない．$\sigma_e = 0, \sigma_m = 0$ の場合の Δt の選び方については 1.5.1 項で説明する．

1.2.3　1次元空間差分

電磁界も媒質定数も z 軸だけに依存する場合，電磁波は z 軸に沿って伝搬し，電界と磁界はたがいに直交するとともに z 軸にも直角となる[3)]．そこで，電界，磁界の方向にそれぞれ x 軸，y 軸をとると，式 (1.26), (1.27) は次式のようになる．

$$E_x^n(z) = a_e(z)E_x^{n-1}(z) - b_e(z)\left[\frac{dH_y^{n-\frac{1}{2}}(z)}{dz} + (J_{ex}^{ex})^{n-\frac{1}{2}}(z)\right] \tag{1.30}$$

$$H_y^{n+\frac{1}{2}}(z) = a_m(z)H_y^{n-\frac{1}{2}}(z) - b_m(z)\left[\frac{dE_x^n(z)}{dz} + \left(J_{my}^{ex}\right)^n(z)\right] \tag{1.31}$$

1.2.1 項で説明したように解析区間 $[z_0, z_{N_z}]$ を N_z 等分し，その間隔を Δz とする．電界のサンプリング点を $z_k = z_0 + k\Delta z$ として，式 (1.30) に $z = z_k$ を代入すると，$dH_y^{n-1/2}/dz\Big|_{z=z_k} = \left[H_y^{n-1/2}(k+1/2) - H_y^{n-1/2}(k-1/2)\right]/\Delta z$ となるから

$$E_x^n(k) = a_e(k)E_x^{n-1}(k) - b_e(k)\left[\frac{H_y^{n-\frac{1}{2}}\left(k+\frac{1}{2}\right) - H_y^{n-\frac{1}{2}}\left(k-\frac{1}{2}\right)}{\Delta z} + \left(J_{ex}^{ex}\right)^{n-\frac{1}{2}}(k)\right] \tag{1.32}$$

を得る．このように，電界はそれを挟む二つの磁界から計算される．また，右辺のように磁界は半奇数次のサンプリング点に割り当てられることになるから，式 (1.31) の z に $z_{k+1/2} = z_0 + (k+1/2)\Delta z$ を代入すると

$$H_y^{n+\frac{1}{2}}\left(k+\frac{1}{2}\right) = a_m\left(k+\frac{1}{2}\right)H_y^{n-\frac{1}{2}}\left(k+\frac{1}{2}\right) - b_m\left(k+\frac{1}{2}\right)\left[\frac{E_x^n(k+1) - E_x^n(k)}{\Delta z} + \left(J_{my}^{ex}\right)^n\left(k+\frac{1}{2}\right)\right] \tag{1.33}$$

となる．式 (1.32) と式 (1.33) を 1 次元 FDTD 法の**空間差分公式**という．1 次元の**更新方程式** (update equations) と呼ばれることも多いが，本書では時間差分と区別するためにこのように呼ぶことする．電界，磁界は空間的にも半セルだけずれており，たがいの中間の位置に配置されていることに注意してほしい．

この様子を示したものが**図 1.4** である．電界の計算は，時刻ごとに $k = 1, 2, \cdots, N_z - 1$ に対して，磁界の計算は $k = 0, 1, \cdots, N_z - 1$ に対して実行される．ただし，端点 $k = 0, N_z$ の電界 $E_x^n(0)$ と $E_x^n(N_z)$ を計算しようとするとそれを挟む磁界が必要となるため，特別な取扱いが必要になる．これについては 2 章で説明し，具体的なプログラム例は 3.2 節に示す．

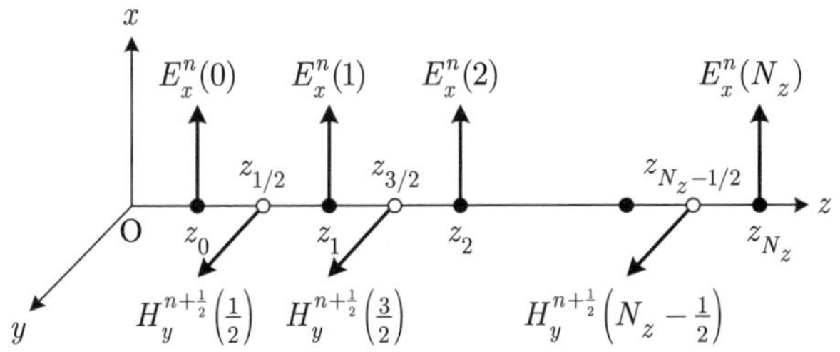

図 1.4 電磁界の 1 次元空間配置

1.2.4　2次元空間差分

電磁流源も構造も，例えば z 軸方向に変化しないような問題は 2 次元問題として扱うことができる．このとき，時間差分公式 (1.26), (1.27) は

$$E_x^n(\boldsymbol{\rho}) = a_e(\boldsymbol{\rho})E_x^{n-1}(\boldsymbol{\rho}) + b_e(\boldsymbol{\rho})\left[\frac{\partial H_z^{n-\frac{1}{2}}(\boldsymbol{\rho})}{\partial y} - (J_{ex}^{ex})^{n-\frac{1}{2}}(\boldsymbol{\rho})\right] \tag{1.34a}$$

$$E_y^n(\boldsymbol{\rho}) = a_e(\boldsymbol{\rho})E_y^{n-1}(\boldsymbol{\rho}) - b_e(\boldsymbol{\rho})\left[\frac{\partial H_z^{n-\frac{1}{2}}(\boldsymbol{\rho})}{\partial x} + \left(J_{ey}^{ex}\right)^{n-\frac{1}{2}}(\boldsymbol{\rho})\right] \tag{1.34b}$$

$$\begin{aligned} E_z^n(\boldsymbol{\rho}) &= a_e(\boldsymbol{\rho})E_z^{n-1}(\boldsymbol{\rho}) \\ &\quad + b_e(\boldsymbol{\rho})\left[\frac{\partial H_y^{n-\frac{1}{2}}(\boldsymbol{\rho})}{\partial x} - \frac{\partial H_x^{n-\frac{1}{2}}(\boldsymbol{\rho})}{\partial y} - (J_{ez}^{ex})^{n-\frac{1}{2}}(\boldsymbol{\rho})\right] \end{aligned} \tag{1.34c}$$

$$H_x^{n+\frac{1}{2}}(\boldsymbol{\rho}) = a_m(\boldsymbol{\rho})H_x^{n-\frac{1}{2}}(\boldsymbol{\rho}) - b_m(\boldsymbol{\rho})\left[\frac{\partial E_z^n(\boldsymbol{\rho})}{\partial y} + (J_{mx}^{ex})^n(\boldsymbol{\rho})\right] \tag{1.35a}$$

$$H_y^{n+\frac{1}{2}}(\boldsymbol{\rho}) = a_m(\boldsymbol{\rho})H_y^{n-\frac{1}{2}}(\boldsymbol{\rho}) + b_m(\boldsymbol{\rho})\left[\frac{\partial E_z^n(\boldsymbol{\rho})}{\partial x} - \left(J_{my}^{ex}\right)^n(\boldsymbol{\rho})\right] \tag{1.35b}$$

$$\begin{aligned} H_z^{n+\frac{1}{2}}(\boldsymbol{\rho}) &= a_m(\boldsymbol{\rho})H_z^{n-\frac{1}{2}}(\boldsymbol{\rho}) \\ &\quad - b_m(\boldsymbol{\rho})\left[\frac{\partial E_y^n(\boldsymbol{\rho})}{\partial x} - \frac{\partial E_x^n(\boldsymbol{\rho})}{\partial y} + (J_{mz}^{ex})^n(\boldsymbol{\rho})\right] \end{aligned} \tag{1.35c}$$

となる．ただし，$\boldsymbol{\rho} = x\hat{\boldsymbol{x}} + y\hat{\boldsymbol{y}}$ である．

まず最初に，2 次元の長方形解析領域を**図 1.5** のように $N_x \times N_y$ 個の微小セルに分割する．つぎに電磁界のサンプリング点を決めるために，1 次元の場合と同様に電界を中心に考えてみよう．z 軸方向に一様な問題であるから，電界の 3 成分のうち E_z を各微小セルの交点に割り当てるのが便利である．磁界についても 1 次元の場合と同様に考えると，電界と半セルだけずらして配置されることになるから，解析領域内の磁界セルは点線のようになる．このように，

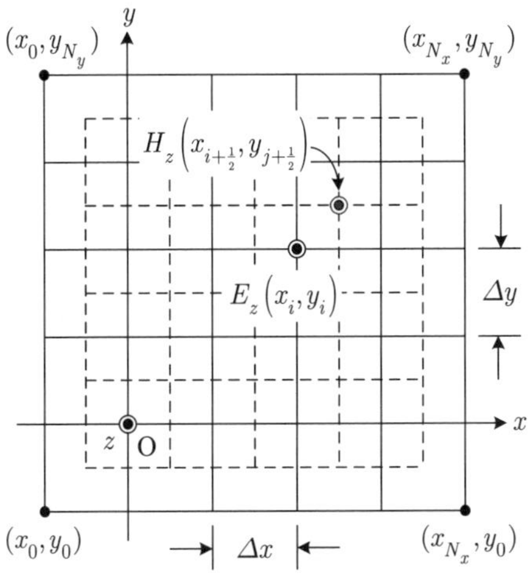

図 **1.5** 2 次元解析領域の分割

解析領域は電界セルと磁界セルとの二重セルによって分割されることになる．

電界の空間差分公式を得るために，まず $\boldsymbol{\rho} = (x_0 + i\Delta x)\hat{\boldsymbol{x}} + (y_0 + j\Delta y)\hat{\boldsymbol{y}}$ を式 (1.34c) の $E_z^n(\boldsymbol{\rho})$ に代入すると，右辺の $\partial H_y/\partial x$, $\partial H_x/\partial y$ はこの点でそれぞれ x 軸方向，y 軸方向に中心差分近似されるから，H_x, H_y は図 **1.6** のように半奇数次の場所に割り当てられることになる．H_x, H_y に対するサンプリング点 $(i, j+1/2)$, $(i+1/2, j)$ をそれぞれ式 (1.35a), (1.35b) に代入すれば H_x, H_y に関する空間差分公式が得られる．このようにして E_z, H_x および H_y が決まったから，つぎに H_z, E_x, E_y について考えよう．

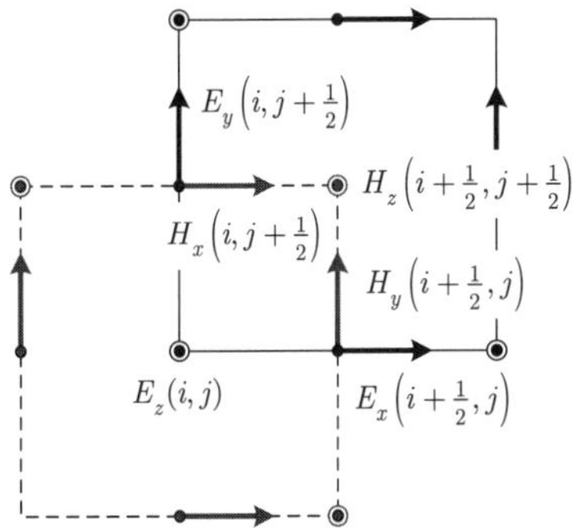

図 **1.6** (i, j) 単位セル内の電磁界配置

電界と同様に磁界の z 成分，H_z を考え，$\boldsymbol{\rho} = [x_0 + (i+1/2)\Delta x]\hat{\boldsymbol{x}} + [y_0 + (j+1/2)\Delta y]\hat{\boldsymbol{y}}$ を式 (1.35c) に代入して上と同様の計算を行うと，H_z, E_x, E_y に関する空間差分公式が得られる．このようにして全体をまとめると，2 次元

空間差分公式としてつぎの六つの表現式が得られる（章末問題【5】）.

$$E_x^n\left(i+\frac{1}{2},j\right)=a_e\left(i+\frac{1}{2},j\right)E_x^{n-1}\left(i+\frac{1}{2},j\right)$$
$$+b_e\left(i+\frac{1}{2},j\right)\left[\frac{H_z^{n-\frac{1}{2}}\left(i+\frac{1}{2},j+\frac{1}{2}\right)-H_z^{n-\frac{1}{2}}\left(i+\frac{1}{2},j-\frac{1}{2}\right)}{\Delta y}\right.$$
$$\left.-\left(J_{ex}^{ex}\right)^{n-\frac{1}{2}}\left(i+\frac{1}{2},j\right)\right] \tag{1.36}$$

$$E_y^n\left(i,j+\frac{1}{2}\right)=a_e\left(i,j+\frac{1}{2}\right)E_y^{n-1}\left(i,j+\frac{1}{2}\right)$$
$$-b_e\left(i,j+\frac{1}{2}\right)\left[\frac{H_z^{n-\frac{1}{2}}\left(i+\frac{1}{2},j+\frac{1}{2}\right)-H_z^{n-\frac{1}{2}}\left(i-\frac{1}{2},j+\frac{1}{2}\right)}{\Delta x}\right.$$
$$\left.+\left(J_{ey}^{ex}\right)^{n-\frac{1}{2}}\left(i,j+\frac{1}{2}\right)\right] \tag{1.37}$$

$$E_z^n(i,j)=a_e(i,j)E_z^{n-1}(i,j)$$
$$+b_e(i,j)\left[\frac{H_y^{n-\frac{1}{2}}\left(i+\frac{1}{2},j\right)-H_y^{n-\frac{1}{2}}\left(i-\frac{1}{2},j\right)}{\Delta x}\right.$$
$$-\frac{H_x^{n-\frac{1}{2}}\left(i,j+\frac{1}{2}\right)-H_x^{n-\frac{1}{2}}\left(i,j-\frac{1}{2}\right)}{\Delta y}$$
$$\left.-\left(J_{ez}^{ex}\right)^{n-\frac{1}{2}}(i,j)\right] \tag{1.38}$$

$$H_x^{n+\frac{1}{2}}\left(i,j+\frac{1}{2}\right)=a_m\left(i,j+\frac{1}{2}\right)H_x^{n-\frac{1}{2}}\left(i,j+\frac{1}{2}\right)$$
$$-b_m\left(i,j+\frac{1}{2}\right)\left[\frac{E_z^n(i,j+1)-E_z^n(i,j)}{\Delta y}+\left(J_{mx}^{ex}\right)^n\left(i,j+\frac{1}{2}\right)\right] \tag{1.39}$$

$$H_y^{n+\frac{1}{2}}\left(i+\frac{1}{2},j\right)=a_m\left(i+\frac{1}{2},j\right)H_y^{n-\frac{1}{2}}\left(i+\frac{1}{2},j\right)$$
$$+b_m\left(i+\frac{1}{2},j\right)\left[\frac{E_z^n(i+1,j)-E_z^n(i,j)}{\Delta x}-\left(J_{my}^{ex}\right)^n\left(i+\frac{1}{2},j\right)\right] \tag{1.40}$$

$$H_z^{n+\frac{1}{2}}\left(i+\frac{1}{2},j+\frac{1}{2}\right)=a_m\left(i+\frac{1}{2},j+\frac{1}{2}\right)H_z^{n-\frac{1}{2}}\left(i+\frac{1}{2},j+\frac{1}{2}\right)$$
$$-b_m\left(i+\frac{1}{2},j+\frac{1}{2}\right)\left[\frac{E_y^n\left(i+1,j+\frac{1}{2}\right)-E_y^n\left(i,j+\frac{1}{2}\right)}{\Delta x}\right.$$
$$\left.-\frac{E_x^n\left(i+\frac{1}{2},j+1\right)-E_x^n\left(i+\frac{1}{2},j\right)}{\Delta y}+\left(J_{mz}^{ex}\right)^n\left(i+\frac{1}{2},j+\frac{1}{2}\right)\right] \tag{1.41}$$

これまでは2次元の一般的な場合を扱ったが，例えば電流源が z 軸方向に一様に流れている場合の電磁界は E_z, H_x および H_y 成分だけとなる．このような電磁界は $H_z=0$ となることから，**TM$_z$ モード** (transverse magnetic mode) と呼ぶことにする．これに対して E_x, E_y および H_z 成分だけを持つ電磁界を **TE$_z$ モード** (transverse electric mode) という．TM$_z$ と TE$_z$ の電磁界の配置は明らかに**図 1.7** のようになる．これらは2次元の特別な場合であるが，逆に一般の2次元問題は TM$_z$ と TE$_z$ の重ね合せとしてして表すことができる．ま

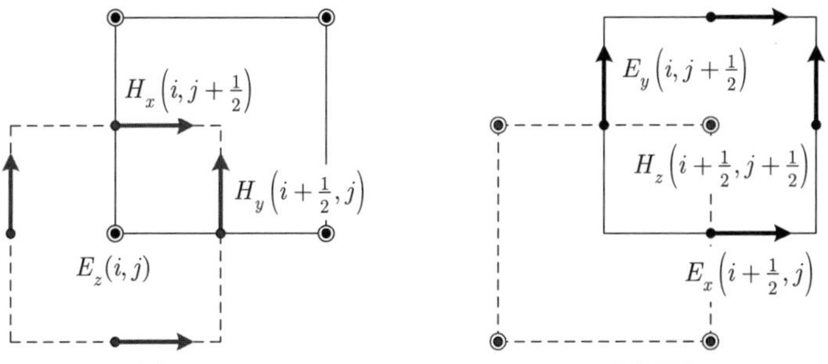

(a) TM$_z$　　(b) TE$_z$

図 1.7 TM$_z$ と TE$_z$ の電磁界配置

た，これらはどちらもよく扱われる問題であるから，それらを別々に定式化しておけば式 (1.36) ～ (1.41) の特別な場合として扱うよりも計算量は半分になる．重複するのでそれらの空間差分公式を示すのは省略するが，文献 10) にはプログラム例も含めてその詳細が示されているので参考にしてほしい．

1.2.5　3次元空間差分

1 次元，2 次元と同様の手順を踏めば 3 次元電磁界の空間的差分公式を導出することができるが，ここでは 5 章以降の準備のためにもう一つの導出法を紹介する．それは回転（∇×）の定義式を用いる方法である．ベクトル解析や電磁気学で学んだように，空間内の点 P におけるベクトル関数 $\boldsymbol{F}(\boldsymbol{r})$ の回転 $\nabla \times \boldsymbol{F}$ とは

$$\nabla \times \boldsymbol{F}(\mathrm{P}) \cdot \hat{\boldsymbol{n}} = \lim_{\Delta S \to 0} \frac{1}{\Delta S} \oint_C \boldsymbol{F}(\boldsymbol{r}) \cdot d\boldsymbol{r} \tag{1.42}$$

によって定義される[3)]．ただし，ΔS は図 **1.8** のように閉曲線 C によって囲まれた微小面積，$\hat{\boldsymbol{n}}$ は面 ΔS の単位法線ベクトルである．

まず最初に空間内の点 P_1 を考え，この点に電界の z 成分を割り当てたとする．式 (1.26) より，$E_z^n(\mathrm{P}_1)$ を計算するには点 P_1 における $[\nabla \times \boldsymbol{H}^{n-1/2}]_z$ の値が必要となる．回転の定義 (1.42) によると，この値は図 **1.9** のように点 P_1 の周りの微小閉曲線 C_H に沿う磁界を周回積分したものを面積 S_H で割ったもので近似できるから，C_H 上の磁界を各辺の中点の値で代表させると

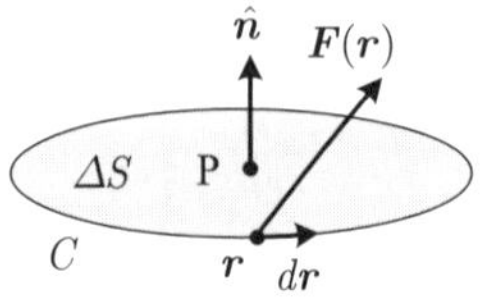

図 **1.8**　$\nabla \times \boldsymbol{F}$ の定義

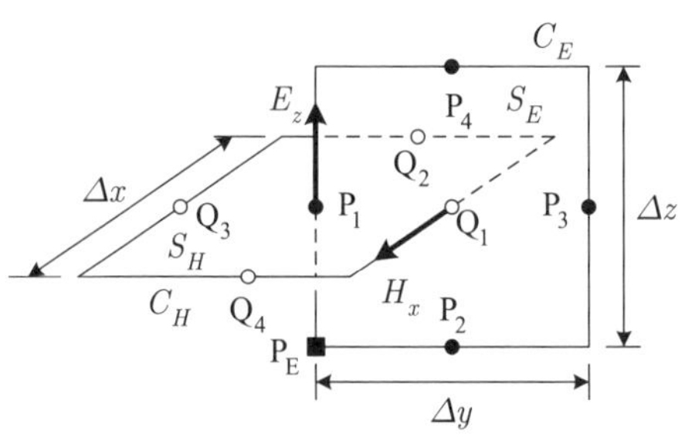

図 **1.9**　電磁界の線積分

$$
\begin{aligned}
E_z^n(\mathrm{P}_1) = a_e(\mathrm{P}_1)E_z^{n-1}(\mathrm{P}_1) \\
+b_e(\mathrm{P}_1)\left[\frac{H_y^{n-\frac{1}{2}}(\mathrm{Q}_4)-H_y^{n-\frac{1}{2}}(\mathrm{Q}_2)}{\Delta x}-\frac{H_x^{n-\frac{1}{2}}(\mathrm{Q}_1)-H_x^{n-\frac{1}{2}}(\mathrm{Q}_3)}{\Delta y}\right] \\
-b_e(\mathrm{P}_1)\left(J_{ez}^{ex}\right)^{n-\frac{1}{2}}(\mathrm{P}_1)
\end{aligned}
\tag{1.43}
$$

を得る．同様の計算を行うと，C_H 上の点 Q_1 における磁界の x 成分 $H_x(\mathrm{Q}_1)$ は

$$
\begin{aligned}
H_x^{n+\frac{1}{2}}(\mathrm{Q}_1) = a_m(\mathrm{Q}_1)H_x^{n-\frac{1}{2}}(\mathrm{Q}_1) \\
-b_m(\mathrm{Q}_1)\left[\frac{E_z^n(\mathrm{P}_3)-E_z^n(\mathrm{P}_1)}{\Delta y}-\frac{E_y^n(\mathrm{P}_4)-E_y^n(\mathrm{P}_2)}{\Delta z}\right] \\
-b_m(\mathrm{Q}_1)\left(J_{mx}^{ex}\right)^{n}(\mathrm{Q}_1)
\end{aligned}
\tag{1.44}
$$

で与えられる．

電界セルエッジ C_E を基準に考えて点 $\mathrm{P_E}$ を (i,j,k) 番目の格子点とすると，$\mathrm{P}_1=(i,j,k+1/2)$, $\mathrm{Q}_1=(i,j+1/2,k+1/2)$ となる．E_z, H_x 以外の電磁界成分についても上と同様に考えることができて，電磁界は結局図 **1.10** のような空間配置となる．ほかの電磁界成分についても式 (1.43)，(1.44) とまったく同様の手順によって導くことができて，以下の空間差分公式が得られる（章末問題【**6**】）．これらの表現式には紙面の都合で電磁流源を省略していたが，式 (1.43)，(1.44) のように付け加えればよいだけであるから混乱はないであろう．また，式 (1.36) ～ (1.41) の 2 次元の場合とも比較していただきたい．

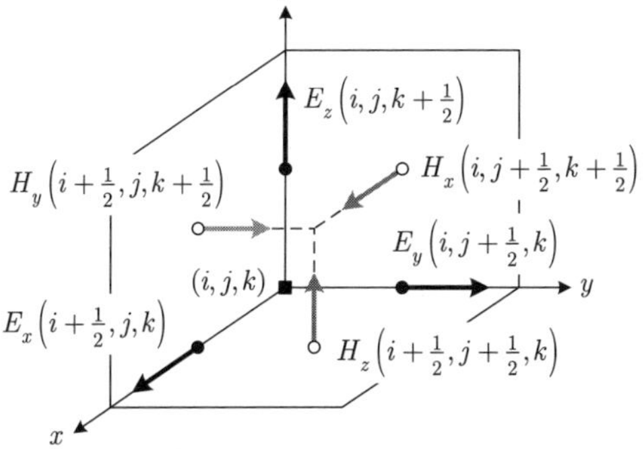

図 **1.10**　3 次元電磁界の空間配置

$$E_x^n\left(i+\frac{1}{2},j,k\right)=a_e\left(i+\frac{1}{2},j,k\right)E_x^{n-1}\left(i+\frac{1}{2},j,k\right)$$
$$+b_e\left(i+\frac{1}{2},j,k\right)\left[\frac{H_z^{n-\frac{1}{2}}\left(i+\frac{1}{2},j+\frac{1}{2},k\right)-H_z^{n-\frac{1}{2}}\left(i+\frac{1}{2},j-\frac{1}{2},k\right)}{\Delta y}\right.$$
$$\left.-\frac{H_y^{n-\frac{1}{2}}\left(i+\frac{1}{2},j,k+\frac{1}{2}\right)-H_y^{n-\frac{1}{2}}\left(i+\frac{1}{2},j,k-\frac{1}{2}\right)}{\Delta z}\right] \tag{1.45}$$

$$E_y^n\left(i,j+\frac{1}{2},k\right)=a_e\left(i,j+\frac{1}{2},k\right)E_y^{n-1}\left(i,j+\frac{1}{2},k\right)$$
$$+b_e\left(i,j+\frac{1}{2},k\right)\left[\frac{H_x^{n-\frac{1}{2}}\left(i,j+\frac{1}{2},k+\frac{1}{2}\right)-H_x^{n-\frac{1}{2}}\left(i,j+\frac{1}{2},k-\frac{1}{2}\right)}{\Delta z}\right.$$
$$\left.-\frac{H_z^{n-\frac{1}{2}}\left(i+\frac{1}{2},j+\frac{1}{2},k\right)-H_z^{n-\frac{1}{2}}\left(i-\frac{1}{2},j+\frac{1}{2},k\right)}{\Delta x}\right] \tag{1.46}$$

$$E_z^n\left(i,j,k+\frac{1}{2}\right)=a_e\left(i,j,k+\frac{1}{2}\right)E_z^{n-1}\left(i,j,k+\frac{1}{2}\right)$$
$$+b_e\left(i,j,k+\frac{1}{2}\right)\left[\frac{H_y^{n-\frac{1}{2}}\left(i+\frac{1}{2},j,k+\frac{1}{2}\right)-H_y^{n-\frac{1}{2}}\left(i-\frac{1}{2},j,k+\frac{1}{2}\right)}{\Delta x}\right.$$
$$\left.-\frac{H_x^{n-\frac{1}{2}}\left(i,j+\frac{1}{2},k+\frac{1}{2}\right)-H_x^{n-\frac{1}{2}}\left(i,j-\frac{1}{2},k+\frac{1}{2}\right)}{\Delta y}\right] \tag{1.47}$$

$$H_x^{n+\frac{1}{2}}\left(i,j+\frac{1}{2},k+\frac{1}{2}\right)=a_m\left(i,j+\frac{1}{2},k+\frac{1}{2}\right)H_x^{n-\frac{1}{2}}\left(i,j+\frac{1}{2},k+\frac{1}{2}\right)$$
$$-b_m\left(i,j+\frac{1}{2},k+\frac{1}{2}\right)\left[\frac{E_z^n\left(i,j+1,k+\frac{1}{2}\right)-E_z^n\left(i,j,k+\frac{1}{2}\right)}{\Delta y}\right.$$
$$\left.-\frac{E_y^n\left(i,j+\frac{1}{2},k+1\right)-E_y^n\left(i,j+\frac{1}{2},k\right)}{\Delta z}\right] \tag{1.48}$$

$$H_y^{n+\frac{1}{2}}\left(i+\frac{1}{2},j,k+\frac{1}{2}\right)=a_m\left(i+\frac{1}{2},j,k+\frac{1}{2}\right)H_y^{n-\frac{1}{2}}\left(i+\frac{1}{2},j,k+\frac{1}{2}\right)$$
$$-b_m\left(i+\frac{1}{2},j,k+\frac{1}{2}\right)\left[\frac{E_x^n\left(i+\frac{1}{2},j,k+1\right)-E_x^n\left(i+\frac{1}{2},j,k\right)}{\Delta z}\right.$$
$$\left.-\frac{E_z^n\left(i+1,j,k+\frac{1}{2}\right)-E_z^n\left(i,j,k+\frac{1}{2}\right)}{\Delta x}\right] \tag{1.49}$$

$$H_z^{n+\frac{1}{2}}\left(i+\frac{1}{2},j+\frac{1}{2},k\right)=a_m\left(i+\frac{1}{2},j+\frac{1}{2},k\right)H_z^{n-\frac{1}{2}}\left(i+\frac{1}{2},j+\frac{1}{2},k\right)$$
$$-b_m\left(i+\frac{1}{2},j+\frac{1}{2},k\right)\left[\frac{E_y^n\left(i+1,j+\frac{1}{2},k\right)-E_y^n\left(i,j+\frac{1}{2},k\right)}{\Delta x}\right.$$
$$\left.-\frac{E_x^n\left(i+\frac{1}{2},j+1,k\right)-E_x^n\left(i+\frac{1}{2},j,k\right)}{\Delta y}\right] \tag{1.50}$$

このように3次元の場合でも電界と磁界とは空間的に半セルだけずれて交互に配置されており，電界は電界セルエッジの中心に，磁界は磁界セルエッジの中心に割り当てられる．図1.10も併せて参照してほしい．

3次元解析空間は**図1.11** (a) のように直方体のメッシュで分割されるが，そ

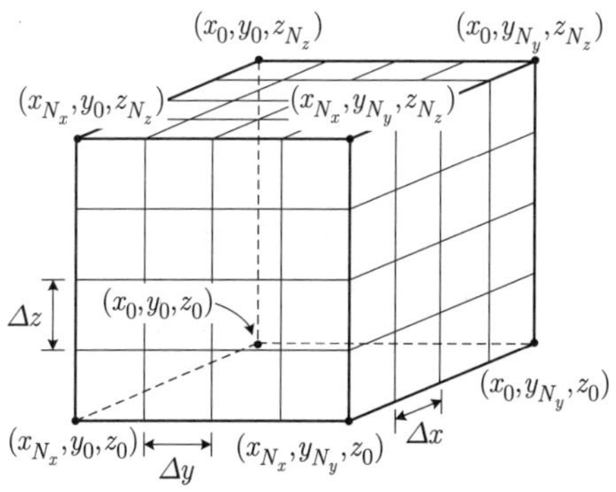

(a) 解析領域

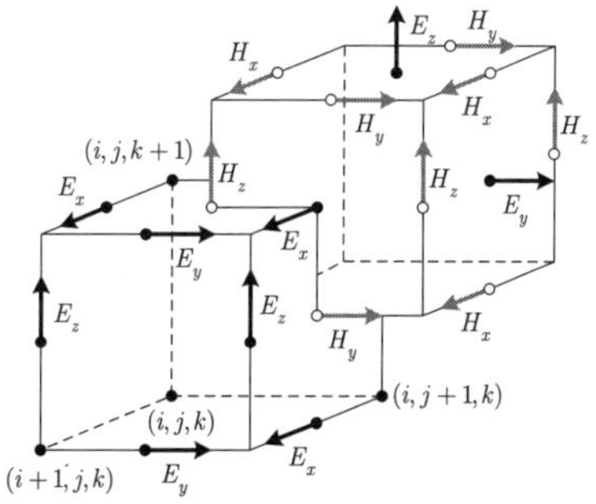

(b) 電界セルと磁界セル

図 **1.11** 3次元解析領域

のメッシュは図 (b) のように電界セルと磁界セルの 2 重セル構造となっている．電磁界の配置がこのようになった直接の原因はマクスウェルの方程式を時間・空間に関して中心差分近似したためであるが，その結果としてアルゴリズム内に物理現象を忠実に取り込んでいるといえる．

以上はセルが直方体であるとして説明してきたが，式 (1.43), (1.44) を導く過程から明らかなように，閉曲線 C_H, C_E は求めたい電界，磁界を囲むように取りさえすれば，必ずしも長方形である必要はない．セル構造の変形法については 5.3 節で説明する．また，1 次元，2 次元の場合と同様に解析領域の境界では Yee アルゴリズムが適用できないため，別の取扱いが必要になる．これについては 2 章で説明する．

1.3　物体のモデル化

物体の電気定数はすべて式 (1.28),(1.29) の係数 $a_e \sim b_m$ に含まれるから，物体のモデル化はこれらの係数をいかに適切に計算するかによる．媒質定数が滑らかに変化するなら電磁界の空間変化も少ないであろうから，セルサイズを小さくすることによって精度よく計算できそうである．ところが，式 (1.26), (1.27) より明らかなように，a_e, b_e は電界のサンプリング点で，a_m, b_m は電界とは別の磁界のサンプリング点で与えられており，しかもそれらは離散的な点であるから，例えば図 **1.12** のような場合には物体 I と II とは Yee アルゴリズムでは区別できず，物体表面を正しく規定するためには別の方法が必要となる．これについては 1.3.3 項で説明する．物体表面がセルエッジを斜めに横切るような場合も考えられるが，これについては 5.3 節の中で説明する．

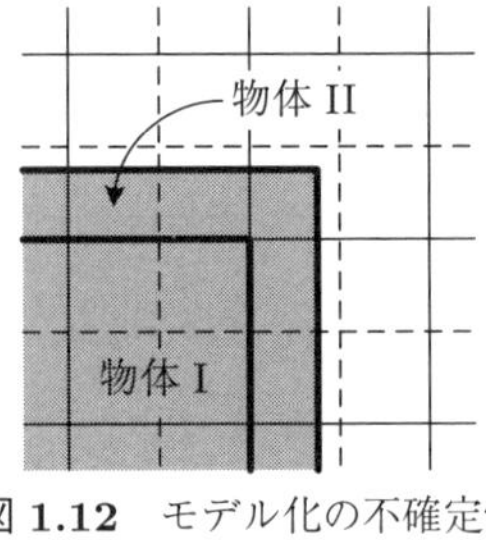

図 **1.12**　モデル化の不確定性

一方，計算機では無限大を扱うことができないから，完全導体や完全磁気導体が混在する場合には $a_e \sim b_m$ を式 (1.28),(1.29) のままでコーディングすることはできず，前もって区別しておく必要がある．また，無限大でなくとも金属のように導電率 σ_e が非常に大きな値のときには Δt をきわめて小さな値にしないと $a_e < 0$ となって式 (1.26) が定常値に収束しない．これを解決するには Yee アルゴリズムの修正が必要である．良導体の取扱いについては 5.4 節で説明する．

1.3.1 誘電体と磁性体

すべてのセルエッジで係数 a_e, b_e と a_m, b_m を適切に与えておけば物体のモデル化が可能であり，1 次元や 2 次元の問題では空間差分公式をそのままコーディングしても計算機メモリが不足するということはほとんどない．3 次元の場合でも計算機メモリの問題さえなければ，特別な工夫をするよりも公式どおりのコーディングをしたほうが効率的である場合が少なくない．

一方，解析領域全体にわたって媒質定数が変化するような問題を扱うことはきわめてまれで，多くの場合，解析対象となるのは数種類の媒質から構成された有限の大きさを持つ物体であり，その周りは均質な空間である．したがって，誘電率や導電率の値は数種類でよいはずである．このような場合には，物体に ID 番号を付けておくと計算機メモリを大幅に節約することができる．また，プログラムを工夫することによって計算機メモリの節約も可能である．その具体的なプログラム例は 3.4.3 項で紹介するが，文献 9),10) も併せて参照していただきたい．

1.3.2 完全導体と完全磁気導体

完全導体表面では電界の接線成分が 0 であるから，完全導体をモデル化するためには表面に沿って配置された電界を強制的に 0 にすればよい．こうすると物体内部の電磁界は FDTD 法の計算過程で自然に 0 になるから，内部を設定するプログラムを作る必要はない．しかし，球のような単純な形状でさえも，その表面の電界だけを 0 にするプログラムを作るのは厄介である．内部の電磁界はもともと 0 であるから，内部の電界を強制的に 0 に設定するプログラムを作っておくほうがはるかに簡単である．完全磁気導体に対しては，電界と磁界とを入れ換えて考えれば同様の議論ができる．

1.3.3 境界の取扱い

図 1.13 のように，磁界セルエッジ C_H が不連続境界を挟むように設定されたとき，点 P_1 の誘電率，導電率はどのような値にすべきかを考える．Yee アルゴリズムに従えば点 P_1 における値を用いることになるが，FDTD 法は差分近似であるから，P_1 を含むセル内の代表値であると考えるのが妥当である．この値を求めてみよう．

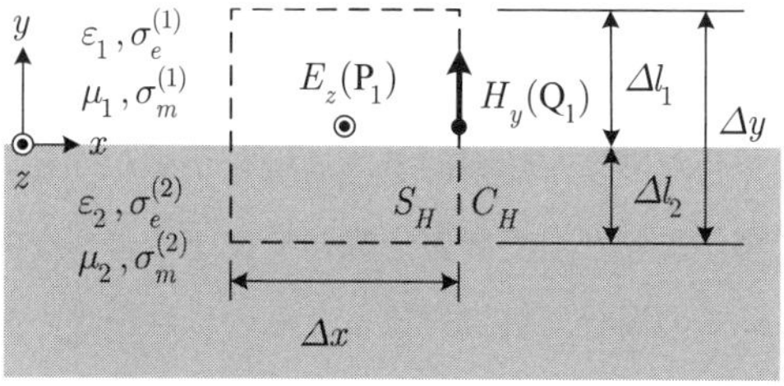

図 1.13　境界を挟む磁界セルエッジ

閉曲線 C_H によって囲まれる面 S_H 内の全電流をアンペア・マクスウェルの法則によって求める．$E_z(P_1)$ は境界に平行であるから，Δy は十分小さいなら面 S_H 内で一定と近似することができて

$$\int_{S_H} \left(\sigma_e \boldsymbol{E} + \varepsilon \frac{\partial \boldsymbol{E}}{\partial t}\right) \cdot \hat{\boldsymbol{z}}\, dS = \left[\frac{\sigma_e^{(1)} \Delta l_1 + \sigma_e^{(2)} \Delta l_2}{\Delta y} E_z(P_1) + \frac{\varepsilon_1 \Delta l_1 + \varepsilon_2 \Delta l_2}{\Delta y} \frac{\partial E_z(P_1)}{\partial t}\right] \Delta x \Delta y \tag{1.51}$$

となる．これが面 S_H 内の誘電率，導電率がそれぞれ $\varepsilon^{\mathrm{ave}}$, σ_e^{ave} で満たされていると仮定したときの全電流と等しくなると考えると，点 P_1 の値は

$$\left.\begin{aligned}\varepsilon(\mathrm{P}_1) &= \frac{\varepsilon_1 \Delta l_1 + \varepsilon_2 \Delta l_2}{\Delta y}\\ \sigma_e(\mathrm{P}_1) &= \frac{\sigma_e^{(1)} \Delta l_1 + \sigma_e^{(2)} \Delta l_2}{\Delta y}\end{aligned}\right\} \tag{1.52}$$

となる．特別な場合として，点 P_1 が境界表面に一致する場合には，$\Delta l_1 = \Delta l_2 = \Delta y/2$ であるから，$\varepsilon(\mathrm{P}_1) = (\varepsilon_1 + \varepsilon_2)/2$, $\sigma_e(\mathrm{P}_1) = (\sigma_e^{(1)} + \sigma_e^{(2)})/2$ と両媒質の平均値となる．多くの計算例により，このような処理は両媒質定数の差が特に大きくなったときに重要になることがわかっている．具体的なプログラム例は 3.2 節で示す．磁界の接線成分については磁流を考えることによって同様に導けるから，図 1.13 のように磁界の垂直成分 H_y が割り当てられている点 Q_1 においても

$$\left.\begin{aligned}\mu(\mathrm{Q}_1) &= \frac{\mu_1 \Delta l_1 + \mu_2 \Delta l_2}{\Delta y}\\ \sigma_m(\mathrm{Q}_1) &= \frac{\sigma_m^{(1)} \Delta l_1 + \sigma_m^{(2)} \Delta l_2}{\Delta y}\end{aligned}\right\} \tag{1.53}$$

となる．点 P_1 が境界表面にあれば点 Q_1 も境界表面上の点になるから，透磁率も磁気伝導率も両媒質の平均値となる．

図 1.14 のように 4 種類の物質の境界に電界を割り当てたときにも同様に考えることができて，$\varepsilon(\mathrm{P}_1), \sigma_e(\mathrm{P}_1)$ は四つの領域 $\Omega_1 \sim \Omega_4$ の誘電率，導電率の平均値となる．点 $\mathrm{Q}_1 \sim \mathrm{Q}_4$ では，隣り合う領域の透磁率，磁気伝導率の平均値となる．また，特別な場合として領域 $\Omega_1 \sim \Omega_4$ の媒質定数が等しいとすると，これは一様な空間内の長方形物体の角における媒質定数の与え方を決定する方法となる．具体的なプログラムは 3.3 節で説明する．

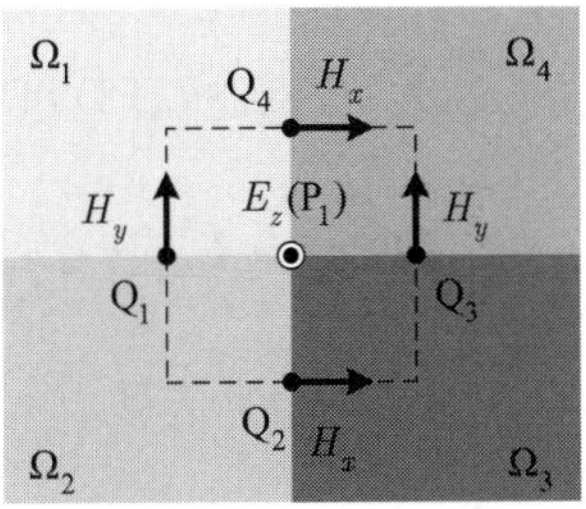

図 1.14 4 媒質の境界

1.4 外部波源と励振パルス

1.2.3 ～ 1.2.5 項の空間差分表現では，外部電磁流 $\boldsymbol{J}_e^{ex}$, $\boldsymbol{J}_m^{ex}$ をすべてのセル

エッジで与えるようになっているが，実際には特定の方向を向く点電磁流源や線状電磁流源の問題を扱うことがほとんどである．例えば，点 $(i, j, k+1/2)$ に z 方向を向く点電流源があるならば，式 (1.47) において

$$(J_{ez}^{ex})^{n-\frac{1}{2}}\left(i, j, k+\frac{1}{2}\right) = J_0 p(t)\Big|_{t=(n-\frac{1}{2})\Delta t} \tag{1.54}$$

とすればよい．ただし，J_0 は定数，$p(t)$ は外部電流源の**励振パルス** (excitation pulse) 関数である．

これに対して電磁波の散乱問題では平面波による散乱が興味の対象となることがほとんどであり，アンテナの問題では給電部に局所的に印加された電圧によって電磁波が励振される問題を扱う．これらの詳細は 5 章以降で説明することとし，ここでは，平面波の励振の仕方と励振パルスの与え方について説明する．

1.4.1 平　　面　　波

図 1.15 のように解析空間内に適当に定めた座標の原点を O とし，**平面波** (plane wave) が真空中を ζ 軸から到来するものとする．ζ 軸方向の単位ベクトルを $\hat{\boldsymbol{r}}_0$ とすると，$\zeta = \hat{\boldsymbol{r}}_0 \cdot \boldsymbol{r}$ であるから平面波の FDTD 表現は

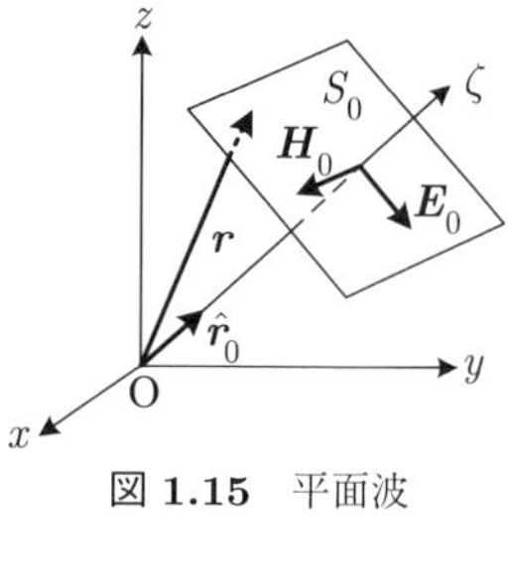

図 1.15　平面波

$$\left.\begin{aligned} \boldsymbol{E}^n(\boldsymbol{r}) &= \boldsymbol{E}_0 p(\tau)\Big|_{\tau=n\Delta t+\frac{\zeta-d}{c}} \\ \boldsymbol{H}^{n+\frac{1}{2}}(\boldsymbol{r}) &= \boldsymbol{H}_0 p(\tau)\Big|_{\tau=(n+\frac{1}{2})\Delta t+\frac{\zeta-d}{c}} \end{aligned}\right\} \tag{1.55}$$

となる．ただし $\boldsymbol{H}_0 = \boldsymbol{E}_0 \times \hat{\boldsymbol{r}}_0 / Z_0$，$Z_0$ は真空の波動インピーダンス，c は光速である．また，$n=0$ で平面波の波頭は原点 O から d だけ離れた位置にあるものとした．

平面波を FDTD 法に組み入れるには，式 (1.55) の $\boldsymbol{r}$ を電界あるいは磁界のサンプリング点とし $\boldsymbol{E}^0$ と $\boldsymbol{H}^{1/2}$ の両方を全空間に与えればよい．ただし，電界と磁界のサンプリング点が空間的に半セルずれているために平面波を完

全な形で作ることはできない．例えば $\zeta = i\Delta\zeta$, $d = i_d\Delta\zeta$ としたとき $\boldsymbol{E}^0$ は $\tau = (i - i_d)\Delta\zeta/c$ の時刻のパルス $p(\tau)$ を使うのに対して，磁界 $\boldsymbol{H}^{1/2}$ は $\tau = \Delta t/2 + (i + 1/2 - i_d)\Delta\zeta/c$ のパルスを使うことになる．このため平面波自体にもごくわずかに誤差が含まれる．この誤差は中心差分近似によるものであるから，$\mathcal{O}((\Delta t)^2)$ 程度である．具体例は 3.2 節で紹介する．

全電磁界を計算する FDTD 法においては，平面波の取扱いには注意が必要である．これについては 3.3.5 項でプログラム例を示しながら説明する．平面波を斜めから入射させるにはさらに別の工夫が必要になる[10]．これについては 5.2 節で詳しく説明する．一方，入射平面波は式 (1.55) であらかじめ与えられているから，改めて計算する必要はないはずである．散乱界だけを計算する方法については 5.1 節で説明する．

1.4.2 励振パルス

FDTD 法の計算でよく使われるパルスは，次式で与えられる**ガウスパルス** (Gaussian pulse) である．

$$p(\tau) = \begin{cases} e^{-\alpha(\tau-\tau_0)^2} & (0 \leq \tau \leq 2\tau_0) \\ 0 & (\text{その他}) \end{cases} \tag{1.56}$$

波形を**図 1.16** (a) に，周波数スペクトルを図 (b) に示す．ただし，$\alpha = (4/\tau_0)^2$

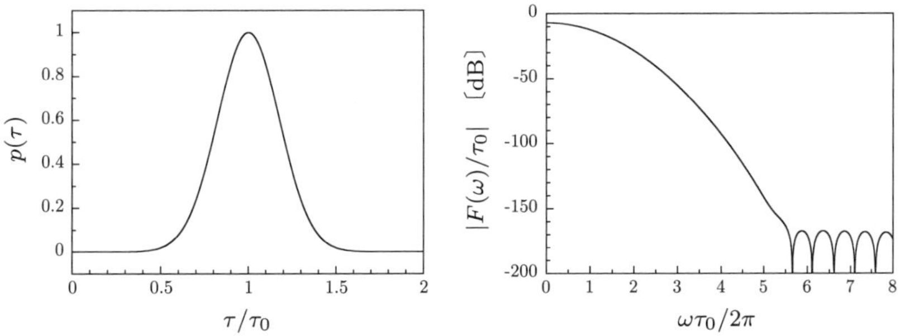

(a) 波　形　　(b) 周波数スペクトル

図 1.16　ガウスパルス ($\alpha = (4/\tau_0)^2$)

とした．このように，ガウスパルスは広帯域にわたって周波数スペクトルが滑らかで，直流成分を持つことが特徴である．このため，低周波から高周波にわたる広い周波数特性を一度に求めたいような場合に便利である．

しかしながら 6.2.1 項で説明するように，**ループアンテナ** (loop antenna) をガウスパルスで電圧励振すると，放射に寄与しない直流電流がアンテナに流れ続けるために，周波数特性を求めようとしても数値的にフーリエ変換することができない．このような場合には，直流成分を持たないように式 (1.56) を奇数回微分したパルスや **図 1.17** (a) に示す $p(\tau) = \sin^3 \omega_0 \tau$ のようなパルスを用いれば解決できるが，後者の周波数スペクトルは図 (b) のように周期的に 0 になることに注意する必要がある．

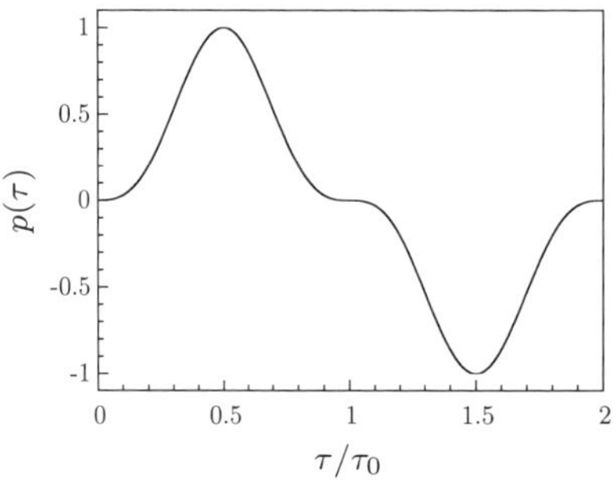

(a) 波　形

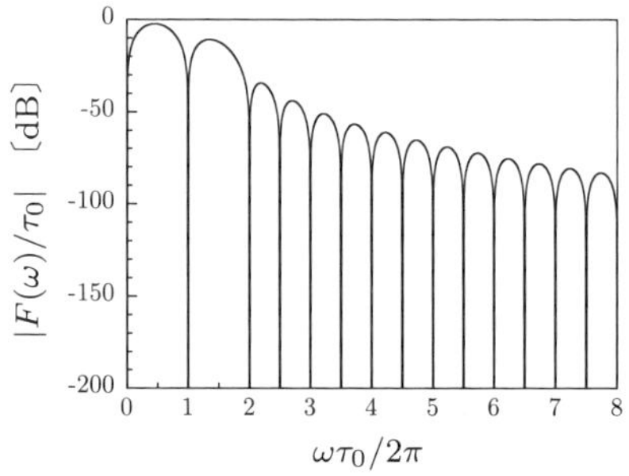

(b) 周波数スペクトル

図 1.17　$\sin^3$ パルス

このように，問題によってどのような励振パルスが適切であるかをあらかじめ検討しておくことが重要である．文献 10) には FDTD 法でよく用いられるパルスとその周波数特性が示されているので参考にしてほしい．また，放射効率が悪いアンテナの場合には，このようなパルスを与えても電磁界がいつまでも振動し続けて収束がきわめて遅くなる．これを解決する方法は 6.3.3 項で説明する．

1.5 時間ステップとセルサイズ

1.5.1 時間ステップ

（1） 安定条件 1.2.2 項において FDTD 法の計算が収束するための係数 a_e, a_m の条件，すなわち時間ステップ Δt と媒質定数の関係を説明したが，ここでは，無損失・自由空間における条件をセルサイズに関係付けて議論する．

波数ベクトルを $\boldsymbol{k} = k_x\hat{\boldsymbol{x}} + k_y\hat{\boldsymbol{y}} + k_z\hat{\boldsymbol{z}}$ としたとき，任意の電磁界は平面波 $\boldsymbol{E} = \boldsymbol{E}(t)e^{-j\boldsymbol{k}\cdot\boldsymbol{r}}$, $\boldsymbol{H} = \boldsymbol{H}(t)e^{-j\boldsymbol{k}\cdot\boldsymbol{r}}$ の重ね合せとして表現できる．簡単のために 1 次元を考え，これらを式 (1.32), (1.33) に代入するとつぎの状態差分方程式を得る．

$$\boldsymbol{x}^n = A\boldsymbol{x}^{n-1} \tag{1.57}$$

ただし

$$\boldsymbol{x}^n = \begin{bmatrix} E_z^n \\ H_y^{n+\frac{1}{2}} \end{bmatrix}, \quad A = \begin{bmatrix} 1 & j\dfrac{s_z\Delta t}{\varepsilon} \\ j\dfrac{s_z\Delta t}{\mu} & 1-(v\Delta t)^2 s_z^2 \end{bmatrix} \tag{1.58}$$

および $v = 1/\sqrt{\mu\varepsilon}$, $s_z = 2\sin\left(k_z\Delta z/2\right)/\Delta z$ である．状態差分方程式 (1.57) が $n \to \infty$ で一定値に収束するためには，行列 A の固有値の大きさが 1 以下にならなければならない．これより

$$\Delta t \leq \Delta t_c = \frac{\Delta z}{v} \tag{1.59}$$

を得る．すなわち，時間ステップはセルサイズから決まる値 Δt_c よりも小さくしなければならない．2 次元，3 次元についても同様に

$$\Delta t_c = \begin{cases} \dfrac{1}{v\sqrt{\left(\dfrac{1}{\Delta x}\right)^2 + \left(\dfrac{1}{\Delta y}\right)^2}} & ;\ 2\text{ 次元} \\[2ex] \dfrac{1}{v\sqrt{\left(\dfrac{1}{\Delta x}\right)^2 + \left(\dfrac{1}{\Delta y}\right)^2 + \left(\dfrac{1}{\Delta z}\right)^2}} & ;\ 3\text{ 次元} \end{cases} \tag{1.60}$$

となる（章末問題【７】）．式 (1.59), (1.60) を Courant–Friedrich–Levy の安定条件 (Courant–Friedrich–Levy stability condition) というが，本書では簡単に **Courant 安定条件** (Courant stability condition) ということにする．また，Δt_c を **Courant 基準** (Courant criteria) と呼ぶ．この条件はきわめて厳しく，少しでも満足しなければ不安定となる．具体例は 3.2.4 項で示す．

（２） 精　　度　FDTD 法は中心差分であるから，その誤差は差分間隔の 2 乗に比例する．その数値例の一つが章末問題【２】である．ここでは時間ステップと周波数との関係を調べてみよう．

任意の時間関数は $E_z(t) = E_0 e^{j\omega t}$ の重ね合せとして表されるから，この関数の中心差分近似の誤差を求めてみよう．$t = (n+1/2)\,\Delta t$ における微分は $dE_z/dt\big|_{t=(n+1/2)\Delta t} = E_{\mathrm{exact}} = j\omega E_0 e^{j\omega(n+1/2)\Delta t}$ で与えられる．一方，この点の中心差分近似は $\omega\Delta t \ll 1$ のとき

$$\left.\frac{dE_z}{dt}\right|_{t=\left(n+\frac{1}{2}\right)\Delta t} = \frac{E_z^{n+1} - E_z^n}{\Delta t} = E_{\mathrm{exact}}\frac{\sin(\omega\Delta t/2)}{\omega\Delta t/2}$$
$$= E_{\mathrm{exact}}\left[1 - \frac{1}{6}\left(\frac{\omega\Delta t}{2}\right)^2 + \cdots\right] \tag{1.61}$$

となる．したがって，周波数を f, 周期を T とすると時間に関する中心差分近似誤差は $(f\Delta t)^2 = (\Delta t/T)^2$ に比例する．さらに，$\Delta t = \Delta t_c$ とすることによって式 (1.59) あるいは式 (1.60) から予想できるように，時間差分の精度は波長に対するセルサイズにも依存する．これについては 1.5.2 項で説明する．

1.5.2　セ ル サ イ ズ

FDTD 法は差分近似法であるから，セルサイズは小さければ小さいほど精度の高い結果を得ることができる．しかし，Courant 安定条件 (1.60) より時間ステップも小さくなるため，計算機に大きな負荷を課すことになる．したがって，実際の計算を実行するにあたっては，期待する精度や計算機資源などを考慮してセルサイズを決めることになる．

（１） グリッド分散誤差　無限に広い自由空間中の波数は伝搬方向に無関

係に $k=\omega/v$ となるが，FDTD 法では時間的にも空間的にも離散的な点で電磁界がサンプリングされるから，波数と周波数とは必ずしも比例しない．この誤差を**グリッド分散誤差** (grid dispersion error) あるいは数値分散誤差といい，それを決める基準になるのがグリッド分散関係式である．簡単のため，まず 1 次元を考え，式 (1.57) に $E_z(t)=E_{0z}e^{j\omega t}$, $H_y(t)=H_{0y}e^{j\omega t}$ を代入し，$E_{0z}\equiv 0$, $H_{0y}\equiv 0$ とはならない条件を求めると

$$\frac{1}{v}\frac{\sin(\omega\Delta t/2)}{\Delta t/2}=\frac{\sin(k_z\Delta z/2)}{\Delta z/2} \tag{1.62}$$

を得る．これより $\Delta t=\Delta z/v$，すなわち，時間ステップ Δt を Courant 基準 Δt_c に選ぶと，$k_z=\omega/v$ となってグリッド分散誤差が 0 となる．

3 次元についてもまったく同様の計算をすることによって分散関係式を導出することができて

$$\begin{aligned}&\frac{1}{v^2}\left[\frac{\sin(\omega\Delta t/2)}{\Delta t/2}\right]^2\\&\quad=\left[\frac{\sin(k_x\Delta x/2)}{\Delta x/2}\right]^2+\left[\frac{\sin(k_y\Delta x/2)}{\Delta y/2}\right]^2+\left[\frac{\sin(k_z\Delta x/2)}{\Delta z/2}\right]^2\end{aligned} \tag{1.63}$$

となる（章末問題【**8**】(1)）．特別な場合として $\Delta x=\Delta y=\Delta z$ とする．$k_x=k_y=k_z$ の対角線方向を考えると，式 (1.63) が成り立つのは $\Delta t=\Delta x/\sqrt{3}v$ のときである．すなわち，この条件が満足されるときにだけグリッド分散が 0 となる．他の方向では 0 とならない．さらに，式 (1.63) の解 ω_s と $\omega=vk$ の差をグリッド分散誤差と定義すると，それが最小になるための時間ステップは $\Delta t=\Delta t_c$ であることが証明できる（章末問題【**8**】(2)）．

（**2**）**精　　度**　空間差分近似の精度をセルサイズと波長との関係から調べてみよう．簡単のため $E_z^n(z)=E_0^n e^{-jk_z z}$ とおいて，1.5.1 項と同様の計算を行うと

$$\begin{aligned}\left.\frac{dE_z^n}{dz}\right|_{z=\left(k+\frac{1}{2}\right)\Delta z}&=\frac{E_z^n(k+1)-E_z^n(k)}{\Delta z}=E_z^{\mathrm{exact}}\frac{\sin(k_z\Delta z/2)}{k_z\Delta z/2}\\&=E_z^{\mathrm{exact}}\left[1-\frac{1}{6}\left(\frac{k_z\Delta z}{2}\right)^2+\cdots\right]\end{aligned} \tag{1.64}$$

となる．したがって，波長を λ とすると $k_z = 2\pi/\lambda$ であるから，中心差分近似誤差は $(\Delta z/\lambda)^2$ に比例する．

つぎに，$\boldsymbol{E}^n(\boldsymbol{r}) = \boldsymbol{E}_0^n e^{-j\boldsymbol{k}\cdot\boldsymbol{r}}$ とおいて，電界セルの中心で $\nabla \times \boldsymbol{E}^n$ の中心差分を計算すると，その誤差は $(k_x\Delta x)^2\hat{\boldsymbol{x}} + (k_y\Delta y)^2\hat{\boldsymbol{y}} + (k_z\Delta z)^2\hat{\boldsymbol{z}}$ に比例することが容易に証明できる（章末問題【**9**】）．したがって，対角線方向の誤差は $\left(\sqrt{(\Delta x)^2 + (\Delta y)^2 + (\Delta z)^2}/\lambda\right)^2$ に比例する．このことから，セルサイズは問題とする波長に対して 1/10 程度にすればよいといわれている．しかし，多くの計算例によるとこれでは不十分なことが多い．

数値例を**図 1.18** に示す．これは真空中に正弦波で励振された無限長磁流源があったときの，それに平行な磁界分布を等高線で描いたものである．セルサイズ，時間ステップはそれぞれ $\Delta x = \Delta y$, $\Delta t = \Delta x/\sqrt{2}c$ としたから，原理的には対角線方向には数値分散誤差がない場合の例である．具体的なプログラムは 3.3 節を参照いただきたい．図 (a) は $\sqrt{\Delta x^2 + \Delta y^2} = \lambda/10$ の場合で，ほぼ円筒状に伝搬しているが，方向によって数値分散誤差が異なるため細かく観察すると完全には円筒波にはなっていない．さらにセルサイズを大きくして，図 (b) のように $\sqrt{\Delta x^2 + \Delta y^2} = \lambda/4$ とすると，数値分散誤差はさらに増えて，もはや円筒波とはいえない．また，対角線方向は実効的なセルサイズが大きくなるため精度が悪化する．

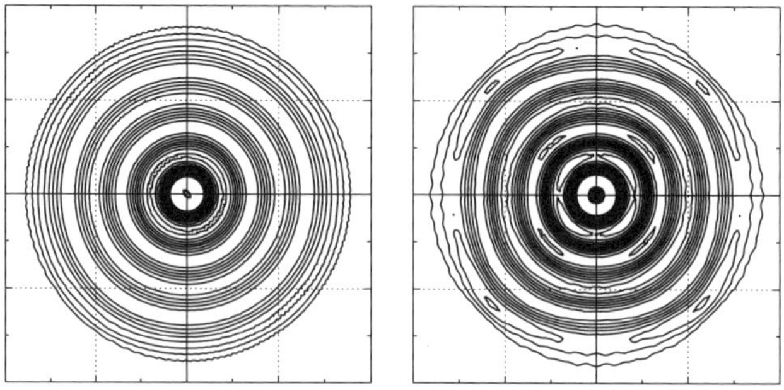

(a) $\sqrt{\Delta x^2 + \Delta y^2} = \lambda/10$　　(b) $\sqrt{\Delta x^2 + \Delta y^2} = \lambda/4$

図 1.18　円筒波の伝搬 ($\Delta x = \Delta y$)

章　末　問　題

【1】 電磁界の境界条件に関してつぎの問に答えよ．

(1) 式 (1.14), (1.15) を導出せよ．

(2) 式 (1.14) から式 (1.15) が導出できることを示せ．

【2】 つぎの問に答えよ．

(1) $f(x) = x^3$ の $x = 5$ における微分係数を前進差分近似，後進差分近似および中心差分近似によって計算し，$f'(5) = 75$ と比較せよ．ただし，$\Delta x = 0.01$ とする．

(2) $f(x) = \sin x$ とする．区間 $0 \leq x \leq 4\pi$ を N 等分し，その間隔を Δx とする．$x_i = i\Delta x$ における df/dx の前進差分近似，後進差分近似を計算し，$df/dx = \cos x$ とともにグラフに描け．ただし，N は読者が適当に選ぶこと．

(3) 問 (2) と同じ計算を中心差分近似を用いて計算し，グラフに描け．

【3】 式 (1.26), (1.27) を導出せよ．

【4】 式 (1.26) において，$\boldsymbol{X}^{n-1/2} = \nabla \times \boldsymbol{H}^{n-1/2} - (\boldsymbol{J}_e^{ex})^{n-1/2}$ とする．つぎの問に答えよ．

(1) $\boldsymbol{E}^n = a_e^n \boldsymbol{E}^0 + b_e \displaystyle\sum_{k=0}^{n-1} a_e^k \boldsymbol{X}^{n-k-1/2}$ と表されることを示せ．

(2) $n \to \infty$ としたとき，上式が定常状態のアンペア・マクスウェルの法則 $\boldsymbol{E}^\infty = \boldsymbol{X}^\infty/\sigma_e$ に収束するための a_e の範囲を求めよ．ただし，$\sigma_e \neq 0$ とする．

【5】 つぎの問に答えよ．

(1) 式 (1.36) ～ (1.41) を導出せよ．

(2) TM_z モード，TE_z モードのそれぞれに対する空間差分公式を導け．

【6】 式 (1.45) ～ (1.50) を導出せよ．

【7】 式 (1.59) および (1.60) を導出せよ．

【8】 つぎの問に答えよ．

(1) 式 (1.63) を導出せよ．

(2) 式 (1.63) の解を ω_s とする．3 次元グリッド分散誤差 $\Delta\omega = \omega_s - kv$ は

$$\Delta\omega \simeq \frac{kv}{24}\left[(vk\Delta t)^2 - \frac{(k_x^2\Delta x)^2 + (k_y^2\Delta y)^2 + (k_z^2\Delta z)^2}{k^2}\right]$$

となることを示せ．また，$\Delta\omega$ を最小にする時間ステップは式 (1.60) で

与えられることを示せ.

(3) 2 次元の場合を考え, $\Delta x = \Delta y$ とする. $k_x = k_y$ 方向のグリッド分散誤差を 0 にする条件は $\Delta t = \Delta x / v\sqrt{2}$ であることを示せ. また, $\Delta x \neq \Delta y$ のとき, グリッド分散誤差が最小になる時間ステップは Δt_c であることを示せ.

【9】 $\nabla \times \boldsymbol{E}^n(\boldsymbol{r})$ の中心差分近似誤差は $(k_x \Delta x)^2 \hat{\boldsymbol{x}} + (k_y \Delta y)^2 \hat{\boldsymbol{y}} + (k_z \Delta z)^2 \hat{\boldsymbol{z}}$ に比例することを示せ.

【10】 Yee アルゴリズムでは電磁界の初期値として $\boldsymbol{E}^0$ と $\boldsymbol{H}^{1/2}$ を与えたが, 磁界の初期値を $\boldsymbol{H}^0$ としたい. このため, $0 \leq t \leq \Delta t/2$ の区間だけを特別に前進差分を用いて

$$\left.\frac{\partial \boldsymbol{H}}{\partial t}\right|_{t=0} = \frac{\boldsymbol{H}^{\frac{1}{2}} - \boldsymbol{H}^0}{\Delta t/2}$$

と近似したとする. このときの磁界 $\boldsymbol{H}^{1/2}$ を式 (1.24) から求めよ.

【11】 外部電磁流源がない空間を考える. つぎの問に答えよ.

(1) $\sigma_e = 0, \sigma_m = 0$ とする. 式 (1.45) ~ (1.50) を利用して, $\nabla \cdot \boldsymbol{B}^{n+1/2} = \nabla \cdot \boldsymbol{B}^{n-1/2}$, $\nabla \cdot \boldsymbol{D}^n = \nabla \cdot \boldsymbol{D}^{n-1}$ が成り立つことを示せ. これより, $\boldsymbol{B}^{1/2} = 0$, $\boldsymbol{D}^0 = 0$ ならばガウスの法則は自動的に満足されることになる.

(2) $\sigma_e \neq 0, \sigma_m \neq 0$ でも問 (1) の関係が成り立つことを示せ.

【12】 図 1.1 において, 媒質 1 は真空, 媒質 2 は完全導体であるとする. 図 1.11 (b) の電界セルの $z = k\Delta z$ の面が境界 I に接しているとする. 導体表面の電荷密度はどのようにして求めればよいか.

2 吸　収　境　界

解析領域の境界では Yee アルゴリズムが使えないから，境界上の電磁界は別の方法で決めなければならない．解析領域が完全導体壁や完全磁気導体壁で囲まれているなら壁面上の電界あるいは磁界の接線成分は 0 である．これに対して電磁波の散乱問題やアンテナ解析などの開放領域の問題を扱う場合には，解析領域を反射が起こらないような仮想的な境界で閉じておく必要がある．この境界に課せられる無反射条件を吸収境界条件といい，これまでに数多くの手法が提案されてきた．本章で紹介するのは，精度は劣るもののコーディングが簡単な Mur の吸収境界と，精度が高い PML 吸収境界の二つである．なお，周波数領域で議論したほうが時間領域よりもわかりやすい場合がある．そこで前者については，複素量であることを強調するために $\dot{a}$ のように変数の上に「 $\dot{}$ 」記号を付けて表すことにする．後者の時間関数はこれまでどおり $a(t)$ のように表す．3 章以降も同様である．

2.1　Mur の吸収境界

2.1.1　1 次吸収境界条件

図 2.1 のように $z = z_0$ を解析領域の外壁，すなわち吸収境界の一つとする．この境界 AB_L に向かって x 成分を持つ平面波が垂直に入射するものとすると，平面波の電界は $E_x = E_x(z + vt)$ と表され，つぎの微分方程式を満足する．

$$\frac{\partial E_x}{\partial z} - \frac{1}{v}\frac{\partial E_x}{\partial t} = 0 \tag{2.1}$$

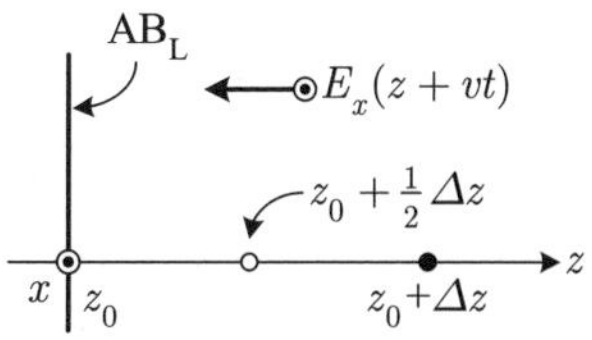

図 2.1　1 次吸収境界条件

吸収境界で反射がないなら，電界は形を保ったまま伝搬し，$z = z_0$ の吸収境界でも式 (2.1) が成り立つ．そこで，1.2 節の Yee アルゴリズムと同様に式 (2.1) を $z = z_0 + \Delta z/2$, $t = (n - 1/2)\Delta t$ で中心差分すると

$$\frac{E_x^{n-\frac{1}{2}}(1) - E_x^{n-\frac{1}{2}}(0)}{\Delta z} - \frac{1}{v}\frac{E_x^n(1/2) - E_x^{n-1}(1/2)}{\Delta t} = 0 \tag{2.2}$$

となる．さらに，$E_x^{n-1/2} = \left(E_x^n + E_x^{n-1}\right)/2$, $E^n(1/2) = \left[E_x^n(0) + E_x^n(1)\right]/2$ と平均値で近似し，$E_x^n(0)$ についてまとめると

$$E_x^n(0) = E_x^{n-1}(1) + c_z\left[E_x^n(1) - E_x^{n-1}(0)\right] \tag{2.3}$$

を得る．ただし

$$c_z = \frac{v\Delta t - \Delta z}{v\Delta t + \Delta z} \tag{2.4}$$

である．このように，境界 $\mathrm{AB_L}$ の電界 $E_z^n(0)$ が解析領域内の電界 $E_z^n(1)$ と 1 時間ステップ前の $\mathrm{AB_L}$ の電界 $E_z^{n-1}(0)$ によって与えられる．

$z = z_{N_z} = z_0 + N_z\Delta z$ における吸収境界条件は，その吸収境界に入射する電界が $E_x = E_x(z - vt)$ と表されることに注意すれば，まったく同様に導くことができて（章末問題【**1**】）

$$E_x^n\left(N_z\right) = E_x^{n-1}\left(N_z - 1\right) + c_z\left[E_x^n\left(N_z - 1\right) - E_x^{n-1}\left(N_z\right)\right] \tag{2.5}$$

となる．式 (2.3), (2.5) を **Mur の 1 次吸収境界条件** (Mur's first order absorbing boundary condition) という[12)]．

2 次元の場合には，解析領域は**図 2.2** のように 4 辺の吸収境界壁によって囲まれる．$x = x_0$, $x = x_{N_x}$ の境界 $\mathrm{AB_L}$, $\mathrm{AB_R}$ に平行な電界成分は E_z と E_y があるが，それらの成分に対する Mur の吸収境界条件は，図 2.1 の z 軸を x 軸に置き換えることによって 1 次元の場合とまったく同様に導出することができる．

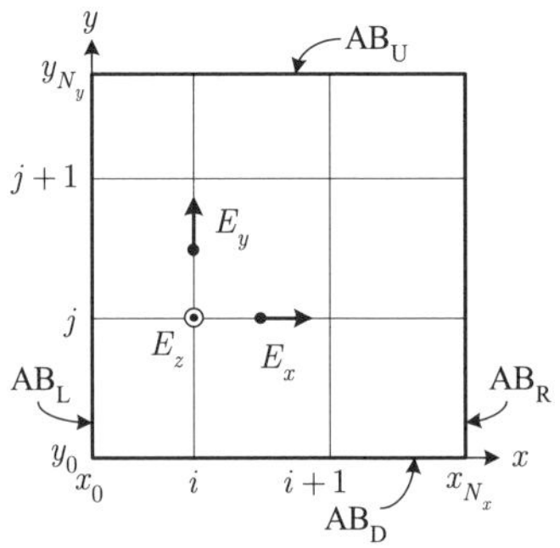

図 **2.2**　2 次元 Mur 吸収境界

ただし，$\mathrm{AB_L}$ 上の E_y は $(0, j+1/2)$ にあり，E_z は $(0, j)$ 上にある．$\mathrm{AB_R}$ 上でも $E_y(N_x, j+1/2)$, $E_z(N_x, j)$ に対して吸収境界条件が導かれる．例えば，$E_y(0, j+1/2)$ は

$$E_y^n\left(0, j+\frac{1}{2}\right) = E_y^{n-1}\left(1, j+\frac{1}{2}\right) + c_x\left[E_y^n\left(1, j+\frac{1}{2}\right) - E_y^{n-1}\left(0, j+\frac{1}{2}\right)\right] \qquad (2.6)$$

と表される．ただし，$c_x = (v\Delta t - \Delta x)/(v\Delta t + \Delta x)$ である．$y = y_0, y = y_{N_y}$ の吸収境界 $\mathrm{AB_U}, \mathrm{AB_D}$ に対しても，これに平行な電界成分 E_z, E_x の吸収境界条件が式 (2.6) と同様の表現式となる（章末問題【**2**】）．3 次元の場合，$x = x_0$ の $\mathrm{AB_L}$ 上には図 1.10 に示すように $E_y(0, j+1/2, k)$, $E_z(0, j, k+1/2)$ が配置されている．これらに対する Mur の 1 次吸収境界条件は，式 (2.6) の $E_y^n(0, j+1/2)$ や $E_y^n(1, j+1/2)$ を $E_y^n(0, j+1/2, k)$, $E_y^n(1, j+1/2, k)$ などと書き換えればよい．E_z についても同様である．具体的なプログラム例は 3.3 節に示す．

2.1.2　2 次吸収境界条件

平面波が吸収境界に斜めに入射した場合の条件が高次の吸収境界条件である．まず最初に周波数領域における平面波を考える．波数を $\boldsymbol{k} = k_x\hat{\boldsymbol{x}} + k_y\hat{\boldsymbol{y}} + k_z\hat{\boldsymbol{z}}$ としたとき，**図 2.3** のように $\boldsymbol{k}_i = -\boldsymbol{k}$ 方向に伝搬する平面波は $\dot{E}_z = \dot{E}_0 e^{-j\boldsymbol{k}_i\cdot\boldsymbol{r}} = \dot{E}_0 e^{j\boldsymbol{k}\cdot\boldsymbol{r}}$ と表されるから

$$\frac{\partial \dot{E}_z}{\partial x} - jk_x\dot{E}_z = 0 \qquad (2.7)$$

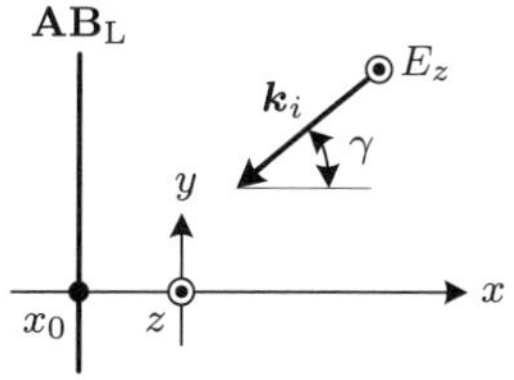

図 2.3　2 次吸収境界条件

を満足する．ここで，平面波の入射角 γ が小さいとすると $k_y^2 + k_z^2 \ll k^2$ であるから，$k_x \simeq k\{1 - (k_y^2 + k_z^2)/2k^2\}$ と近似できる．これを式 (2.7) に代入し，さらに $j\omega \to \partial/\partial t$, $jk_y \to \partial/\partial y$, $jk_z \to \partial/\partial z$ と置き換えることによって時間領域に変換すると

$$\frac{\partial}{\partial t}\left(\frac{\partial E_z}{\partial x} - \frac{1}{v}\frac{\partial E_z}{\partial t}\right) + \frac{v}{2}\left(\frac{\partial^2 E_z}{\partial y^2} + \frac{\partial^2 E_z}{\partial z^2}\right) = 0 \qquad (2.8)$$

を得る．1 次吸収境界条件と同様の方法で差分近似したものが 2 次吸収境界条件である．重複部分が多いのでその導出は章末問題【**3**】として残し，結果だけを示すと

$$
\begin{aligned}
&E_z^n\left(0,j,k+\frac{1}{2}\right)=-E_z^{n-2}\left(1,j,k+\frac{1}{2}\right)\\
&\quad+c_x\left[E_z^n\left(1,j,k+\frac{1}{2}\right)+E_z^{n-2}\left(0,j,k+\frac{1}{2}\right)\right]\\
&\quad+(1-c_x)\left[E_z^{n-1}\left(0,j,k+\frac{1}{2}\right)+E_z^{n-1}\left(1,j,k+\frac{1}{2}\right)\right]\\
&\quad+(1-c_x)\left(\frac{v\Delta t}{2\Delta y}\right)^2\\
&\quad\cdot\left[E_z^{n-1}\left(0,j+1,k+\frac{1}{2}\right)-2E_z^{n-1}\left(0,j,k+\frac{1}{2}\right)\right.\\
&\quad+E_z^{n-1}\left(0,j-1,k+\frac{1}{2}\right)+E_z^{n-1}\left(1,j+1,k+\frac{1}{2}\right)\\
&\quad\left.-2E_z^{n-1}\left(1,j,k+\frac{1}{2}\right)+E_z^{n-1}\left(1,j-1,k+\frac{1}{2}\right)\right]\\
&\quad+(1-c_x)\left(\frac{v\Delta t}{2\Delta z}\right)^2\\
&\quad\cdot\left[E_z^{n-1}\left(0,j,k+\frac{3}{2}\right)-2E_z^{n-1}\left(0,j,k+\frac{1}{2}\right)+E_z^{n-1}\left(0,j,k-\frac{1}{2}\right)\right.\\
&\quad+E_z^{n-1}\left(1,j,k+\frac{3}{2}\right)-2E_z^{n-1}\left(1,j,k+\frac{1}{2}\right)\\
&\quad\left.+E_z^{n-1}\left(1,j,k-\frac{1}{2}\right)\right]
\end{aligned}
\tag{2.9}
$$

となる．また，式 (2.9) には $k-1/2,\ k+3/2$ が含まれているから，これを適用できる範囲は $2\leq k\leq N_z-2$ で，$k=1, N_z-1$ に対しては 1 次吸収境界条件を用いざるをえない．また，式 (2.8) において $\partial E_z/\partial z=0$ とおくと 2 次元の 2 次吸収境界条件が得られる．これは，式 (2.9) の $k+1/2$ を省略し右辺の最後の項を無視することに対応するが，3 次元と同様に 1 次と 2 次の吸収境界条件を併用することになる．

k_x を 2 項定理の第 1 項だけで近似することによって 2 次吸収境界条件を導出したが，さらに近似度を上げれば高次の吸収境界条件が導かれる．しかし，不安定になりやすいため，実際には 2 次以上の吸収境界条件が用いられることはほとんどない．また，セルサイズを $\lambda/10$ に選ぶと垂直入射時の反射係数は，おおむね -40 dB，$\lambda/20$ なら -50 dB 程度となる（章末問題【 4 】，参考文献 10)）．

2.2 PML吸収境界

PML 吸収境界 (perfectly matched layer absorbing boundary) は Mur の吸収境界に比べると計算機メモリを大幅に必要とするものの，精度はきわめて高い[13)]．PML の概念は Berenger が初めて提案して以来，その高い有用性から FDTD 法ばかりではなく**有限要素法** (finite element method) にも採用されている†．また，現在でもさらなる高精度化に向けた検討も続けられている．本節では，Berenger に従って PML の基本的な考え方を紹介するとともに，その具体的な電磁界の差分近似表現を導出する．また，PML 吸収境界条件を適用するにあたっての注意事項を説明する．

2.2.1 基 本 概 念

（1） 垂 直 入 射 　図 **2.4** のように，誘電率 ε，透磁率 μ の解析領域の外側 ($z \geq z_{N_z}$) に同じ誘電率，透磁率を持ち，かつ導電率，磁気伝導率がそれぞれ σ_e^{PML}, σ_m^{PML} の一様媒質を置いたとする．この媒質に解析領域から平面波が垂直に入射したときの反射係数 $\dot{R}$ は

$$\dot{R} = \frac{\dot{Z}_{\mathrm{PML}} - Z}{\dot{Z}_{\mathrm{PML}} + Z} \tag{2.10}$$

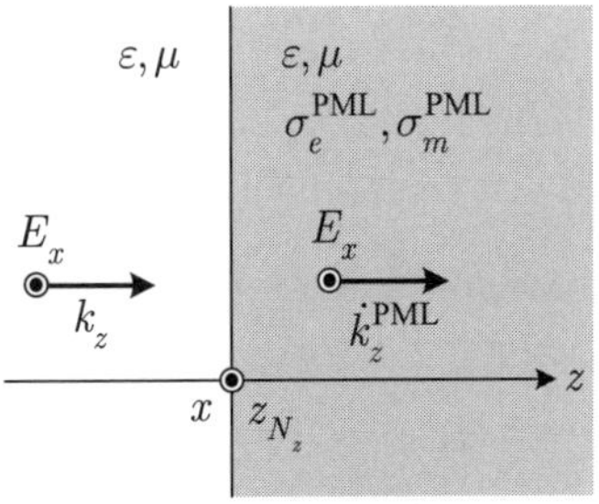

図 **2.4** 平面波の垂直入射

† 有限要素法については，8.3.3 項とその中で引用されている文献を参照していただきたい．

で与えられる（章末問題【**5**】）．ただし，Z，$\dot{Z}_{\rm PML}$ は各媒質の波動インピーダンスであり

$$Z = \sqrt{\frac{\mu}{\varepsilon}}, \qquad \dot{Z}_{\rm PML} = \sqrt{\frac{\mu\left(1 + \dfrac{\sigma_m^{\rm PML}}{j\omega\mu}\right)}{\varepsilon\left(1 + \dfrac{\sigma_e^{\rm PML}}{j\omega\varepsilon}\right)}} \tag{2.11}$$

と表される．ここで，**インピーダンス整合条件**

$$\frac{\sigma_e^{\rm PML}}{\varepsilon} = \frac{\sigma_m^{\rm PML}}{\mu} \tag{2.12}$$

を満たすように $\sigma_e^{\rm PML}$ と $\sigma_m^{\rm PML}$ を選べば周波数に無関係に反射係数は 0 となる．したがって，このような媒質で解析領域を囲めば解析領域を無限空間とみなすことができる．これが PML の基本的な考え方である．

式 (2.12) の関係を満たす媒質をここでは PML 媒質と呼ぶことにする．PML 媒質中の波数 $\dot{k}_z^{\rm PML}$ は

$$\dot{k}_z^{\rm PML} = \omega\sqrt{\mu\left(1 + \frac{\sigma_m^{\rm PML}}{j\omega\mu}\right)\varepsilon\left(1 + \frac{\sigma_e^{\rm PML}}{j\omega\varepsilon}\right)} = k - jZ\sigma_e^{\rm PML} \tag{2.13}$$

で与えられるから，電磁波は $e^{-Z\sigma_e^{\rm PML}z}$ で減衰しながら解析領域と同じ速度で伝搬することになる．このような電磁界分布を解析領域内の電磁界だけから予測することはできないため，PML 内の電磁界もまた計算しておいて，境界 $z = z_{N_z}$ で接続する必要がある．これが Mur の吸収境界よりも大幅に計算機メモリを必要とする原因で，PML の欠点である．しかしながら，3 章で示すように精度がきわめて高いため，現在では FDTD 法の標準的な吸収境界として広く用いられている．

(2)　斜 め 入 射　　図 **2.5** のように PML 媒質に平面波が斜めに入射する場合を考える．反射波が 0 になるためには，少なくとも入射角と屈折角が等しくなる必要がある．ところが電磁界の境界条件 (1.16) より，境界に平行な波数成分 $k_y^{\rm PML}$ はスネルの法則によって決まり，垂直な成分は $\dot{k}_x^{\rm PML} = \sqrt{(\dot{k}^{\rm PML})^2 - (\dot{k}_y^{\rm PML})^2}$ によって与えられれる．したがって，$\sigma_e^{\rm PML} = \sigma_m^{\rm PML} = 0$ でない限り，入射角が屈折角と等しくなることはない．

一方，(1) 項で説明したように，垂直入射する平面波に対しては反射を 0 にする損失性媒質を考えることができた．したがって，図 2.5 に示したように，x 軸方向に進む平面波成分と y 軸方向に進む成分のそれぞれに対して別々のインピーダンス整合条件が成り立つような仮想媒質を考えることができれば，斜め入射に対しても反射は 0 となるはずである．数値計算という観点からは，解析領域の電磁界が正しく計算できさえすればよいのであって，物理的に存在しない人工媒質を考えて差し支えない．このような媒質中で電磁界がどのようになるかを考えてみよう．

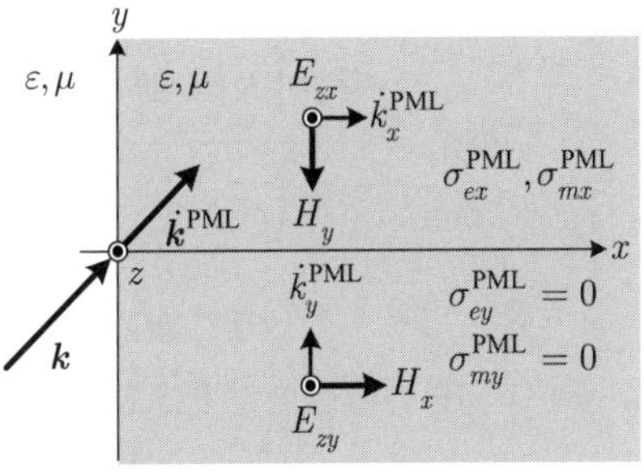

図 **2.5** 平面波の斜め入射

x 方向へ伝搬する平面波は E_z と H_y によって表され，y 方向に伝搬する平面波の電磁界成分は E_z と H_x である．このように E_z は両者に重複するが，両平面波が独立に存在しなければならないから，$E_z = E_{zx} + E_{zy}$ と二つのサブコンポーネントに分けて，x 方向に進む平面波に対しては E_{zx} だけが，y 方向に進む平面波に対しては E_{zy} だけが関係するものとする．これに対応して，x 方向と y 方向の導電率，磁気伝導率を別々に考えて，$\sigma_{ex}^{\mathrm{PML}}, \sigma_{mx}^{\mathrm{PML}}$ などとする．このとき，y 方向の波数はスネルの法則より解析領域の波数と等しくなければならないから，$\sigma_{ey}^{\mathrm{PML}} = \sigma_{my}^{\mathrm{PML}} = 0$ である．x 方向にはインピーダンス整合条件を満たさなければならないから $\sigma_{ex}^{\mathrm{PML}}/\varepsilon = \sigma_{mx}^{\mathrm{PML}}/\mu$ とする．

Berenger が導入した電磁界のサブコンポーネントという概念は，数値計算上は問題ないにしても理解が困難であった．しかし，この困難は異方性媒質を考えることによって解消され，FDTD 法以外の数値解析分野にも広く利用されるようになった．異方性 PML については 2.3 節で説明する．

(**3**) **修正PML**　これまでは PML 媒質内の誘電率，透磁率は解析領域と同じ値であったが，κ を任意の無次元数として，式 (2.11) を

$$\dot{Z}_{\rm PML} = \sqrt{\frac{\mu\left(\kappa + \dfrac{\sigma_m^{\rm PML}}{j\omega\mu}\right)}{\varepsilon\left(\kappa + \dfrac{\sigma_e^{\rm PML}}{j\omega\varepsilon}\right)}} \tag{2.14}$$

と書き換えても，式 (2.12) が成り立てば反射係数は 0 となる．こうすることによって PML の自由度を上げることができるため，κ を制御することによって反射特性を改善できる可能性がある．しかし，いくつかの計算例によると著しい効果はないようである．

比誘電率 ε_r，比透磁率 μ_r が無次元数であることに注目して，$\sigma_m^{\rm PML}/(j\omega\mu) \to (\sigma_m^{\rm PML}/\mu_r)/j\omega\mu_0$, $\sigma_e^{\rm PML}/j\omega\varepsilon \to (\sigma_e^{\rm PML}/\varepsilon_r)/j\omega\varepsilon_0$ と書き換えると，新たな導電率，磁気伝導率として $\hat{\sigma}_e^{\rm PML} = \sigma_e^{\rm PML}/\varepsilon_r$, $\hat{\sigma}_m^{\rm PML} = \sigma_m^{\rm PML}/\mu_r$ を考えることができる．このとき，式 (2.12) のインピーダンス整合条件は

$$\frac{\hat{\sigma}_e^{\rm PML}}{\varepsilon_0} = \frac{\hat{\sigma}_m^{\rm PML}}{\mu_0} \tag{2.15}$$

と書き換えられる．このようにすると，解析領域の誘電率，透磁率に無関係に導電率を決めることができて便利である．しかしながら，PML 媒質内の波数は

$$\begin{aligned}\dot{k}_x^{\rm PML} &= \omega\sqrt{\mu\left(\kappa + \frac{\hat{\sigma}_m^{\rm PML}}{j\omega\mu_0}\right)\varepsilon\left(\kappa + \frac{\hat{\sigma}_e^{\rm PML}}{j\omega\varepsilon_0}\right)} \\ &= \kappa k - j\frac{\sqrt{\mu\varepsilon}}{\varepsilon_0}\hat{\sigma}_e^{\rm PML}\end{aligned} \tag{2.16}$$

となるため，実際に導電率を決めようとする場合には，やはり解析領域の媒質定数に依存することになる．また，$\hat{\sigma}_e^{\rm PML}$, $\hat{\sigma}_m^{\rm PML}$ を導入しなくても同じことができる．これについては 2.2.3(2) 項で説明する．

3 章で具体例を示すが，平面波パルスが PML に垂直に入射する場合には，たとえそれに直流成分が含まれていても十分に高い精度を持つ．しかし，アンテナの近傍界のように静電界成分が主要な放射電磁界であるような場合には特性が劣化することが知られている．具体的な説明は 2.4.1 項を参照していただきたい．したがって，$\omega = 0$ のときの反射を制御できるようなパラメータを含む媒質

があるとよい．このような媒質としては，複素比誘電率，複素比透磁率がともにデバイ型の周波数分散性（4.1 節参照）を持つ媒質がある．このとき，式 (2.14) は

$$\dot{Z}_{\mathrm{PML}} = \sqrt{\frac{\mu\left(\kappa + \dfrac{\hat{\sigma}_m^{\mathrm{PML}}}{\alpha_m + j\omega\mu_0}\right)}{\varepsilon\left(\kappa + \dfrac{\hat{\sigma}_e^{\mathrm{PML}}}{\alpha_e + j\omega\varepsilon_0}\right)}} \tag{2.17}$$

と表されるから，$\alpha_e/\varepsilon_0 = \alpha_m/\mu_0$ および式 (2.15) が成り立てば反射係数は 0 となり，このような媒質を吸収境界として使うことができる．デバイ型の媒質を使った PML を **CFS–PML**(complex frequency–shifted PML)，あるいは **CPML**(convolutional PML) といい[14)]，特に低周波領域では精度が改善されることが知られている．これについては 2.4 節で説明する．しかし，デバイ型が最適であるという保証は必ずしもない．今後の検討に期待したい．

このように，高精度化や取扱いの利便性を目的にいくつもの修正版が提案されているが，紙面の都合ですべてを述べることはできない．本章では，これらの基本となる Berenger の PML を詳細に説明する．これが理解できれば，修正 PML の定式化もそのコーディングも容易であろうと考える．

2.2.2 1 次 元 PML

(１) 反射特性と導電率分布　PML 媒質内部の電磁界を Yee アルゴリズムによって計算するためには，媒質を有限の厚さで打ち切り，その最外壁を完全導体 (PEC) あるいは完全磁気導体 (PMC) で終端しておく必要がある．こうすると，式 (2.12) のインピーダンス整合条件を満足していても入射波の一部は反射して解析領域に戻ってくる．この大きさを求めてみよう．

PML 媒質の厚さを d_{PML} とし，図 2.4 の $z = z_{N_z} + d_{\mathrm{PML}}$ の位置に PEC を置いたときの反射係数の大きさを計算すると $|\dot{R}| = e^{-2Z\sigma_e^{\mathrm{PML}} d_{\mathrm{PML}}}$ となる（章末問題【6】）．したがって，反射を小さくするためには $\sigma_e^{\mathrm{PML}} d_{\mathrm{PML}}$ を大きくする必要があるが，d_{PML} を大きくすると計算すべき領域が大きくなるから，d_{PML} は小さくしたい．一方，FDTD 法は差分近似であるから σ_e^{PML} を大きくする

と，PML 表面での差分近似誤差が増える．これらのことから，σ_e^{PML} は表面で 0 になり，x とともに滑らかに大きくなるような分布で，かつ d_{PML} が小さくても実効的な $\sigma_e^{\mathrm{PML}} d_{\mathrm{PML}}$ が大きくなるようなものがよい．

Berenger はこのような分布として，**図 2.6** のような z に関する M 次分布

$$\sigma_e^{\mathrm{PML}}(z) = \sigma_{\max}^{\mathrm{PML}} \left(\frac{z - z_{N_z}}{d_{\mathrm{PML}}} \right)^M \tag{2.18}$$

を提案した．ただし，$d_{\mathrm{PML}} = L_{\mathrm{PML}} \Delta z$ である．式 (2.18) のように導電率が滑らかに変化し，任意の点 z でインピーダンス整合条件 $\sigma_e^{\mathrm{PML}}(z)/\varepsilon = \sigma_m^{\mathrm{PML}}(z)/\mu$ を満たす PML 媒質に対する反射係数の大きさは

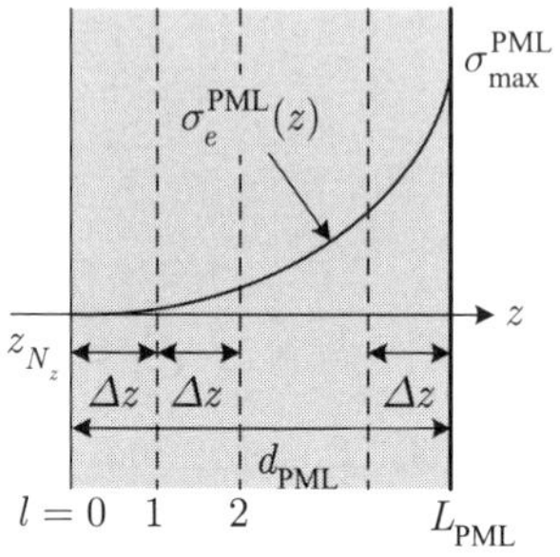

図 2.6　導電率分布

$$|\dot{R}| \simeq \exp\left[-2Z \int_{z_{N_z}}^{z_{N_z}+d_{\mathrm{PML}}} \sigma_e^{\mathrm{PML}}(z)\, dz \right] \tag{2.19}$$

で与えられるから（章末問題【**7**】），これに式 (2.18) を代入すると

$$|\dot{R}| \simeq \exp\left[-\frac{2Z\sigma_{\max}^{\mathrm{PML}} d_{\mathrm{PML}}}{M+1} \right] \tag{2.20}$$

を得る．この式より，要求精度 $|\dot{R}|$ と PML の厚さ d_{PML} をあらかじめ決めておけば $\sigma_{\max}^{\mathrm{PML}}$ は

$$\sigma_{\max}^{\mathrm{PML}} = -\frac{M+1}{2Zd_{\mathrm{PML}}} \ln |\dot{R}| \tag{2.21}$$

によって決定できる．要求精度 $|\dot{R}|$ と d_{PML} はともに小さいほうがよいから，$\sigma_{\max}$ が非常に大きな値になって式 (1.28) の係数が $a_e < 0$ となる可能性がある．これを調べてみよう．1.5.1 項で述べた Courant 安定条件を満たすように時間ステップとセルサイズを選んでおけば $(\sigma_{\max}^{\mathrm{PML}}/2\varepsilon)\Delta t \leq -[(M+1)/4L_{\mathrm{PML}}] \ln |\dot{R}|$ となる．一方，FDTD 法の差分近似誤差を考えれば $|\dot{R}|$ としては極端に小さな値を設定しても意味がなく，単精度の計算ならせいぜい $|\dot{R}| = 10^{-6}$ 程度である．このとき，$(\sigma_{\max}^{\mathrm{PML}}/2\varepsilon)\Delta t < 3.5(M+1)/L_{\mathrm{PML}}$ となるから，$M = 4$ な

$L_{\mathrm{PML}} \geq 18$ としないと $a_e > 0$ にはならない．このため当初は Yee アルゴリズムを用いると正しい計算ができないのではないかと考えられていた[10)]．ところが，式 (2.18) のように σ_e^{PML} が急峻に変化するため $z = d_{\mathrm{PML}}$ の直前でも $a_e < 0$ となることはない．さらに，入射電磁界は式 (2.13) から $\exp[-Z\sigma_e^{\mathrm{PML}} z]$ で減衰して，$a_e > 0$ となる領域ではほとんど 0 になっている．このため，PML 内の電磁界を Yee アルゴリズムの空間差分公式 (1.26)，(1.27) で計算しても問題が起きるようなことはほとんどない．多くの計算例によると，$M = 2 \sim 4$，$L_{\mathrm{PML}} \geq 2\,\mathrm{M}$ 程度に選べばよいとされている．具体的な数値例は 3.2.5 項に示す．

（**2**） **空間差分公式**　PML 内には電磁流源はないから，PML 内のマクスウェルの方程式は式 (1.26), (1.27) より

$$E_x^n(z) = a_e^{\mathrm{PML}}(z)E_x^{n-1}(z) - b_e^{\mathrm{PML}}(z)\frac{dH_y^{n-\frac{1}{2}}(z)}{dz} \tag{2.22}$$

$$H_y^{n+\frac{1}{2}}(z) = a_m^{\mathrm{PML}}(z)H_y^{n-\frac{1}{2}}(z) - b_m^{\mathrm{PML}}(z)\frac{dE_x^n(z)}{dz} \tag{2.23}$$

となる．ただし，PML 内の係数であることを強調するために a_e^{PML} のような添え字を付けた．また，誘電率，透磁率は左右の吸収境界で異なってもよいから，それらを

$$\varepsilon^{\mathrm{PML}}, \mu^{\mathrm{PML}} = \begin{cases} \varepsilon(z_0), \mu(z_0) & (z_0 - d_{\mathrm{PML}} \leq z \leq z_0) \\ \varepsilon(z_{N_z}), \mu(z_{N_z}) & (z_{N_z} \leq z \leq z_{N_z} + d_{\mathrm{PML}}) \end{cases} \tag{2.24}$$

と表したとき，式 (2.22), (2.23) の係数 $a_e^{\mathrm{PML}}(z) \sim b_m^{\mathrm{PML}}(z)$ は

$$a_e^{\mathrm{PML}}(z) = \frac{1 - \dfrac{\sigma_e^{\mathrm{PML}}(z)\Delta t}{2\varepsilon^{\mathrm{PML}}}}{1 + \dfrac{\sigma_e^{\mathrm{PML}}(z)\Delta t}{2\varepsilon^{\mathrm{PML}}}}, \quad a_m^{\mathrm{PML}}(z) = \frac{1 - \dfrac{\sigma_m^{\mathrm{PML}}(z)\Delta t}{2\mu^{\mathrm{PML}}}}{1 + \dfrac{\sigma_m^{\mathrm{PML}}(z)\Delta t}{2\mu^{\mathrm{PML}}}} \tag{2.25}$$

$$b_e^{\mathrm{PML}}(z) = \frac{\Delta t/\varepsilon^{\mathrm{PML}}}{1 + \dfrac{\sigma_e^{\mathrm{PML}}(z)\Delta t}{2\varepsilon^{\mathrm{PML}}}}, \quad b_m^{\mathrm{PML}}(z) = \frac{\Delta t/\mu^{\mathrm{PML}}}{1 + \dfrac{\sigma_m^{\mathrm{PML}}(z)\Delta t}{2\mu^{\mathrm{PML}}}} \tag{2.26}$$

によって与えられる．ただし

$$\sigma_e^{\mathrm{PML}}(z) = \begin{cases} \sigma_{\max}^{\mathrm{PML}} \left(\dfrac{z_0 - z}{d_{\mathrm{PML}}} \right)^M & (z_0 - d_{\mathrm{PML}} \leq z \leq z_0) \\ \sigma_{\max}^{\mathrm{PML}} \left(\dfrac{z - z_{N_z}}{d_{\mathrm{PML}}} \right)^M & (z_{N_z} \leq z \leq z_{N_z} + d_{\mathrm{PML}}) \end{cases} \tag{2.27}$$

である．なお，PML の最外壁は完全導体としたから $E_x^n(z_0 - d_{\mathrm{PML}}) = E_x^n(z_{N_z} + d_{\mathrm{PML}}) = 0$ である．

式 (2.22), (2.23) の空間差分公式は 1.2.3 項とまったく同様にできて

$$E_x^n(k) = a_e^{\mathrm{PML}}(k) E_x^{n-1}(k) - \frac{b_e^{\mathrm{PML}}(k)}{\Delta z} \left[H_y^{n-\frac{1}{2}} \left(k + \frac{1}{2} \right) - H_y^{n-\frac{1}{2}} \left(k - \frac{1}{2} \right) \right] \tag{2.28}$$

$$H_y^{n+\frac{1}{2}} \left(k + \frac{1}{2} \right) = a_m^{\mathrm{PML}} \left(k + \frac{1}{2} \right) H_y^{n-\frac{1}{2}} \left(k + \frac{1}{2} \right) - \frac{b_m^{\mathrm{PML}} \left(k + \frac{1}{2} \right)}{\Delta z} \left[E_x^n(k+1) - E_x^n(k) \right] \tag{2.29}$$

となる．

2.2.3　2 次 元 PML

(1)　均 質 媒 質　　PML 媒質は図 **2.7** のように解析領域を取り囲むように設置される．解析領域内部の媒質は不均質でも構わないが，PML 媒質に接する部分は均質であるものとする．ただし，上下左右それぞれの境界で誘電率，透磁率の値は異なってもよいから，式 (2.24) のように定めるものとして，それらの値を $\varepsilon^{\mathrm{PML}}$, μ^{PML} で代表させるものとする．

PML 層の数 L_{PML}，次数 M は上下左右で異なってもよいが，煩雑になるので特別なことがない限り等しくするのが一般的である．このとき，x 軸，y 軸に垂直な層の厚さはそれぞれ $d_x^{\mathrm{PML}} = L_{\mathrm{PML}} \Delta x$, $d_y^{\mathrm{PML}} = L_{\mathrm{PML}} \Delta y$ となる．また，2.2.1(2) 項で説明したように，x 方向と y 方向の導電率，磁気伝導率を考えるが，x 軸に垂直な領域では $\sigma_{ey}^{\mathrm{PML}} = \sigma_{my}^{\mathrm{PML}} = 0$, y 軸に垂直な領域では

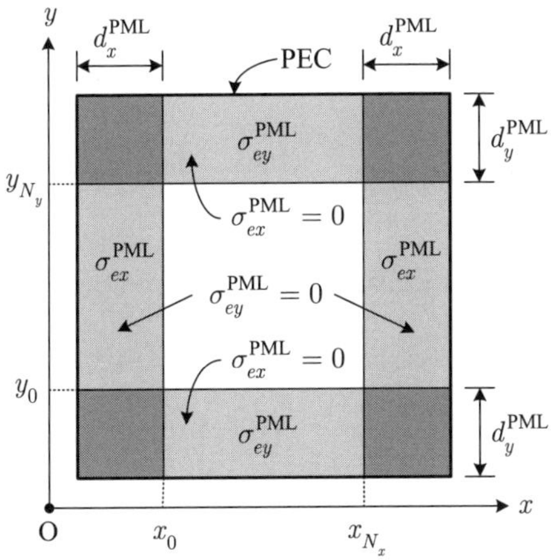

図 **2.7**　2 次元 PML 吸収境界

$\sigma_{ex}^{PML}=\sigma_{mx}^{PML}=0$ である．ただし，それらが重なっている四隅の領域では 0 ではない．すなわち，導電率は $\zeta=x,y$ に対して

$$\sigma_{e\zeta}^{PML}(\zeta)=\begin{cases}\sigma_{\max,\zeta}^{PML}\left(\dfrac{\zeta_0-\zeta}{d_\zeta^{PML}}\right)^M & (\zeta_0-d_\zeta^{PML}\le\zeta\le\zeta_0)\\ \sigma_{\max,\zeta}^{PML}\left(\dfrac{\zeta-\zeta_{N_\zeta}}{d_\zeta^{PML}}\right)^M & (\zeta_{N_\zeta}\le\zeta\le\zeta_{N_\zeta}+d_\zeta^{PML})\\ 0 & (\text{その他})\end{cases} \tag{2.30}$$

となる．磁気伝導率は

$$\sigma_{m\zeta}^{PML}(\zeta)=\frac{\mu^{PML}}{\varepsilon^{PML}}\sigma_{e\zeta}^{PML}(\zeta) \tag{2.31}$$

によって与えられる．このときの PML 吸収境界媒質内の電磁界の計算方法を考えよう．

2 次元電磁界は 1.2.4 項で説明したように TM_z と TE_z の重ね合せとして考えればよかったから，まず，電界が z 成分だけを持つ TM_z について考えよう．x 方向に伝搬する平面波は E_z と H_y 成分によって，y 方向に伝搬する平面波は E_z と H_x 成分によって表されるから，2.2.1(2) 項のように E_z をサブコン

ポーネント E_{zx}, E_{zy} に分けると，$\boldsymbol{J}_e = \sigma_e^{\mathrm{PML}}\boldsymbol{E}$ としたときのアンペア・マクスウェルの法則 (1.2) は

$$\left.\begin{aligned} \varepsilon^{\mathrm{PML}}\frac{\partial E_{zx}}{\partial t} + \sigma_{ex}^{\mathrm{PML}}(x)E_{zx} &= \frac{\partial H_y}{\partial x} \\ \varepsilon^{\mathrm{PML}}\frac{\partial E_{zy}}{\partial t} + \sigma_{ey}^{\mathrm{PML}}(y)E_{zy} &= -\frac{\partial H_x}{\partial y} \end{aligned}\right\} \tag{2.32}$$

となり，$\boldsymbol{J}_m = \sigma_m^{\mathrm{PML}}\boldsymbol{H}$ としたときのファラデーの法則 (1.1) は

$$\left.\begin{aligned} \mu^{\mathrm{PML}}\frac{\partial H_x}{\partial t} + \sigma_{my}^{\mathrm{PML}}(y)H_x &= -\frac{\partial E_z}{\partial y} \\ \mu^{\mathrm{PML}}\frac{\partial H_y}{\partial t} + \sigma_{mx}^{\mathrm{PML}}(x)H_y &= \frac{\partial E_z}{\partial x} \end{aligned}\right\} \tag{2.33}$$

となる．

式 (2.32) は平面波が独立に伝搬するとして導いたが，これはアンペア・マクスウェルの法則 (1.2) の z 成分 $\varepsilon^{\mathrm{PML}}\partial E_z/\partial t + \sigma_e^{\mathrm{PML}}E_z = [\nabla \times \boldsymbol{H}]_z = \partial H_y/\partial x - \partial H_x/\partial y$ の右辺を $\partial H_y/\partial x$ と $-\partial H_x/\partial y$ に分離し，磁界の x に関する偏微分に対しては左辺の E_z を E_{zx} に，y の偏微分に対しては E_{zy} に書き換えることによって得られる．式 (2.33) は E_z 成分しか持たないから，平面波として考えたときの伝搬方向，すなわち E_z を偏微分する方向に合わせて σ_m^{PML} を $\sigma_{my}^{\mathrm{PML}}$, $\sigma_{mx}^{\mathrm{PML}}$ と書き換えればよい．このようにすれば H_z 成分を持つ TE_z モードに対しても同様に PML 内の偏微分方程式を導くことができて

$$\left.\begin{aligned} \mu^{\mathrm{PML}}\frac{\partial H_{zx}}{\partial t} + \sigma_{mx}^{\mathrm{PML}}(x)H_{zx} &= -\frac{\partial E_y}{\partial x} \\ \mu^{\mathrm{PML}}\frac{\partial H_{zy}}{\partial t} + \sigma_{my}^{\mathrm{PML}}(y)H_{zy} &= \frac{\partial E_x}{\partial y} \end{aligned}\right\} \tag{2.34}$$

$$\left.\begin{aligned} \varepsilon^{\mathrm{PML}}\frac{\partial E_x}{\partial t} + \sigma_{ey}^{\mathrm{PML}}(y)E_x &= \frac{\partial H_z}{\partial y} \\ \varepsilon^{\mathrm{PML}}\frac{\partial E_y}{\partial t} + \sigma_{ex}^{\mathrm{PML}}(x)E_y &= -\frac{\partial H_z}{\partial x} \end{aligned}\right\} \tag{2.35}$$

を得る．磁気伝導率を式 (2.31) を用いて導電率の表現に直してから式 (2.32) ～ (2.35) を 1.2 節の Yee アルゴリズムに従って差分近似すると，つぎの PML 内の空間差分公式が得られる（章末問題【8】）．

$$E_x^n\left(i+\frac{1}{2},j\right)=a_{ey}^{\mathrm{PML}}(j)E_x^{n-1}\left(i+\frac{1}{2},j\right)+\frac{b_{ey}^{\mathrm{PML}}(j)}{\Delta y}\left[H_z^{n-\frac{1}{2}}\left(i+\frac{1}{2},j+\frac{1}{2}\right)-H_z^{n-\frac{1}{2}}\left(i+\frac{1}{2},j-\frac{1}{2}\right)\right] \tag{2.36}$$

$$E_y^n\left(i,j+\frac{1}{2}\right)=a_{ex}^{\mathrm{PML}}(i)E_y^{n-1}\left(i,j+\frac{1}{2}\right)-\frac{b_{ex}^{\mathrm{PML}}(i)}{\Delta x}\left[H_z^{n-\frac{1}{2}}\left(i+\frac{1}{2},j+\frac{1}{2}\right)-H_z^{n-\frac{1}{2}}\left(i-\frac{1}{2},j+\frac{1}{2}\right)\right] \tag{2.37}$$

$$E_{zx}^n(i,j)=a_{ex}^{\mathrm{PML}}(i)E_{zx}^{n-1}(i,j)+\frac{b_{ex}^{\mathrm{PML}}(i)}{\Delta x}\left[H_y^{n-\frac{1}{2}}\left(i+\frac{1}{2},j\right)-H_y^{n-\frac{1}{2}}\left(i-\frac{1}{2},j\right)\right] \tag{2.38a}$$

$$E_{zy}^n(i,j)=a_{ey}^{\mathrm{PML}}(j)E_{zy}^{n-1}(i,j)-\frac{b_{ey}^{\mathrm{PML}}(j)}{\Delta y}\left[H_x^{n-\frac{1}{2}}\left(i,j+\frac{1}{2}\right)-H_x^{n-\frac{1}{2}}\left(i,j-\frac{1}{2}\right)\right] \tag{2.38b}$$

$$E_z^n(i,j)=E_{zx}^n(i,j)+E_{zy}^n(i,j) \tag{2.38c}$$

$$H_x^{n+\frac{1}{2}}\left(i,j+\frac{1}{2}\right)=a_{my}^{\mathrm{PML}}\left(j+\frac{1}{2}\right)H_x^{n-\frac{1}{2}}\left(i,j+\frac{1}{2}\right)-\frac{b_{my}^{\mathrm{PML}}\left(j+\frac{1}{2}\right)}{\Delta y}\left[E_z^n(i,j+1)-E_z^n(i,j)\right] \tag{2.39}$$

$$H_y^{n+\frac{1}{2}}\left(i+\frac{1}{2},j\right)=a_{mx}^{\mathrm{PML}}\left(i+\frac{1}{2}\right)H_y^{n-\frac{1}{2}}\left(i+\frac{1}{2},j\right)+\frac{b_{mx}^{\mathrm{PML}}\left(i+\frac{1}{2}\right)}{\Delta x}\left[E_z^n(i+1,j)-E_z^n(i,j)\right] \tag{2.40}$$

$$H_{zx}^{n+\frac{1}{2}}\left(i+\frac{1}{2},j+\frac{1}{2}\right)=a_{mx}^{\mathrm{PML}}\left(i+\frac{1}{2}\right)H_{zx}^{n-\frac{1}{2}}\left(i+\frac{1}{2},j+\frac{1}{2}\right)$$
$$-\frac{b_{mx}^{\mathrm{PML}}\left(i+\frac{1}{2}\right)}{\Delta x}\left[E_y^n\left(i+1,j+\frac{1}{2}\right)-E_y^n\left(i,j+\frac{1}{2}\right)\right] \tag{2.41a}$$

$$H_{zy}^{n+\frac{1}{2}}\left(i+\frac{1}{2},j+\frac{1}{2}\right)=a_{my}^{\mathrm{PML}}\left(j+\frac{1}{2}\right)H_{zy}^{n-\frac{1}{2}}\left(i+\frac{1}{2},j+\frac{1}{2}\right)$$
$$+\frac{b_{my}^{\mathrm{PML}}\left(j+\frac{1}{2}\right)}{\Delta y}\left[E_x^n\left(i+\frac{1}{2},j+1\right)-E_x^n\left(i+\frac{1}{2},j\right)\right] \tag{2.41b}$$

$$H_z^{n+\frac{1}{2}}\left(i+\frac{1}{2},j+\frac{1}{2}\right)=H_{zx}^{n+\frac{1}{2}}\left(i+\frac{1}{2},j+\frac{1}{2}\right)+H_{zy}^{n+\frac{1}{2}}\left(i+\frac{1}{2},j+\frac{1}{2}\right) \tag{2.41c}$$

ただし，$\zeta=x,y$ に対して

$$a_{e\zeta}(\zeta)=\frac{1-\dfrac{\sigma_{e\zeta}^{\mathrm{PML}}(\zeta)\Delta t}{2\varepsilon^{\mathrm{PML}}}}{1+\dfrac{\sigma_{e\zeta}^{\mathrm{PML}}(\zeta)\Delta t}{2\varepsilon^{\mathrm{PML}}}},\quad a_{m\zeta}(\zeta)=\frac{1-\dfrac{\sigma_{m\zeta}^{\mathrm{PML}}(\zeta)\Delta t}{2\mu^{\mathrm{PML}}}}{1+\dfrac{\sigma_{m\zeta}^{\mathrm{PML}}(\zeta)\Delta t}{2\mu^{\mathrm{PML}}}} \tag{2.42}$$

$$b_{e\zeta}(\zeta)=\frac{\Delta t/\varepsilon^{\mathrm{PML}}}{1+\dfrac{\sigma_{e\zeta}^{\mathrm{PML}}(\zeta)\Delta t}{2\varepsilon^{\mathrm{PML}}}},\quad b_{m\zeta}(\zeta)=\frac{\Delta t/\mu^{\mathrm{PML}}}{1+\dfrac{\sigma_{m\zeta}^{\mathrm{PML}}(\zeta)\Delta t}{2\mu^{\mathrm{PML}}}} \tag{2.43}$$

である．

（2） 不均質媒質　　**図 2.8**のように，誘電率，透磁率の異なる均質媒質が右側のPML層に接しているとし，それらのPML領域を $\Omega_0 \sim \Omega_2$ とする．この領域からの反射を正確に見積もることはきわめて困難である．そこでここでは，各領域ごとに考えることができると仮定して，導電率と磁気伝導率を決

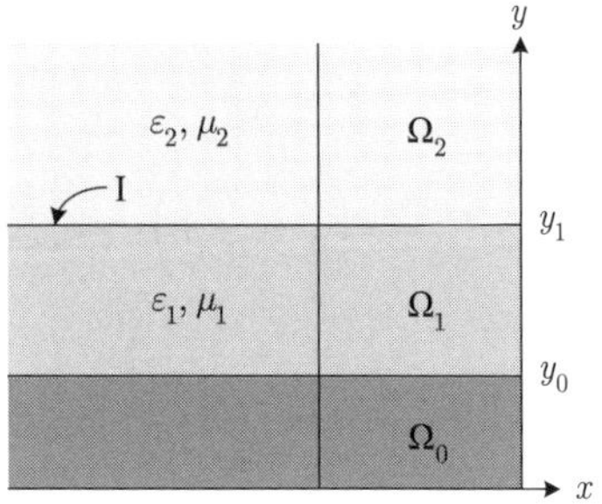

図 2.8　不均質媒質

定する方法を考えよう．

領域 Ω_1，Ω_2 の誘電率と透磁率はそれに接する解析領域と同じ値にとるとする．各領域の導電率と磁気伝導率を半無限領域に対するインピーダンス整合条件 (2.12) から独立に決めたとすると，これは図 2.8 の問題とは異なる．また，実際の計算では PML の最外壁を完全導体で覆わなければならないから，必ず反射が起こる．各領域からの反射係数が異なると境界 I では電磁界に異常な不連続が発生するから，この不連続をなくすためには少なくとも反射係数が等しくなるようにしなければならない．このためには，式 (2.10) より各領域の $\dot{Z}^{\mathrm{PML}}/Z$ を等しくする必要がある．したがって

$$\frac{\sigma_{2ex}}{\varepsilon_2}\left(=\frac{\sigma_{2mx}}{\mu_2}\right)=\frac{\sigma_{1ex}}{\varepsilon_1}\left(=\frac{\sigma_{1mx}}{\mu_1}\right) \tag{2.44}$$

を満足するように導電率を決めるのがよいと考えられる．このようにすることにより，σ_{2ex} を決めると，σ_{1ex} も σ_{1mx} も自動的に決定される．これはちょうど 2.2.1(3) 項の $\hat{\sigma}_e, \hat{\sigma}_m$ を一般化したものになっている．ただし，境界 I 上の誘電率，透磁率は Ω_1 と Ω_2 の平均値とする．

以上の考察から，PML 吸収境界を用いるときには真空に対する条件を基準として考えておけば，図 2.8 のような不均質媒質を特別に考える必要はないことがわかる．具体的なプログラムは 3.3 節に示す．

2.2.4　3 次 元 PML

3 次元 PML 媒質内の電磁方程式は 2 次元の場合と同様に導出できる．アンペア・マクスウェルの法則 $\varepsilon^{\mathrm{PML}}\partial\boldsymbol{E}/\partial t+\sigma_e^{\mathrm{PML}}\boldsymbol{E}=\nabla\times\boldsymbol{H}$，ファラデーの法則 $\mu^{\mathrm{PML}}\partial\boldsymbol{H}/\partial t+\sigma_m^{\mathrm{PML}}\boldsymbol{H}=-\nabla\times\boldsymbol{E}$ をそれぞれ成分ごとに表すと，例えば x 成分の右辺は $\partial H_z/\partial y-\partial H_y/\partial z$，$-\partial E_z/\partial y+\partial E_y/\partial z$ のように 2 項の和となるが，これを $\partial H_z/\partial y$ と $-\partial H_y/\partial z$，$-\partial E_z/\partial y$ と $\partial E_y/\partial z$ に分離して，それぞれに対して電界 E_x のサブコンポーネント E_{xy} と E_{xz}，磁界 H_x のサブコンポーネント H_{xy} と H_{xz} が対応するものとする．ただし，$E_x=E_{xy}+E_{xz}$，$H_x=H_{xy}+H_{xz}$ である．これらはまた 2.2.3 項で説明したように，y 方向と z 方向に独立に伝搬する平面波を表している．他の成分に関しても同様に考える

と，つぎの関係式が得られる．ただし，$\varepsilon^{\mathrm{PML}}$, μ^{PML} は，1 次元あるいは 2 次元の場合と同様に PML 層に接する面における解析領域の誘電率と透磁率から決めるものとする．

$$\left.\begin{aligned}
&\varepsilon^{\mathrm{PML}}\frac{\partial E_{xy}}{\partial t}+\sigma_{ey}^{\mathrm{PML}}E_{xy}=\frac{\partial H_z}{\partial y}, \qquad \varepsilon^{\mathrm{PML}}\frac{\partial E_{xz}}{\partial t}+\sigma_{ez}^{\mathrm{PML}}E_{xz}=-\frac{\partial H_y}{\partial z}\\
&\varepsilon^{\mathrm{PML}}\frac{\partial E_{yz}}{\partial t}+\sigma_{ez}^{\mathrm{PML}}E_{yz}=\frac{\partial H_x}{\partial z}, \qquad \varepsilon^{\mathrm{PML}}\frac{\partial E_{yx}}{\partial t}+\sigma_{ex}^{\mathrm{PML}}E_{yx}=-\frac{\partial H_z}{\partial x}\\
&\varepsilon^{\mathrm{PML}}\frac{\partial E_{zx}}{\partial t}+\sigma_{ex}^{\mathrm{PML}}E_{zx}=\frac{\partial H_y}{\partial x}, \qquad \varepsilon^{\mathrm{PML}}\frac{\partial E_{zy}}{\partial t}+\sigma_{ey}^{\mathrm{PML}}E_{zy}=-\frac{\partial H_x}{\partial y}
\end{aligned}\right\} \tag{2.45}$$

$$\left.\begin{aligned}
&\mu^{\mathrm{PML}}\frac{\partial H_{xy}}{\partial t}+\sigma_{my}^{\mathrm{PML}}H_{xy}=-\frac{\partial E_z}{\partial y}, \qquad \mu^{\mathrm{PML}}\frac{\partial H_{xz}}{\partial t}+\sigma_{mz}^{\mathrm{PML}}H_{xz}=\frac{\partial E_y}{\partial z}\\
&\mu^{\mathrm{PML}}\frac{\partial H_{yz}}{\partial t}+\sigma_{mz}^{\mathrm{PML}}H_{yz}=-\frac{\partial E_x}{\partial z}, \qquad \mu^{\mathrm{PML}}\frac{\partial H_{yx}}{\partial t}+\sigma_{mx}^{\mathrm{PML}}H_{yx}=\frac{\partial E_z}{\partial x}\\
&\mu^{\mathrm{PML}}\frac{\partial H_{zx}}{\partial t}+\sigma_{mx}^{\mathrm{PML}}H_{zx}=-\frac{\partial E_y}{\partial x}, \qquad \mu^{\mathrm{PML}}\frac{\partial H_{zy}}{\partial t}+\sigma_{my}^{\mathrm{PML}}H_{zy}=\frac{\partial E_x}{\partial y}
\end{aligned}\right\} \tag{2.46}$$

ただし

$$\left.\begin{aligned}
&E_x=E_{xy}+E_{xz}, \qquad E_y=E_{yz}+E_{yx}, \qquad E_z=E_{zx}+E_{zy}\\
&H_x=H_{xy}+H_{xz}, \qquad H_y=H_{yz}+H_{yx}, \qquad H_z=H_{zx}+H_{zy}
\end{aligned}\right\} \tag{2.47}$$

である．

PML 媒質は図 **2.9** のように解析空間を囲み，その導電率，磁気伝導率は 2 次元の場合と同様に，例えば x 軸に垂直な層では $\sigma_{ey}^{\mathrm{PML}}=\sigma_{ez}^{\mathrm{PML}}=0$ で，$\sigma_{ex}^{\mathrm{PML}}(x)$ は式 (2.30) のように与えられる．y 軸，z 軸に対しても同様である．

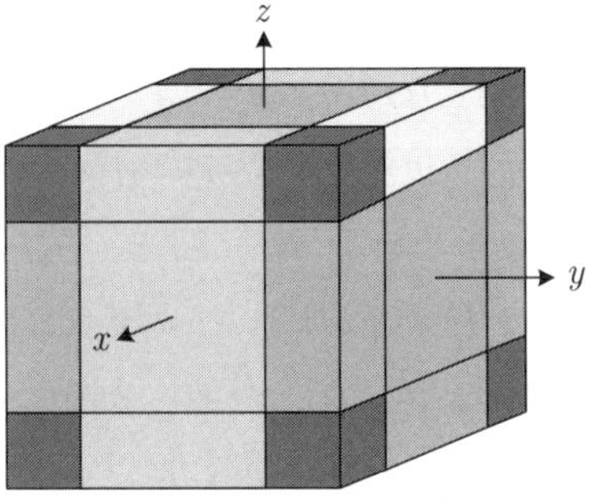

図 2.9　3 次元 PML 吸収境界

$\zeta=x,y,z$ の各成分についてインピーダンス整合条件 (2.31) が満足されるとし，

Yee アルゴリズムに従って式 (2.45), (2.46) を中心差分近似すると，つぎの空間差分公式を得る（章末問題【**9**】）．ただし，係数 $a_{ex}^{\rm PML} \sim b_{mx}^{\rm PML}$ は式 (2.42), (2.43) と同じである．

$$E_{xy}^{n}\left(i+\frac{1}{2},j,k\right)=a_{ey}^{\rm PML}(j)E_{xy}^{n-1}\left(i+\frac{1}{2},j,k\right)+\frac{b_{ey}^{\rm PML}(j)}{\Delta y}\left[H_{z}^{n-\frac{1}{2}}\left(i+\frac{1}{2},j+\frac{1}{2},k\right)-H_{z}^{n-\frac{1}{2}}\left(i+\frac{1}{2},j-\frac{1}{2},k\right)\right] \tag{2.48a}$$

$$E_{xz}^{n}\left(i+\frac{1}{2},j,k\right)=a_{ez}^{\rm PML}(k)E_{xz}^{n-1}\left(i+\frac{1}{2},j,k\right)-\frac{b_{ez}^{\rm PML}(k)}{\Delta z}\left[H_{y}^{n-\frac{1}{2}}\left(i+\frac{1}{2},j,k+\frac{1}{2}\right)-H_{y}^{n-\frac{1}{2}}\left(i+\frac{1}{2},j,k-\frac{1}{2}\right)\right] \tag{2.48b}$$

$$E_{x}^{n}\left(i+\frac{1}{2},j,k\right)=E_{xy}^{n}\left(i+\frac{1}{2},j,k\right)+E_{xz}^{n}\left(i+\frac{1}{2},j,k\right) \tag{2.48c}$$

$$E_{yz}^{n}\left(i,j+\frac{1}{2},k\right)=a_{ez}^{\rm PML}(k)E_{yz}^{n-1}\left(i,j+\frac{1}{2},k\right)+\frac{b_{ez}^{\rm PML}(k)}{\Delta z}\left[H_{x}^{n-\frac{1}{2}}\left(i,j+\frac{1}{2},k+\frac{1}{2}\right)-H_{x}^{n-\frac{1}{2}}\left(i,j+\frac{1}{2},k-\frac{1}{2}\right)\right] \tag{2.49a}$$

$$E_{yx}^{n}\left(i,j+\frac{1}{2},k\right)=a_{ex}^{\rm PML}(i)E_{yx}^{n-1}\left(i,j+\frac{1}{2},k\right)-\frac{b_{ex}^{\rm PML}(i)}{\Delta x}\left[H_{z}^{n-\frac{1}{2}}\left(i+\frac{1}{2},j+\frac{1}{2},k\right)-H_{z}^{n-\frac{1}{2}}\left(i-\frac{1}{2},j+\frac{1}{2},k\right)\right] \tag{2.49b}$$

$$E_{y}^{n}\left(i,j+\frac{1}{2},k\right)=E_{yz}^{n}\left(i,j+\frac{1}{2},k\right)+E_{yx}^{n}\left(i,j+\frac{1}{2},k\right) \tag{2.49c}$$

$$E_{zx}^{n}\left(i,j,k+\frac{1}{2}\right)=a_{ex}^{\rm PML}(i)E_{zx}^{n-1}\left(i,j,k+\frac{1}{2}\right)+\frac{b_{ex}^{\rm PML}(i)}{\Delta x}\left[H_{y}^{n-\frac{1}{2}}\left(i+\frac{1}{2},j,k+\frac{1}{2}\right)-H_{y}^{n-\frac{1}{2}}\left(i-\frac{1}{2},j,k+\frac{1}{2}\right)\right] \tag{2.50a}$$

$$E_{zy}^{n}\left(i,j,k+\frac{1}{2}\right)=a_{ey}^{\mathrm{PML}}(j)E_{zy}^{n-1}\left(i,j,k+\frac{1}{2}\right)$$
$$-\frac{b_{ey}^{\mathrm{PML}}(j)}{\Delta y}\left[H_{x}^{n-\frac{1}{2}}\left(i,j+\frac{1}{2},k+\frac{1}{2}\right)-H_{x}^{n-\frac{1}{2}}\left(i,j-\frac{1}{2},k+\frac{1}{2}\right)\right]$$

$$E_{z}^{n}\left(i,j,k+\frac{1}{2}\right)=E_{zx}^{n}\left(i,j,k+\frac{1}{2}\right)+E_{zy}^{n}\left(i,j,k+\frac{1}{2}\right) \quad (2.50\mathrm{b})$$

$$H_{xy}^{n+\frac{1}{2}}\left(i,j+\frac{1}{2},k+\frac{1}{2}\right)=a_{my}^{\mathrm{PML}}\left(j+\frac{1}{2}\right)H_{xy}^{n-\frac{1}{2}}\left(i,j+\frac{1}{2},k+\frac{1}{2}\right)$$
$$-\frac{b_{my}^{\mathrm{PML}}\left(j+\frac{1}{2}\right)}{\Delta y}\left[E_{z}^{n}\left(i,j+1,k+\frac{1}{2}\right)-E_{z}^{n}\left(i,j,k+\frac{1}{2}\right)\right] \quad (2.51\mathrm{a})$$

$$H_{xz}^{n+\frac{1}{2}}\left(i,j+\frac{1}{2},k+\frac{1}{2}\right)=a_{mz}^{\mathrm{PML}}\left(k+\frac{1}{2}\right)H_{xz}^{n-\frac{1}{2}}\left(i,j+\frac{1}{2},k+\frac{1}{2}\right)$$
$$+\frac{b_{mz}^{\mathrm{PML}}\left(k+\frac{1}{2}\right)}{\Delta z}\left[E_{y}^{n}\left(i,j+\frac{1}{2},k+1\right)-E_{y}^{n}\left(i,j+\frac{1}{2},k\right)\right] \quad (2.51\mathrm{b})$$

$$H_{x}^{n+\frac{1}{2}}\left(i,j+\frac{1}{2},k+\frac{1}{2}\right)=H_{xy}^{n+\frac{1}{2}}\left(i,j+\frac{1}{2},k+\frac{1}{2}\right)$$
$$+H_{xz}^{n+\frac{1}{2}}\left(i,j+\frac{1}{2},k+\frac{1}{2}\right) \quad (2.51\mathrm{c})$$

$$H_{yz}^{n+\frac{1}{2}}\left(i+\frac{1}{2},j,k+\frac{1}{2}\right)=a_{mz}^{\mathrm{PML}}\left(k+\frac{1}{2}\right)H_{yz}^{n-\frac{1}{2}}\left(i+\frac{1}{2},j,k+\frac{1}{2}\right)$$
$$-\frac{b_{mz}^{\mathrm{PML}}\left(k+\frac{1}{2}\right)}{\Delta z}\left[E_{x}^{n}\left(i+\frac{1}{2},j,k+1\right)-E_{x}^{n}\left(i+\frac{1}{2},j,k\right)\right] \quad (2.52\mathrm{a})$$

$$H_{yx}^{n+\frac{1}{2}}\left(i+\frac{1}{2},j,k+\frac{1}{2}\right)=a_{mx}^{\mathrm{PML}}\left(i+\frac{1}{2}\right)H_{yx}^{n-\frac{1}{2}}\left(i+\frac{1}{2},j,k+\frac{1}{2}\right)$$
$$+\frac{b_{mx}^{\mathrm{PML}}\left(i+\frac{1}{2}\right)}{\Delta x}\left[E_{z}^{n}\left(i+1,j,k+\frac{1}{2}\right)-E_{z}^{n}\left(i,j,k+\frac{1}{2}\right)\right] \quad (2.52\mathrm{b})$$

$$H_y^{n+\frac{1}{2}}\left(i+\frac{1}{2},j,k+\frac{1}{2}\right)=H_{yz}^{n+\frac{1}{2}}\left(i+\frac{1}{2},j,k+\frac{1}{2}\right)$$
$$+H_{yx}^{n+\frac{1}{2}}\left(i+\frac{1}{2},j,k+\frac{1}{2}\right) \tag{2.52c}$$

$$H_{zx}^{n+\frac{1}{2}}\left(i+\frac{1}{2},j+\frac{1}{2},k\right)=a_{mx}^{\mathrm{PML}}\left(i+\frac{1}{2}\right)H_{zx}^{n-\frac{1}{2}}\left(i+\frac{1}{2},j+\frac{1}{2},k\right)$$
$$-\frac{b_{mx}^{\mathrm{PML}}\left(i+\frac{1}{2}\right)}{\Delta x}\left[E_y^n\left(i+1,j+\frac{1}{2},k\right)-E_y^n\left(i,j+\frac{1}{2},k\right)\right] \tag{2.53a}$$

$$H_{zy}^{n+\frac{1}{2}}\left(i+\frac{1}{2},j+\frac{1}{2},k\right)=a_{my}^{\mathrm{PML}}\left(j+\frac{1}{2}\right)H_{zy}^{n-\frac{1}{2}}\left(i+\frac{1}{2},j+\frac{1}{2},k\right)$$
$$+\frac{b_{my}^{\mathrm{PML}}\left(j+\frac{1}{2}\right)}{\Delta y}\left[E_x^n\left(i+\frac{1}{2},j+1,k\right)-E_x^n\left(i+\frac{1}{2},j,k\right)\right] \tag{2.53b}$$

$$H_z^{n+\frac{1}{2}}\left(i+\frac{1}{2},j+\frac{1}{2},k\right)=H_{zx}^{n+\frac{1}{2}}\left(i+\frac{1}{2},j+\frac{1}{2},k\right)$$
$$+H_{zy}^{n+\frac{1}{2}}\left(i+\frac{1}{2},j+\frac{1}{2},k\right) \tag{2.53c}$$

本節では Berenger に従って PML 媒質内の電磁方程式とその差分公式を導いたが，式 (2.47) のように電磁界を二つのサブコンポーネントに分割しているために，**SF–PML** (split–field PML) ということもある．本書では，混乱がないと思われる場合には単に **BPML** と呼ぶことにする．BPML では式 (2.45), (2.46) のような 12 個の方程式を用いるため，電磁界 6 成分に対するマクスウェルの方程式そのものを扱うよりも 2 倍の計算が必要である．

2.3 UPML

ここでは BPML と等価な電磁界 6 成分に対する PML について説明する．これを **UPML**(uniaxial PML) という[15)]．その名のとおり，PML 媒質は 1 軸異方性となる（角の領域では2軸異方性）が，物理的に実在する媒質である．また，これが有限要素法で用いられるPML吸収境界である[16]．

2.3.1 BerengerのPMLとストレッチ座標

式(2.45)，(2.46)を周波数領域の表現式に直すために，電磁界の記号に「˙」を付し，さらにSF表現であることを示すために$\dot{\tilde{E}}_{ex}$, $\dot{\tilde{H}}_y$などと表す．このとき式(2.45)の第1式は

$$\left.\begin{aligned}(j\omega\varepsilon+\sigma_{ey})\,\dot{\tilde{E}}_{xy}&=\frac{\partial\dot{\tilde{H}}_z}{\partial y}\\(j\omega\varepsilon+\sigma_{ez})\,\dot{\tilde{E}}_{xz}&=-\frac{\partial\dot{\tilde{H}}_y}{\partial z}\end{aligned}\right\}\qquad(2.54)$$

となる．ただし，混乱はないであろうから，$\varepsilon^{\mathrm{PML}}$や$\sigma_{ey}^{\mathrm{PML}}$の記号PMLは省略した．式(2.54)において，$\sigma_{ey}$, σ_{ez}はそれぞれy, zの関数であるから

$$\dot{s}_y(y)=1+\frac{\sigma_{ey}(y)}{j\omega\varepsilon},\quad \dot{s}_z(z)=1+\frac{\sigma_{ez}(z)}{j\omega\varepsilon}\qquad(2.55)$$

とおき，$\dot{\tilde{E}}_x=\dot{\tilde{E}}_{xy}+\dot{\tilde{E}}_{xz}$に代入すると，式(2.54)の二つの方程式は

$$j\omega\varepsilon\dot{\tilde{E}}_x=\frac{1}{\dot{s}_y}\frac{\partial\dot{\tilde{H}}_z}{\partial y}-\frac{1}{\dot{s}_z}\frac{\partial\dot{\tilde{H}}_y}{\partial z}\qquad(2.56)$$

にまとめられる．さらに，**ストレッチ座標**[17](stretched–coordinate)

$$\tilde{x}=\int_0^x\dot{s}_x(x')\,dx',\quad \tilde{y}=\int_0^y\dot{s}_y(y')\,dy',\quad \tilde{z}=\int_0^z\dot{s}_z(z')\,dz'\quad(2.57)$$

を用いて，新しい微分作用素$\widetilde{\nabla}$を

$$\widetilde{\nabla}=\hat{\boldsymbol{x}}\frac{\partial}{\partial\tilde{x}}+\hat{\boldsymbol{y}}\frac{\partial}{\partial\tilde{y}}+\hat{\boldsymbol{z}}\frac{\partial}{\partial\tilde{z}}=\hat{\boldsymbol{x}}\frac{1}{\dot{s}_x}\frac{\partial}{\partial x}+\hat{\boldsymbol{y}}\frac{1}{\dot{s}_y}\frac{\partial}{\partial y}+\hat{\boldsymbol{z}}\frac{1}{\dot{s}_z}\frac{\partial}{\partial z}\qquad(2.58)$$

を定義すると，式(2.56)は

$$j\omega\varepsilon\dot{\tilde{E}}_x=\left(\tilde{\nabla}\times\dot{\widetilde{\boldsymbol{H}}}\right)_x\qquad(2.59)$$

となる．他の成分に関しても同様の計算を行うと，式(2.45)，(2.46)はストレッチ座標系における表現式

$$\left.\begin{aligned}\tilde{\nabla}\times\tilde{\dot{\boldsymbol{H}}} &= j\omega\varepsilon\tilde{\dot{\boldsymbol{E}}}\\ \tilde{\nabla}\times\tilde{\dot{\boldsymbol{E}}} &= -j\omega\mu\tilde{\dot{\boldsymbol{H}}}\end{aligned}\right\}\tag{2.60}$$

にまとめられる．これより，$\nabla\cdot\tilde{\dot{\boldsymbol{D}}} = \nabla\cdot\left(\varepsilon\tilde{\dot{\boldsymbol{E}}}\right)\neq 0$, $\nabla\cdot\tilde{\dot{\boldsymbol{B}}}\neq 0$ であるから，BPML 媒質内部には非物理的な真電荷，真磁荷が蓄積されていることになる．

2.3.2 異方性 PML 媒質

$\tilde{\dot{\boldsymbol{E}}}$, $\tilde{\dot{\boldsymbol{H}}}$ の代わりに，新しい電磁界

$$\dot{E}_i = \dot{s}_i\tilde{\dot{E}}_i, \qquad \dot{H}_i = \dot{s}_i\tilde{\dot{H}}_i \qquad (i = x, y, z)\tag{2.61}$$

を定義すると，式 (2.56) は

$$j\omega\varepsilon\frac{\dot{s}_y\dot{s}_z}{\dot{s}_x}\dot{E}_x = \frac{\partial\dot{H}_z}{\partial y} - \frac{\partial\dot{H}_y}{\partial z} = \left(\nabla\times\dot{\boldsymbol{H}}\right)_x\tag{2.62}$$

となる．他の成分に関しても同様に計算すると，結局

$$\left.\begin{aligned}\nabla\times\dot{\boldsymbol{H}} &= j\omega\varepsilon\bar{\bar{\dot{s}}}\dot{\boldsymbol{E}}\\ \nabla\times\dot{\boldsymbol{E}} &= -j\omega\mu\bar{\bar{\dot{s}}}\dot{\boldsymbol{H}}\end{aligned}\right\}\tag{2.63}$$

を得る．ただし

$$\bar{\bar{\dot{s}}} = \begin{bmatrix}\dfrac{\dot{s}_y\dot{s}_z}{\dot{s}_x} & 0 & 0\\ 0 & \dfrac{\dot{s}_x\dot{s}_z}{\dot{s}_y} & 0\\ 0 & 0 & \dfrac{\dot{s}_x\dot{s}_y}{\dot{s}_z}\end{bmatrix}\tag{2.64}$$

である．このように，BPML 媒質は 2 軸異方性の媒質に等価である．また，式 (2.63) はアンペア・マクスウェルの法則とファラデーの法則であるから，物理的に実在する電磁界である．さらに，$\nabla\cdot\dot{\boldsymbol{D}} = \nabla\cdot\left(\varepsilon\bar{\bar{\dot{s}}}\dot{\boldsymbol{E}}\right) = \nabla\cdot\nabla\times\dot{\boldsymbol{H}}/j\omega = 0$, 同様に $\nabla\cdot\dot{\boldsymbol{B}} = 0$ であるから，この媒質内部に真電荷，真磁荷が蓄積されることはない．

係数 $\dot{s}_x \sim \dot{s}_z$ はもともと式 (2.55) のように与えられたが，2.2.1(3) 項で述べたように，ここでは

$$\dot{s}_x = \kappa_x + \frac{\sigma_{ex}(x)}{j\omega\varepsilon_0}, \quad \dot{s}_y = \kappa_y + \frac{\sigma_{ey}(y)}{j\omega\varepsilon_0}, \quad \dot{s}_z = \kappa_z + \frac{\sigma_{ez}(z)}{j\omega\varepsilon_0} \tag{2.65}$$

とする．ただし，このときのインピーダンス整合条件は

$$\frac{\sigma_{e\zeta}}{\varepsilon_0} = \frac{\sigma_{m\zeta}}{\mu_0} \qquad (\zeta = x, y, z) \tag{2.66}$$

である．このようにすることにより，図 2.8 のような不均質媒質に対しても，すべての層内の σ_e, σ_m を一意的に決定することができる．また，式 (2.65) の $\kappa_x \sim \kappa_z$ はそれぞれ x, y, z の関数であっても構わないが，反射係数の大きさにはほとんど関係しないから，実際の計算においては定数 $(= 1)$ とすることが多い．

（1） **伝搬定数**　UPML 媒質中の平面波の基本的な性質を調べるために，$\dot{\boldsymbol{E}} = \dot{\boldsymbol{E}}_0 e^{-j\dot{\boldsymbol{k}}^{\mathrm{UPML}}\cdot\boldsymbol{r}}$ とすると，$\nabla\times$ は形式的に $-j\dot{\boldsymbol{k}}^{\mathrm{UPML}}\times$ に置き換えられるから，これを式 (2.63) のファラデーの法則に代入すると，$\dot{\boldsymbol{H}} = \dot{\boldsymbol{H}}_0 e^{-j\dot{\boldsymbol{k}}^{\mathrm{UPML}}\cdot\boldsymbol{r}}$ となる．ただし，$\dot{\boldsymbol{H}}_0 = \bar{\bar{\dot{s}}}^{-1}(\dot{\boldsymbol{k}}^{\mathrm{UPML}} \times \dot{\boldsymbol{E}}_0)/\omega\mu$ である．さらに，これを式 (2.63) のアンペア・マクスウェルの法則に代入してまとめると

$$\dot{\boldsymbol{k}}^{\mathrm{UPML}} \times \left[\bar{\bar{\dot{s}}}^{-1}(\dot{\boldsymbol{k}}^{\mathrm{UPML}} \times \dot{\boldsymbol{E}}_0)\right] + \omega^2\mu\varepsilon\bar{\bar{\dot{s}}}\dot{\boldsymbol{E}}_0 = 0 \tag{2.67}$$

を得る．これより $\dot{\boldsymbol{E}}_0 = 0$ 以外の解を持つための条件を求めると

$$\left(\frac{\dot{k}_x^{\mathrm{UPML}}}{\dot{s}_x}\right)^2 + \left(\frac{\dot{k}_y^{\mathrm{UPML}}}{\dot{s}_y}\right)^2 + \left(\frac{\dot{k}_z^{\mathrm{UPML}}}{\dot{s}_z}\right)^2 = k^2 \tag{2.68}$$

となる（章末問題【10】）．ただし，$k^2 = \omega^2\mu\varepsilon$ である．

（2） **反射係数**　2.2.1 項にならって，**図 2.10** のような均質異方性媒質に TM_z 平面波が角度 θ_i で入射するものとする．ただし，媒質は図中の $\bar{\bar{\dot{s}}}_x$ によって表されるような 1 軸異方性媒質とする．このとき，入射波，反射波の波数はそれぞれ $\boldsymbol{k}^{\mathrm{inc}} = k_x\hat{\boldsymbol{x}} + k_y\hat{\boldsymbol{y}} = k(\cos\theta_i\hat{\boldsymbol{x}} + \sin\theta_i\hat{\boldsymbol{y}})$, $\boldsymbol{k}^{\mathrm{ref}} = -k_x\hat{\boldsymbol{x}} + k_y\hat{\boldsymbol{y}} = k_0(-\cos\theta_i\hat{\boldsymbol{x}} +$

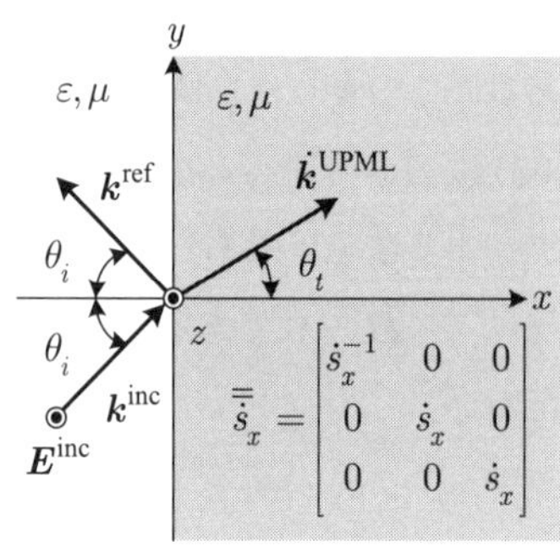

図 2.10　TM_z 平面波の散乱

$\sin\theta_i\hat{\boldsymbol{y}})$ と表される.

入射電界の振幅を E_0，媒質中の波数を $\dot{\boldsymbol{k}}^{\rm UPML} = \dot{k}_x^{\rm UPML}\hat{\boldsymbol{x}} + \dot{k}_y^{\rm UPML}\hat{\boldsymbol{y}}$ とすると，電界は

$$\dot{\boldsymbol{E}} = \begin{cases} \hat{\boldsymbol{z}}E_0\left(e^{-j\boldsymbol{k}^{\rm inc}\cdot\boldsymbol{r}} + \dot{R}e^{-j\boldsymbol{k}^{\rm ref}\cdot\boldsymbol{r}}\right) & (x \le 0) \\ \hat{\boldsymbol{z}}E_0\dot{T}e^{-j\dot{\boldsymbol{k}}^{\rm UPML}\cdot\boldsymbol{r}} & (x \ge 0) \end{cases} \tag{2.69}$$

と表される．ただし，式 (2.68) より $\dot{k}_x^{\rm UPML} = \dot{s}_x\sqrt{k^2 - \left(\dot{k}_y^{\rm UPML}\right)^2}$ である．磁界はマクスウェルの方程式より

$$\dot{\boldsymbol{H}} = \begin{cases} \dfrac{E_0}{\omega\mu}\left[k_y\left(e^{-j\boldsymbol{k}^{\rm inc}\cdot\boldsymbol{r}} + Re^{-j\boldsymbol{k}^{\rm ref}\cdot\boldsymbol{r}}\right)\hat{\boldsymbol{x}}\right. \\ \qquad\left.-k_x\left(e^{-j\boldsymbol{k}^{\rm inc}\cdot\boldsymbol{r}} - \dot{R}e^{-j\boldsymbol{k}^{\rm ref}\cdot\boldsymbol{r}}\right)\hat{\boldsymbol{y}}\right] & (x \le 0) \\ \dfrac{E_0}{\omega\mu}\dot{T}\left(\dot{k}_y^{\rm PML}\dot{s}_x\hat{\boldsymbol{x}} - \dfrac{\dot{k}_x^{\rm PML}}{\dot{s}_x}\hat{\boldsymbol{y}}\right)e^{-j\dot{\boldsymbol{k}}^{\rm UPML}\cdot\boldsymbol{r}} & (x \ge 0) \end{cases} \tag{2.70}$$

となる．まず最初に，$x = 0$ で $\dot{E}_z$ は連続でなければならないから，$(1 + \dot{R})e^{-jk_y y} = Te^{-j\dot{k}_y^{\rm UPML}y}$．これが任意の y について成り立たなければならないから，$\dot{k}_y^{\rm UPML} = k_y = k\sin\theta_i$，および $1 + \dot{R} = \dot{T}$ を得る．つぎに，磁界の接線成分 $\dot{H}_y$ も $x = 0$ で連続でなければならないから，$1 - \dot{R} = \dot{T}$．したがって，$\dot{R} = 0$, $\dot{T} = 1$ となって，このような 1 軸異方性媒質を吸収境界として使うことができる．また，$\dot{k}_x^{\rm UPML} = k\dot{s}_x$ となるから，導電率分布は BPML と同様に決定することができる．

2.3.3 FDTD 表 現

式 (2.63) を時間領域に変換してから 1.2 節の Yee アルゴリズムを用いれば FDTD 法における電磁界表現を得ることができる．ここで説明する方法は，本質的には文献 11) と同等であるが，数値計算を考慮して若干の修正を加えている．

(1) **UPML 媒質内のマクスウェルの方程式**　式 (2.64) を

$$\overline{\overline{\dot{s}}} = \begin{bmatrix} \dot{s}_y & 0 & 0 \\ 0 & \dot{s}_z & 0 \\ 0 & 0 & \dot{s}_x \end{bmatrix} \begin{bmatrix} \dot{s}_z/\dot{s}_x & 0 & 0 \\ 0 & \dot{s}_x/\dot{s}_y & 0 \\ 0 & 0 & \dot{s}_y/\dot{s}_z \end{bmatrix} = \overline{\overline{\dot{s}}}_1 \overline{\overline{\dot{s}}}_2 \qquad (2.71)$$

と二つに分け，新たに二つの補助関数を

$$\dot{\boldsymbol{\Psi}}_e = \varepsilon_r \overline{\overline{\dot{s}}}_2 \dot{\boldsymbol{E}}, \qquad \dot{\boldsymbol{\Psi}}_m = \mu_r \overline{\overline{\dot{s}}}_2 \dot{\boldsymbol{H}} \qquad (2.72)$$

によって定義すると，式 (2.63) は

$$\left.\begin{aligned} \nabla \times \dot{\boldsymbol{H}} &= j\omega\varepsilon_0\varepsilon_r \overline{\overline{\dot{s}}}_1 \overline{\overline{\dot{s}}}_2 \dot{\boldsymbol{E}} = \varepsilon_0 \left[j\omega \overline{\overline{\kappa}}_1(\boldsymbol{r}) \dot{\boldsymbol{\Psi}}_e + \frac{\overline{\overline{\sigma}}_1(\boldsymbol{r})}{\varepsilon_0} \dot{\boldsymbol{\Psi}}_e \right] \\ \nabla \times \dot{\boldsymbol{E}} &= -j\omega\mu_0\mu_r \overline{\overline{\dot{s}}}_1 \overline{\overline{\dot{s}}}_2 \dot{\boldsymbol{H}} = -\mu_0 \left[j\omega \overline{\overline{\kappa}}_1(\boldsymbol{r}) \dot{\boldsymbol{\Psi}}_m + \frac{\overline{\overline{\sigma}}_1(\boldsymbol{r})}{\varepsilon_0} \dot{\boldsymbol{\Psi}}_m \right] \end{aligned}\right\} \qquad (2.73)$$

と書き換えられる．ただし

$$\overline{\overline{\kappa}}_1(\boldsymbol{r}) = \begin{bmatrix} \kappa_y & 0 & 0 \\ 0 & \kappa_z & 0 \\ 0 & 0 & \kappa_x \end{bmatrix}, \quad \overline{\overline{\sigma}}_1(\boldsymbol{r}) = \begin{bmatrix} \sigma_{ey} & 0 & 0 \\ 0 & \sigma_{ez} & 0 \\ 0 & 0 & \sigma_{ex} \end{bmatrix} \qquad (2.74)$$

である．対角要素の成分に注意していただきたい．また，式 (2.73)，第 2 式の右辺第 2 項は，$\sigma_e/\varepsilon_0 = \sigma_m/\mu_0$ より磁気に関するオームの法則に対応する．$j\omega \to \partial/\partial t$ と置き換えて，式 (2.73) を時間領域に変換すると

$$\left.\begin{aligned} \frac{1}{\varepsilon_0} \nabla \times \boldsymbol{H}(\boldsymbol{r},t) &= \overline{\overline{\kappa}}_1(\boldsymbol{r}) \frac{\partial \boldsymbol{\Psi}_e(\boldsymbol{r},t)}{\partial t} + \frac{\overline{\overline{\sigma}}_1(\boldsymbol{r})}{\varepsilon_0} \boldsymbol{\Psi}_e(\boldsymbol{r},t) \\ -\frac{1}{\mu_0} \nabla \times \boldsymbol{E}(\boldsymbol{r},t) &= \overline{\overline{\kappa}}_1(\boldsymbol{r}) \frac{\partial \boldsymbol{\Psi}_m(\boldsymbol{r},t)}{\partial t} + \frac{\overline{\overline{\sigma}}_1(\boldsymbol{r})}{\varepsilon_0} \boldsymbol{\Psi}_m(\boldsymbol{r},t) \end{aligned}\right\} \qquad (2.75)$$

となる．

つぎに，式 (2.72) を時間領域に変換しよう．$\dot{\boldsymbol{\Psi}}_e$ の x 成分は式 (2.72) より $\dot{\Psi}_{ex} = \varepsilon_r \dot{s}_z/\dot{s}_x \dot{E}_x$ だから，両辺に $\dot{s}_x$ を掛けて整理すると，$(j\omega\kappa_x + \sigma_{ex}/\varepsilon_0)\dot{\Psi}_{ex} = \varepsilon_r (j\omega\kappa_z + \sigma_{ez}/\varepsilon_0) E_x$ となる．他の成分も同様に行い，$j\omega \to \partial/\partial t$ と置き換えて時間領域の表現式に変換すると

$$\left.\begin{aligned}\frac{1}{\varepsilon_r}\left(\overline{\overline{\kappa}}_e\frac{\partial\boldsymbol{\Psi}_e}{\partial t}+\frac{\overline{\overline{\sigma}}_e}{\varepsilon_0}\boldsymbol{\Psi}_e\right)=\overline{\overline{\kappa}}_2\frac{\partial\boldsymbol{E}}{\partial t}+\frac{\overline{\overline{\sigma}}_2}{\varepsilon_0}\boldsymbol{E}\\ \frac{1}{\mu_r}\left(\overline{\overline{\kappa}}_e\frac{\partial\boldsymbol{\Psi}_m}{\partial t}+\frac{\overline{\overline{\sigma}}_e}{\varepsilon_0}\boldsymbol{\Psi}_m\right)=\overline{\overline{\kappa}}_2\frac{\partial\boldsymbol{H}}{\partial t}+\frac{\overline{\overline{\sigma}}_2}{\varepsilon_0}\boldsymbol{H}\end{aligned}\right\}\tag{2.76}$$

を得る．ただし

$$\overline{\overline{\kappa}}_e=\begin{bmatrix}\kappa_x&0&0\\0&\kappa_y&0\\0&0&\kappa_z\end{bmatrix},\quad \overline{\overline{\kappa}}_2=\begin{bmatrix}\kappa_z&0&0\\0&\kappa_x&0\\0&0&\kappa_y\end{bmatrix}\tag{2.77a}$$

$$\overline{\overline{\sigma}}_e=\begin{bmatrix}\sigma_{ex}&0&0\\0&\sigma_{ey}&0\\0&0&\sigma_{ez}\end{bmatrix},\quad \overline{\overline{\sigma}}_2=\begin{bmatrix}\sigma_{ez}&0&0\\0&\sigma_{ex}&0\\0&0&\sigma_{ey}\end{bmatrix}\tag{2.77b}$$

である．

(2) 時間差分　$\overline{\overline{\kappa}}_1$ や $\overline{\overline{\sigma}}_e$ などはテンソル量であるが，対角成分しか持たないから形式的にスカラ量として扱うことができ，1.2 節の Yee アルゴリズムを用いると，式 (2.75) の時間差分近似は

$$\left.\begin{aligned}\boldsymbol{\Psi}_e^n&=\overline{\overline{a}}_e\boldsymbol{\Psi}_e^{n-1}+\overline{\overline{b}}_e\nabla\times\boldsymbol{H}^{n-\frac{1}{2}}\\ \boldsymbol{\Psi}_m^{n+\frac{1}{2}}&=\overline{\overline{a}}_e\boldsymbol{\Psi}_m^{n-\frac{1}{2}}-\overline{\overline{b}}_m\nabla\times\boldsymbol{E}^n\end{aligned}\right\}\tag{2.78}$$

と書くことができる．ただし，係数 $\overline{\overline{a}}_e\sim\overline{\overline{b}}_m$ は対角要素だけを持ち

$$g_x=\frac{\sigma_{ex}\Delta t}{2\varepsilon_0},\quad g_y=\frac{\sigma_{ey}\Delta t}{2\varepsilon_0},\quad g_z=\frac{\sigma_{ez}\Delta t}{2\varepsilon_0}\tag{2.79}$$

としたとき

$$\overline{\overline{a}}_e=\begin{bmatrix}\dfrac{\kappa_y-g_y}{\kappa_y+g_y}&0&0\\0&\dfrac{\kappa_z-g_z}{\kappa_z+g_z}&0\\0&0&\dfrac{\kappa_x-g_x}{\kappa_x+g_x}\end{bmatrix}\tag{2.80a}$$

$$\overline{\overline{b}}_e = \begin{bmatrix} \dfrac{\Delta t/\varepsilon_0}{\kappa_y + g_y} & 0 & 0 \\ 0 & \dfrac{\Delta t/\varepsilon_0}{\kappa_z + g_z} & 0 \\ 0 & 0 & \dfrac{\Delta t/\varepsilon_0}{\kappa_x + g_x} \end{bmatrix}, \quad \overline{\overline{b}}_m = \frac{\varepsilon_0}{\mu_0}\overline{\overline{b}}_e \tag{2.80b}$$

である．つぎに，式 (2.76) を差分近似すると

$$\left.\begin{aligned} \boldsymbol{E}^n &= \overline{\overline{\alpha}}\boldsymbol{E}^{n-1} + \frac{1}{\varepsilon_r}\left(\overline{\overline{\beta}}\boldsymbol{\Psi}_e^n - \overline{\overline{\gamma}}\boldsymbol{\Psi}_e^{n-1}\right) \\ \boldsymbol{H}^{n+\frac{1}{2}} &= \overline{\overline{\alpha}}\boldsymbol{H}^{n-\frac{1}{2}} + \frac{1}{\mu_r}\left(\overline{\overline{\beta}}\boldsymbol{\Psi}_m^{n+\frac{1}{2}} - \overline{\overline{\gamma}}\boldsymbol{\Psi}_m^{n-\frac{1}{2}}\right) \end{aligned}\right\} \tag{2.81}$$

となるから，UPML 媒質内の電界 $\boldsymbol{E}^n$，磁界 $\boldsymbol{H}^{n+1/2}$ は，まず，式 (2.78) から $\boldsymbol{\Psi}_e^n$ と $\boldsymbol{\Psi}_m^{n+1/2}$ を求め，つぎにこれらの値を式 (2.81) に代入することによって得られる．ただし，初期値は $\boldsymbol{\Psi}_e^0 = 0$, $\boldsymbol{\Psi}_m^{1/2} = 0$ である．式 (2.81) の係数 $\overline{\overline{\alpha}} \sim \overline{\overline{\gamma}}$ もまた $\overline{\overline{a}}_e$ や $\overline{\overline{b}}_e$ と同様に対角成分だけを持ち，それらを α_{xx}, α_{yy} のように表すと

$$\left.\begin{aligned} \alpha_{xx} &= \frac{\kappa_z - g_z}{\kappa_z + g_z} \\ \alpha_{yy} &= \frac{\kappa_x - g_x}{\kappa_x + g_x} \\ \alpha_{zz} &= \frac{\kappa_y - g_y}{\kappa_y + g_y} \end{aligned}\right\} \quad \left.\begin{aligned} \beta_{xx} &= \frac{\kappa_x + g_x}{\kappa_z + g_z} \\ \beta_{yy} &= \frac{\kappa_y + g_y}{\kappa_x + g_x} \\ \beta_{zz} &= \frac{\kappa_z + g_z}{\kappa_y + g_y} \end{aligned}\right\} \quad \left.\begin{aligned} \gamma_{xx} &= \frac{\kappa_x - g_x}{\kappa_z + g_z} \\ \gamma_{yy} &= \frac{\kappa_y - g_y}{\kappa_x + g_x} \\ \gamma_{zz} &= \frac{\kappa_z - g_z}{\kappa_y + g_y} \end{aligned}\right\} \tag{2.82}$$

となる．$\boldsymbol{\Psi}_e$ と $\boldsymbol{E}$ および $\boldsymbol{\Psi}_m$ と $\boldsymbol{H}$ とは同じ位置に配置されるから，空間差分表現は 1.2.5 項と同様に導くことができる（章末問題【**11**】）．

これまでの説明から明らかなように，UPML は BPML と本質的に同じものである．ただし，サブコンポーネントが不要になったため物理的な解釈が容易になったという利点はある．しかしながら，その定式化にあたっては新たに補助関数 $\boldsymbol{\Psi}_e$, $\boldsymbol{\Psi}_m$ を導入する必要があるから，計算量はほとんど変わらない．

2.4 CPML

2.2.1 (3) 項で紹介した CPML とは，式 (2.64) のテンソル係数 $\dot{s}_\zeta$ $(\zeta = x, y, z)$ をデバイ型分散性

$$\dot{s}_\zeta = \kappa_\zeta + \frac{\sigma_{e\zeta}}{a_\zeta + j\omega\varepsilon_0} \qquad (\zeta = x, y, z) \tag{2.83}$$

とすることに対応する．式 (2.83) は周波数分散性を示すから，4 章を説明してからのほうがより深く理解できるとも考えられるが，定式化にあたっては特殊な方法は使わないので問題はないであろう．

2.4.1 CPML パラメータ

(1) 波数と反射係数　インピーダンス整合のとれた CPML 内で，電磁波は x 方向に波数

$$\begin{aligned}\dot{k}_x^{\mathrm{CPML}} &= k\dot{s}_x \\ &= k\left[\kappa_x + \frac{a_x\sigma_{ex}}{a_x^2 + (\omega\varepsilon_0)^2}\right] - jZ_0\sqrt{\mu_r\varepsilon_r}\frac{\sigma_{ex}}{1 + \left(\dfrac{a_x}{\omega\varepsilon_0}\right)^2}\end{aligned} \tag{2.84}$$

で伝搬するから，x とともに減衰を大きくして CPML 層の厚さを薄くするためには，σ_{ex} を BPML と同様の分布とし，a_x を x とともに小さくするのがよいと考えられる．このような条件を満たす関数として，次式がよく用いられる．

$$a_x(x) = a_x^{\max}\left(\frac{d_{\mathrm{CPML}} - x}{d_{\mathrm{CPML}}}\right)^N \tag{2.85}$$

さて，図 2.6 と同じように，$0 \leq x \leq d_{\mathrm{CPML}}$ を L_{CPML} 個の微小区間に分割し，各微小区間内の媒質定数は一定であると仮定すると反射係数は

$$\begin{aligned}\dot{R}_{\mathrm{CPML}} &= -\exp\left[-2jk\Delta x\sum_{i=1}^{L_{\mathrm{CPML}}}\dot{s}_x^{(i)}\right] \\ &= -\exp\left[-2jk\int_0^{d_{\mathrm{CPML}}}\left\{\kappa_x(x) + \frac{\sigma_{ex}(x)}{a_x(x) + j\omega\varepsilon_0}\right\}dx\right]\end{aligned} \tag{2.86}$$

と近似できる．このように係数 $\kappa_x(x)$ は UPML と同様に反射係数の大きさには影響を与えないから，$\kappa_x = 1$ としてよい．一方，式 (2.85) と $\sigma_{ex}(x) = \sigma_{ex}^{\max}(x/d_{\mathrm{CPML}})^M$ を代入して $\dot{R}$ を求めると，その表現式はきわめて複雑となり，簡単に $a_x^{\max}$ と $\sigma_{ex}^{\max}$ を決めることはできない．また，たとえ求まったとしても周波数の関数となるから，入射波の周波数特性を考慮して決めることになる．このため，問題に応じてこれらの値を調整することになる[11)]．これが CPML の難点であり，いまのところ完全には解決していない．

（**2**）**離散化に伴う鏡面反射**　パラメータ $a_x(x)$ と $\sigma_{ex}(x)$ とを滑らかな関数とした場合でも，電界と磁界とのサンプリング点は $\Delta x/2$ だけずれている．例えば，電界のサンプリング点を $0, \Delta x, \cdots$ とすると磁界のサンプリング点は $\Delta x/2, 3\Delta x/2, \cdots$ となるから，これに伴って導電率は $\sigma_{ex}(0), \sigma_{ex}(\Delta x), \cdots$，磁気伝導率は $\sigma_{mx}(\Delta x/2), \sigma_{mx}(3\Delta x/2), \cdots$ となる．このような離散化に伴う鏡面反射係数の値を見積もるために，$x > 0$ の媒質は磁気伝導率が $\sigma_{mx}(\Delta x/2) = \mu_0\sigma_{ex}(\Delta x)/\varepsilon_0$ の一様媒質であるとする．係数 a_x もまた $a_x(\Delta x/2)$ とする．このとき，式 (2.17) より $\dot{Z}_{\mathrm{CPML}} = Z\sqrt{\dot{s}_z(\Delta x/2)}$ となるから，鏡面反射係数は複素周波数 s に対して

$$\dot{R}_{\mathrm{CPML}}^{\mathrm{SPEC}}(s) = \frac{\sqrt{1 + \dfrac{\sigma_{ex}(\Delta x/2)/\varepsilon_0}{s + a_x(\Delta x/2)/\varepsilon_0}} - 1}{\sqrt{1 + \dfrac{\sigma_{ex}(\Delta x/2)/\varepsilon_0}{s + a_x(\Delta x/2)/\varepsilon_0}} + 1} = \dot{R}_{\mathrm{BPML}}^{\mathrm{SPEC}}\left(s + \frac{a_x(\Delta x/2)}{\varepsilon_0}\right) \qquad (2.87)$$

と近似できる．ただし，簡単のために $\kappa_x = 1$ とした．

いま，BPML のインパルス応答を $E_{\mathrm{BPML}}^{\mathrm{SPEC}}(t)$ とすると，CPML のインパルス応答 $E_{\mathrm{CPML}}^{\mathrm{SPEC}}(t)$ は式 (2.87) より，$E_{\mathrm{CPML}}^{\mathrm{SPEC}}(t) = \exp\left[-\{a_x(\Delta x/2)/\varepsilon_0\}t\right] E_{\mathrm{BPML}}^{\mathrm{SPEC}}(t)$ となるから[18)]，a_x を導入することにより鏡面反射の影響を BPML よりも小さくすることができる．

(3) CPML と BPML 簡単のために $\kappa_x = 1$, $a_x =$ 一定 として，CPML と BPML との関係を考えてみよう．$a_x = 0$ としたものが BPML であるから，式 (2.86) より

$$\dot{R}_{\rm CPML} = \dot{R}_{\rm BPML} \exp\left[2Z\frac{a_x}{a_x + j\omega\varepsilon_0}\int_0^{d_{\rm CPML}} \sigma_{ex}(x)\,dx\right] \tag{2.88}$$

となる．したがって，$a_x/\omega\varepsilon_0 \ll 1$ ならば $|\dot{R}_{\rm CPML}| \simeq |\dot{R}_{\rm BPML}|$ となる．すなわち，入射波の周波数スペクトルに対して a_x が十分小さいか，あるいは周波数が十分高い場合には CPML と BPML の反射率はほぼ等しくなる．後者の場合は初期応答に対応するから，時間差はあろうが CPML と BPML の初期応答はほとんど同じであると考えられる．これに対して $a_x/\omega\varepsilon_0 \gg 1$ ならば，式 (2.19) と式 (2.88) より $|\dot{R}_{\rm CPML}| \simeq 1$ となる．これは，CPML を用いる場合には a_x の値を大きくしてはならないことを意味している．

このように，平面波のような伝搬波に対しては CPML を導入する利点が大きいとはいいがたい．しかしながら，アンテナ問題のように，吸収境界に到達する波に準静電磁界成分が含まれるような場合には，a_x や k_x などのパラメータを調整することによって BPML よりも CPML のほうが精度が向上するといわれている．この理由を正確に把握するには，完全導体付デバイ分散性誘電体平板上のアンテナによる散乱電磁界特性[1),19)] を詳細に議論する必要がある．このためには多くの紙面を要するから，本書では 3.4.4 項で数値例を示すに留める．興味ある読者は挑戦していただきたい．

2.4.2 FDTD 表 現

(1) たたみ込み積分の近似 CPML の FDTD 表現を導出するための準備として，たたみ込み積分

$$f(t) = \int_0^t h(\tau)e^{-a(t-\tau)}\,d\tau = e^{-at}\int_0^t h(\tau)e^{a\tau}\,d\tau \tag{2.89}$$

の近似法を紹介する．4.2 節と重複する部分もあるが，CPML 内の電磁界を精度よく計算するためのは不可欠であるから，ここで述べておくことにする．

式 (2.89) において $t = n\Delta t$ とおくと

$$
\begin{aligned}
f^n &= e^{-an\Delta t}\int_0^{n\Delta t} h(\tau)e^{a\tau}\,d\tau \\
&= e^{-a\Delta t}f^{n-1} + e^{-an\Delta t}\int_{(n-1)\Delta t}^{n\Delta t} h(\tau)e^{a\tau}\,d\tau
\end{aligned}
\tag{2.90}
$$

となるから，$(n-1)\Delta t \leq t \leq n\Delta t$ の区間で $h(t)$ を直線近似；

$$
h(t) = h^{n-1} + \frac{h^n - h^{n-1}}{\Delta t}\left[t - (n-1)\Delta t\right] \tag{2.91}
$$

して，式 (2.90) に代入すると

$$
f^n = e^{-a\Delta t}f^{n-1} + \left(\alpha h^{n-1} + \beta h^n\right)\Delta t \tag{2.92}
$$

を得る．ただし

$$
\alpha = \frac{1-(1+a\Delta t)e^{-a\Delta t}}{(a\Delta t)^2}, \qquad \beta = \frac{e^{-a\Delta t} - (1 - a\Delta t)}{(a\Delta t)^2} \tag{2.93}
$$

である．また，$a = 0$ で $\alpha = \beta = 1/2$ となる．式 (2.89) において $t = (n+1/2)\Delta t$ と置いたときにも同様の計算を行うと次式を得る．

$$
f^{n+\frac{1}{2}} = e^{-a\Delta t}f^{n-\frac{1}{2}} + \left(\alpha h^{n-\frac{1}{2}} + \beta h^{n+\frac{1}{2}}\right)\Delta t \tag{2.94}
$$

ただしこのとき，$(n-1/2)\Delta t \leq t \leq (n+1/2)\Delta t$ の区間で $h(t)$ を直線近似した．

(2) BPML 形式　　CPML といったときには，係数 $\dot{s}_{x,y,z}$ を式 (2.83) のように定義した BPML を指すことが多い．そこでここでは，CPML 媒質内における BPML 形式の電磁界表現を導出してみよう．

このときのマクスウェルの方程式は式 (2.60) によって与えられるから

$$
\left.
\begin{array}{l}
\dot{\widetilde{\boldsymbol{K}}}_x = \dfrac{\partial(\hat{\boldsymbol{x}} \times \dot{\widetilde{\boldsymbol{H}}})}{\partial x}, \quad \dot{\widetilde{\boldsymbol{K}}}_y = \dfrac{\partial(\hat{\boldsymbol{y}} \times \dot{\widetilde{\boldsymbol{H}}})}{\partial y}, \quad \dot{\widetilde{\boldsymbol{K}}}_z = \dfrac{\partial(\hat{\boldsymbol{z}} \times \dot{\widetilde{\boldsymbol{H}}})}{\partial z} \\
\dot{\widetilde{\boldsymbol{J}}}_x = \dfrac{1}{\dot{s}_x}\dot{\widetilde{\boldsymbol{K}}}_x, \quad \dot{\widetilde{\boldsymbol{J}}}_y = \dfrac{1}{\dot{s}_y}\dot{\widetilde{\boldsymbol{K}}}_y, \quad \dot{\widetilde{\boldsymbol{J}}}_z = \dfrac{1}{\dot{s}_z}\dot{\widetilde{\boldsymbol{K}}}_z
\end{array}
\right\}
\tag{2.95a}
$$

$$\left.\begin{array}{l}\dot{\tilde{\boldsymbol{L}}}_x = \dfrac{\partial(\hat{\boldsymbol{x}} \times \dot{\tilde{\boldsymbol{E}}})}{\partial x}, \quad \dot{\tilde{\boldsymbol{L}}}_y = \dfrac{\partial(\hat{\boldsymbol{y}} \times \dot{\tilde{\boldsymbol{E}}})}{\partial y}, \quad \dot{\tilde{\boldsymbol{L}}}_z = \dfrac{\partial(\hat{\boldsymbol{z}} \times \dot{\tilde{\boldsymbol{E}}})}{\partial z} \\ \dot{\widetilde{\boldsymbol{M}}}_x = \dfrac{1}{\dot{s}_x}\dot{\tilde{\boldsymbol{L}}}_x, \quad \dot{\widetilde{\boldsymbol{M}}}_y = \dfrac{1}{\dot{s}_y}\dot{\tilde{\boldsymbol{L}}}_y, \quad \dot{\widetilde{\boldsymbol{M}}}_z = \dfrac{1}{\dot{s}_z}\dot{\tilde{\boldsymbol{L}}}_z\end{array}\right\} \tag{2.95b}$$

とおき，式 (2.60) を時間領域に変換すると

$$\left.\begin{array}{l}\widetilde{\boldsymbol{J}}_x(\boldsymbol{r},t) + \widetilde{\boldsymbol{J}}_y(\boldsymbol{r},t) + \widetilde{\boldsymbol{J}}_z(\boldsymbol{r},t) = \varepsilon\dfrac{\partial\widetilde{\boldsymbol{E}}(\boldsymbol{r},t)}{\partial t} \\ \widetilde{\boldsymbol{M}}_x(\boldsymbol{r},t) + \widetilde{\boldsymbol{M}}_y(\boldsymbol{r},t) + \widetilde{\boldsymbol{M}}_z(\boldsymbol{r},t) = -\mu\dfrac{\partial\widetilde{\boldsymbol{H}}(\boldsymbol{r},t)}{\partial t}\end{array}\right\} \tag{2.96}$$

を得る．さらに，Yee のアルゴリズムに従って式 (2.96) を差分近似すると

$$\left.\begin{array}{l}\widetilde{\boldsymbol{E}}^n(\boldsymbol{r}) = \widetilde{\boldsymbol{E}}^{n-1}(\boldsymbol{r}) + \dfrac{\Delta t}{\varepsilon}\left[\widetilde{\boldsymbol{J}}_x^{n-\frac{1}{2}}(\boldsymbol{r}) + \widetilde{\boldsymbol{J}}_y^{n-\frac{1}{2}}(\boldsymbol{r}) + \widetilde{\boldsymbol{J}}_z^{n-\frac{1}{2}}(\boldsymbol{r})\right] \\ \widetilde{\boldsymbol{H}}^{n+\frac{1}{2}}(\boldsymbol{r}) = \widetilde{\boldsymbol{H}}^{n-\frac{1}{2}}(\boldsymbol{r}) - \dfrac{\Delta t}{\mu}\left[\widetilde{\boldsymbol{M}}_x^n(\boldsymbol{r}) + \widetilde{\boldsymbol{M}}_y^n(\boldsymbol{r}) + \widetilde{\boldsymbol{M}}_z^n(\boldsymbol{r})\right]\end{array}\right\} \tag{2.97}$$

つぎに，式 (2.97) の第 2 項を計算しよう．$\widetilde{\boldsymbol{J}}^{n-1/2}(\boldsymbol{r})$ も $\widetilde{\boldsymbol{M}}^n$ も同様にできるから，最初に $\widetilde{\boldsymbol{J}}_x^{n-1/2}(\boldsymbol{r})$ について考える．式 (2.95a) と式 (2.83) より

$$\begin{aligned}\dot{\tilde{\boldsymbol{J}}}_x &= \frac{\dot{\widetilde{\boldsymbol{K}}}_x}{\kappa_x + \dfrac{\sigma_{ex}/\varepsilon_0}{j\omega + a_x/\varepsilon_0}} = \frac{1}{\kappa_x}\frac{j\omega + a_x/\varepsilon_0}{j\omega + \left(\dfrac{a_x}{\varepsilon_0} + \dfrac{\sigma_{ex}}{\kappa_x\varepsilon_0}\right)}\dot{\widetilde{\boldsymbol{K}}}_x \\ &= \frac{1}{\kappa_x}\dot{\widetilde{\boldsymbol{K}}}_x - \frac{\sigma_{ex}}{\kappa_x^2\varepsilon_0}\frac{1}{j\omega + b_x}\dot{\widetilde{\boldsymbol{K}}}_x\end{aligned} \tag{2.98}$$

と変形できる．ただし

$$b_x = \frac{a_x}{\varepsilon_0} + \frac{\sigma_{ex}}{\kappa_x\varepsilon_0} \tag{2.99}$$

である．式 (2.98) を時間領域に変換すると，第 2 項は $e^{-b_x t}$ と $\widetilde{\boldsymbol{K}}_x$ のたたみ込み積分となって

$$\widetilde{\boldsymbol{J}}_x(\boldsymbol{r},t) = \frac{1}{\kappa_x}\widetilde{\boldsymbol{K}}_x(\boldsymbol{r},t) - \frac{\sigma_{ex}}{\kappa_x^2\varepsilon_0}e^{-b_x t}\int_0^t e^{b_x\tau}\widetilde{\boldsymbol{K}}_x(\boldsymbol{r},\tau)\,d\tau \tag{2.100}$$

と表される．右辺第 2 項の積分は式 (2.89) と同じ形であるから，式 (2.94) と同じように近似でき

$$\widetilde{\boldsymbol{F}}_x^{n-\frac{1}{2}} = e^{-b_x\left(n-\frac{1}{2}\right)\Delta t}\int_0^{\left(n-\frac{1}{2}\right)\Delta t} e^{b_x\tau}\widetilde{\boldsymbol{K}}_x(\boldsymbol{r},\tau)\,d\tau$$
$$\simeq e^{-b_x\Delta t}\widetilde{\boldsymbol{F}}_x^{n-\frac{3}{2}} + \left(\alpha_x\widetilde{\boldsymbol{K}}_x^{n-\frac{3}{2}} + \beta_x\widetilde{\boldsymbol{K}}_x^{n-\frac{1}{2}}\right)\Delta t \qquad (2.101)$$

を得る．ただし

$$\alpha_x = \frac{1-(1+b_x\Delta t)e^{-b_x\Delta t}}{(b_x\Delta t)^2}, \qquad \beta_x = \frac{e^{-b_x\Delta t}-(1-b_x\Delta t)}{(b_x\Delta t)^2} \qquad (2.102)$$

である．最後に式 (2.101) を式 (2.100) に代入してまとめると

$$\widetilde{\boldsymbol{J}}_x^{n-\frac{1}{2}} = \frac{1}{\kappa_x}\widetilde{\boldsymbol{K}}_x^{n-\frac{1}{2}} - \frac{\sigma_{ex}}{\kappa_x^2\varepsilon_0}\widetilde{\boldsymbol{F}}_x^{n-\frac{1}{2}}$$
$$= e^{-b_x\Delta t}\widetilde{\boldsymbol{J}}_x^{n-\frac{3}{2}} - A_x\widetilde{\boldsymbol{K}}_x^{n-\frac{3}{2}} + B_x\widetilde{\boldsymbol{K}}_x^{n-\frac{1}{2}} \qquad (2.103)$$

となる．ただし

$$A_x = \frac{1}{\kappa_x}\left(e^{-b_x\Delta t} + \frac{\sigma_{ex}\Delta t}{\kappa_x\varepsilon_0}\alpha_x\right), \qquad B_x = \frac{1}{\kappa_x}\left(1 - \frac{\sigma_{ex}\Delta t}{\kappa_x\varepsilon_0}\beta_x\right) \qquad (2.104)$$

である．$\widetilde{\boldsymbol{J}}_y^{n-1/2}$, $\widetilde{\boldsymbol{J}}_z^{n-1/2}$ についても同様である．また，$\widetilde{\boldsymbol{M}}_{x,y,z}^n$ についても同様にできて，例えば $\widetilde{\boldsymbol{M}}_x^n$ は次式によって与えられる．

$$\widetilde{\boldsymbol{M}}_x^n = e^{-b_x\Delta t}\widetilde{\boldsymbol{M}}_x^{n-1} - A_x\widetilde{\boldsymbol{L}}_x^{n-1} + B_x\widetilde{\boldsymbol{L}}_x^n \qquad (2.105)$$

一方，式 (2.95a), (2.95b) より

$$\left.\begin{aligned}
\widetilde{\boldsymbol{K}}_x &= -\frac{\partial\widetilde{H}_z}{\partial x}\hat{\boldsymbol{y}} + \frac{\partial\widetilde{H}_y}{\partial x}\hat{\boldsymbol{z}}, &\quad \widetilde{\boldsymbol{L}}_x &= -\frac{\partial\widetilde{E}_z}{\partial x}\hat{\boldsymbol{y}} + \frac{\partial\widetilde{E}_y}{\partial x}\hat{\boldsymbol{z}}\\
\widetilde{\boldsymbol{K}}_y &= \frac{\partial\widetilde{H}_z}{\partial y}\hat{\boldsymbol{x}} - \frac{\partial\widetilde{H}_x}{\partial y}\hat{\boldsymbol{z}}, &\quad \widetilde{\boldsymbol{L}}_y &= \frac{\partial\widetilde{E}_z}{\partial y}\hat{\boldsymbol{x}} - \frac{\partial\widetilde{E}_x}{\partial y}\hat{\boldsymbol{z}}\\
\widetilde{\boldsymbol{K}}_z &= -\frac{\partial\widetilde{H}_y}{\partial z}\hat{\boldsymbol{x}} + \frac{\partial\widetilde{H}_x}{\partial z}\hat{\boldsymbol{y}}, &\quad \widetilde{\boldsymbol{L}}_z &= -\frac{\partial\widetilde{E}_y}{\partial z}\hat{\boldsymbol{x}} + \frac{\partial\widetilde{E}_x}{\partial z}\hat{\boldsymbol{y}},
\end{aligned}\right\} \qquad (2.106)$$

であるから，式 (2.97) を成分ごとに表すと，つぎの時間に関する差分公式を得る．

$$\left.\begin{aligned}\widetilde{E}_x^n(\boldsymbol{r}) &= \widetilde{E}_x^{n-1} + \frac{\Delta t}{\varepsilon}\left[\widetilde{J}_{yx}^{n-\frac{1}{2}} + \widetilde{J}_{zx}^{n-\frac{1}{2}}\right]\\ \widetilde{E}_y^n(\boldsymbol{r}) &= \widetilde{E}_y^{n-1} + \frac{\Delta t}{\varepsilon}\left[\widetilde{J}_{xy}^{n-\frac{1}{2}} + \widetilde{J}_{zy}^{n-\frac{1}{2}}\right]\\ \widetilde{E}_z^n(\boldsymbol{r}) &= \widetilde{E}_z^{n-1} + \frac{\Delta t}{\varepsilon}\left[\widetilde{J}_{xz}^{n-\frac{1}{2}} + \widetilde{J}_{yz}^{n-\frac{1}{2}}\right]\end{aligned}\right\} \tag{2.107}$$

$$\left.\begin{aligned}\widetilde{H}_x^{n+\frac{1}{2}}(\boldsymbol{r}) &= \widetilde{H}_x^{n-\frac{1}{2}} - \frac{\Delta t}{\mu}\left[\widetilde{M}_{yx}^n + \widetilde{M}_{zx}^n\right]\\ \widetilde{H}_y^{n+\frac{1}{2}}(\boldsymbol{r}) &= \widetilde{H}_y^{n-\frac{1}{2}} - \frac{\Delta t}{\mu}\left[\widetilde{M}_{xy}^n + \widetilde{M}_{zy}^n\right]\\ \widetilde{H}_z^{n+\frac{1}{2}}(\boldsymbol{r}) &= \widetilde{H}_z^{n-\frac{1}{2}} - \frac{\Delta t}{\mu}\left[\widetilde{M}_{xz}^n + \widetilde{M}_{yz}^n\right]\end{aligned}\right\} \tag{2.108}$$

(3) UPML 形式　BPML 形式の電磁界が計算できていれば，式 (2.61) より UPML 形式に変換するのは簡単である．しかし，煩雑になるだけで精度は必ずしも向上しないため，BPML 形式で十分である．

章 末 問 題

【1】 式 (2.5) を導出せよ．

【2】 2 次元問題において $y = y_0$, $y = y_{\mathrm{N}_y}$ における Mur の 1 次吸収境界条件を導け．

【3】 式 (2.8) および式 (2.9) を導出せよ．

【4】 2 次元の Mur 吸収境界に関して以下の問に答えよ．

(1) 式 (2.3), (2.9) を 2 次元の吸収境界条件に書き換えよ．

(2) $x = 0$ の $\mathrm{AB_L}$ に $\mathrm{TE_z}$ 平面波が角度 θ で入射するものとする．反射係数を $\dot{R}$，波数ベクトルを $\boldsymbol{k} = k_x\hat{\boldsymbol{x}} + k_y\hat{\boldsymbol{y}} = k(\cos\theta\hat{\boldsymbol{x}} + \sin\theta\hat{\boldsymbol{y}})$ としたとき，周波数領域における電界 $\dot{E}_z$ は

$$\dot{E}_z = e^{j\omega t}\left[e^{jk_x(x-x_0)} + \dot{R}e^{-jk_x(x-x_0)}\right]e^{-jk_y y}$$

と表される．これを問 (1) で求めた $\dot{E}_z$ の表現式に代入して反射係数 $\dot{R}$ を求めると

$$\dot{R} = -e^{jk_x\Delta x}\,(a-b)\,/\,(a+b)$$

となることを示せ．ただし，1 次吸収境界の場合

$$a = \frac{\Delta x}{v\Delta t}\sin\frac{\omega\Delta t}{2}\cos\frac{k_x\Delta x}{2}, \qquad b = \cos\frac{\omega\Delta t}{2}\sin\frac{k_x\Delta x}{2}$$

2 次吸収境界の場合

$$\left.\begin{aligned} a &= \frac{\Delta x}{v\Delta t}\left[\sin^2\frac{\omega\Delta t}{2} - \frac{1}{2}\left(\frac{v\Delta t}{\Delta y}\right)^2\sin^2\frac{k_y\Delta y}{2}\right]\cos\frac{k_x\Delta x}{2} \\ b &= \cos\frac{\omega\Delta t}{2}\sin\frac{\omega\Delta t}{2}\cos\frac{k_x\Delta x}{2} \end{aligned}\right\}$$

である．

(3) $\Delta x = \Delta y$, $\Delta t = \Delta t_c$ とする．$\Delta x = \lambda/10$, $\Delta y = \lambda/20$ に対する反射係数 $|\dot{R}|$ の入射角特性を計算せよ．

【5】 式 (2.10) を導出せよ．ただし，問**【4】**と同様に入射電界，反射電界の位相の基準を $z = z_{N_z}$ に置け．

【6】 図 2.4 において $z = z_{N_z} + d_{\mathrm{PML}}$ の位置に完全導体を置いたときの反射係数は $\dot{R} = -\exp\left[-2jk_z^{\mathrm{PML}}d_{\mathrm{PML}}\right]$ で与えられることを示せ．

【7】 つぎの問に答えよ．

(1) 平面波が PML 媒質に垂直に入射するものとする．図 2.6 のように，$z_{N_z} \leq z \leq z_{N_z} + d_{\mathrm{PML}}$ を L_{PML} 個の微小区間に分割し，区間の幅を Δz とする．微小区間内の媒質定数が一定と近似でき，各層では式 (2.12) の条件が満足されているものとする．このとき

$$\begin{aligned} \dot{R} &= -\exp\left[-2j\Delta z\sum_{k=1}^{L}k_z^{\mathrm{PML}}(k)\right] \\ &\simeq -e^{-2jkd_{\mathrm{PML}}}\exp\left[-2Z\int_{z_{N_z}}^{z_{N_z}+d_{\mathrm{PML}}}\sigma_e^{\mathrm{PML}}(z)\,dz\right] \end{aligned}$$

と近似できることを示せ．ただし，$k_z^{\mathrm{PML}}(k)$ は各 PML 層の波数である．

(2) 図 2.5 のように $\dot{E}_x$ 成分を持つ平面波が角度 θ で入射するものとする．導電率分布を式 (2.18) のように選んだとき，反射係数の大きさは

$$|\dot{R}(\theta)| \simeq \exp\left[-\frac{2Z\sigma_{\max}^{\mathrm{PML}}d_{\mathrm{PML}}}{M+1}\cos\theta\right]$$

で与えられることを示せ．

【8】 式 (2.36) ∼ (2.41) を導出せよ．

【9】 式 (2.45), (2.46) および，式 (2.48) ∼ (2.53) を導出せよ．

【10】 式 (2.68) を導出せよ．

【11】 式 (2.78), (2.81) を導くとともに，UPML 内電磁界の空間差分公式を求めよ．

【12】 つぎの問に答えよ．

(1) A を $n \times n$ の行列としたとき，e^A は

$$e^A = I + \frac{A}{1!} + \frac{A^2}{2!} + \cdots \tag{2.109}$$

によって定義される．ただし，I は単位行列である．$\overline{\overline{A}}$ が対角成分のみを持つ $n = 3$ の行列としたとき，次式になることを示せ．

$$e^{\overline{\overline{A}}} = \begin{bmatrix} e^{a_{11}} & 0 & 0 \\ 0 & e^{a_{22}} & 0 \\ 0 & 0 & e^{a_{33}} \end{bmatrix} \tag{2.110}$$

(2) ベクトル関数 $\boldsymbol{F}(t)$ の 1 階微分方程式

$$\frac{d\boldsymbol{F}}{dt} + \overline{\overline{A}}\boldsymbol{F} = \boldsymbol{G} \tag{2.111}$$

の解は $\boldsymbol{F}^0$ を初期値としたとき，次式で与えられることを示せ．

$$\boldsymbol{F}(t) = e^{-\overline{\overline{A}}t}\left[\int_0^t e^{\overline{\overline{A}}\tau}\boldsymbol{G}(\tau)\,d\tau + \boldsymbol{F}^0\right] \tag{2.112}$$

(3) $(n-1)\Delta t \leq t \leq n\Delta t$ の区間で

$$\boldsymbol{G}(t) = \boldsymbol{G}^{n-1} + \frac{\boldsymbol{G}^n - \boldsymbol{G}^{n-1}}{\Delta t}\left[t - (n-1)\Delta t\right] \tag{2.113}$$

と線形近似したとき，(2.112) は $t = n\Delta t$ において

$$\boldsymbol{F}^n = e^{-\overline{\overline{A}}\Delta t}\boldsymbol{F}^{n-1} + \left(\overline{\overline{\alpha}}\boldsymbol{G}^{n-1} + \overline{\overline{\beta}}\boldsymbol{G}^n\right)\Delta t \tag{2.114}$$

によって与えられることを示せ．ただし，$\overline{\overline{B}} = (\overline{\overline{A}}\Delta t)^2$ としたとき

$$\left.\begin{aligned} \overline{\overline{\alpha}} &= \overline{\overline{B}}^{-1}\left[\overline{\overline{I}} - \left(\overline{\overline{I}} + \overline{\overline{A}}\Delta t\right)e^{-\overline{\overline{A}}\Delta t}\right] \\ \overline{\overline{\beta}} &= \overline{\overline{B}}^{-1}\left[e^{-\overline{\overline{A}}\Delta t} - \left(\overline{\overline{I}} - \overline{\overline{A}}\Delta t\right)\right] \end{aligned}\right\} \tag{2.115}$$

である．また，$\overline{\overline{A}}$ の対角要素が 0 の場合は，それに対応する $\overline{\overline{\alpha}}, \overline{\overline{\beta}}$ の対角要素は 1/2 となる．

(4) 式 (2.114) のような近似を利用して，まず UPML の時間差分公式を導き，つぎに電磁界の空間差分公式を求めよ．

3 基本プログラム

本章はFDTD法による電磁界計算をプログラムとして具現化する章である．FDTD法は大規模計算になることが多いことや大型計算機では今でもなおFORTRANが主流であることなどを考慮して，本章ではFORTRAN90に準拠したプログラムを掲載した．これに習熟していない読者も少なくないと予想されるため，FORTRANに特有の命令は極力避け，前章までに示した表現式どおりのコーディングをした．また，初学者でも容易に理解できるように基本的な問題だけを取り上げてできるだけていねいな説明を心掛けた．本章で示したプログラムを他の言語や自らの計算機環境に合わせて書き換えることは容易であろうと考える．

3.1 計算の流れ

Yeeアルゴリズムに基づく電磁界計算のフローチャートを図**3.1**に示す．これは1次元であっても3次元であっても同じである．まず最初に解析領域の大きさやプログラム全体で使う共通変数などを宣言するとともに，解析モデルの設定や電磁界を計算するための係数，初期値 $\boldsymbol{E}^0(\boldsymbol{r})$ と $\boldsymbol{H}^{1/2}(\boldsymbol{r})$ などをあらかじめ決めておく 初期設定 を行う．このようにしたのは，FDTD法の計算は解析領域内の 電界の計算 と

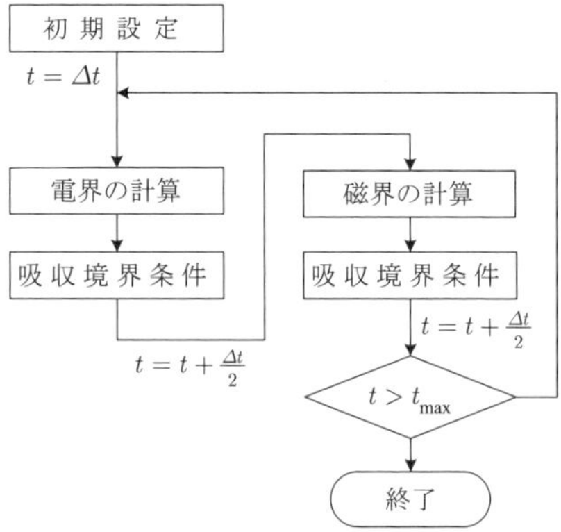

図**3.1** フローチャート

磁界の計算，および吸収境界条件の部分での繰返し計算がほとんどを占めるため，係数 a_e や $b_e/\Delta y$ の計算をその中に含めると，何度も同じ計算をすることになってしまうからである．なお，Murの吸収境界を用いるならば吸収境界条件は電界の計算の後にだけ適用し，磁界に関しては不要である．また，吸収境界条件は吸収境界に平行な電磁界成分にだけ適用し，垂直な成分に関してはなにもしない．

このようにFDTD法では時間を進めながら電磁界を計算することになるが，これは映画のフィルムを作るようなイメージでとらえるとわかりやすい．つまり，コマ送りしながら1コマごとに電磁界の空間分布を計算するのがFDTD法であるといえる．ただし，コマには電界のコマと磁界のコマとの二つがあって，それらが交互に記録されている．計算の終了時刻 t_{max}，すなわち計算回数，あるいはフィルムのコマ数 N_{step} はユーザが前もって決めておかなければならない．解析対象や計算内容に大きく依存するため一般的な指針はないが，3次元の例ではセル総数を $N = N_x \times N_y \times N_z$ としたとき，$N_{\mathrm{step}} \simeq 10\sqrt{3}N^{1/3}$ 程度で定常状態に近づくことが多いといわれている．計算結果の出力などは図3.1のフローチャートに含めなかった．これは興味の対象がユーザごとに異なるためである．例えば，特定の観測点における電界の時間応答が必要な場合もあるであろうし，ある時刻における空間分布が必要な場合もあるであろう．

以下に例題を挙げながら具体的なプログラムを示すが，コーディングにあたってはわかりやすさに主眼をおき，1章，2章で示した表現式をそのまま計算するようなプログラムとした．また，コーディングは**FORTRAN90**に準拠しているが[20),21)]，読者の置かれた計算機環境や計算機の‘方言’に影響されないようにできるだけ特別な命令は使わないように心掛けた．しかし，プログラムの書き方には個人差が出ることが多い．経験のある読者も一読してプログラム作成者の‘癖’を把握していただきたい．なお，プログラムの動作はいくつかの解析例で確認したが，それでも見落としがあるかもしれない．ご容赦願いたい．しかしその場合でも，本文の説明を参考にすれば修正は容易であると考える．

3.2　1 次元問題

1 次元の問題はあえて FDTD 法に頼らなくてもよいことが少なくないが，2 次元，3 次元 FDTD 法のコーディングと共通する部分も多いことから，本節では 1 次元問題から始めることにする．

3.2.1　解析モデル

1 次元解析モデルを**図 3.2** に示す．厚さ d の損失性不均質誘電体スラブにパルス平面波が入射するものとする．ただし，周囲の空間は真空であり，誘電体スラブの透磁率は μ_0 とする．

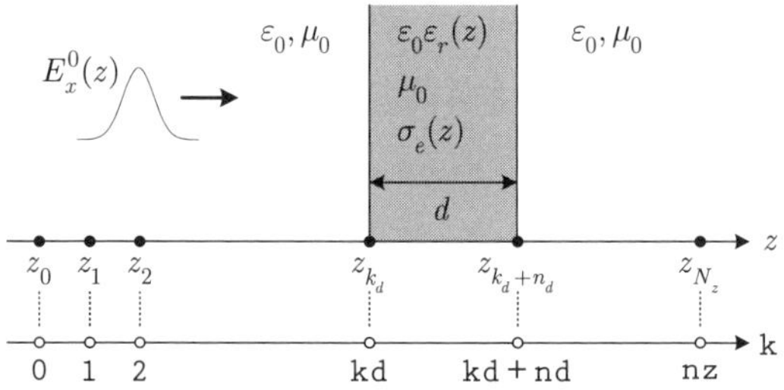

図 3.2　1 次元解析モデル

解析領域を $z_0 = 0 \leq z \leq z_{N_z}$ とし，この区間を N_z 個のセルに等分割したときの電界 E_x，磁界 H_y のサンプル点を，図 1.4 と同様にそれぞれ $z_0, z_1, \cdots, z_{N_z}$，および $z_{1/2} = \Delta z/2, z_{3/2} = z_1 + \Delta z/2, \cdots, z_{N_z-1/2} = z_{N_z-1} + \Delta z/2$ とする．$z = z_0, z = z_{N_z}$ は吸収境界表面である．誘電体スラブは $z_{k_d} \leq z \leq z_{k_d} + d$ の区間にあり，この区間を n_d 個のセルで分割するものとしているが，スラブの誘電率 $\varepsilon(z) = \varepsilon_0\varepsilon_r(z)$，導電率 $\sigma_e(z)$ がその表面で不連続に変化することを考慮して 1.3.3 項のような処理も同時に行うこととする．また，z 軸の下方に示した k 軸はプログラムで用いる電界サンプル点の番号である．

3.2.2 プログラム例

Mur の 1 次吸収境界を使った 1 次元 FDTD 計算のプログラム例を**プログラムコード 3.1** に示す．以下の説明では，数式を表すときには E_x, H_y のような斜体フォントを用い，プログラムの変数を表す場合には ex, hy のようなタイプライタフォントを用いる．また，このプログラムでは単精度の計算を行うようにしているため，有効桁数は約 7 桁であると考えてよい．ただし，FDTD 法自体の精度はセルサイズと時間ステップで決まるため，7 桁の計算結果を保証するという意味ではない．一方，倍精度にしても計算メモリが倍になるだけであまり意味がない．同じメモリを使うならセルサイズを半分にして単精度で計算するほうがよいであろう．

プログラムコード 3.1　1 次元 FDTD プログラム (Mur)

```
!------------------------------------------------------------------
!          共通変数モジュール
!------------------------------------------------------------------
      module fdtd_variable
      implicit none

      integer::nz,nstep                    !解析領域の分割数，計算のステップ数
      parameter(nz=1000,nstep=2000)
      real::ex(0:nz),hy(0:nz)              !電界，磁界を記憶する配列
      real::ae(0:nz),be(0:nz),bm           !電界磁界更新式の係数
      real::c,dz,dt,t                      !光速，セルサイズ，時間ステップ，時刻
      real::exlold,exrold                  !k=1,k=nz-1の1ステップ前の電界
      real::czl,czr                        !Murの係数
      real::zp,a                           !励振パルスのパラメータ
      parameter(c=2.9979246e8)             !光速
      end module fdtd_variable
!------------------------------------------------------------------
!          メインプログラム
!------------------------------------------------------------------
      program fdtd_1d
      use fdtd_variable                            !共通変数の引用
      implicit none
      real z
      integer::k,n

      call setup                                   !初期設定
      t=dt                                         !時間
      open(01,file='extm.txt')                     !電界分布出力ファイル
      open(02,file='ex100.txt')                    !過渡電界出力ファイル
      open(03,file='ex700.txt')
      do n=1,nstep
        write(*,*)'time step:',n
        call e_cal                                 !電界の計算
        call mur                                   !Murの吸収境界条件
        write(01,600)t,ex(nz/3),ex(2*nz/3)         !過渡電界の出力
```

```
        t=t+0.5*dt                              !時間を半ステップ前進
        call h_cal                              !磁界の計算
        t=t+0.5*dt                              !時間を半ステップ前進
        do k=0,nz
          z=k*dz
          if(n==100)write(02,610)z,ex(k)        !電界空間分布の出力
          if(n==700)write(03,610)z,ex(k)
        end do
      end do
      close(02)
      close(03)
 600  format(3e15.6)                            !出力形式の指定
 610  format(2e15.6)
      end program fdtd_1d
!-----------------------------------------------------------------------
!        解析モデルの設定と係数の計算
!-----------------------------------------------------------------------
      subroutine setup()
      use fdtd_variable                    !共通変数の引用
      implicit none
      real::eps0,mu0,z0,d,epsr,eps,sgm,a0,b,z,pulse,v
      real::epsd(0:nz),sgmd(0:nz)
      integer::k,nd,kd
      parameter(eps0=8.8541878e-12,mu0=1.2566371e-6)     !真空の誘電率, 導磁率
      parameter(z0=376.73031)                          !真空の特性インピーダンス

      d=0.1                                     !誘電体層の厚さ〔m〕
      nd=50                                     !誘電体層の分割数
      dz=d/nd                                   !セルサイズ
      epsr=3.0                                  !誘電体層の比誘電率
      kd=nz/2                                   !誘電体層の左側の位置
      do k=0,nz
         if(k<kd.or.k>=kd+nd) then              !真空領域
            epsd(k)=1.0                         !真空の比誘電率と導電率
            sgmd(k)=0.0
         else                                   !誘電体層の領域
            epsd(k)=epsr                        !誘電体の比誘電率と導電率
            sgmd(k)=0.0
         end if
      end do

      dt=dz/c                                   !時間ステップ
      do k=1,nz-1                               !解析領域
         eps=0.5*(epsd(k)+epsd(k-1))*eps0       !媒質定数を平均
         sgm=0.5*(sgmd(k)+sgmd(k-1))
         b=dt/eps
         a0=0.5*sgm*b
         ae(k)=(1.0-a0)/(1.0+a0)                !電界の係数
         be(k)=b/(1.0+a0)/dz
      end do
      bm=dt/mu0/dz                              !磁界の係数

      zp=100.0*dz                               !t=0の時のパルス中心位置
      a=20.0*dz                                 !パルス幅
      do k=0,nz                                 !電界の初期値
         z=k*dz
         ex(k)=pulse(z,0.0)
      end do
      do k=0,nz-1                               !磁界の初期値
         z=(k+0.5)*dz
         hy(k)=pulse(z,0.5*dt)/z0
```

```
      end do
      exlold=ex(1)                              !吸収境界上の電界の保存
      exrold=ex(nz-1)                           !吸収境界上の電界の保存
      v=c/sqrt(epsd(0))                         !速度
      czl=(v*dt-dz)/(v*dt+dz)                   !Murの係数（左端）
      v=c/sqrt(epsd(nz-1))
      czr=(v*dt-dz)/(v*dt+dz)                   !Murの係数（右端）
      end subroutine setup
!----------------------------------------------------------------------
!      入射波形の関数 (z:位置    tm:時刻)
!----------------------------------------------------------------------
      real function pulse(z,tm)      !tm:時刻
      use fdtd_variable
      implicit none
      real::tm,z

      pulse=exp(-((z-zp-c*tm)/a)**2)            !ガウスパルス
      end function pulse
!----------------------------------------------------------------------
!      電界の計算
!----------------------------------------------------------------------
      subroutine e_cal()
      use fdtd_variable
      implicit none
      integer::k

      do k=1,nz-1
         ex(k)=ae(k)*ex(k)-be(k)*(hy(k)-hy(k-1))
      end do
      end subroutine e_cal
!----------------------------------------------------------------------
!      Murの一次吸収境界条件
!----------------------------------------------------------------------
      subroutine mur()
      use fdtd_variable
      implicit none

      ex(0)=exlold+czl*(ex(1)-ex(0))          !左端の電界
      ex(nz)=exrold+czr*(ex(nz-1)-ex(nz))     !右端の電界
      exlold=ex(1)                            !次の計算のためex(1)を保存
      exrold=ex(nz-1)                         !次の計算のためex(nz-1)を保存
      end subroutine mur
!----------------------------------------------------------------------
!      磁界の計算
!----------------------------------------------------------------------
      subroutine h_cal()
      use fdtd_variable
      implicit none
      integer::k

      do k=0,nz-1
         hy(k)=hy(k)-bm*(ex(k+1)-ex(k))
      end do
      end subroutine h_cal
```

(1) 共通変数モジュール　最初に行っていることは，プログラム全体で共通に使う変数を `module` 文で定義することである．この例では `module` の名前を `fdtd_variable` としている．5 行目の `implicit none` は，暗黙の型宣言（頭文字が `i` ～ `n` の変数は整数，その他は実数）を使わないことを宣言している．これによって，コンパイル時にタイプミス等の思わぬバグを見つけることができるため，初心者にとっては便利な機能である．しかし，変数を追加するたびに型宣言しなければならないため，逆に不便に感じることもある．また，このような機能を備えたコンパイラも多い．このため，これ以降のプログラムでは `implicit none` 宣言はしないことにする．ただし，初心者の便宜を考慮して，変数の型は明示するようにした．

つぎに，解析領域の分割数 N_z，計算の総ステップ数 $N_{\rm step}$ を整数（`integer`）の変数 `nz`，`nstep` と宣言し，`parameter` 文でその値を `nz=1000`，`nstep=2000` としている．その後に，式 (1.32), (1.33) の電界 $E_x^n(k)$ と磁界 $H_y^{n+1/2}(k+1/2)$, $(k=0,1,\cdots,N_z)$ を保存するための配列 `ex(0:nz)`, `hy(0:nz)` を実数（`real`）の変数として定義しているが，実際には $H_y^{n+1/2}(N_z+1/2)$ =`hy(nz)` は計算されない．また，磁界は半奇数次のサンプリング点 $k+1/2$ の値であるが，サンプリング点はすべて半奇数次であるからこれの記憶場所を整数番目の配列としても問題はない．`ae(0:nz)`, `be(0:nz)` はそれぞれ式 (1.28) の係数 $a_e(k)$, $(k=0,1,\cdots,N_z)$ と $b_e(k)/\Delta z$ である．この解析では領域全体で $\mu=\mu_0$, $\sigma_m=0$ としているから，式 (1.29) の係数は $a_m(k)=1$ となって計算する必要はない．また，$b_m(k)=\Delta t/\mu_0$ となるから配列にする必要はない．このため，$b_m/\Delta z$ を実変数 `bm` として宣言している．`c`, `dz`, `dt`, `t` はそれぞれ光速 c, セルサイズ Δz, 時間ステップ Δt, 時刻 t を表す実変数であり，光速の値（付録 A の表 A.2 参照）は最終行の `parameter` 文で 8 桁の実数として与えている．

`exlold`, `exrold` は Mur の吸収境界を計算するための変数で，それぞれ式 (2.3), (2.5) の $E_x^{n-1}(1)$ と $E_x^{n-1}(N_z-1)$ である．また，式 (2.4) の c_z は，左端と右端で異なってもよいから，それらを `czl`, `czr` としている．`zp`, `a` は励振パルス（ガウスパルス）のパラメータである．これらの具体的な値は初期設定プログラム setup で計算している．

（**2**）**メインプログラム**　20 行目から始まるメインプログラム program fdtd_1d ではまず，use fdtd_variable として module fdtd_variable 内で定義した変数を共通変数として用いることを宣言している．これは C 言語のグローバル変数，FORTRAN の common 文に対応する．

つぎに，初期設定サブプログラム setup を call して，FDTD 計算に必要なパラメータや係数などを引用する．do n=1,nstep とは end do までの間の計算を n=1 から n=nstep まで繰り返す命令である．e_cal で解析領域内の電界 $E_x^n(k)\,(k=1,2,\cdots,N_z-1)$ を計算し，mur で境界における電界 $E_x^n(0)$ と $E_x^n(N_z)$ を計算している．さらに時刻 t を半ステップ $\Delta t/2$ だけ進めて磁界 $H_y^{n+1/2}(k+1/2)$ を h_cal によって計算する．call h_cal の後の t=t+0.5*dt とは電界が $E_x^{n+1}(k)$ となったとき，時刻を $t=(n+1)\Delta t$ にするためのものである．図 3.1 のフローチャートを参照いただきたい．

計算結果は extm.txt, ex100.txt および ex700.txt に出力するようにしている．extm.txt は解析区間の 1/3 と 2/3 の位置における過渡電界である．ここで，nz/3 は整数どうしの割り算で FORTRAN では切り捨てを表す．この例では 1 000/3=333 となる．ただし，整数の割り算に関しては十分注意していただきたい．例えば，x を実数として x=1/3 とすると，x の値は 0.3333⋯ ではなく，x=0.0 となる．0.3333⋯ とするためには，1.0/3 あるいは x=float(nz)/3.0 のようにしなければならない．ex100.txt と ex700.txt は時刻 $t=100\Delta t$ と $t=700\Delta t$ における空間分布である．open で出力ファイルを作り write 文でデータの書き込みを行う．出力形式は format 文内で指定する．3e15.6 とは三つのデータすべてを小数点以下 6 桁の 15 桁実数で出力することを意味する．ファイルの書き込みを終了させるのが close 文である．

（**3**）**初期設定プログラム**　subroutine setup() とは，媒質定数や座標や FDTD 計算に必要となる係数などを定めるためのサブプログラムである．まず最初に ε_0, μ_0 および真空の波動インピーダンス Z_0 の値（付録 A の表 A.2 参照）を parameter 文で与えている．これらはもちろん module fdtd_variable

内で定めてもよい．つぎに誘電体の厚さを d=0.1 m とし，それを nd=50 分割してセルサイズ Δz を dz=d/nd によって定めている．比誘電率を epsr=3.0 とし，誘電体スラブの左端 kd が解析領域の中央になるように kd=nz/2 とした．サンプリング点 k の誘電率と導電率はそれぞれ配列 epsd(k) と sgmd(k) として与えているが，係数 ae(k), be(k) の計算にはそれらの隣り合う値の平均値を用いている．散乱体は無損失誘電体であるから導電率を設定する必要はないが，章末問題のヒントを与えるためにこの変数を付け加えた．また，誘電体スラブの境界では 1.3.3 項のように誘電率および導電率を平均する必要がある．1 次元の場合は簡単であるが，2 次元，3 次元になると不連続境界だけを取り出して処理するのは煩雑となる．このようなことを考えて，ここでは領域全体で隣り合う値を平均するようにした．

時間ステップ Δt は 1.5.1 項の Courant 基準 (1.59) を用いたいが，誘電率が場所によって異なるため，光速 c を用いて dt=dz/c とした．係数 $a_e(k)$, $b_e(k)/\Delta z$ などの計算は表現式どおりであるから容易に理解できるであろう．

入射平面波は $t = 0$ における電界 $E_x^0(z)$ と $t = \Delta t/2$ の磁界 $H_y^{1/2}(z)$ を与えればよいので，時間とともに z 方向に光速で伝搬するパルスを pulse(z,t) として，ex(k)=pulse(k*dz,0.0), hy(k)=pulse((k+0.5)*dz,0.5*dt)/z0 のように与えている．ただし電界の振幅は 1 V/m とした．また，入射パルスはガウスパルスを用いており，$t = 0$ におけるパルスの中心位置を zp=100.0*dz, パルス幅を a=20.0*dz としている．

最後は Mur の吸収境界条件における電界を計算するための係数である．説明は省略しても問題はないであろう．また，この例では時間ステップを dt=dz/c としたから cz の値はつねに 0 である．このとき，式 (2.3), (2.5) は $E_x^n(0) = E_x^{n-1}(1)$, $E_x^n(N_x) = E_x^{n-1}(N_x - 1)$ となる．これらは電界が $E_x(z \pm ct)$ のように一方向に進む条件であるから境界での反射はない．反射の様子を dt の値を変化させて確認していただきたい．

(4) 励振パルスの設定　　z 方向に光速で進む波は一般に $p(z - ct)$ と表されるから，$t = 0$ でパルスの中心が $z = z_p$ にあるガウスパルスは

$$p(z,t) = \exp\left[-\left(\frac{z - z_p - ct}{a}\right)^2\right] \tag{3.1}$$

と表すことができる．ただし，a は $t = 0$ でパルスの振幅が $1/e$ になる位置 z を定める定数である．これを与えるのがサブプログラム `real function pulse(z,tm)` である．変数 `tm` を用いたのは，`module` 文内で定義した時刻 `t` と区別するためである．また，$p(z,t)$ を式 (1.55) のように一つの変数 τ で表してもよいが，理解を助けるためにここでは z と t の二つに分けて記述した．

(5) 電界・磁界の計算　解析領域内の電界，解析領域端の電界，および解析領域内の磁界の計算プログラムが `subroutine e_cal()`, `subroutine mur()`, `subroutine h_cal()` である．これまでの説明と，式 (1.32), (1.33), および式 (2.3), (2.5) から，その内容はあらためて説明する必要はないであろう．このように，FDTD 法の主要部の計算はきわめて単純である．しかし，この部分の繰返し計算が FDTD 法の大部分を占めることから，できるだけ不要な計算をしないようにすることが肝要である．

3.2.3 計 算 結 果

`ex100.txt` と `ex700.txt` の出力結果を図 **3.3** に示す．`dz=d/nd` $= 0.1/50 =$ 2 mm，`dt=dz/c` $\simeq 6.7$ ps としたから，$t = 100\Delta t$, $t = 700\Delta t$ というのはそれぞれ 670 ps，4.7 ns 後の電界分布である．また，スラブの左端は `kd*dz=nz/2*dz`

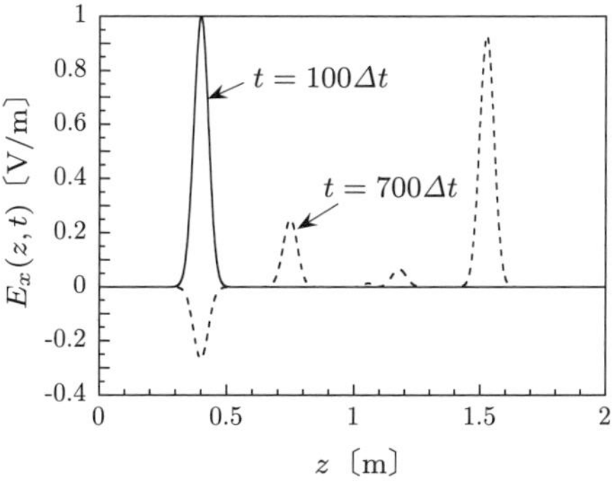

図 **3.3** 電界の空間分布

$= 1$ m にあり，その厚さは $d = 0.1$ m としたから，$t = 100\varDelta t$ のパルスは電界が誘電体に入射する直前の波形であり，$t = 700\varDelta t$ のパルスはスラブ内で反射を繰り返した後の波形を表している．

図 3.4 は $z = 333\varDelta z \simeq 0.67$ m と $z = 666\varDelta z \simeq 1.3$ m の位置における電界の時間応答である．前者はスラブの前面に対応し，$t \simeq 1.6$ ns 付近に現れる振幅 1 の波は入射波そのものである．その後はスラブの表面とスラブ内の多重反射による応答が観測される．また，後者は裏面の位置における電界であり，ここでも反射を繰り返した後の透過波が観測されている．

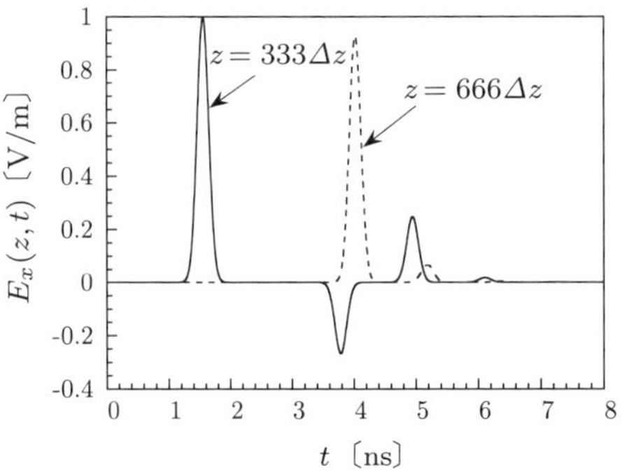

図 3.4　電界の時間応答

このような問題では，反射係数と透過係数の周波数特性を知りたい場合が少なくない．図 3.4 の実線は $t \leqq 2.5$ ns の部分が入射波そのものであり，その後のデータが反射波であるから，$t = 2.5$ ns でそれらを分離すれば，それぞれを入射波と反射波形とみなすことができる．それぞれに対してフーリエ変換を施せば，入射波のスペクトルと反射波のスペクトルが計算でき，反射係数 $\dot{R}$ を得ることができる．透過係数 $\dot{T}$ についても同様である．このようにして求めた反射係数の大きさ $|\dot{R}|$ と透過係数の大きさ $|\dot{T}|$ を**図 3.5** に示す．また，この問題は解析的に解けるため，その計算値も 'Exact' として示した．両者はほぼ完全に一致している．

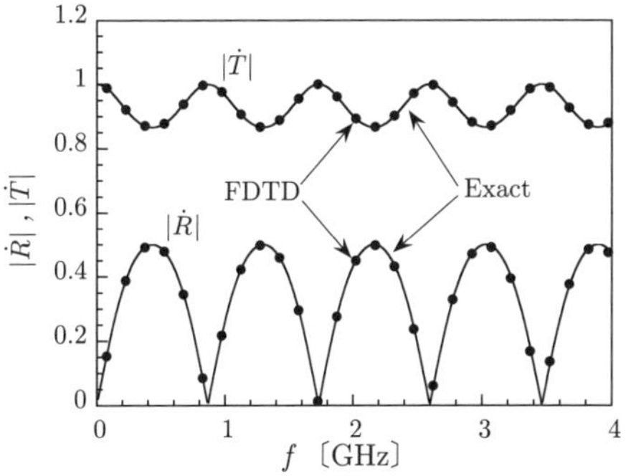

図 3.5　反射係数の周波数特性

3.2.4 注　意　事　項

（1） **Courant 基準**　1.5.1 項で述べた時間ステップに関する具体例を図 **3.6** に示す．これは時間ステップを $\varDelta t = \varDelta t_c$ とした場合と，Courant 基準より 0.01%だけ大きい $\varDelta t = 1.000\,01\varDelta t_c$ とした場合である．ただし，解析領域はすべて真空とし，励振パルスは

$$p(z,t) = \sin\omega\left(t - \frac{z - z_0}{c}\right) \tag{3.2}$$

とした．ただし，入射波が境界に当たらないように $N_z = 10\,000$ と解析領域を十分大きくとり，$z_0 = N_z\varDelta z/2$ として $z = z_0 + 100\varDelta z$ で電界を計算した．このように，Courant 安定条件はきわめて厳しく，わずかでも満足しなけ

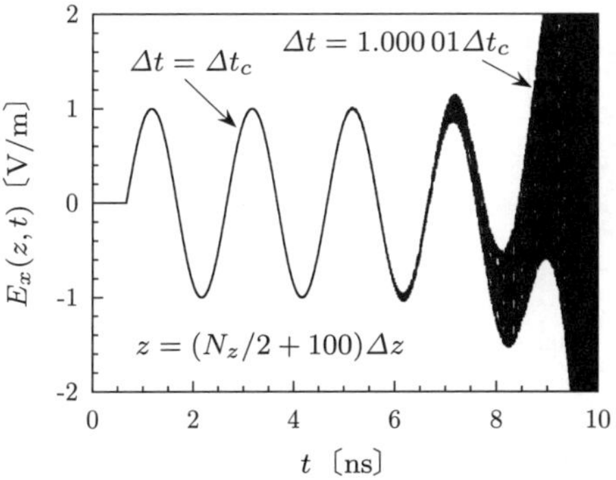

図 3.6　Courant 安定条件

れば不安定となる．また，安定化のためには $\Delta t = \Delta t_c$ で十分である．しかし，桁落ちのために式 (1.60) が満足されないこともある．これを回避するには $\Delta t = 0.999\,99\Delta t_c$ とすればよいであろう．

（**2**）　**電磁界の時間差**　　時間ステップ Δt を式 (1.59) の Courant 基準 Δt_c にとれば問題なさそうに思われる．しかし，1.4.1 項で述べたような平面波の伝搬とともに発生する数値的な誤差があることに注意してほしい．ここではその具体例を示す．

図 3.7 は $t = 0$ における電界の初期値 E_x^0 と誘電体スラブに入射する直前の $t = 100\Delta t$ における電界 E_x^{100} の大きさを示したものである．縦軸が dB 表示になっていることに注意していただきたい．なお，式 (3.1) のパラメータは $z_p = 250\Delta z$ とした．また，$Z_0 H_y^{1/2}$ と $Z_0 H_y^{100+1/2}$ も破線で示しているが，セルサイズが小さいため電界とほぼ重なっている．このように電界と磁界の初期値のわずかな時間差のために，z 方向に伝搬するとともに，逆方向に伝搬する誤差成分が発生している．z 方向に進む誤差成分は平面波パルスに埋もれている．これに対して，逆方向に進む誤差成分の波形はおおよそステップ関数で，その振幅は約 −120 dB 程度である．この計算は単精度で行っているから，−120 dB の誤差とは有効桁の末尾が変わる程度であるので，実用上問題となることはほとんどない．しかし，このような現象が起こっていることは忘れないでほしい．

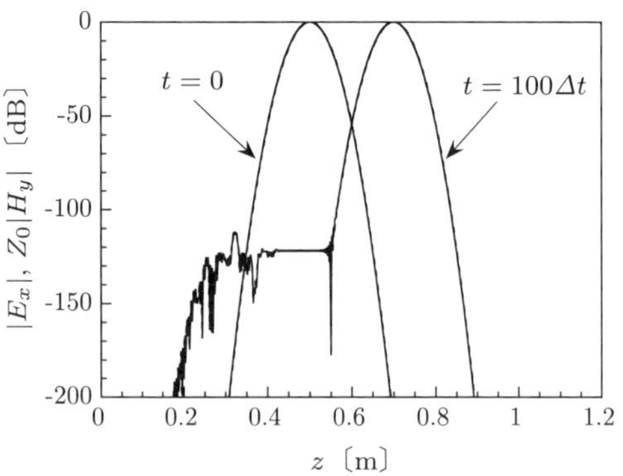

図 **3.7**　平面波の伝搬

3.2.5 PML吸収境界

1次元の問題ならば吸収境界に接する媒質が無損失である限りMurの吸収境界で十分であり，PML吸収境界を導入する必要はない．しかし，2次元，3次元になるとMurの吸収境界よりPMLのほうが格段に精度がよいことや，基本的なコーディングはどれも同じであることから，ここでは1次元のPML吸収境界について説明することにする．

(1) PML層の作り方　2章では，**図3.8**(a)のように解析区間 $[z_0, z_{N_z}]$ をあらかじめ決めておいて，その外側にPML層を付け加えるという説明をした．ところが，PML層内でも電磁界を計算しなければならないことから，プログラミングまで考えるとこのようにすることは必ずしも便利ではない．

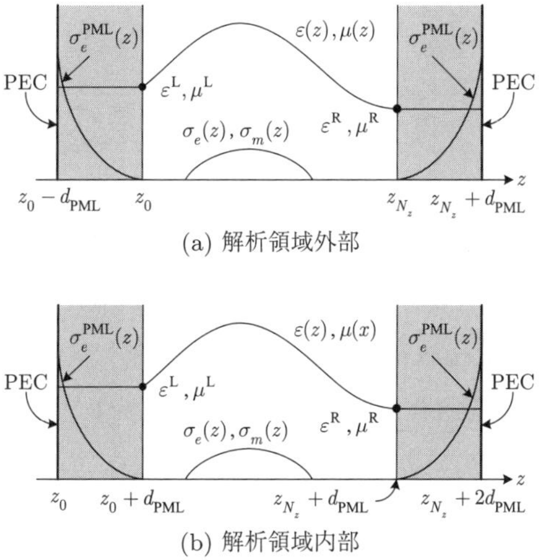

図3.8　PML層の取り方

式(1.32), (1.33)と式(2.28), (2.29)とは係数 $a_e \sim b_m$ の計算領域が異なるだけでまったく同じ表現であるから，前項のプログラムコード3.1をほとんど変更することなくPMLを導入できるはずである．ところが，図3.8(a)のようにすると，メインプログラムを含めてプログラムの書換えが必要となる．これに対して，図(b)のように解析領域を $[z_0, z_{N_z} + 2d_{\mathrm{PML}}]$ としてPMLをその内側にとればプログラムの修正は最小限で済みそうである．もちろん，図(a)も

図 (b) も本質的には同じであるが，プログラムのコーディングという点では図 (b) のほうが容易である．

(**2**) **プログラム例**　**図 3.9** のように真空中を負の z 軸方向から平面波が伝搬したとき，観測点 $z_O = N_z \Delta z/2$ で電界の過渡応答を計算するプログラムを**プログラムコード 3.2** に示す．このプログラムで使用している記号はプログラムコード 3.1 とほとんど同じであるから，これと併せて見ていただきたい．また，PML 層は図 3.8 (b) のようにしている．

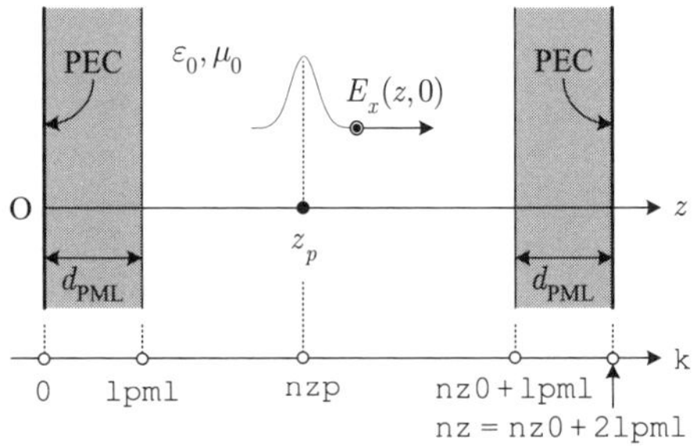

図 **3.9**　解析モデル

`module fdtd_variable` において，`order`，`lpml` とは，式 (2.18) の次数 M と PML 層の数 L_{PML} であり，このプログラムでは `lpml=8`, `order=4` としている．また，要求精度は `rmax=-120.0` dB とした．解析領域の分割数は `nz0` で与えているから，PML を含む全領域は `nz=nz0+2*lpml` となる．比誘電率 `epsd`，導電率 `sgmd` などの媒質定数はすべてのセルにおいて，隣り合う値の平均値にするために，`-1` から `nz` までの配列を用いている．

メインプログラム `program fdtd_1d` では，`call pmlcoef()` により PML の係数を呼び出した後に，時間を半ステップずつ前進させながら電界の計算 `call e_cal` と磁界の計算 `call h_cal` を繰り返し行っている．また，PML 内の電磁界もこの中で計算している．

`subroutine setup()` の内容はプログラムコード 3.1 とほぼ同じ内容であるから，あらためて説明する必要はないであろう．ただし，ここでは全空間にわたって式 (1.28), (1.29) の係数 $a_e(k) \sim b_m(k)/\Delta z$ を計算している．また，PML 領域の係数 $a_e^{PML} \sim b_m^{PML}/\Delta z$ は `subroutine pmlcoef()` で計算して，

$a_e(k) \sim b_m(k)/\Delta z$ に上書きするようにしている．こうすることによって，解析領域と PML 領域で区別することなく電磁界計算プログラムを用いることができる．また，$t = 0$ におけるパスルの中心位置 zp は左側の PML 表面から 100*dz だけ離れた点となるように，zp=(lpml+100)*dz とした．

subroutine pmlcoef() の変数 copml とは，式 (2.21) の $\sigma_{\max}^{\mathrm{PML}}$ を計算するための係数で，dB からの換算値も含めて $\ln(10)/(40Z_0)$ の値である．

プログラムコード 3.2　1 次元 FDTD プログラム (PML)

```
!-----------------------------------------------------------------
!          共通変数の定義
!-----------------------------------------------------------------
      module fdtd_variable

      integer::order,lpml                          !PMLの次数，層数
      real::rmax                                   !要求精度〔dB〕
      parameter(lpml=8,order=4,rmax=-120.0)
!解析領域の分割数，計算領域の分割数，時間ステップ総数
      integer::nz0,nz,nstep
      parameter(nz0=1000, nstep=2000)
      parameter(nz=nz0+2*lpml)
!電磁界の配列，係数の配列，媒質定数の配列
      real::ex(0:nz),hy(0:nz)
      real::ae(0:nz),be(0:nz),am(0:nz),bm(0:nz)
      real::dz,dt,t
      real::epsd(-1:nz),sgmd(-1:nz),mud(-1:nz),msgmd(-1:nz)
!定数
      real::eps0,mu0,z0,c
      parameter(eps0=8.8541878e-12,mu0=1.2566371e-6)
      parameter(z0=376.73031)
      parameter(c=2.9979246e8)
      real::zp,a                               !励振パルスのパラメータ
      end module fdtd_variable
!-----------------------------------------------------------------
!          メインプログラム
!-----------------------------------------------------------------
      program fdtd_1d
      use fdtd_variable                          !共通変数の引用
      integer::n

      call setup                                 !初期設定
      call pmlcoef()
      t=dt                                       !時間
      open(01,file='extm.txt')                   !電界分布の出力ファイル
      do n=1,nstep
        call e_cal                               !電界の計算
        write(01,600)t,ex(nz/2)                  !過渡電界の出力
        t=t+0.5*dt                               !時間を半ステップ前進
        call h_cal                               !磁界の計算
        t=t+0.5*dt                               !時間を半ステップ前進
      end do
      close(01)
 600  format(2e15.6)                             !出力形式の指定
      end program fdtd_1d
```

```
!-------------------------------------------------------------------
!         解析モデルの設定と係数の計算
!-------------------------------------------------------------------
      subroutine setup()
      use fdtd_variable                         !共通変数の引用
      real::eps,sgm,mu,msgm,a0,b

      d=0.1                                     !誘電体層の厚さ[m]
      nd=50                                     !誘電体層の分割数
      dz=d/nd                                   !セルサイズ
      epsr=3.0                                  !誘電体層の比誘電率
      kd=nz/2                                   !誘電体層の左側の位置
      do k=-1,nz
         if(k<kd.or.k>=kd+nd) then              !真空領域
            epsd(k)=1.0                         !真空の比誘電率と導電率
            sgmd(k)=0.0
            mud(k)=1.0
            msgmd(k)=0.0
         else                                   !誘電体層の領域
            epsd(k)=epsr                        !誘電体の比誘電率と導電率
            sgmd(k)=0.0
            mud(k)=1.0
            msgmd(k)=0.0
         end if
      end do

      dt=0.99999*dz/c                            !時間ステップ
      do k=0,nz-1
         eps=0.5*(epsd(k)+epsd(k-1))*eps0        !セル表面の媒質定数は両側の平均
         sgm=0.5*(sgmd(k)+sgmd(k-1))
         b=dt/eps
         a0=0.5*sgm*b
         ae(k)=(1.0-a0)/(1.0+a0)                    !電界の係数
         be(k)=b/(1.0+a0)/dz
         mu=mud(k)*mu0
         msgm=msgmd(k)
         b=dt/mu
         a0=0.5*msgm*b
         am(k)=(1.0-a0)/(1.0+a0)                    !磁界の係数
         bm(k)=b/(1.0+a0)/dz
      end do

      zp=(lpml+100)*dz                           !パルスの中心位置
      a=20.0*dz                                  !パスル幅
      do k=0,nz                                  !電界の初期値
         z=k*dz
         ex(k)=pulse(z,0.0)
      end do
      do k=0,nz-1                                !磁界の初期値
         z=(k+0.5)*dz
         hy(k)=pulse(z,0.5*dt)/z0
      end do
      end subroutine setup
!-------------------------------------------------------------------
!         入射パスル  (z:位置     tm:時刻)
!-------------------------------------------------------------------
      real function pulse(z,tm)
      use fdtd_variable

      pulse=exp(-((z-zp-c*tm)/a)**2)             !ガウスパルス
      end function pulse
```

```
!---------------------------------------------------------------
!         電界の計算
!---------------------------------------------------------------
      subroutine e_cal()
      use fdtd_variable
      integer::k

      do k=1,nz-1
         ex(k)=ae(k)*ex(k)-be(k)*(hy(k)-hy(k-1))
      end do
      end subroutine e_cal
!---------------------------------------------------------------
!         磁界の計算
!---------------------------------------------------------------
      subroutine h_cal()
      use fdtd_variable
      integer::k

      do k=0,nz-1
         hy(k)=am(k)*hy(k)-bm(k)*(ex(k+1)-ex(k))
      end do
      end subroutine h_cal
!---------------------------------------------------------------
!        PML 吸収境界
!---------------------------------------------------------------
      subroutine pmlcoef()
      use fdtd_variable
      real::copml
      parameter(copml=-1.5280063e-4)
      real epsr,mur,epsl,mul,a0

      epslr= epsd(lpml+1)
      epsl = epslr*eps0
      epsrr= epsd(nz-lpml-1)
      epsr = epsrr*eps0
      mul = mud(lpml+1)*mu0
      mur = mud(nz-lpml-1)*mu0
!真空に対するsigma_maxと係数
      smax0e=copml*rmax*(order+1)/(lpml*dz)
!左側のPML
      do k=0,lpml-1
         sgme=(float(lpml-k)/float(lpml))**order*smax0e*epslr
         sgmm=((lpml-k-0.5)/float(lpml))**order*smax0e*epslr
         a0=0.5*sgme*dt/epsl
         ae(k)=(1.0-a0)/(1.0+a0)
         be(k)=dt/epsl/(1.0+a0)/dz
         a0=0.5*sgmm*dt/epsl
         am(k)=(1.0-a0)/(1.0+a0)
         bm(k)=dt/mul/(1.0+a0)/dz
      end do
!右側のPML
      do k=nz-lpml,nz-1
         sgme=(float(k-nz+lpml)/float(lpml))**order*smax0e*epsrr
         sgmm=((k-nz+lpml+0.5)/float(lpml))**order*smax0e*epsrr
         a0=0.5*sgme*dt/epsr
         ae(k)=(1.0-a0)/(1.0+a0)
         be(k)=dt/epsr/(1.0+a0)/dz
         a0=0.5*sgmm*dt/epsr
         am(k)=(1.0-a0)/(1.0+a0)
         bm(k)=dt/mur/(1.0+a0)/dz
      end do
      end subroutine pmlcoef
```

(3) 数値例と注意事項　　ここではPML吸収境界の反射特性を知るために，全空間を真空として観測点 $z_O = N_z \Delta z/2$ における電界の過渡応答を計算した．その結果を図 **3.10** に示す．ただし，$L_{\mathrm{PML}} = 8$, $\Delta z = 1/500\,\mathrm{m}$, $\Delta t = 0.999\,99\Delta z/c$ とし，PMLの次数 M をパラメータとした．まず，$M = 1$ としたとき，$t \simeq 9.5$ ns 付近に現れる反射波は右側のPMLに反射して観測点に戻ってきたものである．さらにそれが左側のPMLで反射したものが $t \simeq 16$ ns 付近で観測される．

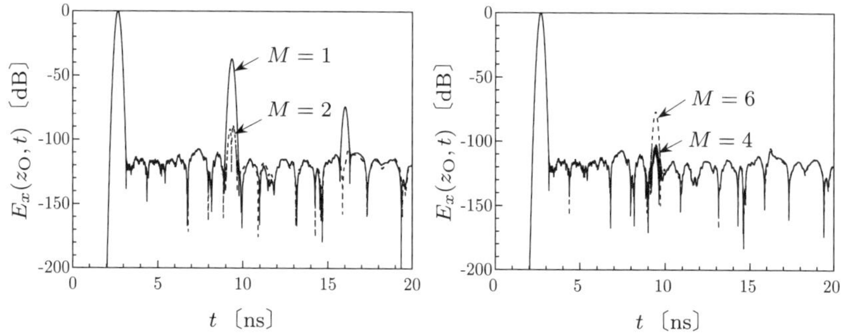

図 **3.10**　PMLからの反射

M を大きくするに従って反射波は小さくなるが，$M = 6$ とすると逆に反射波が大きくなる．これは次数を上げるに従ってPML内の導電率分布が急峻《きゅうしゅん》になって，離散化に伴う誤差が大きくなるためであると考えられる．このように，次数はおおむね $M = 2 \sim L_{\mathrm{PML}}/2$ 程度に選ぶのがよいであろう．読者自ら L_{PML} や Δz を変化させて図3.10のようなグラフを描いてみていただきたい（章末問題【**3**】）．

3.3　2 次 元 問 題

本節では z 方向に一様な2次元問題のプログラム例を示す．1.2.4項で説明したように，2次元問題は TE_z モードと TM_z モードに分けて考えることができるため，それらに特化したプログラムを作ったほうが計算機資源を節約することができる（章末問題【4】）．しかしここでは，読者の便宜を考えて，一般的な 2 次元問題としてコーディングした．書換えは容易であろう．

3.3.1 解析モデル

2 次元解析モデルを**図 3.11** に示す．真空中の微小面積 $\varDelta S_e$ 内に一様に流れる励振電流 I_e があり，その近傍に $L_x \times L_y$ の無損失四角柱誘電体があるものとする．$\varDelta S_e$ は十分小さな面積であるため，電流源は点 (x_f, y_f) に集中していると近似して，その密度を $I_e/\varDelta S_e$ とする．また，以下のプログラムでは解析領域全体で透磁率は μ_0 とする．吸収境界は PML あるいは 2 次の Mur とする．

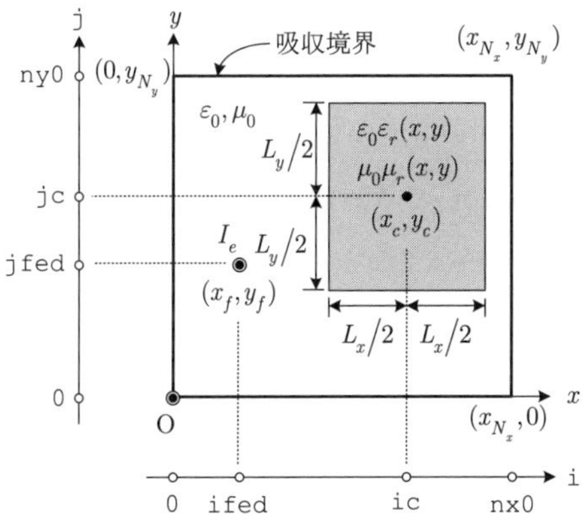

図 3.11 2 次元解析モデル

3.3.2 プログラム例

プログラム例を**プログラムコード 3.3** に示す．このプログラムでは Mur と PML 吸収境界を使い分けるようにしており，それらのプログラムは別々のファイル：`pml2d.f`，`mur2d.f` に保存しておいて，それを `include` 文で呼び出すようにしている．それぞれのプログラムは**プログラムコード 3.4**，**3.5** に示した．これらのプログラムで使われている変数名もプログラムの構造も 3.2.2 項や 3.2.5(2) 項で説明したプログラムコード 3.1，3.2 とほとんど同じであるから，ここでは特に注意すべきことを中心に説明する．

(1) 2次元 FDTD プログラム　module fdtd_variable ではまず最初に，解析領域の分割数を nx0=120，ny0=120 と定めている．Mur の場合には nx0，ny0 と全計算領域 nx，ny とが同じであるが，PML の場合には nx=nx0+2*lpml, ny=ny0+2*lpml となるため，吸収境界の選択パラメータ abc が abc=abc_pml の場合には paramter(nx=nx0+2*lpml,ny=ny0+2*lpml) を用い，abc=abc_mur の場合には parameter(nx=nx0,ny=ny0) を用いる．セルサイズは $\varDelta x$ =dx=0.005 m, $\varDelta y$ =dy=0.005 m とした．

散乱体は各辺の長さが (2*lx2*dx)×(2*ly2*dy)=20 cm × 20 cm の四角柱で，その比誘電率は ε_r =epsr=3.0 とした．また，四角柱の中心は解析領域の中点 ic=nx/2，jc=ny/2 にあるものとしている．背景媒質は真空である．励振電流の位置は ifed=ic-lx2-20，jfed=jc の位置に設定した．電流パルスは幅が duration=0.1e-9 $\mathrm{s} = 0.1 \times 10^{-9}\ \mathrm{s} = 0.1\ \mathrm{ns}$ のガウスパルスで，そのピークは t0=4.0*duration の時刻にあるものとしている．

メインプログラム program fdtd_2d では，FDTD 計算の初期設定サブプログラム setup() を call した後で，用いる吸収境界に応じて initpml() あるいは initmur() を call している．その後の計算は1次元と同じである．ただし，Mur の境界条件は電界だけに適用すればよいから，磁界の計算 call h_cal の後には磁界に対する PML：hpml() だけを call するようにしている．また，call feed() では電流源の位置における電界を計算している．この計算はサブプログラム subroutine e_cal() の中で計算してもよいが，給電は1点だけであるうえに，e_cal(), h_cal() の中身はできるだけ変えたくない．そこで，給電点だけを別にして E_z^n の計算値に電流源の寄与を付け加えるようにした．

初期設定サブプログラム setup() では背景媒質（真空）を配列 epsd(i,j)，mud(i,j)，… に代入した後に，四角柱の媒質定数サブプログラム epsmu() を call し，epsd(i,j)，mud(i,j)，… に上書きしている．また，これらの配列を j=-1，i=-1 からとったのは，係数を a_e, b_e を計算するときに隣り合う値を平均するためである．このようにすることによって，四角柱の表面だけを特別に取扱う手間を省いている．

電磁界の計算はサブプログラム subroutine e_cal, subroutine h_cal で行っているが，式 (1.36)～(1.41) どおりであるから，説明の必要はないであろう．

(**2**) pml2d.f　プログラムコード 3.4 の pml2d.f は PML 吸収境界のコーディング例であり，わかりやすさを重視して構造体を用いた．構造体名を pml とし，電磁界と係数の動的配列を pointer によって指定している．実際の配列の大きさは，サブプログラム init_pml の中で allocate 文によって決定される．また，pml の構造体は上下左右の PML（pml_u，pml_d，pml_l，pml_r）である．ここで，i0～j1 は PML の範囲で，pml_l では i0=0～i1=lpml, j0=0～j1=ny である．他の PML 層についても同様である．

電磁界の初期値は波源以外では 0 であるから，サブプログラム init_pml でも電磁界の初期値を 0 としてから導電率分布や係数の計算をしている．これに対して，平面波の散乱問題を扱うときには PML 内部にも平面波を与えなければならない．このためには p%expml などの変数に平面波の初期値を代入するようにすればよい．具体的には 3.3.5 項を参照していただきたい．式 (2.36) ～ (2.41) の係数 a_{ey}^{PML} や b_{ex}^{PML} などは 1 次元配列であるが，四つの PML 層ごとに i あるいは j の関数である．init_pml はそれらをまとめて表現するようなプログラムにしているため，p%aeypml(i,j) のように 2 次元配列としている．

サブプログラム e_plm(p), h_pml(p) では式 (2.36) ～ (2.41) の電磁界を計算しているが，例えば E_x は p%expml(i,j) と ex(i,j) の二つの変数を用いている．このようにすることによって，式 (2.36) ～ (2.41) どおりのコーディングができると同時に，PML 内の計算を解析領域と独立に行うことができる．

(**3**) mur2d.f　プログラムコード 3.5 に Mur の 2 次吸収境界条件に対する電界計算プログラムを示す．2 次元の場合，例えば $i = 0$ の吸収境界における電界 $E_z(i,j)$ は式 (2.9) の右辺第 5 項と $k + 1/2$ を省略した表現式になるが，それでも $j-1, j+1$ が含まれているため，全領域には適用できない．このため，$j = 1$ と $j = N_y - 1$ については 1 次吸収境界を適用することになる．これ以外の計算手順は 1 次元とほとんど同じであるから詳細な説明は省略する．読者自らプログラムを追ってほしい.

プログラムコード **3.3**　2 次元 FDTD プログラム

```
!----------------------------------------------------------------------
!         共通変数の宣言, FDTDパラメータ
!----------------------------------------------------------------------
      module fdtd_variable

!解析領域の変数
      integer,parameter::nx0=120, ny0=120                 !解析領域の分割数
      integer,parameter::nstep=2000                       !計算ステップ総数
      real,parameter::dx=0.005, dy=0.005                  !セルサイズ
      real::dt,t                                          !時間ステップ, 時間
!吸収境界条件の設定
      integer,parameter::abc_pml=1,abc_mur=2
      integer,parameter::abc = abc_pml                    !吸収境界条件の選択
      integer,parameter::lpml=8,order=4                   !PMLの次数, 層数
      real,parameter::rmax=-120.0                         !PMLの要求精度〔dB〕
!全計算領域
      integer::nx,ny
      parameter(nx=nx0+2*lpml,ny=ny0+2*lpml)             !PMLを使うとき
!      parameter(nx=nx0,ny=ny0)                           !Murを使うとき

!電界磁界の配列, 係数の配列
      real::ex(0:nx,0:ny),ey(0:nx,0:ny),ez(0:nx,0:ny)    !電界の配列
      real::hx(0:nx,0:ny),hy(0:nx,0:ny),hz(0:nx,0:ny)    !磁界の配列
      real::aex(0:nx,0:ny),aey(0:nx,0:ny),aez(0:nx,0:ny) !係数の配列
      real::bexy(0:nx,0:ny),beyx(0:nx,0:ny)
      real::bezx(0:nx,0:ny),bezy(0:nx,0:ny)
      real::amx(0:nx,0:ny),amy(0:nx,0:ny),amz(0:nx,0:ny)
      real::bmxy(0:nx,0:ny),bmyx(0:nx,0:ny)
      real::bmzx(0:nx,0:ny),bmzy(0:nx,0:ny)
!媒質定数の配列と背景媒質定数
      real::epsd(-1:nx,-1:ny),sgmed(-1:nx,-1:ny)         !比誘電率, 導電率
      real::mud(-1:nx,-1:ny), sgmmd(-1:nx,-1:ny)         !比透磁率, 磁気伝導率
      real,parameter::epsbk=1.0,mubk=1.0,sigebk=0.0,sigmbk=0.0 !背景媒質
!散乱四角柱
      integer,parameter::ic=nx/2,jc=ny/2                  !四角柱の中心
      integer,parameter::lx2=20, ly2=20                   !縦横長さの1/2
      real,parameter::epsr=3.0                            !比誘電率
!励振電流源のパラメータ
      real,parameter::duration=0.1e-9,t0=4.0*duration    !パルス幅, ピーク時刻
      integer,parameter::ifed=ic-lx2-20, jfed=jc          !給電位置
      real::befed                                         !係数
!定数(真空の誘電率, 透磁率, 光速)
      real,parameter::eps0=8.854188e-12,mu0=1.256637e-6
      real,parameter::c=2.9979246e8
      end module fdtd_variable
!----------------------------------------------------------------------
!         メインプログラム
!----------------------------------------------------------------------
      program fdtd_2d
      use fdtd_variable
      integer::n

      call setup()                                 !FDTDの初期設定
      if(abc == abc_pml) call initpml()            !PMLの初期設定
      if(abc == abc_mur) call initmur()            !Murの初期設定

```

```
      t=dt                                        !初期時刻
      do n=1,nstep
         write(*,*)'Time step:',n                 !時間ステップの出力
         call e_cal                               !電界の計算
         call feed()                              !電流源の位置の電界
         if(abc == abc_pml) call epml()           !PML
         if(abc == abc_mur) call mur2nd()         !Mur
         t=t+0.5*dt                               !時間の更新
         call h_cal                               !磁界の計算
         if(abc == abc_pml) call hpml()           !PML
         t=t+0.5*dt                               !時間の更新
         call out_emf(n)
      end do
      end program fdtd_2d
!----------------------------------------------------------------------
!       計算結果の出力
!----------------------------------------------------------------------
      subroutine out_emf(n)
      use fdtd_variable
      integer,parameter::io=ic+lx2+20, jo=ny/2   !観測点
      integer::lpml0,i0,i1,j0,j1

!出力範囲の設定
      lpml0=0                                     !Mur
      if(abc == abc_pml) lpml0=lpml               !PML
      i0=lpml0
      i1=nx-lpml0
      j0=lpml0
      j1=ny-lpml0

      if(n == 1) open(02,file='eztpml.txt')
      write(02,111)t,ez(io,jo)                    !観測点の過渡電界
      if(n==160)then
         open(03,file="ez160pml.txt")             !電界の空間分布
         do j=j0,j1
            do i=i0,i1
               write(03,222)i-lpml0,j-lpml0,ez(i,j)
            end do
         end do
         close(03)
      end if
      if(n == nstep) close(02)
  111 format(2e18.9)
  222 format(2i5,e15.6)
      end subroutine out_emf
!----------------------------------------------------------------------
!       電流源とその点の電界
!----------------------------------------------------------------------
      subroutine feed()
      use fdtd_variable
      real::iz

      iz=exp(-((t-0.5*dt-t0)/duration)**2)              !ガウスパルス
      ez(ifed,jfed)=ez(ifed,jfed)-befed*iz/(dx*dy)      !電界
      end subroutine feed
!----------------------------------------------------------------------
!     初期設定
!----------------------------------------------------------------------
      subroutine setup()
      use fdtd_variable
      real::mux, muy, muz
```

```
c
      v=c/sqrt(epsbk*mubk)
      dt=0.99999/(v*sqrt(1.0/(dx*dx)+1.0/(dy*dy)))        !時間ステップ

      do j=-1,ny                                           !背景媒質
         do i=-1,nx
            epsd(i,j)=epsbk
            mud(i,j)=mubk
            sgmed(i,j)=sigebk
            sgmmd(i,j)=sigmbk
         end do
      end do
      call epsmu()                          !四角柱の媒質定数を背景媒質に上書き

      epsz=0.25*(epsd(ifed,jfed)+epsd(ifed-1,jfed)
     &          +epsd(ifed,jfed-1)+epsd(ifed-1,jfed-1))*eps0
      befed=dt/epsz                                        !電流源の係数

      do j=0,ny
         do i=0,nx
            epsx=0.5*(epsd(i,j)+epsd(i,j-1))*eps0
            sgex=0.5*(sgmed(i,j)+sgmed(i,j-1))
            a=0.5*sgex*dt/epsx
            aex(i,j)=(1.0-a)/(1.0+a)                   !a_e(i+1/2,j)
            bexy(i,j)=dt/epsx/(1.0+a)/dy               !b_e(i+1/2,j+1/2)/dy

            epsy=0.5*(epsd(i,j)+epsd(i-1,j))*eps0
            sgey=0.5*(sgmed(i,j)+sgmed(i-1,j))
            a=0.5*sgey*dt/epsy
            aey(i,j)=(1.0-a)/(1.0+a)                   !a_e(i,j+1/2)
            beyx(i,j)=dt/epsy/(1.0+a)/dx               !b_e(i,j+1/2)/dx

            epsz=0.25*(epsd(i,j)+epsd(i-1,j)+epsd(i,j-1)
     &                +epsd(i-1,j-1))*eps0
            sgez=0.25*(sgmed(i,j)+sgmed(i-1,j)+sgmed(i,j-1)
     &                +sgmed(i-1,j-1))
            a=0.5*sgez*dt/epsz
            aez(i,j)=(1.0-a)/(1.0+a)                   !a_e(i,j)
            bezy(i,j)=dt/epsz/(1.0+a)/dy               !b_e(i,j)/dy
            bezx(i,j)=dt/epsz/(1.0+a)/dx               !b_e(i,j)/dx

            mux=0.5*(mud(i,j)+mud(i-1,j))*mu0
            sgmx=0.5*(sgmmd(i,j)+sgmmd(i-1,j))
            a=0.5*sgmx*dt/mux
            amx(i,j)=(1.0-a)/(1.0+a)                   !a_m(i,j+1/2)
            bmxy(i,j)=dt/mux/(1.0+a)/dy                !b_m(i,j+1/2)/dy

            muy=0.5*(mud(i,j)+mud(i,j-1))*mu0
            sgmy=0.5*(sgmmd(i,j)+sgmmd(i,j-1))
            a=0.5*sgmy*dt/muy
            amy(i,j)=(1.0-a)/(1.0+a)                   !a_m(i+1/2,j)
            bmyx(i,j)=dt/muy/(1.0+a)/dx                !b_m(i+1/2,j)/dx

            muz=mud(i,j)*mu0
            sgmz=sgmmd(i,j)
            a=0.5*sgmz*dt/muz
            amz(i,j)=(1.0-a)/(1.0+a)                   !a_m(i+1/2,j+1/2)
            bmzx(i,j)=dt/muz/(1.0+a)/dx                !b_m(i+1/2,j+1/2)/dx
            bmzy(i,j)=dt/muz/(1.0+a)/dy                !b_m(i+1/2,j+1/2)/dy
         end do
      end do
      end subroutine setup
```

```
!-----------------------------------------------------------------------
!四角柱の媒質定数
!-----------------------------------------------------------------------
      subroutine epsmu()
      use fdtd_variable

      do j=jc-ly2, jc+ly2-1
         do i=ic-lx2, ic+lx2-1
            epsd(i,j)=epsr
            mud(i,j)=1.0
            sgmed(i,j)=0.0
            sgmmd(i,j)=0.0
         end do
      end do
      end subroutine epsmu
!-----------------------------------------------------------------------
!     電界の計算
!-----------------------------------------------------------------------
      subroutine e_cal()
      use fdtd_variable
      integer::i,j
!Ex
      do j=1,ny-1
         do i=0,nx-1
            ex(i,j)=aex(i,j)*ex(i,j)+bexy(i,j)*(hz(i,j)-hz(i,j-1))
         end do
      end do
!Ey
      do j=0,ny-1
         do i=1,nx-1
            ey(i,j)=aey(i,j)*ey(i,j)-beyx(i,j)*(hz(i,j)-hz(i-1,j))
         end do
      end do
!Ez
      do j=1,ny-1
         do i=1,nx-1
            ez(i,j)=aez(i,j)*ez(i,j)+bezx(i,j)*(hy(i,j)-hy(i-1,j))
     &                                 -bezy(i,j)*(hx(i,j)-hx(i,j-1))
         end do
      end do
      end subroutine e_cal
!-----------------------------------------------------------------------
!     磁界の計算
!-----------------------------------------------------------------------
      subroutine h_cal()
      use fdtd_variable
      integer::i,j
!Hx
      do j=0,ny-1
         do i=1,nx-1
            hx(i,j)=amx(i,j)*hx(i,j)-bmxy(i,j)*(ez(i,j+1)-ez(i,j))
         end do
      end do
!Hy
      do j=1,ny-1
         do i=0,nx-1
            hy(i,j)=amy(i,j)*hy(i,j)+bmyx(i,j)*(ez(i+1,j)-ez(i,j))
         end do
      end do
!Hz
      do j=0,ny-1
         do i=0,nx-1
```

```
              hz(i,j)=amz(i,j)*hz(i,j)-bmzx(i,j)*(ey(i+1,j)-ey(i,j))
     &                                +bmzy(i,j)*(ex(i,j+1)-ex(i,j))
           end do
        end do
        end subroutine h_cal

!---------------- 吸収境界のinclude ---------------------------------
        include "pml2d.f"         !PML
        include "mur2d.f"         !Mur
```

プログラムコード **3.4**　pml2d.f

```
!--------------------------------------------------------------------
!       PMLの共通変数
!--------------------------------------------------------------------
        module pml_variable !共通変数
        use fdtd_variable
        type pml                                                !PMLの構造体
          integer::i0,i1,j0,j1                                  !PMLの範囲
          real,pointer::expml(:,:),eypml(:,:),ezx(:,:),ezy(:,:) !PML電界
          real,pointer::hxpml(:,:),hypml(:,:),hzx(:,:),hzy(:,:) !PML磁界
          real,pointer::aexpml(:,:),aeypml(:,:)                 !諸係数
          real,pointer::beypml(:,:),bexpml(:,:)
          real,pointer::amxpml(:,:),amypml(:,:)
          real,pointer::bmypml(:,:),bmxpml(:,:)
        end type pml
        type(pml)::pml_l,pml_r,pml_d,pml_u !左右，上下の4つPML領域の構造体
        real::copml
        parameter(copml=-1.5280063e-4)
        end module pml_variable
!--------------------------------------------------------------------
!       4PML領域初期設定のcall
!--------------------------------------------------------------------
        subroutine initpml()
        use pml_variable

        call init_pml(pml_l,0,lpml,0,ny)                     !左側のPML
        call init_pml(pml_r,nx-lpml,nx,0,ny)                 !右側のPML
        call init_pml(pml_d,0,nx,0,lpml)                     !下部PML
        call init_pml(pml_u,0,nx,ny-lpml,ny)                 !上部PML
        end subroutine initpml
!--------------------------------------------------------------------
!       PMLの初期設定（配列の確保と係数の計算）
!           p:PML構造体
!           i0,i1:PMLの左辺，右辺の位置
!           j0,j1:PMLの下端，上端の位置
!--------------------------------------------------------------------
        subroutine init_pml(p,i0,i1,j0,j1)
        use pml_variable
        type(pml)::p                                 !PML構造体
        real::smax0x,smax0y                          !x,y方向の導電率の最大値
        real::epspml,mupml                           !PMLの比誘電率，比透磁率

!PMLの範囲を構造体に記憶
        p%i0=i0
        p%i1=i1
        p%j0=j0
        p%j1=j1
!PML領域内の電磁界のスプリット成分の配列領域
        allocate(p%expml(i0:i1,j0:j1))
        allocate(p%eypml(i0:i1,j0:j1))
```

```
      allocate(p%ezx(i0:i1,j0:j1))
      allocate(p%ezy(i0:i1,j0:j1))
      allocate(p%hxpml(i0:i1,j0:j1))
      allocate(p%hypml(i0:i1,j0:j1))
      allocate(p%hzx(i0:i1,j0:j1))
      allocate(p%hzy(i0:i1,j0:j1))
!配列の初期化(平面波の場合はその初期値に設定)
      p%expml=0.0
      p%eypml=0.0
      p%ezx=0.0
      p%ezy=0.0
      p%hxpml=0.0
      p%hypml=0.0
      p%hzx=0.0
      p%hzy=0.0
!係数の領域確保
      allocate(p%aeypml(i0:i1,j0:j1))
      allocate(p%aexpml(i0:i1,j0:j1))
      allocate(p%amypml(i0:i1,j0:j1))
      allocate(p%amxpml(i0:i1,j0:j1))
      allocate(p%beypml(i0:i1,j0:j1))
      allocate(p%bexpml(i0:i1,j0:j1))
      allocate(p%bmypml(i0:i1,j0:j1))
      allocate(p%bmxpml(i0:i1,j0:j1))
!反射係数の要求精度〔dB〕から最大導電率を計算(真空)
      smax0x=copml*rmax*(order+1)/(lpml*dx)
      smax0y=copml*rmax*(order+1)/(lpml*dy)
!導電率分布，磁気伝導率分布
      mupml=mubk*mu0                                          !PMLの媒質定数
      epspml=epsbk*eps0
      do i=i0,i1
         do j=j0,j1
            if(i<lpml) then                                !左側のPML
               sigmxm=((lpml-i-0.5)/lpml)**order*smax0x
               sigmxe=(float(lpml-i)/lpml)**order*smax0x
            else if(i>=nx-lpml) then                       !右側のPML
               sigmxm=((i-nx+lpml+0.5)/lpml)**order*smax0x
               sigmxe=(float(i-nx+lpml)/lpml)**order*smax0x
            else
               sigmxm=0.0
               sigmxe=0.0
            end if

            if(j<lpml) then                                !下部PML
               sigmym=((lpml-j-0.5)/lpml)**order*smax0y
               sigmye=(float(lpml-j)/lpml)**order*smax0y
            else if(j>=ny-lpml) then                       !上部PML
               sigmym=((j-ny+lpml+0.5)/lpml)**order*smax0y
               sigmye=(float(j-ny+lpml)/lpml)**order*smax0y
            else
               sigmym=0.0
               sigmye=0.0
            end if
!係数
            sigmxe=sigmxe*epsbk
            a=0.5*sigmxe*dt/epspml
            p%aexpml(i,j)=(1.0-a)/(1.0+a)
            p%bexpml(i,j)=dt/epspml/(1.0+a)/dx

            sigmye=sigmye*epsbk
            a=0.5*sigmye*dt/epspml
            p%aeypml(i,j)=(1.0-a)/(1.0+a)
```

```
              p%beypml(i,j)=dt/epspml/(1.0+a)/dy

              sigmxm=sigmxm*epsbk
              a=0.5*sigmxm*dt/epspml
              p%amxpml(i,j)=(1.0-a)/(1.0+a)
              p%bmxpml(i,j)=dt/mupml/(1.0+a)/dx

              sigmym=sigmym*epsbk
              a=0.5*sigmym*dt/epspml
              p%amypml(i,j)=(1.0-a)/(1.0+a)
              p%bmypml(i,j)=dt/mupml/(1.0+a)/dy
           end do
        end do
        end subroutine init_pml
!-----------------------------------------------------------------------
!       4PML内の電界の計算
!-----------------------------------------------------------------------
        subroutine epml()
        use pml_variable

        call e_pml(pml_l)                                !左側のPML
        call e_pml(pml_r)                                !右側のPML
        call e_pml(pml_d)                                !下部PML
        call e_pml(pml_u)                                !上部PML
        end subroutine epml
!-----------------------------------------------------------------------
!       電界の計算
!-----------------------------------------------------------------------
        subroutine e_pml(p)
        use pml_variable
        type(pml)::p
        integer::i,j,i0p,i1p,j0p,j1p

        i0p=p%i0                  !PMLの領域：x方向：i0p to i1p
        i1p=p%i1
        j0p=p%j0                  !PMLの領域：y方向：j0p to j1p
        j1p=p%j1
!Ex
        do j=j0p+1,j1p-1
           do i=i0p,i1p-1
              p%expml(i,j)=p%aeypml(i,j)*p%expml(i,j)
     &                    +p%beypml(i,j)*(hz(i,j)-hz(i,j-1))
              ex(i,j)=p%expml(i,j)
           end do
        end do
!Ey
        do j=j0p,j1p-1
           do i=i0p+1,i1p-1
              p%eypml(i,j)=p%aexpml(i,j)*p%eypml(i,j)
     &                    -p%bexpml(i,j)*(hz(i,j)-hz(i-1,j))
              ey(i,j)=p%eypml(i,j)
           end do
        end do
!Ez
        do j=j0p+1,j1p-1
           do i=i0p+1,i1p-1
              p%ezx(i,j)=p%aexpml(i,j)*p%ezx(i,j)
     &                  +p%bexpml(i,j)*(hy(i,j)-hy(i-1,j))
              p%ezy(i,j)=p%aeypml(i,j)*p%ezy(i,j)
     &                  -p%beypml(i,j)*(hx(i,j)-hx(i,j-1))
              ez(i,j)=p%ezx(i,j)+p%ezy(i,j)
           end do
```

```
      end do
      end subroutine e_pml
!-----------------------------------------------------------------------
!     4PML内の磁界の計算
!-----------------------------------------------------------------------
      subroutine hpml()
      use pml_variable

      call h_pml(pml_l)                            !左側のPML
      call h_pml(pml_r)                            !右側のPML
      call h_pml(pml_d)                            !下部PML
      call h_pml(pml_u)                            !上部PML
      end subroutine hpml
!-----------------------------------------------------------------------
!     磁界の計算
!-----------------------------------------------------------------------
      subroutine h_pml(p)
      use pml_variable
      type(pml)::p
      integer::i,j,i0p,i1p,j0p,j1p

      i0p=p%i0                    !PMLの領域：x方向：i0p to i1p
      i1p=p%i1
      j0p=p%j0                    !PMLの領域：y方向：j0p to j1p
      j1p=p%j1
!Hx
      do j=j0p,j1p-1
         do i=i0p+1,i1p-1
            p%hxpml(i,j)=p%amypml(i,j)*p%hxpml(i,j)
     &                  -p%bmypml(i,j)*(ez(i,j+1)-ez(i,j))
            hx(i,j)=p%hxpml(i,j)
         end do
      end do
!Hy
      do j=j0p+1,j1p-1
         do i=i0p,i1p-1
            p%hypml(i,j)=p%amxpml(i,j)*p%hypml(i,j)
     &                  +p%bmxpml(i,j)*(ez(i+1,j)-ez(i,j))
            hy(i,j)=p%hypml(i,j)
         end do
      end do
!Hz
      do j=j0p,j1p-1
         do i=i0p,i1p-1
            p%hzx(i,j)=p%amxpml(i,j)*p%hzx(i,j)
     &                -p%bmxpml(i,j)*(ey(i+1,j)-ey(i,j))
            p%hzy(i,j)=p%amypml(i,j)*p%hzy(i,j)
     &                +p%bmypml(i,j)*(ex(i,j+1)-ex(i,j))
            hz(i,j)=p%hzx(i,j)+p%hzy(i,j)
         end do
      end do
      end subroutine h_pml
```

プログラムコード **3.5** mur2d.f

```
!-----------------------------------------------------------------------
!        Murの共通変数
!-----------------------------------------------------------------------
      module mur_variable
      use fdtd_variable

```

```
!過去の電界を記憶するための配列
      real::eyl1(0:ny),eyl1p(0:ny),eyl0(0:ny),eyl0p(0:ny)
      real::eyr1(0:ny),eyr1p(0:ny),eyr0(0:ny),eyr0p(0:ny)
      real::ezl1(0:ny),ezl1p(0:ny),ezl0(0:ny),ezl0p(0:ny)
      real::ezr1(0:ny),ezr1p(0:ny),ezr0(0:ny),ezr0p(0:ny)
      real::exd1(0:nx),exd1p(0:nx),exd0(0:nx),exd0p(0:nx)
      real::exu1(0:nx),exu1p(0:nx),exu0(0:nx),exu0p(0:nx)
      real::ezd1(0:nx),ezd1p(0:nx),ezd0(0:nx),ezd0p(0:nx)
      real::ezu1(0:nx),ezu1p(0:nx),ezu0(0:nx),ezu0p(0:nx)
!係数の配列
      real::eyml1(0:ny),eyml2(0:ny),eyml3(0:ny)
      real::eymr1(0:ny),eymr2(0:ny),eymr3(0:ny)
      real::ezml1(0:ny),ezml2(0:ny),ezml3(0:ny)
      real::ezmr1(0:ny),ezmr2(0:ny),ezmr3(0:ny)
      real::exmd1(0:nx),exmd2(0:nx),exmd3(0:nx)
      real::exmu1(0:nx),exmu2(0:nx),exmu3(0:nx)
      real::ezmd1(0:nx),ezmd2(0:nx),ezmd3(0:nx)
      real::ezmu1(0:nx),ezmu2(0:nx),ezmu3(0:nx)
      end module mur_variable
!----------------------------------------------------------------------
!     初期設定
!----------------------------------------------------------------------
      subroutine initmur()
      use mur_variable
      integer::i,j
      real::v

!左右(i=0,i=nx)の境界におけるE_yの係数
      do j=0,ny-1
         v=c/sqrt(epsd(0,j))
         eyml1(j)=(v*dt-dx)/(v*dt+dx)
         eyml2(j)=2.0*dx/(v*dt+dx)
         eyml3(j)=0.5*dx/(v*dt+dx)*(v*dt/dy)**2
         v=c/sqrt(epsd(nx-1,j))
         eymr1(j)=(v*dt-dx)/(v*dt+dx)
         eymr2(j)=2.0*dx/(v*dt+dx)
         eymr3(j)=0.5*dx/(v*dt+dx)*(v*dt/dy)**2
      end do
!左右(i=0,i=nx)の境界におけるE_zの係数
      do j=1,ny-1
         v=c/sqrt(0.5*(epsd(0,j)+epsd(0,j-1)))
         ezml1(j)=(v*dt-dx)/(v*dt+dx)
         ezml2(j)=2.0*dx/(v*dt+dx)
         ezml3(j)=0.5*dx/(v*dt+dx)*(v*dt/dy)**2
         v=c/sqrt(0.5*(epsd(nx-1,j)+epsd(nx-1,j-1)))
         ezmr1(j)=(v*dt-dx)/(v*dt+dx)
         ezmr2(j)=2.0*dx/(v*dt+dx)
         ezmr3(j)=0.5*dx/(v*dt+dx)*(v*dt/dy)**2
      end do
!上下(j=0,j=ny)の境界におけるE_xの係数
      do i=0,nx-1
         v=c/sqrt(epsd(i,0))
         exmd1(i)=(v*dt-dy)/(v*dt+dy)
         exmd2(i)=2.0*dy/(v*dt+dy)
         exmd3(i)=0.5*dy/(v*dt+dy)*(v*dt/dx)**2
         v=c/sqrt(epsd(i,ny-1))
         exmu1(i)=(v*dt-dy)/(v*dt+dy)
         exmu2(i)=2.0*dy/(v*dt+dy)
         exmu3(i)=0.5*dy/(v*dt+dy)*(v*dt/dx)**2
      end do
!上下(j=0,j=ny)の境界におけるE_zの係数
      do i=1,nx-1
```

```
          v=c/sqrt(0.5*(epsd(i,0)+epsd(i-1,0)))
          ezmd1(i)=(v*dt-dy)/(v*dt+dy)
          ezmd2(i)=2.0*dy/(v*dt+dy)
          ezmd3(i)=0.5*dy/(v*dt+dy)*(v*dt/dx)**2
          v=c/sqrt(0.5*(epsd(i,ny-1)+epsd(i-1,ny-1)))
          ezmu1(i)=(v*dt-dy)/(v*dt+dy)
          ezmu2(i)=2.0*dy/(v*dt+dy)
          ezmu3(i)=0.5*dy/(v*dt+dy)*(v*dt/dx)**2
      end do
      end subroutine initmur
!-----------------------------------------------------------------------
!     2nd Mur 吸収境界条件
!-----------------------------------------------------------------------
      subroutine mur2nd()
      use mur_variable
      integer::i,j

!左右（i=0, i=nx）の境界におけるE_y（j=1, j=ny-1は1次）
      ey(0,0)=eyl1(0)+eyml1(0)*(ey(1,0)-eyl0(0))
      ey(0,ny-1)=eyl1(ny-1)+eyml1(ny-1)*(ey(1,ny-1)-eyl0(ny-1))
      ey(nx,0)=eyr1(0)+eymr1(0)*(ey(nx-1,0)-eyr0(0))
      ey(nx,ny-1)=eyr1(ny-1)+eymr1(ny-1)*(ey(nx-1,ny-1)-eyr0(ny-1))
!2次Mur
      do j=1,ny-2
          ey(0,j)=-eyl1p(j)+eyml1(j)*(ey(1,j)+eyl0p(j))
     &            +eyml2(j)*(eyl0(j)+eyl1(j))
     &            +eyml3(j)*(eyl0(j+1)-2*eyl0(j)+eyl0(j-1)
     &                      +eyl1(j+1)-2*eyl1(j)+eyl1(j-1))
          ey(nx,j)=-eyr1p(j)+eymr1(j)*(ey(nx-1,j)+eyr0p(j))
     &            +eymr2(j)*(eyr0(j)+eyr1(j))
     &            +eymr3(j)*(eyr0(j+1)-2*eyr0(j)+eyr0(j-1)
     &                      +eyr1(j+1)-2*eyr1(j)+eyr1(j-1))
      end do
!電界の保存
      do j=0,ny-1
          eyl1p(j)=eyl1(j)
          eyl1(j)=ey(1,j)
          eyl0p(j)=eyl0(j)
          eyl0(j)=ey(0,j)
          eyr1p(j)=eyr1(j)
          eyr1(j)=ey(nx-1,j)
          eyr0p(j)=eyr0(j)
          eyr0(j)=ey(nx,j)
      end do
!左右（i=0, i=nx）の境界におけるE_z（j=1, j=ny-1は1次）
      ez(0,1)=ezl1(1)+ezml1(1)*(ez(1,1)-ezl0(1))
      ez(0,ny-1)=ezl1(ny-1)+ezml1(ny-1)*(ez(1,ny-1)-ezl0(ny-1))
      ez(nx,1)=ezr1(1)+ezmr1(1)*(ez(nx-1,1)-ezr0(1))
      ez(nx,ny-1)=ezr1(ny-1)+ezmr1(ny-1)*(ez(nx-1,ny-1)-ezr0(ny-1))
!2次のMur
      do j=2,ny-2
          ez(0,j)=-ezl1p(j)+ezml1(j)*(ez(1,j)+ezl0p(j))
     &            +ezml2(j)*(ezl0(j)+ezl1(j))
     &            +ezml3(j)*(ezl0(j+1)-2*ezl0(j)+ezl0(j-1)
     &                      +ezl1(j+1)-2*ezl1(j)+ezl1(j-1))
          ez(nx,j)=-ezr1p(j)+ezmr1(j)*(ez(nx-1,j)+ezr0p(j))
     &            +ezmr2(j)*(ezr0(j)+ezr1(j))
     &            +ezmr3(j)*(ezr0(j+1)-2*ezr0(j)+ezr0(j-1)
     &                      +ezr1(j+1)-2*ezr1(j)+ezr1(j-1))
      end do
!電界の保存
      do j=1,ny-1
```

```
          ezl1p(j)=ezl1(j)
          ezl1(j)=ez(1,j)
          ezl0p(j)=ezl0(j)
          ezl0(j)=ez(0,j)
          ezr1p(j)=ezr1(j)
          ezr1(j)=ez(nx-1,j)
          ezr0p(j)=ezr0(j)
          ezr0(j)=ez(nx,j)
      end do

!上下(j=0, j=ny)の境界におけるE_x(i=1, i=nx-1は1次)
      ex(0,0)=exd1(0)+exmd1(0)*(ex(0,1)-exd0(0))
      ex(nx-1,0)=exd1(nx-1)+exmd1(nx-1)*(ex(nx-1,1)-exd0(nx-1))
      ex(0,ny)=exu1(0)+exmu1(0)*(ex(0,ny-1)-exu0(0))
      ex(nx-1,ny)=exu1(nx-1)+exmu1(nx-1)*(ex(nx-1,ny-1)-exu0(nx-1))
!2次のMur
      do i=1,nx-2
          ex(i,0)=-exd1p(i)+exmd1(i)*(ex(i,1)+exd0p(i))
     &             +exmd2(i)*(exd0(i)+exd1(i))
     &             +exmd3(i)*(exd0(i+1)-2*exd0(i)+exd0(i-1)
     &                    +exd1(i+1)-2*exd1(i)+exd1(i-1))
          ex(i,ny)=-exu1p(i)+exmu1(i)*(ex(i,ny-1)+exu0p(i))
     &             +exmu2(i)*(exu0(i)+exu1(i))
     &             +exmu3(i)*(exu0(i+1)-2*exu0(i)+exu0(i-1)
     &                    +exu1(i+1)-2*exu1(i)+exu1(i-1))
      end do
!電界の保存
      do i=0,nx-1
          exd1p(i)=exd1(i)
          exd1(i)=ex(i,1)
          exd0p(i)=exd0(i)
          exd0(i)=ex(i,0)
          exu1p(i)=exu1(i)
          exu1(i)=ex(i,ny-1)
          exu0p(i)=exu0(i)
          exu0(i)=ex(i,ny)
      end do

!上下(j=0, j=ny)の境界におけるE_z(i=1, i=nx-1は1次)
      ez(1,0)=ezd1(1)+ezmd1(1)*(ez(1,1)-ezd0(1))
      ez(nx-1,0)=ezd1(nx-1)+ezmd1(nx-1)*(ez(nx-1,1)-ezd0(nx-1))
      ez(1,ny)=ezu1(1)+ezmu1(1)*(ez(1,ny-1)-ezu0(1))
      ez(nx-1,ny)=ezu1(nx-1)+ezmu1(nx-1)*(ez(nx-1,ny-1)-ezu0(nx-1))
!2次のMur
      do i=2,nx-2
          ez(i,0)=-ezd1p(i)+ezmd1(i)*(ez(i,1)+ezd0p(i))
     &             +ezmd2(i)*(ezd0(i)+ezd1(i))
     &             +ezmd3(i)*(ezd0(i+1)-2*ezd0(i)+ezd0(i-1)
     &                    +ezd1(i+1)-2*ezd1(i)+ezd1(i-1))
          ez(i,ny)=-ezu1p(i)+ezmu1(i)*(ez(i,ny-1)+ezu0p(i))
     &             +ezmu2(i)*(ezu0(i)+ezu1(i))
     &             +ezmu3(i)*(ezu0(i+1)-2*ezu0(i)+ezu0(i-1)
     &                    +ezu1(i+1)-2*ezu1(i)+ezu1(i-1))
      end do
!電界の保存
      do i=1,nx-1
          ezd1p(i)=ezd1(i)
          ezd1(i)=ez(i,1)
          ezd0p(i)=ezd0(i)
          ezd0(i)=ez(i,0)
          ezu1p(i)=ezu1(i)
          ezu1(i)=ez(i,ny-1)
```

```
            ezu0p(i)=ezu0(i)
            ezu0(i)=ez(i,ny)
         end do
         end subroutine mur2nd
```

(4) 計算結果　計算結果を**図 3.12** に示す．実線は PML を用いた場合の E_z を等高線で示したもので，$-775 \leq E_z \leq 940$ V/m を 12 分割している．破線は Mur を用いた場合である．横軸，縦軸はそれぞれ $x = i\Delta x$, $y = j\Delta y$ であるが，Δx, Δy は省略した．図 (a) は点 (20,60) にある電流源から放射された電界が灰色で示した誘電率 $\varepsilon_r = 3$ の誘電体四角柱に到達した直後の電界であり，図 (b) は通過した直後の電界である．吸収境界の近くでわずかな違いがみられるものの，どちらの場合もほぼ同様の計算結果が得られている．

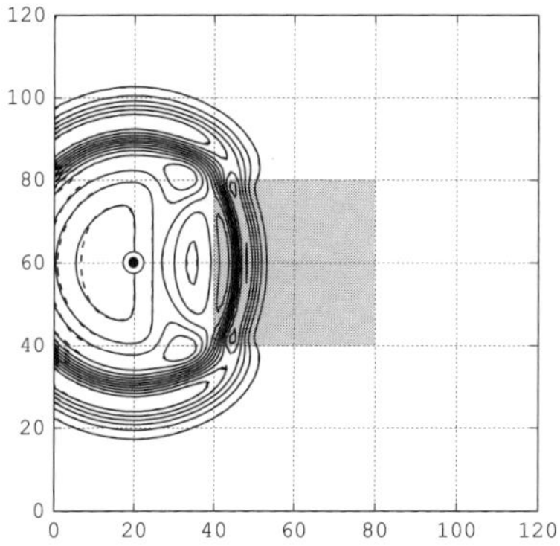

(a) $t = 80\Delta t$

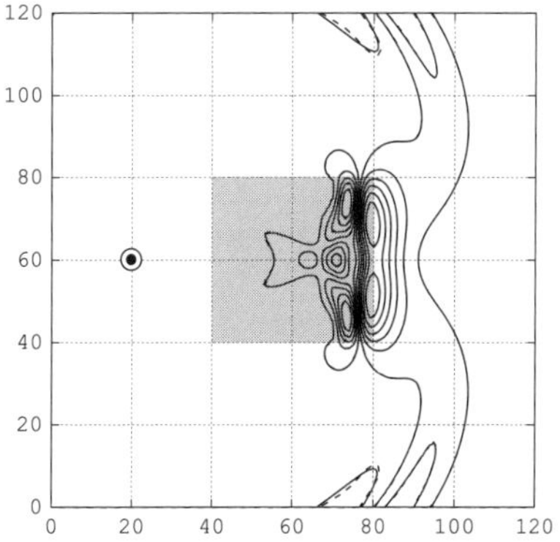

(b) $t = 160\Delta t$

図 3.12　電界 $E_z(x, y, t)$

3.3.3 完 全 導 体

式 (1.28) において $\sigma_e \to \infty$ とすると，$a_e = -1$, $b_e = 0$ となって Yee アルゴリズムの収束条件 $0 < a_e < 1$ を満足しないため，これとは別のモデル化が必要となる．一方，プログラムコード 3.3 のサブプログラム `e_cal`, `h_cal` は変えたくない．そこでここでは両者が矛盾しないような方法を考えよう．

完全導体内部では $\boldsymbol{E} = 0$ である．式 (1.26), (1.27) の Yee アルゴリズムでは，電磁界の初期値が $\boldsymbol{E}^0 = 0$, $\boldsymbol{H}^{1/2} = 0$ ならば $b_e = 0$ とすることによっ

て，係数 a_m, b_m に無関係にこれが達成される．したがって，プログラムコード 3.3 の a_m, b_m の値を変更する必要はない．またこのとき，a_e の値にも無関係に $\boldsymbol{E}=0$ となるが，本来は初期値に無関係に $\boldsymbol{E}=0$ とならなければならないから，$a_e=0$ と置くべきである．さらに，式 (1.27) は $\boldsymbol{H}^{n+1/2}=a_m\boldsymbol{H}^{n-1/2}$ となって，$a_m<1$ ならば時間とともに減衰する磁界を表し，$\sigma_m=0$ ならば静磁界が印加された状態を表すから，いずれの場合も a_m, b_m を変更しなくてもよい．

プログラムコード 3.3 の変更点は**プログラムコード 3.6** に示すように，初期設定サブプログラム setup() の中の call epsmu() をコメントアウトし，四角柱の設定プログラム pec_rect() を追加するだけである．pec_rect() 内では係数を $a_e=b_e=0$ としており，setup() 内の最後で call される．

プログラムコード 3.6　完全導体四角柱の設定

```
!-----------------------------------------------------------------------
!      初期設定
!-----------------------------------------------------------------------
      subroutine setup()
      . . . . . .
      . . . . . .

c      call epsmu()
      . . . . . .
      . . . . . .
      do j=0,ny
         do i=0,nx
      . . . . . .
      . . . . . .
         end do
      end do
      call pec_rect()
      end subroutine setup
!-----------------------------------------------------------------------
!完全導体四角柱
!-----------------------------------------------------------------------
      subroutine pec_rect()
      use fdtd_variable

     do j=jc-ly2, jc+ly2
        do i=ic-lx2, ic+lx2-1
           aex(i,j)=0.0
           bexy(i,j)=0.0
        end do
      end do
      do j=jc-ly2, jc+ly2-1
         do i=ic-lx2, ic+lx2
            aey(i,j)=0.0
            beyx(i,j)=0.0
         end do
      end do
```

```
      do j=jc-ly2, jc+ly2
         do i=ic-lx2, ic+lx2
            aez(i,j)=0.0
            bezx(i,j)=0.0
            bezy(i,j)=0.0
         end do
      end do
      end subroutine pec_rect
```

3.3.4 不均質媒質に対する PML

2.2.3 (2) 項で述べたように，領域ごとに PML パラメータを設定するとどのようなことが起こるかを具体的に示す．計算例は，比誘電率 $\varepsilon_r = 5$，比透磁率 $\mu_r = 1$ の均質な無損失誘電体と真空とが接しており，境界から $h = 10 \times 5$ mm の上部に電流源を置いたときの電界を計算したものである．PML 層は $L_{\text{PML}} = 16$ 層とし，要求反射係数は $|\dot{R}| = -100$ dB とした．

図 3.13 (a) は 2.2.3(2) 項に従って正しく設定した場合である．電界強度は 20 dB 間隔の等高線で表したものであり，媒質中では円筒波が伝搬していることがわかる．これに対して，図 (b) は左右および下部の PML からの不要反射のために正しく計算されていない．なお，プログラムコード 3.4 は不均質媒質に対する PML には対応していない．しかし，3.4 節以降で紹介する 3 次元 PML のプログラムコードはこれを扱えるようにしているので参考にしていただきたい．

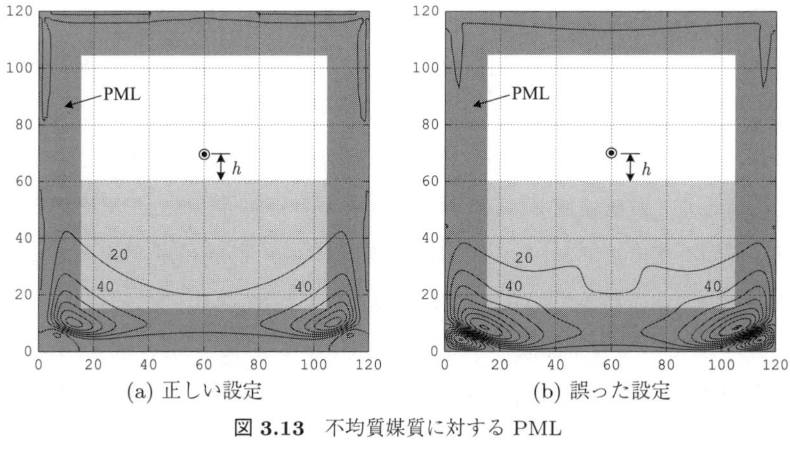

(a) 正しい設定　(b) 誤った設定

図 3.13 不均質媒質に対する PML

3.3.5 平　面　波

平面波の散乱問題を扱う場合には，1.4.1 項のようにして解析空間全体にわたって平面電磁界を与えておくことになるが，吸収境界では特別な取扱いが必要となる．そこでここでは，**図 3.14** のように z 方向に電界成分を持つ平面波が x 方向に伝搬する場合を考えよう．

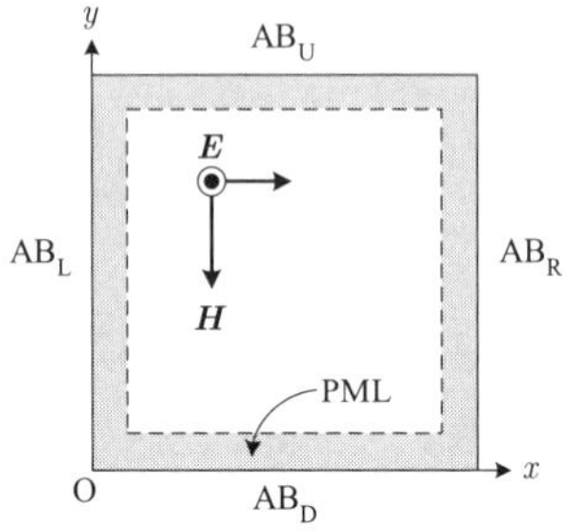

図 3.14　平面波と吸収境界

まず最初に Mur の吸収境界について考える．x 軸に垂直な吸収境界 AB_R, AB_L には平面波が垂直に入射するから 2.1.1 項の設定と同じであり問題はない．これに対して，x 軸に平行な AB_U, AB_D では平面波が形を変えずに x 方向に伝搬しなければならないから，これらの境界ではなにもしてはならない．もし平面波に吸収境界条件を適用したとすると，境界に等価的な波源を与えたことになり，不要な波が発生する．具体例は文献 10) を参照していただきたい．

一方，散乱波に対してはすべての吸収境界で Mur の吸収境界条件を適用しなければならない．また，吸収境界条件を適用するのは吸収境界に向かって入射する波の成分であるから，AB_U, AB_D 面では (E_z, H_x) のペアで作られる波である．ところが，E_z には吸収境界条件を適用できなかったから，もう一つの平面波成分である磁界 H_x に対する吸収境界を新たに付け加える必要がある．磁界に対する Mur の吸収境界条件は電界と同じであるが，両方に吸収境界条件を適用しなけらばならず，単純ではあるが Mur のメリットは低下する．

つぎに PML 吸収境界について考える．PML 内部の初期電磁界はこれまで 0 としてきたが，解析領域だけに平面波を与えると，解析領域と PML との境界で電磁界が不連続となるから，PML 領域内部にも平面波の初期値を与えなければならない．このとき，PML の最外壁のうち，AB_U, AB_D を完全導体とすると，$E_z = 0$ となって平面波を与えたことにはならない．一方，図 3.14 のような場合は $H_z = 0$ であるから，AB_U, AB_D を完全磁気壁に置き換えればよい．

このように設定したプログラムを付録 B.1 節の**プログラムコード B.1** に示

す．ただし，コーディングにあたっては3.3.2項で示したプログラムコード3.3をできるだけ変えないようにして，平面波の設定だけを付け加えるようにした．このため，重複する部分や混乱がないと予想される部分は省略した．`module`文はプログラムコード3.3とほとんど同じであるが，電流源に関するパラメータは除いている．また，`z0`は真空の波動インピーダンスで，平面波の磁界を計算するために用いられる．

メインプログラムもプログラムコード3.3とほぼ同じであるが，平面波の初期設定プログラム`init_plane()`を`call`する文を追加している．また，`epmcw()`と`hpmcw`は上下のPML内電磁界のサブコンポーネントを計算するためのサブプログラムである．これらは**プログラムコードB.2**のように`plane_pml.f`の中に記述し，プログラムの最後で`include`している．PML吸収境界はプログラムコード3.4と同じものである．

プログラムコードB.2のサブプログラム`init_plane()`では平面波ガウスパルスのパルス幅と$t = 0$におけるパルスの中心を定めた後で，全空間にわたってE_zとH_yの初期値を与えている．`ez_pml`，`hy_pml`はPML内のサブコンポーネントに初期値を与えるためのサブプログラムである．PML内の電界，磁界はそれぞれ`epmcw_y0`,`hpmcw_y0`などによって計算されるが，その内容はプログラムコード3.4とほとんど同じであるから，両者を比較して理解を深めていただきたい．ただし，`j=0`，`ny`を完全磁気壁としているために，`hx(i,j-1)+hx(i,j)=0`としてプログラムコード3.4の対応する部分を書き換えている．

このプログラムを実行して図3.12と同じ誘電体四角柱による平面波の散乱を計算した結果を**図3.15**に示す．図(a)は平面波が誘電体に入射した直後，図(b)は誘電体を通過した直後のE_zを等高線で描いたものである．これらにはMurの吸収境界を用いた場合の電界分布（章末問題【**5**】）も破線でプロットしたが，完全に重なって区別できない．

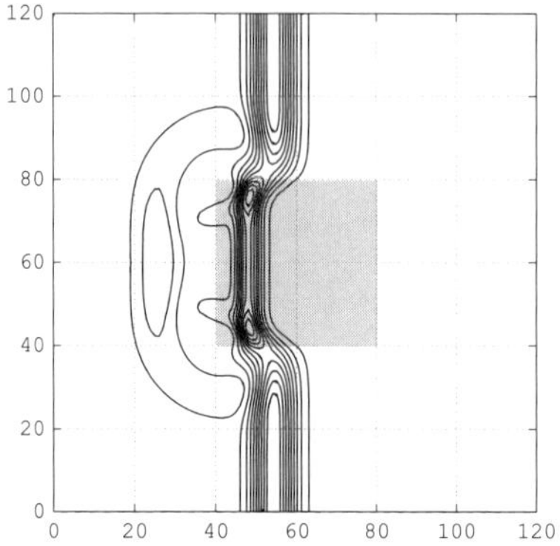

(a) $t = 50\Delta t$

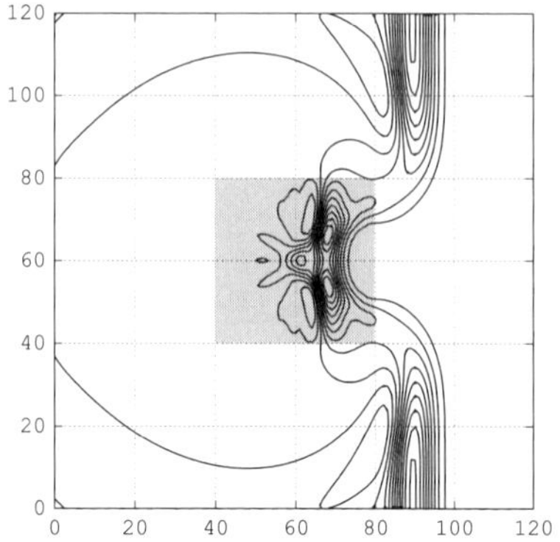

(b) $t = 100\Delta t$

図 **3.15**　電界 $E_z(x, y, t)$

3.4　3 次 元 問 題

3.4.1　プログラム例と計算結果

3 次元のプログラム例を付録 B.2 節の**プログラムコード B.3** に示す．吸収境界は PML でそのプログラムは**プログラムコード B.4** に示されている．このプログラムは 1 次元，2 次元と同様に，式 (1.45) ～ (1.50) および式 (2.48) ～ (2.53) をそのまま計算するようにコーディングした．散乱体は 1 辺の長さが 20 cm，比誘電率が 3 の立方体であり，波源はその表面から x 方向に 20*dx=10 cm 離れた z 方向を向く微小波源で，その長さを Δl とする．パルスはパルス幅 0.1 ns のガウスパルスである．

このプログラム構造は使用している変数名も含めて 2 次元の場合とほぼ同じであるから，特別な説明は不要であろうが，波源の与え方に関しては注意が必要である．まず最初に電流源 $\boldsymbol{J}_e^{ex}$ を含めた表現式について考える．式 (1.2) の $\boldsymbol{J}_e$ を $\boldsymbol{J}_e^{ex}$ と書き換え，両辺の z 成分に波源の断面積 ΔS_e を掛けると

$$J_{ez}^{ex}\Delta S_e + \frac{\partial D_z}{\partial t}\Delta S_e = (\nabla \times \boldsymbol{H})_z\,\Delta S_e \tag{3.3}$$

となる．左辺第 1 項は励振電流 $i_e^{ex}(t)$，第 2 項は変位電流 $i_d(t)$ であるから，右

辺は全電流 $i(t)$ と解釈することができる．さらに $i_d(t)$ は

$$i_d(t) = \varepsilon_0 \frac{\Delta S_e}{\Delta l} \frac{\partial (E_z \Delta l)}{\partial t} \tag{3.4}$$

と書き換えられる．ここで，$v(t) = E_z \Delta l$ は端子電圧で，$C = \varepsilon_0 \Delta S_e / \Delta l$ は平行平板コンデンサのキャパシタンスであるから，式 (3.3) は **図 3.16** (a) のような等価回路に書き換えることができる．したがって，電流源としてガウスパルスを印加して十分時間が経過してもコンデンサの部分に等価的な電荷が残ることになるから，**図 3.17** (a) のように波源近傍の電磁界はいつまでも強いままである．

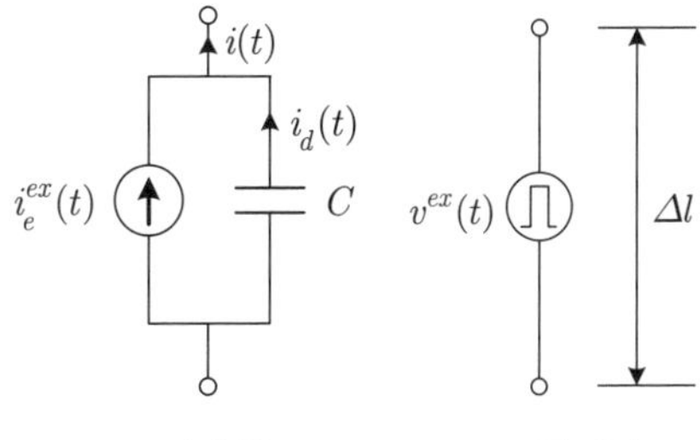

(a) 電流源　　(b) 電圧源

図 3.16　等価回路

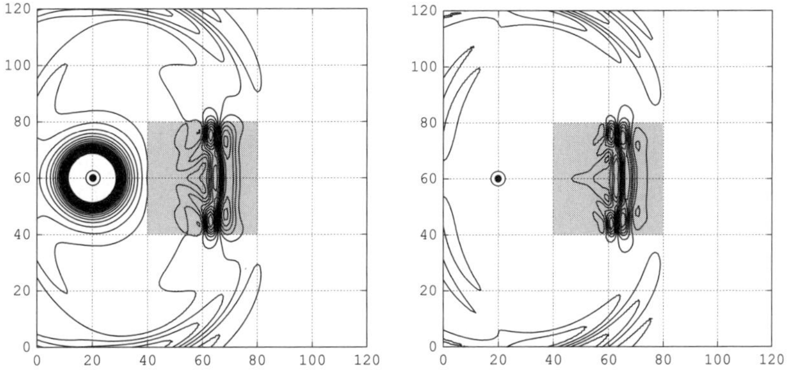

(a) 電流励振　　(b) 電圧励振

図 3.17　電界 $E_z(x, y, 0, 160\Delta t)$

これに対して，励振点の電界を強制的に与えたい場合がある．これは印加電圧 $v^{ex}(t)$ によって電界が $E_z(t) = v^{ex}(t)/\Delta l$ が生じたと考えればよいから，図 3.16(b) のような等価回路に置き換えられる．$v^{ex}(t)$ としてガウスパルスを与えたとすると，励振点の電界は十分時間が経過すれば 0 になるから，電流給電のように電界がいつまでも残ることはなく，図 3.17(b) のような電界分布とな

る．電界を強制的に与えることからこの励振法をハード給電と呼ぶことがある．これに対して電流給電をソフト給電と呼ぶことがある．

3.4.2 コーディング上の注意事項

プログラムコード B.3，B.4 は表現式どおりのコーディングをしていることから，計算機メモリを最も必要とするプログラムであるといえる．例えば，`module fdtd_variable` の中にも $136 \times 136 \times 136 \times 4$ bytes $\simeq 9.6$ MB の配列が 28 個あるから，これだけでも約 269 MB のメモリが必要になる．この程度ならノート PC でも問題なく計算できるが，解析領域の一辺を 2 倍にするとメモリは 8 倍の 2.1 GB になり，普及版の PC ではもはや限界に近い．したがって，なんらかのメモリ削減の工夫が必要である．電磁界 6 成分の配列はもちろん必要不可欠ではあるが，例えば PML 内の係数 a_{ey}^{PML}, b_{ey}^{PML} などは式 (2.48) ~ (2.53) のように 1 次元配列でよいはずである．また，解析領域内部で磁気伝導率や透磁率が変化するような問題を扱うことはまれである．このような場合には b_m に関係する配列を使う必要がない．PML 内の電磁界計算はわかりやすさを重視して構造体を用いて行っているが，計算時間や計算機メモリのことを考えると必ずしも最適ではない．プログラムは煩雑となるが，PML を六つの直方体領域に分けてコーディングしたほうがよいであろう．本章で示したプログラムでコーディングの基本を学んだ後で読者自ら書き直していただきたい．また，汎用性を追い求めるよりも個々の問題に応じたプログラムを作るほうが効率的である場合が多い．

以下に述べることは，計算機の種類や**コンパイラ** (compiler) によって異なるため，必ずしも一般的であるとは限らないが，計算の規模が大きくなればなるほど重要になると思われるので，気づいた点を簡単に記しておく．

(1) コンパイラと最適化オプション　3.2.2 (2) 項で述べたような変数の型に厳格なコンパイラもあれば，そうでないものもある．したがって，整数と実数との演算（割り算）については前もって調べておくことを勧める．また，一般には 10^{72} 程度を超えると overflow となるが，10^{300} 程度までの実数を扱えるコンパイラもある.

一方，コンパイラの最適化レベルを上げれば，計算に適したベクトル化などが行われ，一般的には計算時間を短縮することができる．しかし，レベルごとに演算の仕方が変わるので，計算結果の5桁目あるいは6桁目がわずかに変化することがある.

(2) do ループの順番 プログラムコード B.3 の 219 行目から 226 行目にあるような多重 do ループで配列の要素を計算する場合には，最も深いループを第1番目の添え字（この例では i）にするとメモリのアクセス効率が最もよくなり，計算が早くなる．これに対して，**プログラムコード 3.7** のような順番にすると，nx，ny,nz の大きさによっては数十倍の計算時間を要することがある．コンパイラの最適化オプションを上げればこのようなことは防げることもあるが，コーディングにあたっては注意したい.

プログラムコード **3.7** 多重ループの悪い例

```
      do i=0,nx-1
         do j=1,ny-1
            do k=1,nz-1
               ex(i,j,k)=aex(i,j,k)*ex(i,j,k)+...
            enddo
         enddo
      enddo
```

(3) 動的配列と静的配列 プログラムコード B.3 の 16 行目にあるように，あらかじめ大きさ (0:nx,0:ny,0:nz) が定められた配列 ex を**静的配列** (static array) という．これに対して，プログラムコード B.4 の 9 行目以降にあるように，配列の大きさをプログラムの実行中に決めることを**動的配列** (dynamic array) をするという．動的配列をすることによってプログラムの修正を最小限にすることができて便利である．計算時間に与える影響はほとんどない.

(4) 構 造 体 **構造体** (structure) を用いることでコーディングがしやすくなる半面，コンパイラによってはベクトル化などの最適化ができないため，計算時間が長くなることがある．強制的にベクトル化をする命令があるならばそれを用いることで回避することもできるが，その効果はコンパイラしだいである．計算速度を上げるには，使用する計算機やコンパイラの仕様を調べて，それに合ったコーディングをする必要がある．

(5)　そ　の　他　　計算時間を短縮するためには，小さな工夫の積み重ねも効果が少なくない．例えば，`do` ループ内では同じ計算を避ける，`if` 文はできる限り用いない，などである．このほかにも，割り算やべき乗は掛け算よりも時間がかかるので，2 で割るよりも 0.5 を掛ける，`a**2` ではなく，`a*a` とするなどである．また，真空のインピーダンス $Z_0 = \sqrt{\mu_0/\varepsilon_0}$ や光速 c などの数値がわかっている定数はプログラム内で計算するのではなく，数値データとして与えておくべきである．

本章と付録 B に記載したプログラムでは，理解のしやすさを重視して本文の表現式とコードをできるだけ対応させるようにした．このため，上で述べたようなコーディングはあえて行わなかった部分もある．これらのプログラムを利用する場合には，読者自ら書き換えていただきたい．

3.4.3　ID　配　列

解析領域全体にわたって媒質定数が変化するような問題を扱うことはほとんどない．真空中に数種類の散乱体があるといった問題を扱うことがほとんどである．したがって，散乱体に **ID 番号**を付けておけば，1 byte の ID 変数でそれが区別できるはずである．散乱体の媒質定数が変化した場合でも場所ごとに ID を付ければよい．このようにすることによって場所ごとに誘電率や導電率の配列を使う必要がなくなるから，計算機メモリを大幅に節約することができる[9),10)]．

ID 変数を使ったプログラム例を付録 B.2 節の**プログラムコード B.5** に示す．このプログラムは ID 配列を使っている以外はプログラムコード B.3 と同じものであり，これと比較すると配列の種類がかなり少なくなっていることがわかるであろう．このプログラムでは背景媒質を ID=0，誘電体を ID=1 と指定している．また，誘電体の境界，頂点をそれぞれ ID=2, ID=3 の材料としている．このようにすることによって電磁界を計算するプログラムはかなり単純になってはいるが，サブプログラム `epsmu()` に示すように，直方体であっても各セルエッジの材質を指定するためのプログラムはかなり煩雑となる．

ID 配列は物体のモデル化をするうえで便利な考え方ではあるが，物体の形状が複雑になったり構成媒質の数が増えたりするときわめて煩雑なプログラムコードを作らなければならないことがたびたびある．場合によってはこの部分だけでも多くの計算時間を必要とする．これが FDTD 法の難点の一つである．これを解決する方法の一つは解析対象を設定するプログラムを別に作っておき，電磁界の計算をするときにはそのデータを読み込むようにすればよいであろう．しかし，FDTD 法の本質とは無関係であるから，これ以上の説明は省略する．また，このような物体のモデル化に関する煩雑さは FDTD 法に限ったことではない．

3.4.4 BPML と CPML の比較

2.4.1 項で考察したように CPML を導入する著しいメリットがなかったことから，本章ではもっぱら BPML を用いた計算例とそのプログラムコードを示してきた．本項では，微小ダイポールに対する BPML と CPML の反射特性の違いを数値例によって示す．

まず最初に，吸収境界からの反射波の様子を調べるために，真空の解析領域中心に z 方向を向いた電圧給電微小タイポールが置かれた場合の，x–y 面内における電界 E_z の大きさを計算した．その結果を図 **3.18** に示す．これは -100 dB から -80 dB までを 5 dB 間隔で描いたもので，上下左右の PML 表面からの反射波が重なり合っていることがわかる．ただし，入射波が BPML 表面に到達したときの大きさが 0 dB になるようにダイポールモーメントの大きさを調整した．FDTD 法の計算パラメータはプログラムコード B.3 と同じであるが，反射波をやや際立たせるために `rmax=-100` とした．

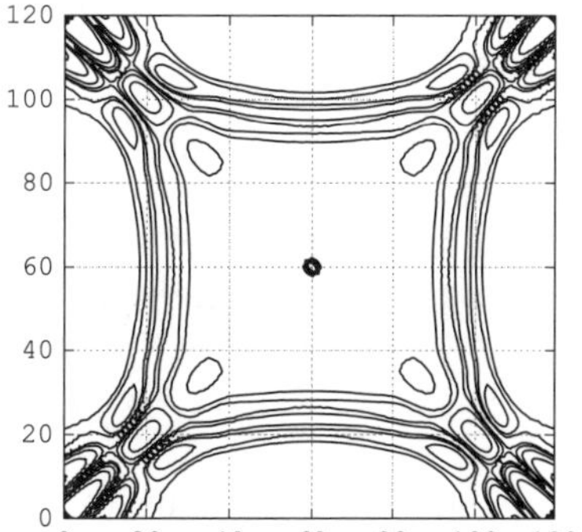

図 **3.18** $|E_z(x, y, 0, 220\Delta t)|$

つぎに，CPML と BPML の精度を比較するために，図 3.18 の `(30,30)` の点の下

方 $30\Delta z$ に観測点をとり，その点における電界 E_z の時間応答計算した．ただし，$\kappa_x = \kappa_y = \kappa_z = 1$ とした．この電界を計算するには，プログラムコード B.3 の module に `real::ras=0.01,kpx=1.0,kpy=1.0,kpz=1.0,ordera=1` を付け加え，282 行目を `include "cpml.f"` として**プログラムコード B.6** を include すればよい．ras とは $\gamma = a_x^{\max}/\sigma_{ex}^{\max}$ のことで，ordera とは式 (2.85) の次数 N のことである．プログラムコード B.6 の内容は，2.4.2 項の内容とプログラムコード B.4 を参照すれば容易に理解できるであろうから特別な説明をしないことにする．

計算結果を**図 3.19** に示す．図 (a) は $N = 1$ として γ をパラメータとした場合であり，図 (b) は $\gamma = 0.01$ として N を変化させた場合である．両者において，$t < 2$ ns 以前の大きなパルスはダイポールからの放射電界で，$t = 2.5$ ns 付近のパルスが観測点に近い吸収境界からの反射波，$t = 3.5$ ns 付近のパルスは対角にある吸収境界からの反射波である．図 (a) より，$a_x^{\max}$ が大きい場合には，BPML よりも特性が悪くなるが，$a_x^{\max}$ を小さくしていくと反射特性が改善される．しかし，小さくし過ぎると BPML と同じ特性になる．この例では $\gamma = 0.1$ が最も優れている．また，$t = 2.5$ ns, $t = 3.5$ ns 付近の反射パルスは $a_x^{\max}$ を小さくしても改善されない．これらの特性は 2.4.1 項で述べたとおりである．ただし，適切な γ の値は，CPML の層の数や次数，あるいは κ の値によっても異なるので注意していただきたい（章末問題【**8**】）．図 (b) より，γ を

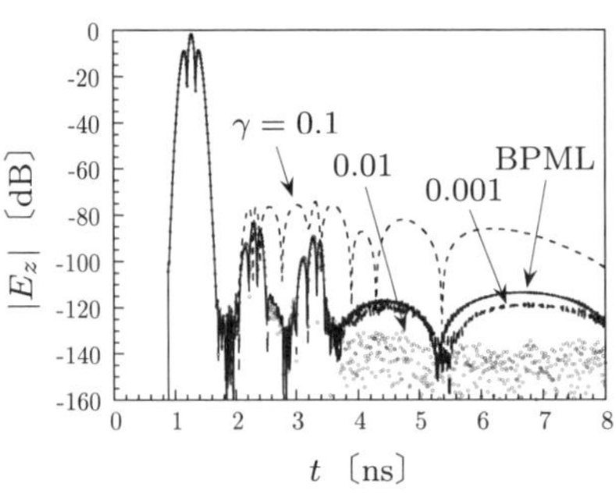

(a) $\gamma = 0.1, 0.01, 0.001,\ N = 1$

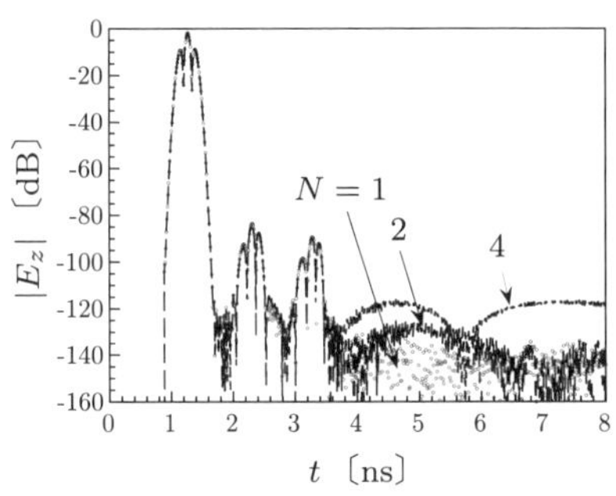

(b) $\gamma = 0.01,\ N = 1, 2, 4$

図 3.19　CPML と BPML の反射特性

適切に選んでおけば $N=1$ が最も精度がよく，次数を上げても改善されないことがわかる．

章　末　問　題

【１】 図 3.2 の解析モデルについて以下の問に答えよ．ただし，吸収境界は Mur とする．

(1) スラブの比誘電率，導電率が以下のようになったときの反射係数と透過係数の周波数特性を計算せよ．

$$\varepsilon_r(z)=\begin{cases}2 & (z_{k_d}\leq z\leq z_{k_d}+d/2)\\ 4 & (z_{k_d}+d/2<z\leq z_{k_d+n_d})\end{cases}$$

$$\sigma_e(z)=\begin{cases}0.1 & (z_{k_d}\leq z\leq z_{k_d}+d/2)\\ 0.2 & (z_{k_d}+d/2<z\leq z_{k_d+n_d})\end{cases}$$

(2) 誘電体スラブは無損失であるとする．比誘電率が次式のように不均質に変化した場合の反射係数と透過係数の周波数特性を計算せよ．また，セルサイズを変えながらその収束特性を確認せよ．

$$\varepsilon_r(z)=1+\frac{z-z_{k_d}}{d},\qquad \varepsilon_r(z)=1+\left(\frac{z-z_{k_d}}{d}\right)^2$$

(3) 誘電体スラブの比誘電率を $\varepsilon_r=1$ とする．導電率が

$$\sigma_e(z)=2\frac{z-z_{k_d}}{d},\qquad \sigma_e(z)=2\left(\frac{z-z_{k_d}}{d}\right)^2$$

のように不均質に変化した場合の反射係数と透過係数の周波数特性を計算せよ．また，セルサイズを変えながらその収束特性を確認せよ．

(4) $z<z_{k_d}$ の比誘電率を $\varepsilon_r=2$ とする．スラブの比誘電率を

$$\varepsilon_r(z)=2-\left(\frac{z-z_{k_d}}{d}\right)^2$$

としたときの反射係数と透過係数の周波数特性を計算せよ．

【２】 1 章の章末問題**【10】**のようなアルゴリズムを用いたとき，図 3.7 に対応する電磁界分布を計算せよ．

【３】 以下の条件のとき，図 3.10 と同じような反射特性のグラフを描け．

(1) $L_{\mathrm{PML}}=16$ とし，$M=2,\cdots,16$ と変化させよ．ただし，他のパラメータは同じ値とする．

(2) 時間ステップ $\Delta t=\alpha\Delta t_c$ とし，α を適当に定めよ．このとき，Mur の吸収境界とも比較せよ．

【4】 (1) 図 3.11 の散乱体を半径 20cm の誘電体円柱にして，電界の空間分布を計算せよ．

(2) プログラムコード 3.3 ～ 3.5 を参照しながら $\mathrm{TE_z}$, $\mathrm{TM_z}$ に特化したプログラムを作れ．

(3) $\mathrm{TM_z}$ に対するプログラムを利用して，図 3.11 の電流源の代わりに $\hat{y}$ 方向に向く磁流源を置いたときの空間電界分布を計算せよ．

【5】 図 3.11 の散乱体に z 軸方向に偏波した平面波が $-x$ 方向から入射するものとする．電磁界分布を計算するプログラムコードを作り，図 3.15 と同じパラメータを用いて計算せよ．ただし，吸収境界は Mur とせよ．

【6】 プログラムコード B.3, B.4 を，誘電体球に $-x$ 方向から z 軸方向に偏波した平面波が入射する場合のプログラムに直せ．

【7】 プログラムコード B.4 を UPML に作り直し，3.4 節と同じ計算を実行せよ．

【8】 $\zeta=x,y,z$ に対して $\kappa_\zeta(\zeta)=1+\left(\kappa_\zeta^{\max}-1\right)\left(\zeta/d^{\mathrm{CPML}}\right)^M$ としたときの CPML のプログラムを作成し，平面波および微小ダイポールに対する電磁界の反射特性を BPML, UPML と比較せよ．

4 分散性・異方性媒質

本章では周波数分散性媒質と異方性媒質中の電磁界計算法と，それらの媒質に対する PML 吸収境界について説明する．また，媒質は非分散性であっても FDTD 法計算においては分散性媒質として扱わなければならないこともある．これについても簡単に紹介する．なお，本章では周波数領域の変数と時間領域の変数が混在するため，前者についてはこれまでどおり変数の上に「$\dot{}$」記号を付けるとともに，角周波数 ω の関数であることを強調して $\dot{a}(\omega)$ のように表すことにする．後者の時間関数は $a(t)$ のように表す．また，$\dot{a}(\omega)$ は一般に複素数となるが，混乱がないと思われる場合には‘複素’という言葉を省略することがある．

4.1 代表的な分散性媒質

ほとんどの物質は多かれ少なかれ周波数分散特性を持つと考えてよい．例えば，液体やガラス状物質では双極子分散が主で，数 GHz までの周波数帯における複素比誘電率 $\dot{\varepsilon}_r(\omega)$ は**デバイ型分散関係式** (Debye dispersion relation)

$$\dot{\varepsilon}_r(\omega) = \varepsilon_\infty + \frac{\varepsilon_s - \varepsilon_\infty}{1 + j\omega/\omega_0} \quad (4.1)$$

によって精度よく近似できる．ここで $\tau_0 = 1/\omega_0$ は緩和時間である．$\varepsilon_s = 8, \varepsilon_\infty = 2$ とした場合の周波数特性を**図 4.1** に示す．実数部は周波数とともに単調減少するのに対して，虚数部は $\omega = \omega_0$ で最小値をとり，周波数とともに 0 に近づくのが特徴である．

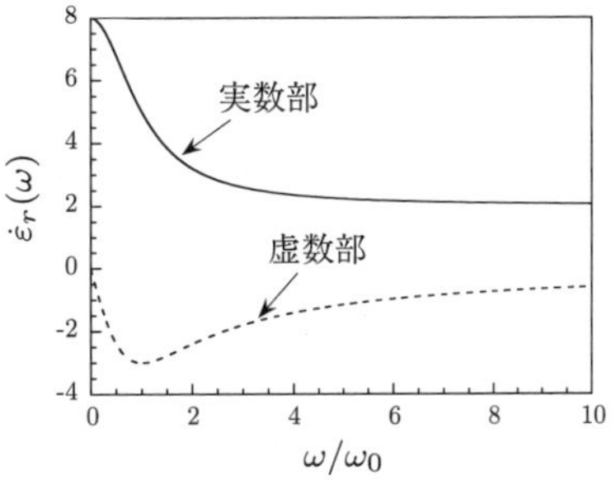

図 4.1　デバイ分散

周波数がさらに高くなると，分子やイオン分散が主となり，$\dot{\varepsilon}_r(\omega)$ は**ローレンツ型分散関係式** (Lorentz dispersion relation)

$$\dot{\varepsilon}_r(\omega) = \varepsilon_\infty + \frac{\varepsilon_s - \varepsilon_\infty}{1 + 2j\left(\dfrac{\delta_p}{\omega_p}\right)\left(\dfrac{\omega}{\omega_p}\right) - \left(\dfrac{\omega}{\omega_p}\right)^2} \tag{4.2}$$

によって表される．ただし，ω_p，δ_p はそれぞれプラズマ角周波数，減衰係数である．図 **4.2** に $\varepsilon_s = 2$, $\varepsilon_\infty = 1$, $\delta_p/\omega_p = 0.05$ とした場合の周波数特性を示す．ローレンツ分散は $\omega = \omega_p$ 付近で急峻な変化をし，その実数部が負になることがあるのが特徴である．

一方，多くの良導体の比誘電率は**ドゥルーデ型分散関係式** (Drude dispersion relation)

$$\dot{\varepsilon}_r(\omega) = \varepsilon_\infty + \frac{1}{\dfrac{\omega}{\omega_p}\left(j\dfrac{\nu_c}{\omega_p} - \dfrac{\omega}{\omega_p}\right)} = \varepsilon_\infty - j\frac{\omega_p^2/\nu_c}{\omega} - \frac{\omega_p^2/\nu_c^2}{1 + j\omega/\nu_c} \tag{4.3}$$

によって表される．ただし，ν_c は衝突角周波数である．式 (4.3) と式 (4.1) を比較すると，ドゥルーデ分散とは等価的な導電率 $\sigma_e = \varepsilon_0\omega_p^2/\nu_c$ を持つ損失性媒質の分散とデバイ分散の重ね合せであることがわかる．$\varepsilon_\infty = 3$, $\nu_c/\omega_p = 0.1$ としたときのドゥルーデ分散の周波数特性を図 **4.3** に示す．複素比誘電率の実数部も虚数部も周波数ともに単調に増加する特性を示すが，低周波領域で比誘

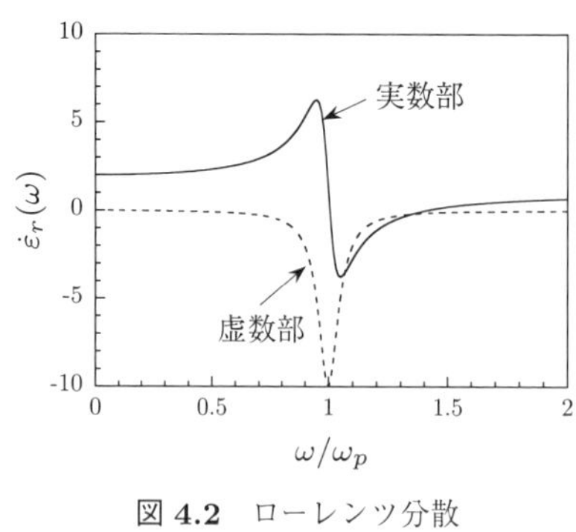

図 **4.2**　ローレンツ分散

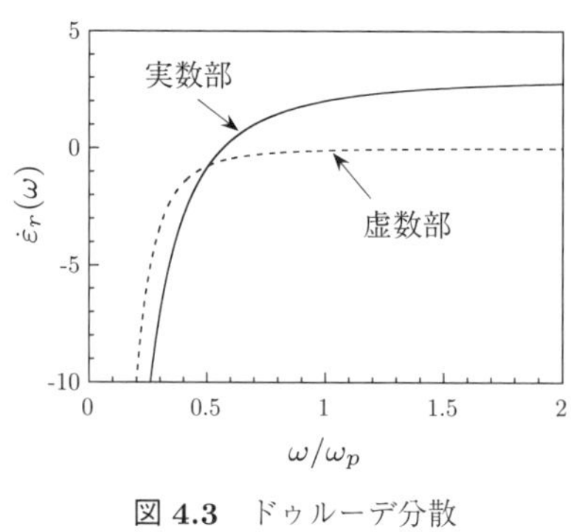

図 **4.3**　ドゥルーデ分散

電率の実数部が負になることに特に注意していただきたい．

以上，誘電率についての代表的な分散性媒質を紹介したが，複素比透磁率 $\dot{\mu}_r$ についても同様の分散関係式を考えることがある．

4.2 RC 法と PLRC 法

4.2.1 誘 電 体

比誘電率が $\dot{\varepsilon}_r(\omega) = \varepsilon_\infty + \dot{\chi}_e(\omega)$ のように周波数の関数になると，時間領域の電束密度 $\boldsymbol{D}(\boldsymbol{r}, t)$ は次式のように電界 $\boldsymbol{E}$ とのたたみ込み積分となる．

$$\boldsymbol{D}(\boldsymbol{r}, t) = \varepsilon_0 \varepsilon_\infty \boldsymbol{E}(\boldsymbol{r}, t) + \varepsilon_0 \int_0^t \chi_e(\boldsymbol{r}, \tau) \boldsymbol{E}(\boldsymbol{r}, t - \tau)\, d\tau \tag{4.4}$$

このため，時刻 t における $\boldsymbol{D}$ を計算するためにはそれ以前のすべての電界を場所ごとに記憶しておく必要があり，膨大な計算機資源が必要となる．しかし，4.2.3 項以降で示すようにデバイ分散やローレンツ分散のように $\chi_e(\boldsymbol{r}, t)$ が時間に関して指数関数となる場合には，式 (4.4) のたたみ込み積分を Recursive（回帰的，帰納的）に評価することができる．$\varDelta t$ 内の電界を一定と近似する手法を **RC 法** (recursive convolution method) といい[9]，$\ell \varDelta t \leq t \leq (\ell + 1)\varDelta t$ の電界を

$$\boldsymbol{E}(t) = \boldsymbol{E}^\ell + \frac{\boldsymbol{E}^{\ell+1} - \boldsymbol{E}^\ell}{\varDelta t}(t - \ell \varDelta t) \tag{4.5}$$

のように 1 次関数で近似する方法を **PLRC 法** (piecewise linear RC method) という[22]．FDTD 法ではもともと電磁界の時間変化を式 (4.5) のように直線近似しているから，ここでも PLRC 法による分散性媒質の取扱いを説明する．ただし，位置ベクトル $\boldsymbol{r}$ はほとんどの変数に共通するから省略して表すことにする．

式 (4.5) を式 (4.4) に代入して $\boldsymbol{D}^n$ と $\boldsymbol{D}^{n-1}$ を求め，アンペア・マクスウェルの法則の中心差分近似 $(\boldsymbol{D}^n - \boldsymbol{D}^{n-1})/\varDelta t = \nabla \times \boldsymbol{H}^{n+1/2} - (\boldsymbol{J}_e^{ex})^{n+1/2}$ を用いて電界 $\boldsymbol{E}^n$ についてまとめると

$$\boldsymbol{E}^n = \frac{\varepsilon_\infty - \xi_e^0}{\varepsilon_\infty + \chi_e^0 - \xi_e^0}\boldsymbol{E}^{n-1} + \frac{1}{\varepsilon_\infty + \chi_e^0 - \xi_e^0}\boldsymbol{\Phi}_e^{n-1} + \frac{\Delta t/\varepsilon_0}{\varepsilon_\infty + \chi_e^0 - \xi_e^0}\left[\nabla \times \boldsymbol{H}^{n-\frac{1}{2}} - (\boldsymbol{J}_e^{ex})^{n-\frac{1}{2}}\right] \tag{4.6}$$

を得る（章末問題【**1**】）．ただし

$$\left.\begin{aligned} \chi_e^\ell &= \int_{\ell\Delta t}^{(\ell+1)\Delta t} \chi_e(\tau)\,d\tau \\ \xi_e^\ell &= \frac{1}{\Delta t}\int_{\ell\Delta t}^{(\ell+1)\Delta t} (\tau - \ell\Delta t)\chi_e(\tau)\,d\tau \end{aligned}\right\} \tag{4.7}$$

および

$$\boldsymbol{\Phi}_e^{n-1} = \sum_{\ell=0}^{n-2}\left[\boldsymbol{E}^{n-\ell-1}\Delta\chi_e^\ell + (\boldsymbol{E}^{n-\ell-2} - \boldsymbol{E}^{n-\ell-1})\Delta\xi_e^\ell\right] \tag{4.8}$$

である．ここで，$\Delta\chi_e^\ell = \chi_e^\ell - \chi_e^{\ell+1}$, $\Delta\xi_e^\ell = \xi_e^\ell - \xi_e^{\ell+1}$，$\boldsymbol{\Phi}_e^0 = 0$ である．このように，一般的な分散性誘電体中の電界 $\boldsymbol{E}^n$ を計算するにはそれ以前の電界をすべて記憶しておかなければならない．

4.2.2 磁　性　体

比透磁率が $\dot{\mu}_r(\omega) = \mu_\infty + \dot{\chi}_m(\omega)$ となるような磁性体中においても誘電体と同様に磁界の PLRC 表現を得ることができるが，少し注意が必要である．導出にあたっては，磁束密度 $\boldsymbol{B}(t)$ として式 (4.4) に対応する表現式を用いてもよいが，次式を用いたほうが理解しやすい（章末問題【**2**】）．

$$\boldsymbol{B}(t) = \mu_0\mu_\infty\boldsymbol{H}(t) + \mu_0\int_0^t \boldsymbol{H}(\tau)\chi_m(t-\tau)\,d\tau \tag{4.9}$$

1.2 節で示した Yee アルゴリズムでは，電磁界の初期値として $\boldsymbol{E}^0$, $\boldsymbol{H}^{1/2}$ を与えて，整数時の時刻では電界を，半奇数時の時刻では磁界を計算したから，ここでもそのような表現式を導出する．このためにまず $t = \Delta t/2$ を式 (4.9) に代入すると

$$\boldsymbol{B}^{\frac{1}{2}} = \mu_0\mu_\infty \boldsymbol{H}^{\frac{1}{2}} + \mu_0 \int_0^{\Delta t/2} \boldsymbol{H}(\tau)\chi_m\left(\frac{\Delta t}{2} - \tau\right) d\tau \tag{4.10}$$

となるが，$0 \leq t \leq \Delta t/2$ の範囲では

$$\boldsymbol{H}(t) = \boldsymbol{H}^0 + \frac{\boldsymbol{H}^{\frac{1}{2}} - \boldsymbol{H}^0}{\Delta t/2} t \tag{4.11}$$

と近似せざるをえない．これを式 (4.10) に代入して整理すると

$$\boldsymbol{B}^{\frac{1}{2}} = \mu_0 \left(\mu_\infty + a_m^0 - b_m^0\right) \boldsymbol{H}^{\frac{1}{2}} + \mu_0 b_m^0 \boldsymbol{H}^0 \tag{4.12}$$

を得る．ただし

$$a_m^0 = \int_0^{\Delta t/2} \chi_m(\tau)\, d\tau, \qquad b_m^0 = \int_0^{\Delta t/2} \tau\chi_m(\tau)\, d\tau \tag{4.13}$$

である．一方，この時間領域では中心差分近似は使えないため，ファラデーの法則を $t = 0$ で前進差分近似すると $\left(\boldsymbol{B}^{1/2} - \boldsymbol{B}^0\right)/\Delta t = -\nabla \times \boldsymbol{E}^0 - (\boldsymbol{J}_m^{ex})^0$ となるから，式 (4.12) と $\boldsymbol{B}^0 = \mu_0\mu_\infty\boldsymbol{H}^0$ を代入して $\boldsymbol{H}^{1/2}$ についてまとめると

$$\boldsymbol{H}^{\frac{1}{2}} = \frac{\mu_\infty - b_m^0}{\mu_\infty + a_m^0 - b_m^0}\boldsymbol{H}^0 - \frac{\Delta t/\mu_0}{\mu_\infty + a_m^0 - b_m^0}\left[\nabla \times \boldsymbol{E}^0 + (\boldsymbol{J}_m^{ex})^0\right] \tag{4.14}$$

を得る．このようにして $\boldsymbol{H}^{1/2}$ が定まるが，FDTD 法では初期値として $\boldsymbol{E}^0 = 0$, $\boldsymbol{H}^0 = 0$ とするのが一般的である．また，強制磁流源としては $(\boldsymbol{J}_m^{ex})^0 = 0$ のような問題を扱う場合が多い．この場合には式 (4.14) より $\boldsymbol{H}^{1/2} = 0$ となる．ここではこのような特別な場合の磁界表現式について考える．

磁界の帰納的表現を得るために，式 (4.9) に $t = (n + 1/2)\Delta t$ を代入すると

$$\begin{aligned}\boldsymbol{B}^{n+\frac{1}{2}} &= \mu_0\mu_\infty \boldsymbol{H}^{n+\frac{1}{2}} + \mu_0 \int_0^{\frac{\Delta t}{2}} \boldsymbol{H}(\tau)\chi_m\left\{\left(n + \frac{1}{2}\right)\Delta t - \tau\right\} d\tau \\ &\quad + \mu_0 \sum_{\ell=0}^{n-1} \int_{(\ell+\frac{1}{2})\Delta t}^{(\ell+\frac{3}{2})\Delta t} \boldsymbol{H}(\tau)\chi_m\left\{\left(n + \frac{1}{2}\right)\Delta t - \tau\right\} d\tau\end{aligned} \tag{4.15}$$

となるが，右辺 2 項の被積分関数内の磁界は式 (4.11) で与えられるから，上の議論よりこの項は無視することができる．そこで $(\ell + 1/2)\Delta t \leq t \leq (\ell + 3/2)\Delta t$ の区間を式 (4.5) と同様に

$$\boldsymbol{H}(t) = \boldsymbol{H}^{\ell+\frac{1}{2}} + \frac{\boldsymbol{H}^{\ell+\frac{3}{2}} - \boldsymbol{H}^{\ell+\frac{1}{2}}}{\Delta t}\left[t - \left(\ell + \frac{1}{2}\right)\Delta t\right] \tag{4.16}$$

と近似し，式 (4.15) に代入すると

$$\begin{aligned}\boldsymbol{B}^{n+\frac{1}{2}} &= \mu_0 \xi_m^0 \boldsymbol{H}^{n-\frac{1}{2}} + \mu_0 \left(\mu_\infty + \chi_m^0 - \xi_m^0\right) \boldsymbol{H}^{n+\frac{1}{2}} \\ &\quad + \mu_0 \sum_{\ell=0}^{n-2} \left[\boldsymbol{H}^{n-\ell-\frac{1}{2}} \chi_m^{\ell+1} + \left(\boldsymbol{H}^{n-\ell-\frac{3}{2}} - \boldsymbol{H}^{n-\ell-\frac{1}{2}}\right) \xi_m^{\ell+1}\right]\end{aligned} \tag{4.17}$$

となる．ただし

$$\left.\begin{aligned}\chi_m^\ell &= \int_{\ell\Delta t}^{(\ell+1)\Delta t} \chi_m(\tau)\, d\tau \\ \xi_m^\ell &= \frac{1}{\Delta t}\int_{\ell\Delta t}^{(\ell+1)\Delta t} (\tau - \ell\Delta t)\chi_m(\tau)\, d\tau\end{aligned}\right\} \tag{4.18}$$

である．$t = (n-1/2)\Delta t$ についても同様に計算し，$\left(\boldsymbol{B}^{n+1/2} - \boldsymbol{B}^{n-1/2}\right)/\Delta t = -\nabla \times \boldsymbol{E}^n$ に代入して磁界 $\boldsymbol{H}^{n+1/2}$ についてまとめると

$$\begin{aligned}\boldsymbol{H}^{n+\frac{1}{2}} &= \frac{\mu_\infty - \xi_m^0}{\mu_\infty + \chi_m^0 - \xi_m^0}\boldsymbol{H}^{n-\frac{1}{2}} + \frac{1}{\mu_\infty + \chi_m^0 - \xi_m^0}\boldsymbol{\Phi}_m^{n-\frac{1}{2}} \\ &\quad - \frac{\Delta t/\mu_0}{\mu_\infty + \chi_m^0 - \xi_m^0}\left[\nabla \times \boldsymbol{E}^n + (\boldsymbol{J}_m^{ex})^n\right]\end{aligned} \tag{4.19}$$

を得る（章末問題【2】）．ただし

$$\boldsymbol{\Phi}_m^{n-\frac{1}{2}} = \sum_{\ell=0}^{n-2}\left[\boldsymbol{H}^{n-\ell-\frac{1}{2}}\Delta\chi_m^\ell + \left(\boldsymbol{H}^{n-\ell-\frac{3}{2}} - \boldsymbol{H}^{n-\ell-\frac{1}{2}}\right)\Delta\xi_m^\ell\right] \tag{4.20}$$

であり，$\boldsymbol{\Phi}^{1/2} = 0$ である．また，$\Delta\chi_m^\ell = \chi_m^\ell - \chi_m^{\ell+1}$, $\Delta\xi_m^\ell = \xi_m^\ell - \xi_m^{\ell+1}$ である．このように透磁率が分散性を持つ場合の磁界の表現は，誘電率が分散性を持つ場合の電界の表現とほぼ同様に導くことができるから，しばらくは後者の場合だけを扱うことにする．

4.2.3 デ バ イ 分 散

$\chi_e(t) = \omega_0(\varepsilon_s - \varepsilon_\infty)e^{-\omega_0 t}$ であるから

$$\left.\begin{aligned}\chi_e^\ell &= (\varepsilon_s - \varepsilon_\infty)\left(1 - e^{-\omega_0 \Delta t}\right)e^{-\ell\omega_0 \Delta t}\\ \xi_e^\ell &= -\frac{\varepsilon_s - \varepsilon_\infty}{\omega_0 \Delta t}\left[(1 + \omega_0 \Delta t)\, e^{-\omega_0 \Delta t} + 1\right] e^{-\ell\omega_0 \Delta t}\end{aligned}\right\} \tag{4.21}$$

となり，$\Delta\chi_e^{\ell+1} = e^{-\omega_0 \Delta t}\Delta\chi_e^\ell$，$\Delta\xi_e^{\ell+1} = e^{-\omega_0 \Delta t}\Delta\xi_e^\ell$ が成り立つ．これを式 (4.8) に代入すると

$$\boldsymbol{\Phi}_e^{n-1} = (\Delta\chi^0 - \Delta\xi^0)\boldsymbol{E}^{n-1} + \Delta\xi^0 \boldsymbol{E}^{n-2} + e^{-\omega_0 \Delta t}\boldsymbol{\Phi}_e^{n-2} \tag{4.22}$$

となって，$\boldsymbol{\Phi}^{n-1}$ に関する帰納的表現が得られる（章末問題【**3**】）．このようにできるのは $\chi_e(t)$ が指数関数で表されるからである．言い換えれば，$j\omega = s$ と置き換えたとき $\dot{\varepsilon}_r(s)$ が 1 位の極を持つ分散特性を示したからである．

4.2.4 ドゥルーデ分散

$\chi_e(t) = \omega_p^2\left(1 - e^{-\nu_c t}\right)/\nu_c$ となるから

$$\left.\begin{aligned}\chi_e^\ell &= \frac{\omega_p^2}{\nu_c}\left[\Delta t - \frac{1 - e^{-\nu_c \Delta t}}{\nu_c} e^{-\ell\nu_c \Delta t}\right]\\ \xi_e^\ell &= \frac{\omega_p^2}{\nu_c}\left[\frac{(\Delta t)^2}{2} + \left\{\left(\Delta t + \frac{1}{\nu_c}\right)\frac{e^{-\nu_c \Delta t}}{\nu_c} - \frac{1}{\nu_c^2}\right\} e^{-\ell\nu_c \Delta t}\right]\end{aligned}\right\} \tag{4.23}$$

となる．したがって，デバイ分散と同様に $\Delta\chi_e^{\ell+1} = e^{-\nu_c \Delta t}\Delta\chi_e^\ell$，$\Delta\xi_e^{\ell+1} = e^{-\nu_c \Delta t}\Delta\xi_e^\ell$ が成り立ち，次式を得る．

$$\boldsymbol{\Phi}_e^{n-1} = (\Delta\chi^0 - \Delta\xi^0)\boldsymbol{E}^{n-1} + \Delta\xi^0 \boldsymbol{E}^{n-2} + e^{-\nu_c \Delta t}\boldsymbol{\Phi}_e^{n-2} \tag{4.24}$$

4.2.5 ローレンツ分散

$\beta_p = \sqrt{\omega_p^2 - \delta_p^2}$ としたとき

$$\chi_e(t) = \begin{cases} \dfrac{(\varepsilon_s - \varepsilon_\infty)\omega_p^2}{\beta_p} e^{-\delta_p t} \sin\beta_p t & (\omega_p > \delta_p) \\ (\varepsilon_s - \varepsilon_\infty)\omega_p^2\, t e^{-\omega_p t} & (\omega_p = \delta_p) \end{cases} \tag{4.25}$$

となる．これは，式 (4.2) において $j\omega = s$ とおき，それを部分分数展開して

からラプラス逆変換することによって求めることができる．$\omega_p = \delta_p$ の場合も同様の表現を得ることができるが，やや煩雑となるため，参考文献 10) に譲り，ここでは $\omega_p > \delta_p$ の場合だけを説明する．

$s_p = -\delta_p + j\beta_p$ とおき，複素数の電気比感受率を

$$\hat{\chi}_e(t) = \frac{2(\varepsilon_s - \varepsilon_\infty)\omega_p^2}{s_p - \bar{s_p}} e^{s_p t} \tag{4.26}$$

によって定義すると，式 (4.25) は $\chi_e(t) = \mathrm{Re}\left[\hat{\chi}_e(t)\right]$ によって与えられる．一方，式 (4.18) の被積分関数 $\chi_e(t)$ の代わりに $\hat{\chi}_e(t)$ としたものを $\hat{\chi}_m, \hat{\xi}_m$ とすると，明らかに $\chi_m = \mathrm{Re}\left[\hat{\chi}_m\right]$，$\xi_m = \mathrm{Re}\left[\hat{\xi}_m\right]$ が成り立つから

$$\hat{\boldsymbol{\Phi}}_e^{n-1} = \sum_{\ell=0}^{n-2} \left[\boldsymbol{E}^{n-\ell-1} \Delta\hat{\chi}_e^\ell + (\boldsymbol{E}^{n-\ell-2} - \boldsymbol{E}^{n-\ell-1})\Delta\hat{\xi}_e^\ell\right] \tag{4.27}$$

と定義すると，$\boldsymbol{\Phi}_e^{n-1} = \mathrm{Re}\left[\hat{\boldsymbol{\Phi}}_e^{n-1}\right]$ となる．

式 (4.26) より

$$\left.\begin{aligned} \hat{\chi}_e^\ell &= \frac{2(\varepsilon_s - \varepsilon_\infty)\omega_p^2}{s_p(s_p - \bar{s_p})}\left(e^{s_p \Delta t} - 1\right) e^{s_p \ell \Delta t} \\ \hat{\xi}_e^\ell &= \frac{2(\varepsilon_s - \varepsilon_\infty)\omega_p^2}{s_p(s_p - \bar{s_p})}\left[\left(1 - \frac{1}{s_p \Delta t}\right) e^{s_p \Delta t} + \frac{1}{s_p \Delta t}\right] e^{s_p \ell \Delta t} \end{aligned}\right\} \tag{4.28}$$

となるから，$\Delta\hat{\chi}_e^{\ell+1} = e^{s_p \Delta t}\Delta\hat{\chi}_e^\ell$，$\Delta\hat{\xi}_e^{\ell+1} = e^{s_p \Delta t}\Delta\hat{\xi}_e^\ell$ となる．これを式 (4.27) に代入すると

$$\hat{\boldsymbol{\Phi}}_e^{n-1} = (\Delta\hat{\chi}^0 - \Delta\hat{\xi}^0)\boldsymbol{E}^{n-1} + \Delta\hat{\xi}^0 \boldsymbol{E}^{n-2} + e^{s_p \Delta t}\hat{\boldsymbol{\Phi}}_e^{n-2} \tag{4.29}$$

となる．このように，比誘電率 $\dot{\varepsilon}_r(s)$ が複素数の極を持つ場合も帰納的表現式を得ることができる．

4.3　ADE　　法

ADE 法 (auxiliary differential equation method) とは電束密度 $\boldsymbol{D}$ と電界

$\boldsymbol{E}$ あるいは分極ベクトル $\boldsymbol{P}$ の間に成立する微分方程式に着目して FDTD 表現を得る方法で，デバイ型などの代表的な分散性媒質に対しては，前節で紹介した PLRC 法と同じ精度を持つ．ADE 法にはいくつかのバージョンがあるが，ここではその代表的な方法を紹介する[23)〜25)]．

4.3.1 D–E 法

簡単のため，式 (4.1) のデバイ型分散性媒質を考える．式 (4.1) を $\boldsymbol{D} = \varepsilon_0\varepsilon_r(\omega)\boldsymbol{E}$ に代入して分母を払い，$j\omega \to \partial/\partial t$ と置き換えると

$$\boldsymbol{D} + \tau_0\frac{\partial \boldsymbol{D}}{\partial t} = \varepsilon_0\left[\varepsilon_s\boldsymbol{E} + \varepsilon_\infty\tau_0\frac{\partial \boldsymbol{E}}{\partial t}\right] \tag{4.30}$$

を得る．Yee アルゴリズムに従って $t = (n-1/2)\Delta t$ で差分近似すると

$$\begin{aligned}\boldsymbol{D}^n =& \alpha_0\boldsymbol{D}^{n-1} + \varepsilon_0\left[\left\{\frac{\varepsilon_\infty+\varepsilon_s}{2} + \frac{\varepsilon_\infty-\varepsilon_s}{2}\alpha_0\right\}\boldsymbol{E}^n\right.\\ &\left. - \left\{\frac{\varepsilon_\infty-\varepsilon_s}{2} + \frac{\varepsilon_\infty+\varepsilon_s}{2}\alpha_0\right\}\boldsymbol{E}^{n-1}\right]\end{aligned} \tag{4.31}$$

となる．ただし

$$\alpha_0 = \frac{1-\dfrac{\Delta t}{2\tau_0}}{1+\dfrac{\Delta t}{2\tau_0}} \tag{4.32}$$

である．

式 (4.31) を $\partial\boldsymbol{D}/\partial t = \nabla\times\boldsymbol{H}$ の $t = (n-1/2)\Delta t$ における差分表現式に代入して $\boldsymbol{E}^n$ についてまとめると

$$\begin{aligned}\boldsymbol{E}^n =& \beta_0\boldsymbol{E}^{n-1} + \frac{1-\beta_0}{\varepsilon_0\varepsilon_s}\boldsymbol{D}^{n-1}\\ &+\frac{\Delta t}{2\varepsilon_0}\left[\left(\frac{1}{\varepsilon_\infty} - \frac{1}{\varepsilon_s}\right) + \left(\frac{1}{\varepsilon_\infty} + \frac{1}{\varepsilon_s}\right)\beta_0\right]\nabla\times\boldsymbol{H}^{n-\frac{1}{2}}\end{aligned} \tag{4.33}$$

となる．ただし

$$\beta_0 = \frac{\varepsilon_\infty - \dfrac{\varepsilon_s\Delta t}{2\tau_0}}{\varepsilon_\infty + \dfrac{\varepsilon_s\Delta t}{2\tau_0}} \tag{4.34}$$

である．このように，D–E 法において電界 $\boldsymbol{E}^n$ を求めるためには 2 段階の計算が必要となる．すなわち，まず最初に式 (4.31) から $\boldsymbol{D}^{n-1}$ を求め，つぎにこの値を式 (4.33) に代入することによって $\boldsymbol{E}^n$ が計算される．

4.3.2 補助関数の導入

式 (4.1) のようなデバイ分散なら理論的には ADE 法の計算精度は PLRC 法と同程度である．しかし，ローレンツ分散や複数のデバイ分散が混在する場合は式 (4.30) に対応する微分方程式の次数が高くなり，高次の差分公式が必要になる．このため式 (4.31) や式 (4.33) の表現が煩雑となる．一方，式 (4.31) の第 2 項あるいは式 (4.33) の第 2 項には ε_0 があるために，大きな数値の和や差を計算することになり，数値計算としては好ましくない．ここでは，補助関数を導入してこのようなことを解決する方法を紹介する．そのために，ここでは

$$\dot{\varepsilon}_r(\omega) = \varepsilon_\infty + \sum_{p=1}^{N} \frac{\Delta\varepsilon_p}{1 + j\omega\tau_p} \tag{4.35}$$

で表されるような N 個の極を持つデバイ分散を考える．さらに，分極ベクトルに対応する補助関数 $\dot{\boldsymbol{P}}$ を

$$\dot{\boldsymbol{D}} = \varepsilon_0 \dot{\varepsilon}_r \dot{\boldsymbol{E}} = \varepsilon_0 \Big(\varepsilon_\infty \dot{\boldsymbol{E}} + \dot{\boldsymbol{P}} \Big) \tag{4.36}$$

によって定義すると，式 (4.35) より

$$\dot{\boldsymbol{P}} = \sum_{p=1}^{N} \dot{\boldsymbol{P}}_p, \qquad \dot{\boldsymbol{P}}_p = \frac{\Delta\varepsilon_p}{1 + j\omega\tau_p} \dot{\boldsymbol{E}} \tag{4.37}$$

となる．

まず最初に，時間領域における電界 $\boldsymbol{E}(\boldsymbol{r}, t)$ と $\boldsymbol{P}(\boldsymbol{r}, t)$ との関係を導こう．式 (4.37) の第 2 式の両辺に $1 + j\omega\tau_p$ を掛けて時間領域に変換すると

$$\boldsymbol{P}_p(\boldsymbol{r}, t) + \tau_p \frac{\partial \boldsymbol{P}_p(\boldsymbol{r}, t)}{\partial t} = \Delta\varepsilon_p \boldsymbol{E}(\boldsymbol{r}, t) \tag{4.38}$$

となるから，$t = (n - 1/2)\Delta t$ で中心差分近似すると

$$\boldsymbol{P}_p^n = \alpha_p \boldsymbol{P}_p^{n-1} + \frac{1-\alpha_p}{2}\Delta\varepsilon_p\left(\boldsymbol{E}^n + \boldsymbol{E}^{n-1}\right) \tag{4.39}$$

となる．ただし

$$\alpha_p = \frac{1 - \dfrac{\Delta t}{2\tau_p}}{1 + \dfrac{\Delta t}{2\tau_p}} \tag{4.40}$$

である．したがって

$$\begin{aligned}\boldsymbol{P}^n &= \sum_{p=1}^{N} \boldsymbol{P}_p^n \\ &= \sum_{p=1}^{N} \alpha_p \boldsymbol{P}_p^{n-1} + \frac{\boldsymbol{E}^n + \boldsymbol{E}^{n-1}}{2}\sum_{p=1}^{N}(1-\alpha_p)\Delta\varepsilon_p\end{aligned} \tag{4.41}$$

となる．つぎに，時間領域のアンペア・マクスウェルの法則

$$\nabla \times \boldsymbol{H}(\boldsymbol{r}, t) = \frac{\partial \boldsymbol{D}(\boldsymbol{r}, t)}{\partial t} = \varepsilon_0\left[\varepsilon_\infty \frac{\partial \boldsymbol{E}(\boldsymbol{r}, t)}{\partial t} + \frac{\partial \boldsymbol{P}(\boldsymbol{r}, t)}{\partial t}\right] \tag{4.42}$$

を $t = (n-1/2)\Delta t$ で中心差分近似したものに式 (4.41) を代入して $\boldsymbol{E}^n$ についてまとめると

$$\boldsymbol{E}^n = a_e \boldsymbol{E}^{n-1} + \frac{1-a_e}{2\varepsilon_\infty}\left(\frac{\Delta t}{\varepsilon_0}\nabla \times \boldsymbol{H}^{n-\frac{1}{2}} + \sum_{p=1}^{N}(1-\alpha_p)\boldsymbol{P}_p^{n-1}\right) \tag{4.43}$$

となる．ただし

$$a_e = \frac{\varepsilon_\infty - \dfrac{1}{2}\displaystyle\sum_{p=1}^{N}(1-\alpha_p)\Delta\varepsilon_p}{\varepsilon_\infty + \dfrac{1}{2}\displaystyle\sum_{p=1}^{N}(1-\alpha_p)\Delta\varepsilon_p} \tag{4.44}$$

である．このように，複数の極を持つ分散性媒質に対しても高次の差分近似を用いずに電磁界を計算することができる．一方，式 (4.2) はたがいに複素共役の極を持つデバイ分散の和として表すことができるから，ローレンツ分散に対してもこの方法が適用できる．なお，ここで述べた分極ベクトルに対応する補助関数を用いる方法は非線形媒質に対しても応用されている[25)]．

4.4　左手系媒質の取扱い

エネルギーの進む方向と電磁波の伝搬方向，別な言い方をすると群速度と位相速度がたがいに反対方向を向く媒質を**左手系媒質** (left–handed material) という．これに対して両者が同じ方向を向く媒質を**右手系媒質** (right–handed material) ということがある[7),26)]．左手系媒質内の電磁界を FDTD 法で解析する場合には，たとえ単一周波数の問題であっても分散性媒質の一種として扱わなければならない．ここではその理由と計算手法を説明する．

4.4.1　右手系媒質と左手系媒質

$\dot{\varepsilon}_r = \varepsilon_r' + j\varepsilon_r''$, $\dot{\mu}_r = \mu_r' + j\mu_r''$ と表したとき，虚数部は必ず $\varepsilon_r'' \leq 0$, $\mu_r'' \leq 0$ となるが，実数部 ε_r', μ_r' は正にも負にもなり得る．例えば，多くの金属の誘電率はドゥルーデ分散特性を示し，低周波数帯では ε_r' が負になる．また，磁性ガーネットの μ_r' はマイクロ波の周波数帯域で負になることがある．しかし，ε_r' と μ_r' とが同時に負になるような物質は自然界には存在しないといわれている．これに対して 7 章で紹介するメタマテリアルは構成媒質そのものではなく，構造全体として等価的にこれを実現することができる．そこでここでは，ε_r' と μ_r' が任意の値をとる物質を仮想的に考えて，その基本的性質を必要最小限の範囲で簡単に紹介する．

図 4.4 のように比誘電率あるいは比透磁率の実部，虚部を座標軸とする座標系を考えたとき，それらの虚部は必ず負の値をとるから，$\dot{\varepsilon}_r$ も $\dot{\mu}_r$ も第 3 象限あるいは第 4 象限に位置する．つまり，$\dot{\varepsilon}_r = |\dot{\varepsilon}_r|e^{j\phi_e}$, $\dot{\mu}_r = |\dot{\mu}_r|e^{j\phi_m}$ と表したときの偏角は $-\pi \leq \phi_e \leq 0$, $-\pi \leq \phi_m \leq 0$ の範囲となる．このとき，複素屈折率は

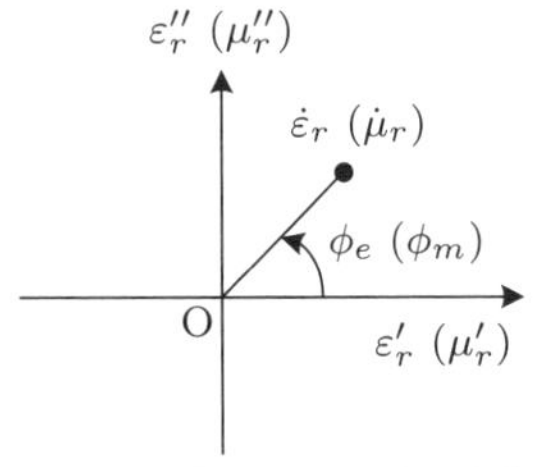

図 4.4　比誘電率・比透磁率座標

$$\begin{aligned}\dot{n} &= n' + jn'' \\ &= |\dot{n}|e^{j\psi} = \sqrt{\dot{\varepsilon}_r \dot{\mu}_r} = \sqrt{|\dot{\varepsilon}_r||\dot{\mu}_r|}e^{j\frac{\phi_e+\phi_m}{2}}\end{aligned} \tag{4.45}$$

となる．$(\phi_e + \phi_m)/2 + \pi$ も数学的にはもう一つの解であるが，$n'' \leq 0$ でなければならないから，$\psi = (\phi_e + \phi_m)/2$ が $-\pi \leq \psi \leq 0$ を満たす解である．

さて，$n' > 0$ として，$\varepsilon' \geq 0, \mu' \geq 0$ のときの屈折率を $\dot{n}_{\mathrm{RH}} = n' + jn''$ と表す．これに対して $\varepsilon' \leq 0, \mu' \leq 0$ に対する屈折率を $\dot{n}_{\mathrm{LH}}$ とすると，式 (4.45) より

$$\dot{n}_{\mathrm{LF}} = -n' + jn'' = -\overline{\dot{n}_{\mathrm{RH}}} \qquad (n'' \leq 0) \tag{4.46}$$

となる．すなわち，左手系媒質の屈折率の実部は負になる．ただし，式 (4.46) において，$\overline{a}$ は a の複素共役を表す．$\hat{\boldsymbol{z}}$ 方向に伝搬する平面波の伝搬定数は $\boldsymbol{k} = \omega\sqrt{\dot{\varepsilon}\dot{\mu}}\hat{\boldsymbol{z}} = k_0\dot{n}\hat{\boldsymbol{z}}$ であるから，左手系媒質と右手系媒質中ではたがいに反対方向になる．一方，真空の波動インピーダンスを Z_0 とすると，媒質中では

$$Z = Z_0\sqrt{\frac{\dot{\mu}_r}{\dot{\varepsilon}_r}} = Z_0\sqrt{\frac{|\dot{\mu}_r|}{|\dot{\varepsilon}_r|}}e^{j\frac{\phi_m-\phi_e}{2}} \tag{4.47}$$

によって与えられるが，$\mathrm{Re}(Z) \geq 0$ でなければならないから，$Z_{\mathrm{LF}} = Z_{\mathrm{RH}} = Z$ となる．この様子を示したものが**図 4.5** である．すなわち，図 (a) の右手系媒質内では平面波の伝搬定数 $\boldsymbol{k}$ の方向とポインティングベクトルの方向は一致し，$P = \mathrm{Re}(|\dot{\boldsymbol{E}}|^2/Z)$ だけの電力が同じ方向に運ばれる．これに対して，図 (b) の左手系媒質内では，電力はポインティングベクトルの方向に同じ量だけ運ばれるが，平面波の伝搬方向はこの方向と逆向きになる．

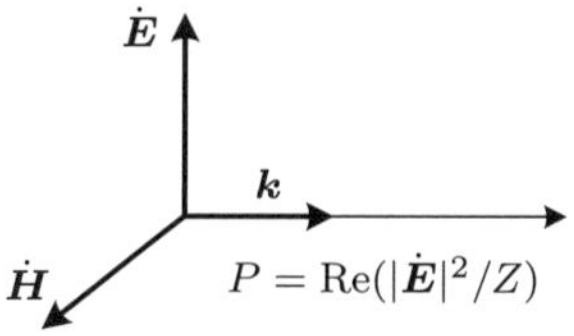

(a) 右手系媒質

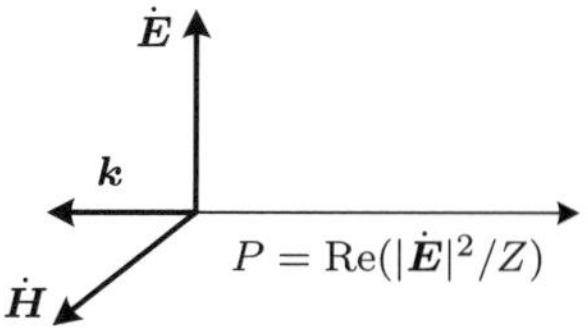

(b) 左手系媒質

図 4.5　平面波の伝搬と電力

4.4.2　左手系媒質のモデル

ここでは簡単のために，最初に無損失・非分散性の一様媒質，すなわち屈折率 $\dot{n}=n$ が実定数である媒質を考える．このような媒質内において，時刻 $t=0$ で原点から放射される球面波の振幅を $1/j\omega$ とすると，原点 r だけ離れた点の球面波は $(1/j\omega)(e^{-jkr}/r)=(1/j\omega)(e^{-jk_0nr}/r)$ と表されるから，$n>0$ の右手系媒質の時間応答は $u\left(t-nr/c\right)/r$ となり，時間とともに放射方向に広がる球面波を表す．ただし，$u(\tau)$ は単位ステップ関数である．ところが，$n=-|n|$ の左手系媒質内では $u\left(t+|n|r/c\right)/r$ となって原点に向かって伝搬する球面波を表す．このようなことは物理的にあり得ないから，すべての周波数にわたって屈折率が一定の左手系媒質は存在しないということになる．

一方，屈折率が無損失ドゥルーデ型分散

$$n(\omega)=n_\infty-\frac{A^2}{\omega^2} \tag{4.48}$$

を示したとすると，球面波は時間領域で

$$F^{-1}\left[\frac{1}{j\omega}\frac{e^{-jk_0n(\omega)r}}{r}\right]=\frac{1}{r}J_0\left\{2\sqrt{\frac{A^2r}{c}\left(t-\frac{rn_\infty}{c}\right)}\right\} \tag{4.49}$$

となる[27)]．ただし，F^{-1} は逆フーリエ変換，J_0 は 0 次のベッセル関数である．このように，式 (4.48) のような屈折率を持つ媒質中では因果律を満たすから，これを左手系媒質のモデルとして使うことができる．このときの比誘電率，比透磁率は $\varepsilon_r(\omega)=\mu_r(\omega)=n(\omega)$ とすればよい．ところが，式 (4.48) は $\omega>A/\sqrt{n_\infty}$ の領域で $n(\omega)>0$ となるから，この領域で右手系となる．左手系の特性は $0<\omega<A/\sqrt{n_\infty}$ に限られる．この例から，すべての周波数領域にわたって左手系となるような媒質は存在しないということは容易に予想できるであろう．

特定の角周波数 ω_0 において $-|n_0|$ となるような左手系媒質の特性を解析するなら，式 (4.48) の係数を $A=\omega_0\sqrt{|n_0|+n_\infty}$ と選び，励振源も角周波数 ω_0 の正弦波とする．ただし，電磁界の計算は 4.2 節や 4.3 節で述べた方法を用いる必要がある．

4.4.3 PLRC 表現

比誘電率も比透磁率も式 (4.48) と同じ分散関数としたから，これをフーリエ変換して $\chi_e(t) = \chi_m(t) = A^2 t$ となる．これより

$$\left.\begin{aligned} \chi_e^\ell &= \chi_m^\ell = (A\Delta t)^2\left(\ell + \frac{1}{2}\right) \\ \xi_e^\ell &= \xi_m^\ell = (A\Delta t)^2\left(\frac{\ell}{2} + \frac{1}{3}\right) \end{aligned}\right\} \tag{4.50}$$

および $\Delta\chi_e^\ell = \Delta\chi_m^\ell = -(A\Delta t)^2$, $\Delta\xi_e^\ell = \Delta\xi_m^\ell = -(A\Delta t)^2/2$ を得る．これらを式 (4.8), (4.20) に代入すると

$$\left.\begin{aligned} \boldsymbol{\Phi}_e^{n-1} &= -\frac{(A\Delta t)^2}{2}\left(\boldsymbol{E}^{n-1} + \boldsymbol{E}^{n-2}\right) + \boldsymbol{\Phi}_e^{n-2} \\ \boldsymbol{\Phi}_m^{n-\frac{1}{2}} &= -\frac{(A\Delta t)^2}{2}\left(\boldsymbol{H}^{n-\frac{1}{2}} + \boldsymbol{H}^{n-\frac{3}{2}}\right) + \boldsymbol{\Phi}_m^{n-\frac{3}{2}} \end{aligned}\right\} \tag{4.51}$$

となる．これらを式 (4.6), (4.19) に代入することにより，左手系媒質内の電磁界の表現が得られる．

4.5　分散性媒質に対する PML

これまでは解析領域が無損失の媒質であったが，ここでは図 **4.6** のように分散性媒質上のアンテナの問題を解析する場合を考えてみよう．$z \geq 0$ の真空部分ではこれまでの PML でよいが，$z \leq 0$ の領域では別の PML を使わなければならない．ここではこのような周波数分散媒質に対する PML について説明するが，その媒質定数はインピーダンス整合条件より求めることができる．すなわち，解析領域の複素誘電率，複素透磁率をそれぞれ $\dot{\varepsilon}(s)$, $\dot{\mu}(s)$，これらに対応する PML 媒質中のそれを $\dot{\varepsilon}^{\mathrm{PML}}(s)$, $\dot{\mu}^{\mathrm{PML}}(s)$ とすると，2.2.1 項のインピーダンス整合条件は

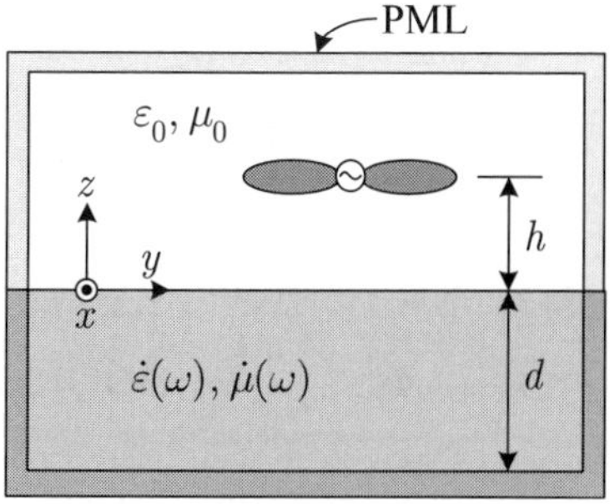

図 **4.6**　分散性媒質に対する PML

$$\frac{\dot{\mu}(s)}{\dot{\varepsilon}(s)} = \frac{\dot{\mu}^{\mathrm{PML}}(s) + \dfrac{\sigma_m^{\mathrm{PML}}}{s}}{\dot{\varepsilon}^{\mathrm{PML}}(s) + \dfrac{\sigma_e^{\mathrm{PML}}}{s}} \tag{4.52}$$

と書き換えられる．ただし，$s = j\omega$ である．このとき，PML 媒質内の複素誘電率，複素透磁率はそれぞれ $\dot{\varepsilon}^{\mathrm{PML}}(s) + \sigma_e^{\mathrm{PML}}/s$, $\dot{\mu}^{\mathrm{PML}}(s) + \sigma_m^{\mathrm{PML}}/s$ であることに注意してほしい．以下に具体例を示す．

4.5.1 損失性媒質

（1） 整合条件　解析領域の透磁率が周波数に無関係の一定値 μ，複素誘電率が $\dot{\varepsilon}(s) = \varepsilon + \sigma_e/s$ の損失性媒質を考える．このとき，明らかに $\dot{\mu}^{\mathrm{PML}}(s) = \mu$ である．非分散性媒質を踏襲して $\dot{\varepsilon}^{\mathrm{PML}}(s) = \dot{\varepsilon}(s)$ とおいて式 (4.52) に代入すると，$\sigma_e^{\mathrm{PML}} = \sigma_m^{\mathrm{PML}} = 0$ となって都合が悪い．そこで高次の項を付け加えて

$$\dot{\varepsilon}^{\mathrm{PML}}(s) = \varepsilon + \frac{\sigma_e}{s} + \frac{b_e}{s^2} \tag{4.53}$$

とする．これを式 (4.52) に代入すると

$$\frac{\sigma_e^{\mathrm{PML}}}{\varepsilon} = \frac{\sigma_m^{\mathrm{PML}}}{\mu}, \quad b_e = \frac{\sigma_e \sigma_m^{\mathrm{PML}}}{\mu} = \frac{\sigma_e \sigma_e^{\mathrm{PML}}}{\varepsilon} \tag{4.54}$$

を得る．

（2） PLRC 表現　損失性媒質の応用例は比較的多いため，PML 媒質内の電界表現を導いておこう．$\varepsilon = \varepsilon_0 \varepsilon_\infty$ とする．$\chi_e(t) = \left(\sigma_e + \sigma_e^{\mathrm{PML}}\right)/\varepsilon_0 + b_e/\varepsilon_0 t$ であるから，式 (4.7) に代入すると

$$\left.\begin{aligned} \chi_e^\ell &= \frac{\sigma_e + \sigma_e^{\mathrm{PML}}}{\varepsilon_0}\Delta t + \frac{b_e}{\varepsilon_0}\left(\ell + \frac{1}{2}\right)(\Delta t)^2 \\ \xi_e^\ell &= \frac{\sigma_e + \sigma_e^{\mathrm{PML}}}{2\varepsilon_0}\Delta t + \frac{b_e}{\varepsilon_0}\left(\frac{\ell}{2} + \frac{1}{3}\right)(\Delta t)^2 \end{aligned}\right\} \tag{4.55}$$

を得る．これより $\Delta\chi_e^\ell = 2\Delta\xi_e^\ell = -b_e(\Delta t)^2/\varepsilon_0$ だから，これらを式 (4.6), (4.8) に代入し，$\boldsymbol{\varPhi}_e^{n-1} = -b_e(\Delta t)^2/(2\varepsilon_0)\boldsymbol{\varPhi}_e^{n-1}$ とすると

$$\boldsymbol{E}^n = \frac{\varepsilon_\infty - a - 2b}{\varepsilon_\infty + a + b}\boldsymbol{E}^n - \frac{3b}{\varepsilon_\infty + a + b}\boldsymbol{\Phi}_e^{n-1} + \frac{\Delta t/\varepsilon_0}{\varepsilon_\infty + a + b}\nabla \times \boldsymbol{H}^{n-\frac{1}{2}} \tag{4.56}$$

を得る．ただし

$$\left.\begin{aligned} & a = \frac{\sigma_e + \sigma_e^{\mathrm{PML}}}{\varepsilon_0}\Delta t, \quad b = \frac{b_e}{6\varepsilon_0}(\Delta t)^2 \\ & \boldsymbol{\Phi}_e^{n-1} = \boldsymbol{E}^{n-1} + \boldsymbol{E}^{n-2} + \boldsymbol{\Phi}_e^{n-2} \end{aligned}\right\} \tag{4.57}$$

である．また，磁界に関しては非分散性の表現と同じである．

（3）数　値　例　図4.6において，真空中から x 方向に偏波した振幅1のガウスパルス状平面波が垂直に入射するものとする．$\sigma_e = 0.1$ S/m, $d = 3$ cm とし，$z = -1$ cm の位置で観測した電界の時間応答を**図4.7**に示す．PML–dis とは上で説明した PML を用いた場合であり，参考のために損失を考慮しない Berenger の PML と厳密解をプロットした．PML–dis を用いることにより，正確な電界が計算できていることがわかる．

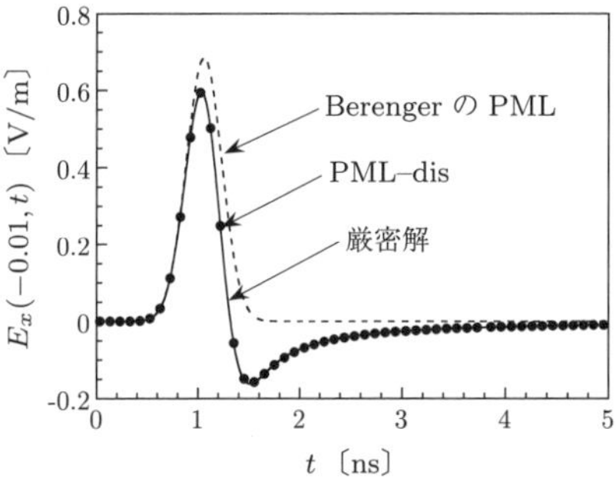

図 **4.7**　電界の時間応答

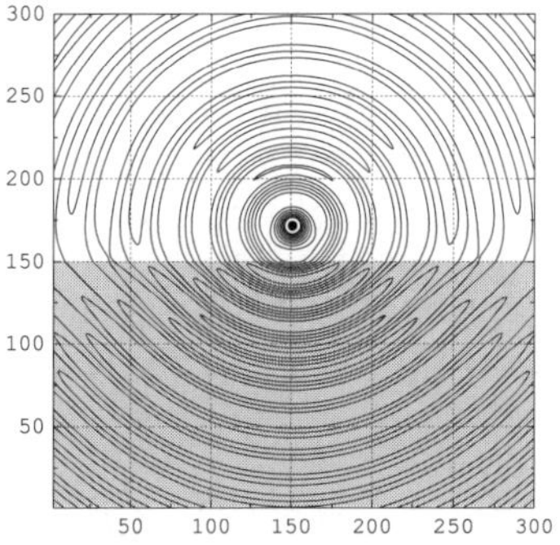

図 **4.8**　TM_z の放射磁界分布

つぎに，2次元 TM_z の計算例を**図4.8**に示す．これは，比誘電率 $\varepsilon_r = 2$，導電率 $\sigma = 0.05$ S/m の損失性媒質表面上に磁流源 $J_m = 10\sin(2\pi f t)$ がある場合の放射磁界 H_z であり，$-3.78 \leq H_z \leq 0.8$ A/m の区間を24等分して描いた等高線である．ただし，$f = 10$ GHz，$\Delta x = \Delta y = 0.75$ mm とした．損失性媒質中でも吸収境界からの不要反射は起きていない．

4.5.2 デ バ イ 分 散

式 (4.1) のようなデバイ分散の場合は

$$\dot{\varepsilon}^{\mathrm{PML}}(s) = \varepsilon\left(\varepsilon_\infty + \frac{a_e^{\mathrm{PML}}}{1+s/\omega_0}\right) \tag{4.58}$$

とおいて，式 (4.52) に代入すると

$$a_e^{\mathrm{PML}} = (\varepsilon_s - \varepsilon_\infty)\left(1 - \frac{\sigma_e^{\mathrm{PML}}/\omega_0}{\varepsilon_0\varepsilon_s}\right), \qquad \frac{\sigma_e^{\mathrm{PML}}}{\varepsilon_0\varepsilon_s} = \frac{\sigma_m^{\mathrm{PML}}}{\mu} \tag{4.59}$$

を得る．ローレンツ分散，ドゥルーデ分散についても同様に定式化できるから，読者の演習問題とする（演習問題【**6**】）．

4.5.3 左 手 系 媒 質

4.4.2 項で述べたように，左手系媒質内の比誘電率，比透磁率は

$$\dot{\varepsilon}_r(s) = \dot{\mu}_r(s) = n_\infty + \frac{A^2}{s^2} \tag{4.60}$$

であるから

$$\dot{\varepsilon}_r^{\mathrm{PML}}(s) = \dot{\mu}_r^{\mathrm{PML}}(s) = n_\infty + \frac{A^2}{s^2} \tag{4.61}$$

とおいて式 (4.52) に代入すると，$\sigma_e^{\mathrm{PML}}/\varepsilon_0 = \sigma_m^{\mathrm{PML}}/\mu_0$ を得る．PML 内の複素誘電率は 4.5.1 項と同様で，$\sigma_e = 0,\ b_e = A^2$ とした場合に対応するから，電磁界の PLRC 表現は容易に得られるであろう．

4.6 異 方 性 媒 質

異方性媒質には誘電率 $\bar{\bar{\varepsilon}} = \varepsilon_0\bar{\bar{\dot{\varepsilon}}}_r$ が異方性を示すものと，透磁率 $\bar{\bar{\dot{\mu}}} = \mu_0\bar{\bar{\dot{\mu}}}_r$ が異方性を示すものとがある．もちろん，誘電率も透磁率もともに異方性となるのが一般的であるが，一方の異方性を考えておけば，電磁界の双対性より他方の異方性も同様なことがいえるので，ここでは誘電率の異方性だけを考え，透磁率は $\mu = \mu_0\mu_r$ とする．

誘電率テンソルを用いて電束密度 $\dot{\boldsymbol{D}}$ と電界 $\dot{\boldsymbol{E}}$ との関係 $\dot{\boldsymbol{D}} = \varepsilon_0 \overline{\overline{\dot{\varepsilon}}}_r \dot{\boldsymbol{E}}$ を直角座標で表現すると，一般には式 (1.11) のように表される．特別な場合として，比誘電率テンソル $\overline{\overline{\dot{\varepsilon}}}_r$ が対角成分だけを持つ場合には，$D_i = \varepsilon_0 \varepsilon_{ii} E_i$, $(i = x, y, z)$ となって電束密度と電界とは同じ方向を向くから，FDTD 法の定式化は 1.2 節と同様にできる．また，それらが周波数分散性を持つ場合には，4.2 節あるいは 4.3 節で説明した方法を組み合わせればよい[10)]．そこでここでは

$$\overline{\overline{\dot{\varepsilon}}}_r(\omega) = \begin{bmatrix} \dot{\varepsilon}_{xx}(\omega) & \dot{\varepsilon}_{xy}(\omega) & 0 \\ \dot{\varepsilon}_{yx}(\omega) & \dot{\varepsilon}_{yy}(\omega) & 0 \\ 0 & 0 & \dot{\varepsilon}_{zz}(\omega) \end{bmatrix} \tag{4.62}$$

によって表される異方性誘電体を考える．ただし

$$\left.\begin{aligned} &\dot{\varepsilon}_{xx}(\omega) = \dot{\varepsilon}_{xy}(\omega) = 1 + \dot{\chi}_1(\omega) \\ &\dot{\varepsilon}_{xy}(\omega) = \dot{\varepsilon}_{yx}(\omega) = \dot{\chi}_2(\omega) \\ &\dot{\varepsilon}_{zz}(\omega) = 1 + \dot{\chi}_3(\omega) \end{aligned}\right\} \tag{4.63}$$

と表されるとする．このとき電束密度は

$$\dot{\boldsymbol{D}} = \varepsilon_0 \dot{\boldsymbol{E}} + \varepsilon_0 \overline{\overline{\dot{\chi}}}_e \dot{\boldsymbol{E}} \tag{4.64}$$

と表すことができる．ただし

$$\overline{\overline{\dot{\chi}}}_e(\omega) = \begin{bmatrix} \dot{\chi}_1(\omega) & -\dot{\chi}_2(\omega) & 0 \\ \dot{\chi}_2(\omega) & \dot{\chi}_1(\omega) & 0 \\ 0 & 0 & \dot{\chi}_3(\omega) \end{bmatrix} \tag{4.65}$$

である．

4.6.1 PLRC 法

$\dot{\boldsymbol{D}} = \varepsilon_0 \dot{\boldsymbol{E}} + \varepsilon_0 \overline{\overline{\dot{\chi}}}_e \dot{\boldsymbol{E}}$ を時間領域に変換すると

$$\boldsymbol{D}(\boldsymbol{r}, t) = \varepsilon_0 \boldsymbol{E}(\boldsymbol{r}, t) + \varepsilon_0 \int_0^t \overline{\overline{\chi}}_e(\boldsymbol{r}, \tau) \boldsymbol{E}(\boldsymbol{r}, t - \tau)\, d\tau \tag{4.66}$$

となり，形式的には式 (4.4) と同じ式となる．したがって，$\dot{\chi}_1(\omega) \sim \dot{\chi}_3(\omega)$ が

デバイ分散やローレンツ分散，あるいはそれらの組合せで表されるなら，4.2 節と同様な方法によって電界の帰納的表現が可能となる（章末問題【**7**】）．ところが，電界の空間差分を求めようとすると，電束密度と電界とは同じ方向を向かないために，異なったセルエッジ上の電界を平均するなどの近似が必要となる[10)]．このため，電磁界の変化が激しい場所では不安定になりやすい．

4.6.2　ADE　法

式 (4.64) において，補助関数 $\dot{\boldsymbol{P}}$ を $\dot{\boldsymbol{P}} = \overline{\overline{\chi}}_e \dot{\boldsymbol{E}}$ と定義すると，$\boldsymbol{P}(t)$ と $\boldsymbol{E}(t)$ は式 (4.38) のような微分方程式で関係づけられる．したがって，4.3.2 項と同様な計算をすると，$\boldsymbol{E}^n$ に関する表現式を得ることができる．ただし，この方法においても異なったセルエッジ上の電界を平均するなどの近似が必要である．

4.6.3　運動方程式の利用

これまでは物質の周波数分散特性を誘電率や透磁率といった媒質定数に組み込んで巨視的な取扱いをしてきたが，媒質定数は本来物質中の電子あるいは分子の運動に起因するものである．したがって，荷電粒子の運動と電磁界を連立させることによって，電磁界の振舞いが解析ができるはずである．そこでここでは，プラズマを想定し，電子の運動と電磁界とを組み合わせて異方性媒質を取り扱う方法について説明する．

電荷量 $-e$ の電子が密度 $n(\boldsymbol{r})$, 平均速度 $\boldsymbol{v}$ で運動しているとする．電子の平均的な運動を巨視的にみると，これは $\boldsymbol{J}_e = ne\boldsymbol{v}$ の電流密度と等価であるから，アンペア・マクスウェルの法則は

$$\varepsilon_0 \frac{\partial \boldsymbol{E}(\boldsymbol{r}, t)}{\partial t} = \nabla \times \boldsymbol{H}(\boldsymbol{r}, t) + \boldsymbol{J}_e(\boldsymbol{r}, t) \tag{4.67}$$

と書くことができる．磁界は磁流がない場合のファラデーの法則に従うから，電磁界の時間差分表現は 1.2.2 項とまったく同様に導くことができて

$$\boldsymbol{E}^n(\boldsymbol{r}) = \boldsymbol{E}^{n-1}(\boldsymbol{r}) + \frac{\Delta t}{\varepsilon_0} \left[\nabla \times \boldsymbol{H}^{n-\frac{1}{2}}(\boldsymbol{r}) - \boldsymbol{J}_e^{n-\frac{1}{2}}(\boldsymbol{r}) \right] \tag{4.68a}$$

$$\boldsymbol{H}^{n+\frac{1}{2}}(\boldsymbol{r}) = \boldsymbol{H}^{n-\frac{1}{2}}(\boldsymbol{r}) - \frac{\Delta t}{\mu_0}\nabla \times \boldsymbol{E}^n(\boldsymbol{r}) \tag{4.68b}$$

となる．一方，電子は衝突によって反対方向に加速度を受けながら運動するから，衝突角周波数を ν_c，電子の質量を m_e とすると，磁束密度 $\boldsymbol{B}_0$ の一様な静磁界が印加されている場合の**運動方程式** (equation of motion) は

$$\begin{aligned} m_e\frac{d\boldsymbol{v}}{dt} &= -e\left(\boldsymbol{E} + \boldsymbol{v} \times \boldsymbol{B}_0\right) - m_e\nu_c\boldsymbol{v} \\ &= -e\boldsymbol{E} - m_e\overline{\overline{\Omega}}\boldsymbol{v} \end{aligned} \tag{4.69}$$

となる．ただし

$$\overline{\overline{\Omega}} = \begin{bmatrix} \nu_c & \dfrac{eB_{0z}}{m_e} & -\dfrac{eB_{0y}}{m_e} \\ -\dfrac{eB_{0z}}{m_e} & \nu_c & \dfrac{eB_{0x}}{m_e} \\ \dfrac{eB_{0y}}{m_e} & -\dfrac{eB_{0x}}{m_e} & \nu_c \end{bmatrix} \tag{4.70}$$

である．

式 (4.69) を $t = n\Delta t$ で中心差分し，右辺の $\boldsymbol{v}^n$ を $\boldsymbol{v}^n = (\boldsymbol{v}^{n+1/2} + \boldsymbol{v}^{n-1/2})/2$ で近似すると

$$\boldsymbol{v}^{n+\frac{1}{2}} = \overline{\overline{S}}\boldsymbol{v}^{n-\frac{1}{2}} - \overline{\overline{T}}\boldsymbol{E}^n \tag{4.71}$$

を得る．ただし

$$\overline{\overline{S}} = \left(\overline{\overline{I}} + \frac{\Delta t}{2}\overline{\overline{\Omega}}\right)^{-1}\left(\overline{\overline{I}} - \frac{\Delta t}{2}\overline{\overline{\Omega}}\right), \quad \overline{\overline{T}} = \frac{\Delta t}{m_e}\left(\overline{\overline{I}} + \frac{\Delta t}{2}\overline{\overline{\Omega}}\right)^{-1} \tag{4.72}$$

である．したがって，媒質中の電磁界計算は以下のような手順によってなされる．まず $\boldsymbol{E}^{n-1}$ と $\boldsymbol{v}^{n-1/2}$ から $\boldsymbol{J}_e^{n-1/2}$ を求め，つぎに，これと $\boldsymbol{H}^{n-1/2}$ から $\boldsymbol{E}^n$ を計算する．最後に，これらを式 (4.68b) に代入することによって $\boldsymbol{H}^{n+1/2}$ が計算される．

式 (4.68a), (4.68b) の空間差分についても 1.2 節の Yee アルゴリズムと同様に定式化でき，4.6.1 項や 4.6.2 項のような電界の平均化は必要としない．このため，本手法を拡張すればどのような種類の異方性媒質も問題なく解析できそ

うである．しかし，実際には電荷の運動が周囲の電磁界を変化させ，その変化した電磁界は電荷の運動にも影響を与えるという具合に，電磁界と電荷の運動とは一般に非線形の複雑な問題となる．このため，運動方程式が式 (4.69) のように線形になるような特殊な場合を除いては一般に解けない．また，$\boldsymbol{v} = d\boldsymbol{r}/dt$ であるから，$\boldsymbol{r}$ は電子の位置を表すベクトルであり，空間の勝手な点を表す位置ベクトルではないことに注意していただきたい．しかし，ここでは等価的な媒質に置き換えているから，FDTD 法のグリッド点として扱っても構わない．

4.6.4 異方性媒質に対する PML

異方性媒質中の電磁界は非常に複雑な振舞いをするため，一般的な異方性媒質に対する PML 吸収境界については，いまのところ完全には解決していない．ここでは，まず最初に異方性媒質の基本的な性質を復習し[28)]，つぎに等方性媒質と同じ考え方に基づいて異方性媒質に対する PML 媒質の作り方を紹介する[29)]．

(1) 解析領域内の平面波　解析領域の誘電率だけが異方性を示す場合を考える．このときの周波数領域のマクスウェルの方程式は

$$\nabla \times \dot{\boldsymbol{E}} = -j\omega\mu_0\mu_r\dot{\boldsymbol{H}}, \quad \nabla \times \dot{\boldsymbol{H}} = j\omega\varepsilon_0\dot{\overline{\overline{\varepsilon}}}_r\boldsymbol{E} = j\omega\dot{\boldsymbol{D}} \tag{4.73}$$

と表される．ここで媒質中の平面波の性質を調べるために，電磁界は空間的に $e^{-j\dot{\boldsymbol{k}}\cdot\boldsymbol{r}}$ のように変化すると仮定すると，$\nabla\times$ は形式的に $-j\dot{\boldsymbol{k}}\times$ に置き換えられ，式 (4.73) は

$$\dot{\boldsymbol{k}} \times \dot{\boldsymbol{E}}_0 = \omega\mu_0\mu_r\boldsymbol{H}_0, \quad \dot{\boldsymbol{k}} \times \dot{\boldsymbol{H}}_0 = -\omega\varepsilon_0\dot{\overline{\overline{\varepsilon}}}_r\dot{\boldsymbol{E}}_0 = -\omega\dot{\boldsymbol{D}}_0 \tag{4.74}$$

となる．ただし，$\dot{\boldsymbol{E}}_0, \dot{\boldsymbol{H}}_0$ などは電磁界の複素振幅である．このように，$\dot{\boldsymbol{H}}$ は $\dot{\boldsymbol{E}}$ と $\dot{\boldsymbol{k}}$ に垂直であり，$\dot{\boldsymbol{D}}$ は $\dot{\boldsymbol{H}}$ と $\dot{\boldsymbol{k}}$ に垂直である．しかし，$\dot{\boldsymbol{E}}$ と $\dot{\boldsymbol{k}}$ とは一般に垂直ではなく，$\boldsymbol{k}$ 方向の成分を持つ．

式 (4.74) から $\dot{\boldsymbol{H}}_0$ を消去すると，$\dot{\boldsymbol{k}}$ に対する固有方程式

$$\dot{\boldsymbol{k}} \times \dot{\boldsymbol{k}} \times \dot{\boldsymbol{E}}_0 + k_0^2\mu_r\dot{\overline{\overline{\varepsilon}}}_r\dot{\boldsymbol{E}}_0 = 0 \tag{4.75}$$

が得られる．ただし，$k_0^2 = \omega^2\varepsilon_0\mu_0$ である．さらに，$\dot{\boldsymbol{k}} = \dot{k}_x\hat{\boldsymbol{x}} + \dot{k}_y\hat{\boldsymbol{y}} + \dot{k}_z\hat{\boldsymbol{z}}$ お

よび $\dot{k} = k_0\sqrt{\mu_r}\dot{n}$ とおいて，式 (4.75) が $\dot{\boldsymbol{E}}_0 = 0$ 以外の解を持つための条件を求めると

$$A_3\dot{n}^4 - B_3\dot{n}^2 + |\bar{\bar{\varepsilon}}_r| = 0 \tag{4.76}$$

を得る．ただし，$|\bar{\bar{\varepsilon}}_r|$ は行列式である．このように，たとえ誘電率テンソルの要素がすべて実数であったとしても，$\mathrm{Im}(\dot{n}^2) \neq 0$ となることがあり得る．すなわち，異方性媒質中では減衰しながら伝搬する波も，伝搬しないで減衰するだけの波も存在しうることになる．このことが PML 吸収境界を考える際の困難となる．なお，式 (4.76) の係数 A_3, B_3 は次式で与えられる．

$$\left.\begin{aligned}
A_3 &= \varepsilon_{xx}\alpha^2 + \varepsilon_{yy}\beta^2 + \varepsilon_{zz}\gamma^2 \\
&\quad +(\varepsilon_{xy} + \varepsilon_{yx})\alpha\beta + (\varepsilon_{xz} + \varepsilon_{zx})\alpha\gamma + (\varepsilon_{yz} + \varepsilon_{zy})\beta\gamma \\
B_3 &= (\varepsilon_{xx}\varepsilon_{yy} - \varepsilon_{xy}\varepsilon_{yx})(1-\gamma^2) + (\varepsilon_{xx}\varepsilon_{zz} - \varepsilon_{xz}\varepsilon_{zx})(1-\beta^2) \\
&\quad +(\varepsilon_{yy}\varepsilon_{zz} - \varepsilon_{yz}\varepsilon_{zy})(1-\alpha^2) \\
&\quad -[\varepsilon_{yx}\varepsilon_{zy} + \varepsilon_{xy}\varepsilon_{yz} - \varepsilon_{yy}(\varepsilon_{xz} + \varepsilon_{zx})]\alpha\gamma \\
&\quad -[\varepsilon_{xz}\varepsilon_{zy} + \varepsilon_{yz}\varepsilon_{zx} - \varepsilon_{zz}(\varepsilon_{xy} + \varepsilon_{yx})]\alpha\beta \\
&\quad -[\varepsilon_{yx}\varepsilon xz + \varepsilon_{zx}\varepsilon_{xy} - \varepsilon_{xx}(\varepsilon_{yz} + \varepsilon_{zy})]\beta\gamma
\end{aligned}\right\} \tag{4.77}$$

ここで，$\alpha = \dot{k}_x/\dot{k} = \sin\theta\cos\phi$, $\beta = \dot{k}_y/\dot{k} = \sin\theta\sin\phi$, $\gamma = \dot{k}_z/\dot{k} = \cos\theta$ である．このように，任意の方向 (θ, ϕ) に対して，二つの異なる固有屈折率 $\dot{n}_{\frac{1}{2}}$ を持った波数ベクトル $\dot{\boldsymbol{k}}_{\frac{1}{2}} = k_0\sqrt{\mu_r}\dot{n}_{\frac{1}{2}}(\alpha\hat{\boldsymbol{x}} + \beta\hat{\boldsymbol{y}} + \gamma\hat{\boldsymbol{z}})$ が存在する．これらの固有値に対する振幅 1 の固有ベクトルを $\dot{\boldsymbol{e}}_1$, $\dot{\boldsymbol{e}}_2$ とすると，異方性媒質中の平面波は次式によって表される．

$$\left.\begin{aligned}
\dot{\boldsymbol{E}}(\boldsymbol{r}) &= \dot{E}_1\dot{\boldsymbol{e}}_1 e^{-j\dot{\boldsymbol{k}}_1\cdot\boldsymbol{r}} + \dot{E}_2\dot{\boldsymbol{e}}_2 e^{-j\dot{\boldsymbol{k}}_2\cdot\boldsymbol{r}} \\
\dot{\boldsymbol{H}}(\boldsymbol{r}) &= \frac{1}{\omega\mu_0\mu_r}\left[\dot{E}_1(\dot{\boldsymbol{k}}_1 \times \dot{\boldsymbol{e}}_1)e^{-j\dot{\boldsymbol{k}}_1\cdot\boldsymbol{r}} + \dot{E}_2(\dot{\boldsymbol{k}}_2 \times \dot{\boldsymbol{e}}_2)e^{-j\dot{\boldsymbol{k}}_2\cdot\boldsymbol{r}}\right]
\end{aligned}\right\} \tag{4.78}$$

ただし，$\dot{E}_1$, $\dot{E}_2$ は複素振幅である．

特別な場合として，z 方向の比誘電率が ε_{zz} である 2 次元の場合には，$\varepsilon_{xz} = \varepsilon_{yz} = \varepsilon_{zx} = \varepsilon_{zy} = 0$, $\theta = \pi/2$ とすればよいから，式 (4.76) と式 (4.77) より

$$\dot{n}_1^2 = \frac{|\dot{\bar{\bar{\varepsilon}}}_r|_2}{\varepsilon_{xx}\alpha^2 + \varepsilon_{yy}\beta^2 + (\varepsilon_{xy} + \varepsilon_{yx})\alpha\beta}, \qquad \dot{n}_2^2 = \varepsilon_{zz} \tag{4.79}$$

が容易に得られる．ただし，$|\dot{\bar{\bar{\varepsilon}}}_r|_2 = \varepsilon_{xx}\varepsilon_{yy} - \varepsilon_{xy}\varepsilon_{yx}$, $\alpha = \cos\phi$, $\beta = \sin\phi$ である．これらを式 (4.75) に代入して固有ベクトルを求めると

$$\boldsymbol{e}_1 = \frac{(\varepsilon_{xy}\alpha + \varepsilon_{yy}\beta)\hat{\boldsymbol{x}} - (\varepsilon_{xx}\alpha + \varepsilon_{yx}\beta)\hat{\boldsymbol{y}}}{\sqrt{(\varepsilon_{xx}\alpha + \varepsilon_{yx}\beta)^2 + (\varepsilon_{xy}\alpha + \varepsilon_{yy}\beta)^2}}, \qquad \boldsymbol{e}_2 = \hat{\boldsymbol{z}} \tag{4.80}$$

となる．また，波数ベクトルは

$$\dot{\boldsymbol{k}}_1 = k_0\sqrt{\mu_r}\dot{n}_1(\alpha\hat{\boldsymbol{x}} + \beta\hat{\boldsymbol{y}}), \qquad \dot{\boldsymbol{k}}_2 = k_0\sqrt{\mu_r\varepsilon_{zz}}(\alpha\hat{\boldsymbol{x}} + \beta\hat{\boldsymbol{y}}) \tag{4.81}$$

で与えられる．このように，$\dot{n}_1^2$ に対する固有ベクトル $\dot{\boldsymbol{e}}_1$ は x–y 面内にあるから，電界も x–y 面内にあり，磁界は z 成分だけを持つ．これに対して，固有値 $\dot{n}_2^2$ に対する電界 $\boldsymbol{E}_2$ は z 軸方向を向き，磁界は x–y 面内にある．したがって，2 次元の場合には等方性媒質と同じように，電磁界は TE_z と TM_z との和で表すことができる．また，式 (4.78) の第 1 項の電磁界を $\dot{\boldsymbol{E}}_1$, $\dot{\boldsymbol{H}}_1$ としたとき

$$\dot{\boldsymbol{H}}_1 = \dot{Y}_1\hat{\boldsymbol{k}}_1 \times \dot{\boldsymbol{E}}_1, \qquad \dot{Y}_1 = \sqrt{\frac{\varepsilon_0}{\mu}}n_1 \tag{4.82}$$

と表すことができる．

(2) 2 次元 PML TM_z に関しては等方性媒質と同様にできるから，ここでは TE_z に対する PML について考える．式 (2.35) の左辺第 1 項を電束密度 $\boldsymbol{D}$ で置き換え，それに対応させて第 2 項の σ_e^{PML} を別の定数 $\tilde{\sigma}_e^{\mathrm{PML}}$ に書き換えると，式 (2.34) と式 (2.35) は次式のようになる．

$$\left.\begin{aligned} \mu\frac{\partial H_{zx}}{\partial t} + \sigma_{mx}^{\mathrm{PML}}(x)H_{zx} &= -\frac{\partial E_y}{\partial x} \\ \mu\frac{\partial H_{zy}}{\partial t} + \sigma_{my}^{\mathrm{PML}}(y)H_{zy} &= \frac{\partial E_x}{\partial y} \end{aligned}\right\} \tag{4.83}$$

$$\left.\begin{aligned} \frac{\partial D_x}{\partial t} + \tilde{\sigma}_{ey}^{\mathrm{PML}}(y)D_x &= \frac{\partial H_z}{\partial y} \\ \frac{\partial D_y}{\partial t} + \tilde{\sigma}_{ex}^{\mathrm{PML}}(x)D_y &= -\frac{\partial H_z}{\partial x} \end{aligned}\right\} \tag{4.84}$$

ここで，式 (4.84) は係数 $\tilde{\sigma}_e^{\mathrm{PML}}$ に比例するような導電電流 $\boldsymbol{J}_e$ を仮定したことになる．すなわち，等価的に

$$\boldsymbol{J}_e = \begin{bmatrix} \tilde{\sigma}_{ey}^{\mathrm{PML}} & 0 \\ 0 & \tilde{\sigma}_{ex}^{\mathrm{PML}} \end{bmatrix} \begin{bmatrix} D_x \\ D_y \end{bmatrix} = \varepsilon_0 \begin{bmatrix} \tilde{\sigma}_{ey}^{\mathrm{PML}}\varepsilon_{xx} & \tilde{\sigma}_{ey}^{\mathrm{PML}}\varepsilon_{xy} \\ \tilde{\sigma}_{ex}^{\mathrm{PML}}\varepsilon_{yx} & \tilde{\sigma}_{ex}^{\mathrm{PML}}\varepsilon_{yy} \end{bmatrix} \begin{bmatrix} E_x \\ E_y \end{bmatrix} = \overline{\overline{\sigma}}_e^{\mathrm{PML}} \boldsymbol{E} \tag{4.85}$$

となるような導電率テンソル $\overline{\overline{\sigma}}_e^{\mathrm{PML}}$ を用いていることに相当する．

解析領域と同じように，電磁界が空間的に $e^{-j\dot{\boldsymbol{k}}\cdot\boldsymbol{r}}$ のように変化すると仮定して式 (4.83), (4.84) に代入し，波数 $\dot{\boldsymbol{k}}$ に対する固有方程式を求めると

$$\omega^2\mu\varepsilon_0 \begin{bmatrix} \varepsilon_{xx}\dot{u}_y & \varepsilon_{xy}\dot{u}_y \\ \varepsilon_{yx}\dot{u}_x & \varepsilon_{yy}\dot{u}_x \end{bmatrix} \dot{\boldsymbol{E}} - \begin{bmatrix} \dfrac{\dot{k}_y^2}{\dot{t}_y} & -\dfrac{\dot{k}_x\dot{k}_y}{\dot{t}_x} \\ -\dfrac{\dot{k}_x\dot{k}_y}{\dot{t}_y} & \dfrac{\dot{k}_x^2}{\dot{t}_x} \end{bmatrix} \dot{\boldsymbol{E}} = 0 \tag{4.86}$$

となる．ただし，$\zeta = x, y$ に対して

$$\dot{u}_\zeta = 1 + \frac{\tilde{\sigma}_{e\zeta}^{\mathrm{PML}}}{j\omega}, \qquad \dot{t}_\zeta = 1 + \frac{\sigma_{m\zeta}^{\mathrm{PML}}}{j\omega\mu} \tag{4.87}$$

である．式 (4.86) が $\boldsymbol{E} = 0$ 以外の解を持つための条件を求めるために，$\dot{k}_x = k_0\sqrt{\mu_r}u_x\dot{n}_{\mathrm{PML}}\alpha$, $\dot{k}_y = k_0\sqrt{\mu_r}u_y\dot{n}_{\mathrm{PML}}\beta$ とおくと

$$\dot{n}_{\mathrm{PML}}^2 = \frac{|\overline{\overline{\varepsilon}}_r|_2}{\varepsilon_{xx}\dot{Y}_x\alpha^2 + \varepsilon_{yy}\dot{Y}_y\beta^2 + \left(\varepsilon_{xy}\dot{Y}_y + \varepsilon_{yx}\dot{Y}_x\right)\alpha\beta} \tag{4.88}$$

を得る．ただし，$\dot{Y}_x = \dot{u}_x/\dot{t}_x$, $\dot{Y}_y = \dot{u}_y/\dot{t}_y$ である．また，固有ベクトルは式 (4.80) と同じ表現式となる．

磁界 $\dot{H}_z = \dot{H}_{zx} + \dot{H}_{zy}$ は式 (4.83) より

$$\dot{\boldsymbol{H}} = \sqrt{\frac{\varepsilon_0}{\mu}}\dot{n}_{\mathrm{PML}}\left(\dot{Y}_x\alpha\hat{\boldsymbol{x}} + \dot{Y}_y\beta\hat{\boldsymbol{y}}\right) \times \dot{\boldsymbol{E}} \tag{4.89}$$

となるから，$\dot{Y}_x = \dot{Y}_y = 1$, すなわち，$\zeta = x, y$ に対して

$$\tilde{\sigma}_{e\zeta}^{\mathrm{PML}} = \frac{\sigma_{m\zeta}}{\mu} \tag{4.90}$$

ならば，$\dot{n}_{\mathrm{PML}} = \dot{n}_1$ となり，式 (4.89) と式 (4.82) とが同じ形になり，インピーダンス整合条件が満たされる．

図 **4.9** のような x 軸に垂直な PML 媒質では，y 軸方向の波数は連続でなければならないから，$k_0\sqrt{\mu_r}\dot{n}_1\beta = k_0\sqrt{\mu_r}\dot{n}_1\dot{u}_y\beta$. すなわち，$\tilde{\sigma}_{ey}^{\mathrm{PML}} = 0, \sigma_{my}^{\mathrm{PML}} = 0$ となる．このとき，x 方向の波数は

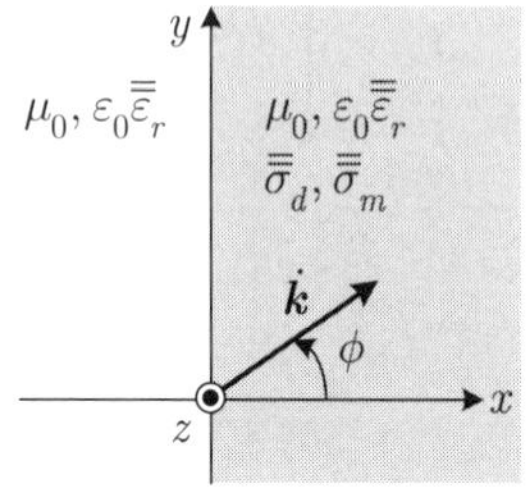

図 **4.9**　異方性媒質に対する PML

$$\begin{aligned}\dot{k}_x &= k_0\sqrt{\mu}_r\dot{n}_1 u_x\alpha \\ &= \sqrt{\mu\varepsilon_0}\dot{n}_1\left(\omega - j\sigma_{ex}^{\mathrm{PML}}\right)\alpha\end{aligned} \tag{4.91}$$

となるから，$\dot{n}_1$ が実数であっても電磁界は $\sigma_{ex}^{\mathrm{PML}}$ に比例して減衰する．このように，異方性媒質に対しても等方性媒質と同様の性質を持つことがわかる．したがって，反射係数なども等方性媒質の議論と同様に求めることができるから，これらについては読者の演習問題とする．3 次元に拡張するのも容易であろう．

章　末　問　題

【**1**】 式 (4.6) を導出せよ．また，式 (4.4) の代わりに

$$\boldsymbol{D}(\boldsymbol{r}, t) = \varepsilon_0\varepsilon_\infty\boldsymbol{E}(\boldsymbol{r}, t) + \varepsilon_0\int_0^t \boldsymbol{E}(\boldsymbol{r}, \tau)\chi_e(\boldsymbol{r}, t-\tau)\,d\tau$$

を用いても式 (4.6) が導けることを示せ．

【**2**】 式 (4.19) を導出せよ．また，式 (4.15) の第 2 項を無視できない場合の $\boldsymbol{H}^{n+1/2}$ を求めよ．

【**3**】 式 (4.22), (4.24) および式 (4.29) を導出せよ．

【**4**】 複素比誘電率が $\dot{\varepsilon}_r(\omega) = \varepsilon_r + \dfrac{\sigma_e}{j\omega\varepsilon_0}$ で表される損失性媒質内の電界表現式を PLRC 法を使って求めると，その電界表現が式 (1.26) と同じになることを示せ．ただし，外部電磁流源はないものとする．

【**5**】 均質媒質内を z 方向に伝搬する平面波は一般に $A(\omega)e^{-jkz}$ と表すことができ

る．ただし，媒質の屈折率を $n(\omega)$ としたとき，$k = k_0 n(\omega)$ である．すべての周波数帯にわたって $n = -1$ ならば，因果律を満たさないことを示せ．

【6】 以下の問に答えよ．

(1) 4.2.5 項の定数 s_p を用いると，ローレンツ分散の複素比誘電率は

$$\dot{\varepsilon}_r(s) = \varepsilon_\infty + \frac{(\varepsilon_s - \varepsilon_\infty)\omega_p^2}{s_p - \bar{s}_p}\left(\frac{1}{s - s_p} - \frac{1}{s - \bar{s}_p}\right)$$

と表すことができる．

$$\dot{\varepsilon}_r^{\mathrm{PML}}(s) = \varepsilon_\infty + \frac{a_1}{s - s_p} - \frac{a_2}{s - \bar{s}_p}$$

とおいて，a_1, a_2 を求めるとともに σ_e^{PML} と σ_m^{PML} の関係を導け．

(2) ドゥルーデ分散は式 (4.3) のように，損失性媒質とデバイ分散の和で表されるから，PML 内の複素誘電率を

$$\dot{\varepsilon}^{\mathrm{PML}}(s) = \varepsilon_0\varepsilon_\infty + \frac{\sigma_e}{s} + \frac{b_e}{s^2} + \frac{c_e}{1 + s/\nu_c}$$

とおく．ここで，$\sigma_e = \varepsilon_0\omega_p^2/\nu_c$ である．係数 b_e, c_e を求めるとともに σ_e^{PML} と σ_m^{PML} の関係を導け．ただし，$\varepsilon_0\varepsilon_\infty \neq \sigma_e/\nu_c$ とする．また，$\varepsilon_0\varepsilon_\infty = \sigma_e/\nu_c$ のときはどのようにすればよいか．

(3) デバイ分散，ローレンツ分散およびドゥルーデ分散に対して，PML 内電磁界の PLRC 表現を導け．

【7】 以下の問に答えよ．ただし，$\dot{\chi}_1(\omega) \sim \dot{\chi}_3(\omega)$ は次式で与えられるものとする．

$$\left.\begin{aligned}
\dot{\chi}_1(\omega) &= -\left(1 - \frac{j\nu_c}{\omega}\right)\frac{(\omega_p/\omega)^2}{(1 - j\nu_c/\omega)^2 - (\omega_c/\omega)^2}\\
\dot{\chi}_2(\omega) &= \frac{\omega_c}{\omega}\frac{(\omega_p/\omega)^2}{(1 - j\nu_c/\omega)^2 - (\omega_c/\omega)^2}\\
\dot{\chi}_3(\omega) &= \frac{\omega_p^2}{\omega(j\nu_c - \omega)}
\end{aligned}\right\} \tag{4.92}$$

(1) $\boldsymbol{E}^n$ の PLRC 表現を求めよ．

(2) $\boldsymbol{E}^n$ の ADE 表現を求めよ．

【8】 式 (4.69) において，$\boldsymbol{B}_0 = B_0\hat{\boldsymbol{z}}$ とする．この運動方程式を正弦的に時間変化する電界 $\boldsymbol{E}$ について解くと，式 (4.92) を要素とする誘電率テンソル $\bar{\bar{\varepsilon}}(\omega)$ が得られることを示せ．ただし，$\omega_p = \sqrt{ne^2/m_e/\varepsilon_0}$, $\omega_c = eB_0/m_e$ である．なお，式 (4.69) の解を求めるにあたっては，$\boldsymbol{E} \to \dot{\boldsymbol{E}} = \boldsymbol{E}_0 e^{j\omega t}$ と置き換えて考えよ．

5 電磁波散乱解析とその実例

電磁波の散乱問題では，入射電磁界はあらかじめわかっていて，散乱電磁界だけを問題にする場合が多い．そこで本章では，最初に散乱界だけを計算する方法を説明する．また，FDTD 法は閉領域解法であるため，散乱体から大きく離れた遠方電磁界は計算できない．そこで，遠方電磁界の計算法もここで説明する．一方，セルの大きさは散乱体の局所的な微細構造に合わせるため，大きな散乱体を計算しようと莫大な計算機資源を必要とする．局所的にセルを変形して大きなセルのままでも計算できる手法についても併せて紹介する．

5.1 散乱界に対する FDTD 法

5.1.1 誘電体と磁性体

図 **5.1** のように，誘電率 ε_b，透磁率 μ_b の領域 V_b 内に散乱体 $V_{\rm scat}$ があるものとする．$S_{\rm scat}$ は $V_{\rm scat}$ の表面である．V_b 内に局在する電磁流源から生じた電磁界 $\boldsymbol{E}^{\rm inc}$, $\boldsymbol{H}^{\rm inc}$ が散乱体に入射し，**散乱電磁界** (scattering fields)$\boldsymbol{E}^{\rm scat}$, $\boldsymbol{H}^{\rm scat}$ が誘起されたとする．このとき，**入射電磁界** (incident fields)$\boldsymbol{E}^{\rm inc}$, $\boldsymbol{H}^{\rm inc}$ は電磁流源がないすべての領域で

$$\left.\begin{aligned} \nabla \times \boldsymbol{E}^{\rm inc} &= -\mu_b \frac{\partial \boldsymbol{H}^{\rm inc}}{\partial t} \\ \nabla \times \boldsymbol{H}^{\rm inc} &= \varepsilon_b \frac{\partial \boldsymbol{E}^{\rm inc}}{\partial t} \end{aligned}\right\} \qquad (5.1)$$

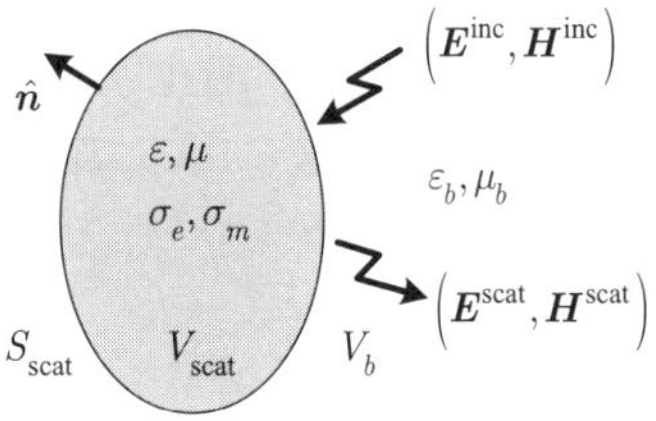

図 **5.1**　散乱電磁界

を満足する．また，$V_{\rm scat}$ 内の**全電磁界** (total fields)$\boldsymbol{E} = \boldsymbol{E}^{\rm inc} + \boldsymbol{E}^{\rm scat}$, $\boldsymbol{H} = \boldsymbol{H}^{\rm inc} + \boldsymbol{H}^{\rm scat}$

は波源のないマクスウェルの方程式を満たすから，式 (5.1) を用いて $\boldsymbol{E}^{\mathrm{scat}}$, $\boldsymbol{H}^{\mathrm{scat}}$ だけを取り出すと

$$\left.\begin{aligned}\frac{\partial \boldsymbol{E}^{\mathrm{scat}}}{\partial t} &= -\frac{\sigma_e \boldsymbol{E}^{\mathrm{scat}}}{\varepsilon} + \frac{\nabla \times \boldsymbol{H}^{\mathrm{scat}}}{\varepsilon} - \frac{1}{\varepsilon}\left[\sigma_e \boldsymbol{E}^{\mathrm{inc}} + (\varepsilon - \varepsilon_b)\frac{\partial \boldsymbol{E}^{\mathrm{inc}}}{\partial t}\right] \\ \frac{\partial \boldsymbol{H}^{\mathrm{scat}}}{\partial t} &= -\frac{\sigma_m}{\mu}\boldsymbol{H}^{\mathrm{scat}} - \frac{\nabla \times \boldsymbol{E}^{\mathrm{scat}}}{\mu} - \frac{1}{\mu}\left[\sigma_m \boldsymbol{H}^{\mathrm{inc}} + (\mu - \mu_b)\frac{\partial \boldsymbol{H}^{\mathrm{inc}}}{\partial t}\right]\end{aligned}\right\} \tag{5.2}$$

を得る．これと式 (1.23), (1.24) を比較すると，V_{scat} 内の散乱電磁界は入射電磁界によって誘起された電磁流源

$$\left.\begin{aligned}\boldsymbol{J}_e^{\mathrm{inc}} &= \sigma_e \boldsymbol{E}^{\mathrm{inc}} + (\varepsilon - \varepsilon_b)\frac{\partial \boldsymbol{E}^{\mathrm{inc}}}{\partial t} \\ \boldsymbol{J}_m^{\mathrm{inc}} &= \sigma_m \boldsymbol{H}^{\mathrm{inc}} + (\mu - \mu_b)\frac{\partial \boldsymbol{H}^{\mathrm{inc}}}{\partial t}\end{aligned}\right\} \tag{5.3}$$

が等価的に存在する場合の問題に帰着される．

V_{scat} の外部領域 V_b では $\sigma_e = \sigma_m = 0$, $\varepsilon = \varepsilon_b$, $\mu = \mu_b$ であるから，$\boldsymbol{J}_e^{\mathrm{inc}} = \boldsymbol{J}_m^{\mathrm{inc}} = 0$ となり，$\boldsymbol{E}^{\mathrm{scat}}$, $\boldsymbol{H}^{\mathrm{scat}}$ は式 (5.1) と同じ方程式を満足する．すなわち，図 5.1 の散乱問題は図 **5.2** のように電磁流源が V_{scat} 内にあり，媒質が S_{scat} を介して $(\varepsilon, \mu) \to (\varepsilon_b, \mu_b)$, $(\sigma_e, \sigma_m) \to (0, 0)$ と変化する問題と等価である．したがって，1.2 節の Yee アルゴリズムを用いて散乱界だけを計算することができる．また，吸収境界に入射する電磁界は散乱界になるだけであるから，散乱界に対しても 2 章の吸収境界がそのまま適用できる．

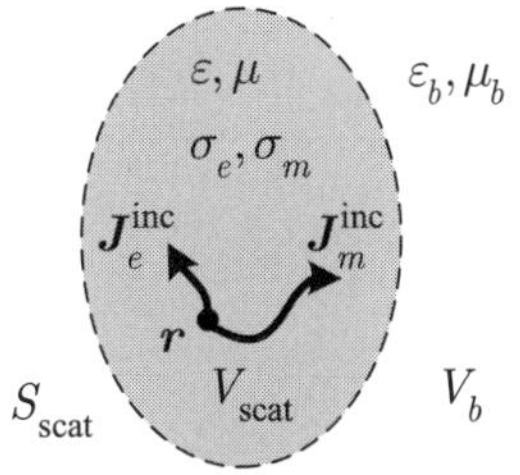

図 5.2 等価散乱問題

3 章で示したプログラムも散乱体の内部に式 (5.3) の電磁流を付け加えるだけではほとんど同じものになる．ただし，式 (5.3) のように電磁流を与えるには入射電磁界を前もって計算しておく必要があるため，平面波の問題なら簡単であるが，$\boldsymbol{E}^{\mathrm{inc}}$, $\boldsymbol{H}^{\mathrm{inc}}$ が複雑な電磁流によるものであるなら，それらもまた FDTD

法で計算する必要がある．これまでは無損失媒質内に散乱体がある問題を考えたが，損失性媒質であっても同様に考えることができる（章末問題【1】）．

散乱界のイメージをつかむために，真空中にある比誘電率 $\varepsilon_r = 4$, 比透磁率 $\mu_r = 1$ の無損失円柱に平面波が右側から垂直に入射したときの円柱に平行な磁界を図 **5.3** に示す．入射電界は円柱に垂直でガウスパルスである．図 (a) は全磁界，図 (b) は散乱磁界であり，平面波の波頭が円柱を通り過ぎた直後の様子を等高線で示したものである．図 (a) の全磁界は入射磁界と散乱磁界が含まれているため，散乱波が明確に分離できないが，図 (b) のように散乱界だけを計算することにより，円柱外部に散乱される様子が明確になる．平面波は後方に散乱されるとともに，前方では入射波を打ち消すような散乱波が発生していることがわかる．

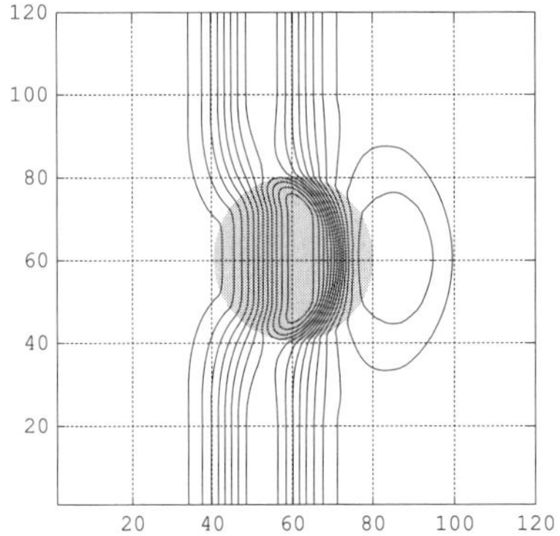

(a) 全磁界

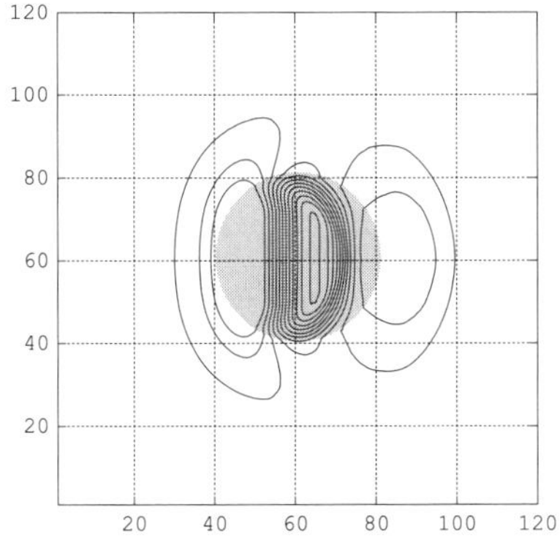

(b) 散乱磁界

図 5.3　誘電体円柱による散乱

5.1.2　完全導体と完全磁気導体

図 **5.4** に示すように V_{scat} が完全導体なら，その表面 S_{scat} で電界の接線成分は 0 であるから，$\hat{\boldsymbol{n}} \times \boldsymbol{E}^{\mathrm{scat}} = -\hat{\boldsymbol{n}} \times \boldsymbol{E}^{\mathrm{inc}}$ となる．したがって，S_{scat} に流れる面磁流密度 $\boldsymbol{K}_m = -\hat{\boldsymbol{n}} \times \boldsymbol{E}^{\mathrm{inc}}$ による電磁界が散乱電磁界である．しかし

ながら，散乱体の形状が複雑な場合は表面だけに面磁流 $\boldsymbol{K}_m$ を配置するプログラムを作るのはきわめて煩雑である．これに対して，完全導体内部では全電磁界は 0 であるから，$\boldsymbol{E}^{\rm scat} = -\boldsymbol{E}^{\rm inc}$ とするほうが簡単である．完全磁気導体については電界と磁界とを置き換えれば同様に考えることができる．

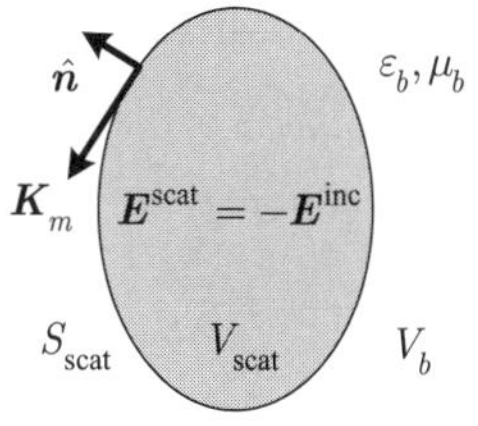

図 **5.4**　完全導体

5.1.3　完全電気壁と完全磁気壁

解析する問題に対称性や周期性があり，電磁界の性質の一部が前もって予測できる場合がある．このような場合には，解析領域を小さくすることができる．例えば，空間内の面 $S_{\rm PEC}$ に電界が垂直になることがあらかじめわかってれば，真空中であっても $S_{\rm PEC}$ を完全導体のように扱うことができる．この面 $S_{\rm PEC}$ を**完全電気壁**あるいは単に**電気壁**ということがある．同様に，磁界の接線成分が必ず 0 になる面は**完全磁気壁**と考えることができる．このように，電気壁や**磁気壁**を考えることができれば解析空間を縮小することが可能である．具体的な例と定式化については 7.2.2 項で述べる．

5.2　全電磁界・散乱界領域分割法

5.1 節で述べた方法は解析領域全体で散乱界を計算する方法であったが，散乱体付近では全電磁界 $\boldsymbol{E}, \boldsymbol{H}$ を計算し，その周りでは散乱界 $\boldsymbol{E}^{\rm scat}, \boldsymbol{H}^{\rm scat}$ だけを知りたい場合がある．このようにするためには，図 **5.5** のように解析領域を全電磁界を計算する領域と散乱界を計算する領域とに分けておき，その境界面 Ω で電磁界を接続する必要がある．このように，全解析領域を全電磁界領域と散乱界領域とに分割して計算する方法を**全電磁界・散乱界領域分割法** (total–field/

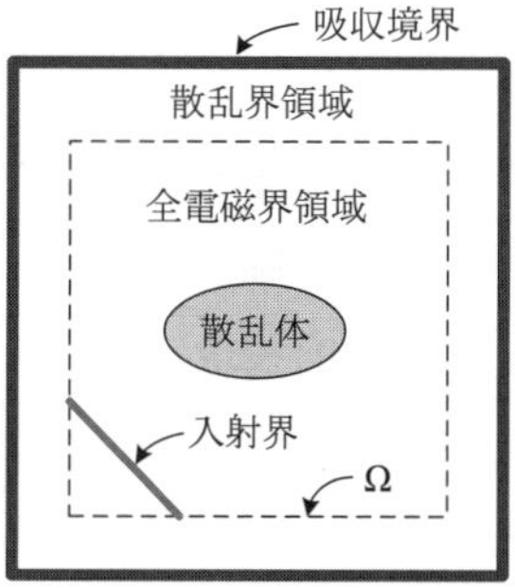

図 **5.5**　解析領域の分割

scattered–field (TF/SF) technique) という.

接続面 Ω を挟む領域では入射電磁界 $\boldsymbol{E}^{\mathrm{inc}}$, $\boldsymbol{H}^{\mathrm{inc}}$ の有無だけが異なるから，これらをどのように扱うかが問題となる．本節ではその接続法の説明とプログラム例を示すが，3 章で示したプログラムをできるだけ変えないようなコーディングを行う.

5.2.1 電磁界の接続

全電磁界領域を $i_0\Delta x \leq x \leq i_1\Delta x$, $j_0\Delta y \leq y \leq j_1\Delta y$, $k_0\Delta z \leq z \leq k_1\Delta z$ の直方体領域とすると，接続面は 6 面ある．そのうち，$i = i_0\Delta x$ の接続面 $\Omega_x^{(0)}$ と電磁界の空間配置を**図 5.6** に示す．$x < i_0\Delta x$ が散乱界領域，$\Omega_x^{(0)}$ を含む $x \geq i_0\Delta x$ が全電磁界領域である.

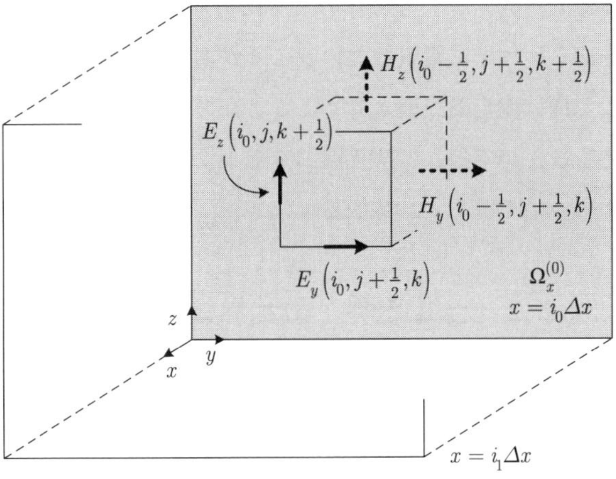

図 5.6　x 軸に垂直な接続面 $\Omega_x^{(0)}$

さて，散乱体から離して接続面 Ω をとったとすると，5.1 節のようにこの領域付近では全電磁界と散乱電磁界とは同じマクスウェルの方程式を満たすから，両者の FDTD 表現はともに同じで式 (1.45) ～ (1.50) によって与えられる．しかしながら，例えば式 (1.46) より $i = i_0$ の接続面 $\Omega_x^{(0)}$ 上の電界 $E_y^n\,(i_0, j+1/2, k)$ を計算しようとすると，右辺の $H_z^{n-1/2}\,(i_0-1/2, j+1/2, k)$ は本来は全電磁界であるべきであるが，図 5.6 のように全電磁界領域の外側の散乱界領域にあるため，計算されているのは散乱磁界である．したがって，次式のように入射界を付け加えなければならない．

$$E_y^n\left(i_0, j+\frac{1}{2}, k\right) = a_e E^{n-1}\left(i_0, j+\frac{1}{2}, k\right) + b_e\Bigg[\cdots$$
$$\cdots - \frac{\cdots - \left\{H_z^{\mathrm{scat}, n-\frac{1}{2}}\left(i_0-\frac{1}{2}, j+\frac{1}{2}, k\right) + H_z^{\mathrm{inc}, n-\frac{1}{2}}\left(i_0-\frac{1}{2}, j+\frac{1}{2}, k\right)\right\}}{\varDelta x}\Bigg] \tag{5.4}$$

この表現式をそのままコーディングしようとすると，$i = 0 \sim N_x$ の中から接続面の位置 i_0 を選んで散乱電磁界と全電磁界との計算を切り替えなければならないため効率的ではない．ところが，式 (1.46) のままコーディングしたとしても $H_z^{n-1/2}(i_0-1/2, j+1/2, k)$ は自動的に散乱磁界 $H_z^{\mathrm{scat}, n-1/2}(i_0-1/2, j+1/2, k)$ となっているはずであるから，式 (5.4) を直接計算するのではなく，式 (5.4) から入射磁界に関する項だけを取り出して，あらかじめ計算されている E_y^n に付け加えるという計算をすればよい．すなわち

$$E_y^n\left(i_0, j+\frac{1}{2}, k\right) \leftarrow E_y^n\left(i_0, j+\frac{1}{2}, k\right)$$
$$+\frac{b_e\left(i_0, j+\frac{1}{2}, k\right)}{\varDelta x} H_z^{\mathrm{inc}, n-\frac{1}{2}}\left(i_0-\frac{1}{2}, j+\frac{1}{2}, k\right) \tag{5.5}$$

のように，右辺の値をあらためて左辺の値 $E_y^n(i_0, j+1/2, k)$ に置き換える．右辺の $E_y^n(i_0, j+1/2, k)$ とはプログラムコード B.3 のサブプログラム `e_cal()` 内で計算されている `ey(i,j,k)` である．

式 (1.47) の右辺にも $i_0 - 1/2$ が含まれるから，E_y^n と同様に

$$E_z^n\left(i_0, j, k+\frac{1}{2}\right) \leftarrow E_z^n\left(i_0, j, k+\frac{1}{2}\right)$$
$$-\frac{b_e\left(i_0, j, k+\frac{1}{2}\right)}{\varDelta x} H_y^{\mathrm{inc}, n-\frac{1}{2}}\left(i_0-\frac{1}{2}, j, k+\frac{1}{2}\right) \tag{5.6}$$

のように計算すればよい．

一方，式 (1.49) において $i = i_0 - 1$ とおくと，左辺の $H_y^{n-1/2}(i_0 - 1/2, j, k + 1/2)$ は散乱界領域にあるが，右辺の $E_z^n(i_0, j, k + 1/2)$ は接続面 $\Omega_x^{(0)}$ 上にあるから全電界である．したがって，散乱磁界を計算するためには，これを $E_z^n - E_z^{\mathrm{inc},n}$ と置き換えなければならない．このようにしたとき

$$
\begin{aligned}
H_y^{n+\frac{1}{2}}\left(i_0 - \frac{1}{2}, j, k + \frac{1}{2}\right) &\leftarrow H_y^{n+\frac{1}{2}}\left(i_0 - \frac{1}{2}, j, k + \frac{1}{2}\right) \\
&- \frac{b_m\left(i_0 - \frac{1}{2}, j, k + \frac{1}{2}\right)}{\Delta x} E_z^{\mathrm{inc},n}\left(i_0, j, k + \frac{1}{2}\right)
\end{aligned} \tag{5.7}
$$

によって置き換えられた左辺の $H_y^{n+1/2}(i_0 - 1/2, j, k + 1/2)$ は散乱磁界である．式 (1.50) の $H_z^{n+1/2}(i_0 - 1/2, j + 1/2, k)$ についても同様に考えることができて，散乱磁界 $H_z^{n+1/2}(i_0 - 1/2, j + 1/2, k)$ は

$$
\begin{aligned}
H_z^{n+\frac{1}{2}}\left(i_0 - \frac{1}{2}, j + \frac{1}{2}, k\right) &\leftarrow H_z^{n+\frac{1}{2}}\left(i_0 - \frac{1}{2}, j + \frac{1}{2}, k\right) \\
&+ \frac{b_m\left(i_0 - \frac{1}{2}, j + \frac{1}{2}, k\right)}{\Delta x} E_y^{\mathrm{inc},n}\left(i_0, j + \frac{1}{2}, k\right)
\end{aligned} \tag{5.8}
$$

のように置き換えることによって計算できる．

5.2.2　プログラム例と解析例

プログラム例を付録 B.3 節の**プログラムコード B.7** に示す．ただし，このプログラムは 3.4 節と同じ散乱体による平面波散乱の問題を計算するプログラムであるから，プログラムコード B.3 と重複する部分は省略して記述した．また，吸収境界は PML でそのプログラムはプログラムコード B.4 と同じである．

六つの接続面において式 (5.5) ～ (5.8) のような計算を行うプログラムが**プログラムコード B.8** 内のサブプログラム e_add, h_add である．そのほかのサブプログラムは入射平面波の電磁界を計算するプログラムで，1.4.1 項で説明した計算を行っている．平面波の入射方向は $\hat{\boldsymbol{r}}_0 = \sin\theta_0 \cos\phi_0 \hat{\boldsymbol{x}} + \sin\theta_0 \sin\phi_0 \hat{\boldsymbol{y}} + \cos\theta_0 \hat{\boldsymbol{z}}$ であり，$\zeta = \hat{\boldsymbol{r}}_0 \cdot \boldsymbol{r}$ に垂直な面の電界は $\boldsymbol{E}_0 = \left(\cos\gamma_0 \hat{\boldsymbol{\theta}} + \sin\gamma_0 \hat{\boldsymbol{\phi}}\right) E_0 p(\tau)$ とした．また，$t = 0$ における平面波の波頭が解析領域の最外壁の位置になるよ

うにしている（演習問題【**3**】）.

（**1**） `module fdtd_variable`　　プログラムコード B.7 の `module` 文はプログラムコード B.3 の `module` 文とほぼ同じであるため，重複する部分は省略した．プログラムコード B.3 の `module` 文を参照していただきたい．解析領域は `nxx*nyy*nzz=120×120×120` セルとし，その外側に `(2*lpml)*(2*lpml)*(2*lpml)=16×16×16` の PML 領域を確保している．散乱界領域と全電磁界領域との間隔は x, y, z 方向にそれぞれ `lx=20`，`ly=20`，`lz=20` セルとしたから，全電磁界領域は `(nxx-lx)*(nyy-ly)*(nzz-lz) =100×100×100` セルとなる．

この例では，θ_0=`theta0=90.0`°，ϕ_0=`phi0=30.0`°，γ_0=`gamma0=180`° としているから，$\boldsymbol{E}_0 = -E_0 p(\tau)\hat{\boldsymbol{\theta}} = -E_0 p(\tau)(\cos\theta_0 \cos\phi_0 \hat{\boldsymbol{x}} + \cos\theta_0 \sin\phi_0 \hat{\boldsymbol{y}} - \sin\theta_0 \hat{\boldsymbol{z}}) = E_0 p(\tau)\hat{\boldsymbol{z}}$ の平面波が x–y 面内を x 軸から 30° の方向から入射している例である．

（**2**） **メインプログラム**　　メインプログラム `program tsfdtd_3d` では，まず散乱体の形状や媒質定数などの FDTD に関する初期設定と PML に関する初期設定のサブプログラムを `call` した後に，`init_ts()` を `call` して平面波の入射方向や波頭の位置などを決定している．

つぎに時間を $\Delta t/2$ ごとに進めながら，電界のサブプログラム `e_cal` を `call` して式 (5.5), (5.6) の右辺第 1 項を解析領域全体で計算しておき，`call e_add` において第 2 項を付け加えている．なお，付け加えるのは六つの接続面だけである．磁界に関しても同様である．

（**3**） `init_ts()`　　プログラムコード B.8 内の `init_ts()` は入射平面波の設定を行うサブプログラムで，最初に背景媒質の速度 `vbk`，波動インピーダンス `zbk` を計算し，つぎに入射方向の単位ベクトル $\boldsymbol{r}_0$，および球座標と直角座標との変換係数を計算している．ここで，`radi0` とは度とラジアンを変換する係数で $\pi/180 \simeq 1.745\,329\,25 \times 10^{-2}$ である．

52 行目以降は $t = 0$ における平面波の波頭の位置を計算するプログラムで，解析領域の八つの頂点を抽出し，そこから平面波が入射するように設定している．これは，計算が自動的に安定に実行させるためであり，波頭の位置をあらかじめ解析領域内に設定しておけば不要である.

(4) e_add() と h_add()　　六つの接続面において式 (5.5) ～ (5.8) のような計算を行うプログラムである. 詳細な説明は不要であろうが, 接続面の位置に注意してほしい. なお, 接続面は一様な背景媒質内にとったから, 係数 bexz や bmxz などは配列にする必要はないが, プログラムコード B.3 と同じものを使っているため, このようにした.

(5) exinc(i,j,k) ～ hzinc(i,j,k)　　球座標系で記述した入射電磁界 $\boldsymbol{E}^{\mathrm{inc}}$, $\boldsymbol{H}^{\mathrm{inc}}$ を直角座標に変換しているだけであるから説明は不要であろうが, 各成分が Yee セル内では図 1.10 のように配置されていることから, それらの点で電磁界を計算するようにしている.

(6) einc(x,y,z) と pulse(tau)　　exinc(x,y,z) は $E_0 p(\tau)$ を計算するサブプログラムである. $\tau = t + (\hat{\boldsymbol{r}}_0 \cdot \boldsymbol{r} - d)/v$ となっていることに注意してほしい. pulse(tau) はガウスパルス (1.56) を計算するサブプログラムである.

(7) 計算結果　　計算結果を図 **5.7** に示す. 破線が散乱領域と全電磁界領域との接続面で, その内部が全電磁界領域, 外部が散乱領域である. また, 電界 E_z を等高線で描いている. 図 (a) は z 方向に偏波した平面波が $-z$ 方向から入射した場合, 図 (b) は x–y 面内を x 軸から 30° 傾いて入射した場合である. また, FDTD 法のセルサイズなどはプログラムコード B.3 の module

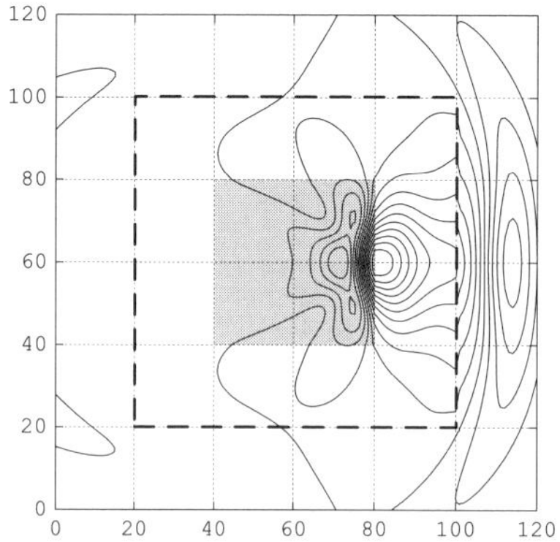

(a) $\theta_0 = 90°$, $\phi_0 = 180°$ $\gamma_0 = 180°$

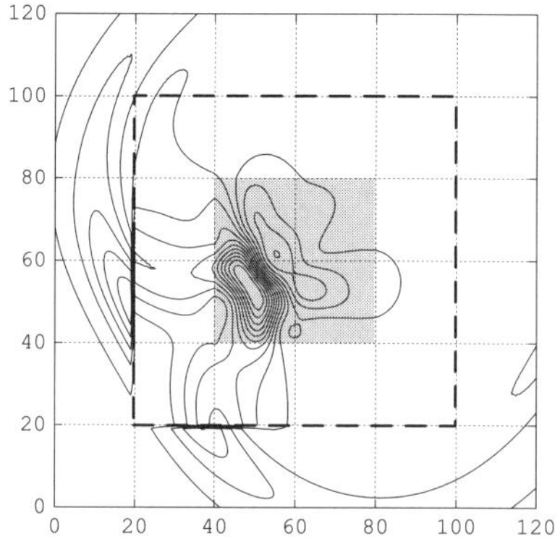

(b) $\theta_0 = 90°$, $\phi_0 = 30°$ $\gamma_0 = 180°$

図 5.7　電界 $E_z(x, y, 0, 260\Delta t)$

fdtd_variable を参照いただきたい．

5.3 セル構造の変形

解析対象の一部が微細構造を有しており，それが重要な働きをすると予想される場合には，微細構造に合わせてセルを小さくしなければならない．このためセルの数が大幅に増加する．しかし，微細構造は一般に局所的であり，解析対象の大部分は比較的大きな構造体であったり，一様な媒質であることが多い．そこで解析対象のほとんどは大きなセルを用い，局所的に小さな構造を扱えるような手法があると便利である．以下にその代表的な方法を紹介する．

5.3.1 不均一メッシュ

直方体セルのままでも局所的にセルサイズを変えることはできるが，隣り合うセルの大きさが違い過ぎると定式化ができなかったり，数値誤差が大きくなったりする．FDTD 法はセルサイズに対して 2 次の精度であるから，電磁界が急峻に変化すると予想されるような場所ではセルを細かくしたい．

図 5.8 はそのようにした例で，**不均一メッシュ**(nonuniform mesh)，あるいは不等間隔メッシュという．図 (a) は散乱体に近づくにつれてセルのサイズを徐々に小さくした例で，図 (b) は部分的に一様な微細セルを用いた例である．それぞれの方法に対する FDTD 法の表現式を導出するのはやや煩雑であるので，

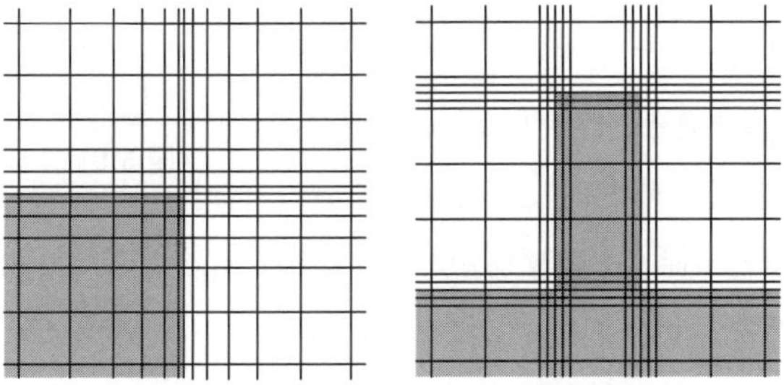

(a) 滑らかな変化　(b) 部分的な変化

図 5.8　不均一メッシュ

文献を参照していただくことにして，ここではそれらの特徴だけを述べることにする．

図 (a) の場合は，すべての解析領域のセルサイズは異なるものの隣り合うセルのサイズが極端に変わらないため，その空間差分表現は 1.2.5 項と同様にマクスウェルの方程式の積分表現を用いて定式化できる（章末問題【**5**】）．しかし，そのままでは著しい精度の向上は望めず，電磁界の適切な補間が必要とされている[30)]．図 (b) のように，大きなセルと小さなセルとの比が大きい場合でも電磁界の補間法を工夫することによって安定で高精度の計算が可能である[31)]．しかしながら，いずれの補間法においても散乱誘電体表面付近では注意が必要である．誘電体の表面では，その接線成分は連続であるが滑らかには変化しないからである．また，垂直成分は本質的に不連続であるから，この成分に対しては不連続境界を挟んだ補間をしてはならない．つまり，補間は一様な媒質中で行うようにセル配置を工夫する必要がある．

5.3.2　サブグリッド法

サブグリッド法[32),33)](subgrid technique) とは，**図 5.9** のように Yee セルの中にさらに細かな Yee セルを作る方法であり，大きなセル全体を主グリッド，主セルの中の微小セル全体を局所グリッドという．いくつかの局所グリッドがあってもよいため，**マルチグリッド法** (multigrid technique) ということもある．

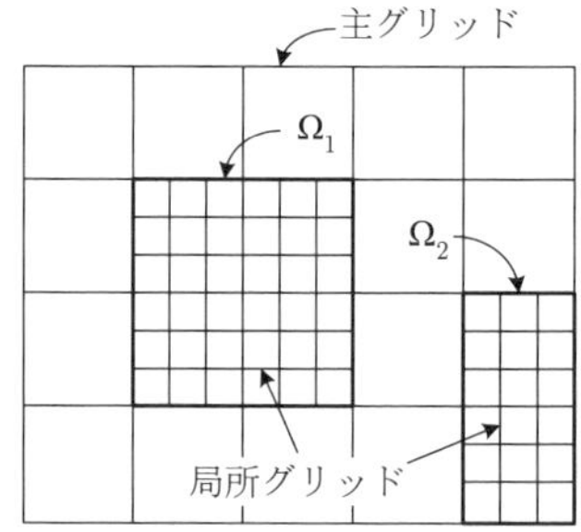

図 5.9　サブグリッド法

局所グリッドによって微細構造はモデル化できるという利点はあるが，両グリッドの境界 Ω_1, Ω_2 で空間的な補間や時間的な補外をしているために，近似誤差に伴う不要反射がわずかに生じる．このため数値的不安定が起こる場合がある．サブグリッド法を用いる場合には，境界 Ω_1, Ω_2 をどこにとるかが問題である．媒質定数が一様になる場所にとるのがよいとされているが，それでも散乱体に近すぎると不安定になりやすい．これは，散乱体極近傍で電磁界が激しく振動するためであると考えられる．これらの不安定性や誤差を少なくするためには，境界における電磁界の補間などを工夫する必要があると考えられる．

5.3.3 CP 法

(1) 完全導体 直方体セルを用いると，導体がセルの一部を斜めに横切るような場合には，さらにセルを細かくしなければならない．しかし，セル形状は必ずしも直方体である必要はないから，この部分だけ特別な形のセルを用いてモデル化できる．例えば，**図 5.10** の点 Q_1 における磁界の x 成分 $H_x(Q_1)$ は式 (1.44) を導いたときと同じように，閉曲線 C_E 上の電界の線積分を計算することにより求めることができ

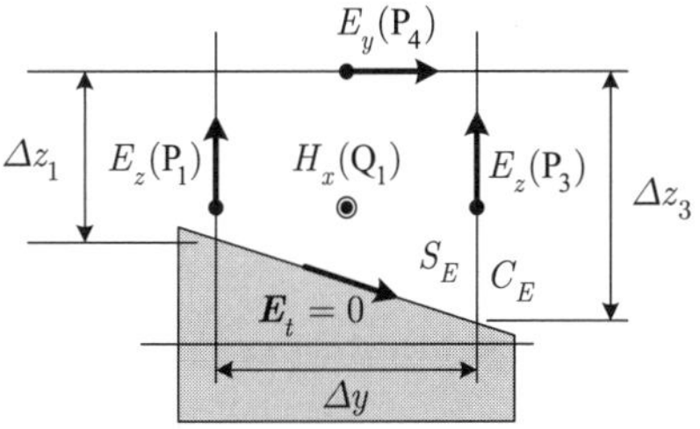

図 5.10 完全導体に対する CP 法

$$H_x^{n+\frac{1}{2}}(Q_1) = a_m(Q_1)H_x^{n-\frac{1}{2}}(Q_1) - b_m(Q_1)\left[\frac{E_z^n(P_3)\Delta z_3 - E_z^n(P_1)\Delta z_1}{S_E} - \frac{E_y^n(P_4)\Delta y}{S_E}\right] \tag{5.9}$$

となる．ただし，$S_E = (\Delta z_1 + \Delta z_3)\Delta y/2$ は閉曲線 C_E で囲まれた面の面積である．このように局所的に特別な形のセルを用いる方法を **CP 法** (contour path technique)，あるいはサブセル法という[34),35)]．いくつかの計算によると，精度はかなり向上するが，導体表面がセルをどのように横切るかを判定するのはかなり煩雑な方法が必要となる．CP 法の具体例は 6.3.2 項で紹介する．

(2) 誘電体 **図 5.11** のように二つの誘電体が境界 I で接している場合を考える．このとき，領域 Ω_1 内の磁界 $H_x^{n+1/2}(Q_1)$ は領域 Ω_2 が完全導体である場合と同様に，閉曲線 C_E の周回積分から求めることができるが，電界の接線成分 $\boldsymbol{E}_t$ は 0 ではない．Yee アルゴリズムに従えば，$\boldsymbol{E}_t$ はその周りの磁界から計算されることになるが，境界が斜めであるから，その周りの磁界に

関して適当な補間を行なわなければならず，2次元の場合であってもかなり複雑になる[34)]．

これに対して，点 P_1, P_2 の実効誘電率を

$$\left.\begin{aligned}\varepsilon^{\mathrm{eff}}(\mathrm{P}_1) &= \frac{\Delta z_1\varepsilon_1 + (\Delta z - \Delta z_1)\varepsilon_2}{\Delta z}\\ \varepsilon^{\mathrm{eff}}(\mathrm{P}_2) &= \frac{(\Delta y - \Delta y_1)\varepsilon_1 + \Delta y_1\varepsilon_2}{\Delta y}\end{aligned}\right\} \tag{5.10}$$

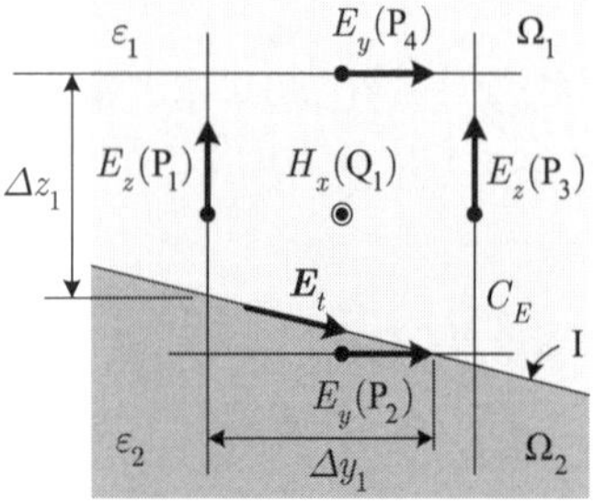

図 **5.11**　誘電体に対する CP 法

のように定めて通常の Yee アルゴリズムを使う方法がある[36)]．この用法はアルゴリズムが前者よりも非常に簡単になるばかりではなく，計算精度もよいとの報告がある[37)]．

5.3.4　多重領域 FDTD 法

これまでは解析領域内部のセル構造を変形する方法であったが，ここで説明するのは解析領域をいくつかのサブ領域に分けて解析する方法であり[38)]，各サブ領域間の電磁界は等価電磁流を介して結合される．この方法を**多重領域 FDTD 法** (multiple region FDTD method, MR–FDTD method) といい，その原理は**等価定理** (equivalence theorem) すなわち**ホイゲンス・フレネルの原理**[1)] (Huygens–Fresnel principle) にある．等価定理にはいくつもの表現式があるが，ここでは 5.5 節でも利用することを考えて最も基本的な表現式を用いて説明する．ただし，簡単のために全空間は真空であるとする．

（**1**）　**ホイゲンス・フレネルの原理**　　まず最初に図 **5.12** (a) のように点 $\boldsymbol{r}_1$ にある電磁流源 $\dot{\boldsymbol{J}}_e(\boldsymbol{r}_1)$, $\dot{\boldsymbol{J}}_m(\boldsymbol{r}_1)$ を取り囲むように閉曲面 S をとったときを考える．ホイゲンス・フレネルの原理により，S 外部の点 $\boldsymbol{r}$ の電磁界 $\dot{\boldsymbol{E}}(\boldsymbol{r}), \dot{\boldsymbol{H}}(\boldsymbol{r})$ は，1 次波源 $\dot{\boldsymbol{J}}_e(\boldsymbol{r}_1)$, $\dot{\boldsymbol{J}}_m(\boldsymbol{r}_1)$ によって生じた面 S 上の等価面電流密度† $\dot{\boldsymbol{K}}_e(\boldsymbol{r}') =$

† $\dot{\boldsymbol{J}}_e$, $\dot{\boldsymbol{J}}_m$ とは電流密度と磁流密度のことであるが，'密度' を省略して単に電流，磁流と呼んでも混乱が生じることはほとんどない．このことにならって，$\dot{\boldsymbol{K}}_e$, $\dot{\boldsymbol{K}}_m$ と記したときには等価面電流密度，等価面磁流密度の '等価' や '密度' という言葉を省略することがある．

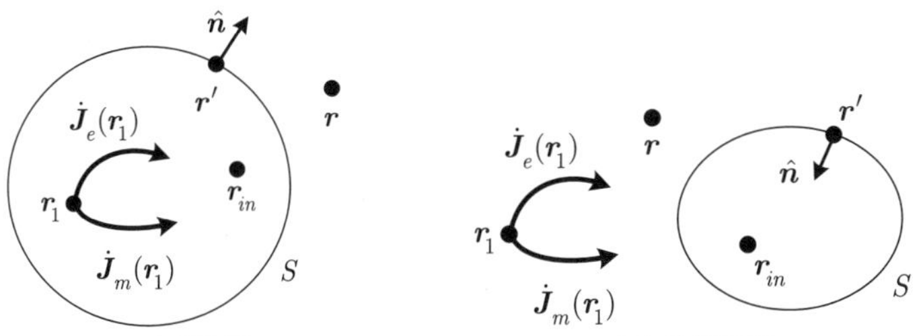

図 5.12 ホイゲンス・フレネルの原理

$\hat{\boldsymbol{n}} \times \dot{\boldsymbol{H}}(\boldsymbol{r}')$，等価面磁流密度 $\dot{\boldsymbol{K}}_m(\boldsymbol{r}') = \dot{\boldsymbol{E}}(\boldsymbol{r}') \times \hat{\boldsymbol{n}}$，等価面電荷密度 $\dot{\omega}_e(\boldsymbol{r}') = \varepsilon_0 \hat{\boldsymbol{n}} \cdot \dot{\boldsymbol{E}}(\boldsymbol{r}')$，等価面磁荷密度 $\dot{\omega}_m(\boldsymbol{r}') = \mu_0 \hat{\boldsymbol{n}} \cdot \dot{\boldsymbol{H}}(\boldsymbol{r}')$ を用いて以下のように表される．

$$\dot{\boldsymbol{E}}(\boldsymbol{r}) = \oint_S \left[-j\omega\mu_0 \dot{\boldsymbol{K}}_e(\boldsymbol{r}') - \dot{\boldsymbol{K}}_m(\boldsymbol{r}') \times \nabla' + \frac{\dot{\omega}_e(\boldsymbol{r}')}{\varepsilon_0} \nabla' \right] G_0(\boldsymbol{r}, \boldsymbol{r}')\, dS' \tag{5.11}$$

$$\dot{\boldsymbol{H}}(\boldsymbol{r}) = \oint \left[-j\omega\varepsilon_0 \dot{\boldsymbol{K}}_m(\boldsymbol{r}') + \dot{\boldsymbol{K}}_e(\boldsymbol{r}') \times \nabla' + \frac{\dot{\omega}_m(\boldsymbol{r}')}{\mu_0} \nabla' \right] G_0(\boldsymbol{r}, \boldsymbol{r}')\, dS' \tag{5.12}$$

これを**ラヴの等価定理** (Love's field equivalence theorem) という[39)]．ただし，∇' は点 $\boldsymbol{r}'$ における演算を表す．また，$G_0(\boldsymbol{r}, \boldsymbol{r}')$ は自由空間のスカラグリーン関数で

$$G_0(\boldsymbol{r}, \boldsymbol{r}') = \frac{1}{4\pi} \frac{e^{-jk_0|\boldsymbol{r}-\boldsymbol{r}'|}}{|\boldsymbol{r} - \boldsymbol{r}'|} \tag{5.13}$$

によって与えられる．FDTD 法ではもちろんこれらの計算は時間領域で行われるが，その計算法は基本的に 5.5 節と同じである．しかし煩雑となるので，ここでは計算法の原理だけを説明することとする．一方，S の内外にかかわらず，任意の点の電磁界はもともと 1 次波源 $\dot{\boldsymbol{J}}_e(\boldsymbol{r}_1)$, $\dot{\boldsymbol{J}}_m(\boldsymbol{r}_1)$ によるものであるから，S 内部の点 $\boldsymbol{r}_{in}$ の電磁界のうち，等価電磁流による寄与は 0，すなわち $\dot{\boldsymbol{E}}(\boldsymbol{r}_{in}) = 0$, $\dot{\boldsymbol{H}}(\boldsymbol{r}_{in}) = 0$ とならなければならない．

つぎに図 5.12 (b) のように仮想閉曲面 S の外部に波源がある場合を考える．S の外側にもう一つの閉曲面 S_∞ を考えると，これは $S + S_\infty$ 内部に $\dot{\boldsymbol{J}}_e(\boldsymbol{r}_1)$,

$\dot{\boldsymbol{J}}_m(\boldsymbol{r}_1)$ がある場合と同じになり，$S_\infty \to \infty$ とすれば，S 内外の電磁界は図 5.12 (a) の場合と逆になる．すなわち，S 内の電磁界 $\dot{\boldsymbol{E}}(\boldsymbol{r}_{in})$, $\dot{\boldsymbol{H}}(\boldsymbol{r}_{in})$ は式 (5.11), (5.12) において $\hat{\boldsymbol{n}} \to -\hat{\boldsymbol{n}}$ とした場合に等しくなり，S 外部の電磁界のうち，等価電磁流による寄与は 0 となる．

（2） **MR–FDTD 法**　MR–FDTD 法の具体的な計算例は 6.6.1 項と 6.7.1 項に示すことにして，ここでは基本的な考え方だけを説明する．**図 5.13** のように解析領域を二つのサブ領域 V_a, V_b に分割し，それぞれの領域の最外壁は PML 等の吸収境界で閉じておくことにする．また，それぞれの領域における仮想閉曲面を S_a, S'_a および S_b, S'_b とし，S'_a は S_a の外側に，S'_b は S_b の外側にとるものとする．$\boldsymbol{r}_a \sim \boldsymbol{r}'_b$ はそれぞれの面における位置ベクトルである．また，各サブ領域のセルサイズ Δ_a, Δ_b はたがいに異なってもよいし，必ずしも平行に並んでいる必要はない．ただし，このときには電磁界の時間・空間に関して適切な補間を行う必要がある．

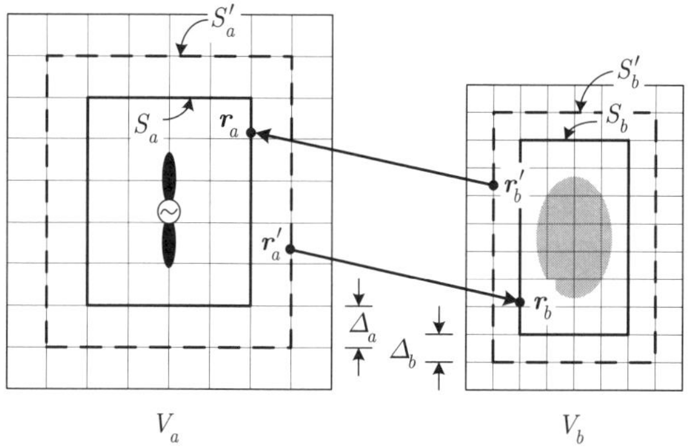

図 5.13　MR–FDTD 法におけるサブ領域

サブ領域間を等価電磁流で結合させるために，まず S_a 内のアンテナによって放射された電磁界によって誘起された S'_a 上の等価電磁流 $\boldsymbol{K}_e(\boldsymbol{r}'_a)$, $\boldsymbol{K}_m(\boldsymbol{r}'_a)$ から，領域 V_b 内の仮想閉曲面 S_b 全体の等価電磁流 $\boldsymbol{K}_e(\boldsymbol{r}_b)$, $\boldsymbol{K}_m(\boldsymbol{r}_b)$ を式 (5.11), (5.12) を用いて計算する．つぎにこの電磁流を源として V_b 内の電磁界を計算すると，ホイゲンス・フレネルの原理によりこの電磁界は散乱体によって散乱された電磁界となる．さらに，この電磁界が S_b' 上に作る等価電磁流 $\boldsymbol{K}_e(\boldsymbol{r}_b')$, $\boldsymbol{K}_m(\boldsymbol{r}_b')$ による領域 V_a 内の仮想閉曲面 S_a 上の等価電磁流 $\boldsymbol{K}_e(\boldsymbol{r}_a)$, $\boldsymbol{K}_m(\boldsymbol{r}_a)$ を源とする電磁界を計算すると，S_a 内部では V_b 内の散乱電磁界となるから，アンテナとの相互作用を含めた電磁界が V_a 全体で計算できることになる．これらの計算を時間ステップごとに行えば，アンテナと散乱体との相互作用を含めた過渡電磁界が計算ができることになる．

5.4 良導体の取扱い

5.4.1 内部電磁界

金属のように導電率 σ_e がきわめて大きい良導体内部の電磁界を考えよう．ただし，電磁流源は図 **5.14** のように導体外部にあるものとする．このとき，導体内部の変位電流 $\partial \boldsymbol{D}/\partial t$ は時間とともに指数関数的に減少し，緩和時間 $\tau = \varepsilon/\sigma_e$ の数倍程度になると導電電流 $\sigma_e \boldsymbol{E}$ に比べて無視できるくらいに小さくなり，アンペア・マクスウェルの法則 (1.23) は $\nabla \times \boldsymbol{H} = \sigma_e \boldsymbol{E}$ と近似できる[1)~3)]．

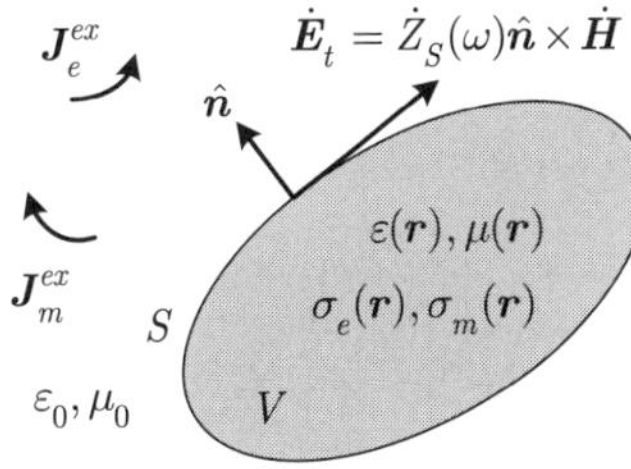

図 **5.14** 真空中の良導体

銅の場合，導電率，誘電率はそれぞれ $\sigma_e \simeq 5.87 \times 10^7$, $\varepsilon \simeq \varepsilon_0 \simeq 8.85 \times 10^{-12}$ であるから，緩和時間は $\tau \simeq 1.51 \times 10^{-19}$ ときわめて小さい．

Yee アルゴリズムでは式 (1.28) の係数 a_e は $0 < a_e < 1$ でなければならなかったから，少なくとも $\varDelta t < 2\tau$ としなければならない．また，1.5 節で述べたように，時間ステップはセルサイズによって決まるから，Yee アルゴリズムで良導体内部の電磁界を計算しようとすると膨大な計算機資源が必要となる．これを解決する方法の一つを以下に紹介する[40)]．

$\boldsymbol{Q}(\boldsymbol{r},t) = \nabla \times \boldsymbol{H}(\boldsymbol{r},t)/\varepsilon(\boldsymbol{r})$ とおくと，式 (1.23) は

$$\frac{\partial \boldsymbol{E}}{\partial t} + \frac{\sigma_e}{\varepsilon}\boldsymbol{E} = \boldsymbol{Q} \tag{5.14}$$

と書くことができる．式 (5.14) は時間にして 1 階微分方程式であるから，簡単に解くことができて，時刻 $t=0$ における電界を $\boldsymbol{E}(\boldsymbol{r},0)=\boldsymbol{E}^0(\boldsymbol{r})$ とすると

$$\boldsymbol{E}(\boldsymbol{r},t)=e^{-\frac{\sigma_e}{\varepsilon}t}\left[\int_0^t \boldsymbol{Q}(\boldsymbol{r},t')e^{\frac{\sigma_e}{\varepsilon}t'}\,dt'+\boldsymbol{E}^0(\boldsymbol{r})\right] \tag{5.15}$$

となる．式 (5.15) に $t=n\Delta t$ を代入し，$(n-1)\Delta t<t<n\Delta t$ の区間で全電流密度 $\nabla\times\boldsymbol{H}$ の変化が小さいと仮定して $\nabla\times\boldsymbol{H}^{n-1/2}$ の値で代表させると

$$\boldsymbol{E}^n(\boldsymbol{r})=e^{-\frac{\sigma_e}{\varepsilon}\Delta t}\boldsymbol{E}^{n-1}(\boldsymbol{r})+\frac{1-e^{-\frac{\sigma_e}{\varepsilon}\Delta t}}{\sigma_e}\nabla\times\boldsymbol{H}^{n-\frac{1}{2}}(\boldsymbol{r}) \tag{5.16}$$

を得る．$e^{-(\sigma_e/\varepsilon)\Delta t}=e^{-\Delta t/\tau}$ の項は $\Delta t>\tau$ でも非常に小さな値であるから，すぐに $\boldsymbol{E}^n=\nabla\times\boldsymbol{H}^{n-1/2}/\sigma_e$ に収束する．また，普通の金属中では $\mu=\mu_0$，$\sigma_m=0$ であるから，磁界に関しては式 (1.27) を変更する必要はないが，σ_m がきわめて大きな場合には，磁界に関しても上述のようにすればよい．このような時間差分近似アルゴリズムを **ETA**(exponential time–stepping algorithm) という[40]．

一方，$|x|\ll 1$ ならば $e^{-x}\simeq(1-x/2)/(1+x/2)$ と近似できるから[27]，式 (5.16) は式 (1.26) と同じ式になる．すなわち，ETA は σ_e が小さな場合でも使うことができて，Yee アルゴリズムを拡張した方法ともいえる．しかし，プログラムを組むうえでは $\sigma_e=0$ の場合を特別に扱わなければならないことや，良導体内部の電磁界を扱う例は少ないなどの理由からあまり普及していない．

図 5.15 のような厚さ d が入射電界の波長に比べて十分薄い $\sigma_e=5.87\times10^7$ S/m の導体板に x 方向から平面波が垂直に入射した場合の板の中心部における電流密度 $\boldsymbol{J}_e=\sigma_e\boldsymbol{E}$ を計算した例を**図 5.16** に示す．計算においては，立方体セルを用い，$\Delta x=0.75$ mm とした．時間ステップは $\Delta t\simeq\Delta x/(c\sqrt{3})\simeq 1.44\times10^{-13}$ である．入射波は周波数 1 GHz の正弦波とし，導体板の大きさは $L=30$ mm, $W=0.1$ mm とした．電流のほとんどは図 (a) に示すように

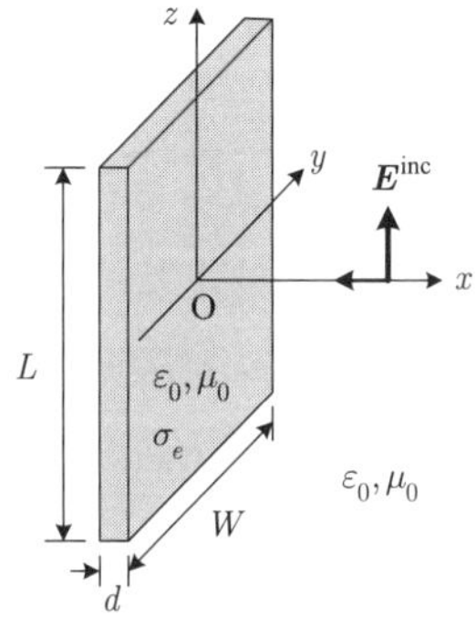

図 5.15　導体板

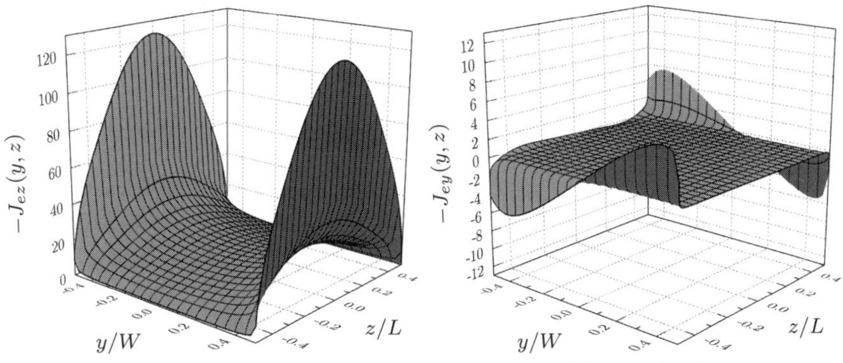

(a)$-J_{ez}(y,z)$　　(b) $-J_{ey}(y,z)$

図 **5.16**　導体板中心の電流密度分布

導体板の端部を $-z$ 方向に流れ，y 方向には $1/\sqrt{(L/2)^2-y^2}$ のような空間分布となる．z 方向には $z=\pm L/2$ で振幅が 0 となるような正弦波状となっている．また，導体が有限の長さであるため，$z=\pm L/2$ で y 方向に流れる電流がわずかに発生している．

さて，上と同じパラメータを使った計算を Yee アルゴリズムで行おうとすると，$\Delta t \gg 2\tau \simeq 3.02\times10^{-19}$ であるから，$a_e<0$ となり，電界は一定値に収束するものの，真の値ではない．また，$0<a_e<1$ となるように時間ステップを小さくすればよいが，これに伴ってセルサイズも小さくしなければならないからきわめて大規模な計算を行うことになる（章末問題【**6**】）．一方，良導体内では電界ばかりではなく磁界もまた時間とともに指数関数的に減衰するはずであるが，ETA では単位時間ステップ内の磁界を一定と近似しているため，必ずしも十分な精度が得られているとはいえない．このような効果を取り入れたアルゴリズムが開発されることを期待したい．

5.4.2　外部電磁界と表面インピーダンス法

（1）一様媒質　散乱体の損失が非常に大きいなら，電磁界は物体内部にまでは浸透しないで表面の極近傍だけに集中し，周波数領域における電界の接線成分は

$$\dot{\boldsymbol{E}}_t = \dot{Z}_S(\omega)\dot{\boldsymbol{K}}_e = \dot{Z}_S(\omega)\left(\hat{\boldsymbol{n}} \times \dot{\boldsymbol{H}}\right) \tag{5.17}$$

と近似できる．ただし，$\dot{\boldsymbol{K}}_e = \hat{\boldsymbol{n}} \times \dot{\boldsymbol{H}}$ は表面電流密度，$\hat{\boldsymbol{n}}$ は単位法線ベクトルである．式 (5.17) の条件を用いて物体外部の電磁界を計算する方法を**表面インピーダンス法** (surface impedance method) といい[9),10)]，金属だけでなく高損失磁性体による散乱解析などにも応用されている[41)]．ただし，式 (5.17) を時間領域に変換すると，電界は表面インピーダンス Z_S と磁界とのたたみ込み積分で表されるため，4 章で説明した周波数分散性媒質と同様の取扱いが必要になる．また，電界と磁界とは空間的にも時間的にも半セルだけずれているから，なんらかの平均操作が必要である．最も簡単な方法については文献 10) を参照していただきたい．

一様な半無限媒質に対する表面インピーダンス $\dot{Z}_S = \sqrt{j\omega\mu/(\sigma_e + j\omega\varepsilon)}$ がよく用いられるが，これを時間領域に変換すると，$Z_S(t)$ にはデルタ関数と変形ベッセル関数が含まれるため[27)]，このままでは 4 章のような方法は適用できない．これを解決するためには，$\dot{Z}_S(\omega)$ を $j\omega$ に関する有理関数で近似するか，あるいは $Z_S(t)$ を Prony 近似する方法が用いられる[9)]．計算量は前者のほうが少ない．

(2)　誘電体コーティング　　**図 5.17** のように誘電体膜でコーティングされた完全導体に平面波が垂直に入射する場合の表面インピーダンスは，伝送線路と同様に計算することができて

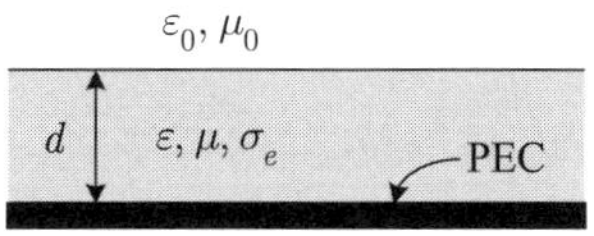

図 5.17　誘電体コーティング

$$\dot{Z}_S(\omega) = j\frac{\omega\mu}{k}\tan kd \tag{5.18}$$

によって与えられる．このままでは時間領域に変換することはできないが，公式

$$\tan x = \sum_{l=1}^{\infty} \frac{2x}{(2l-1)^2\left(\dfrac{\pi}{2}\right)^2 - x^2} \tag{5.19}$$

を用いると

$$\dot{Z}_S(\omega) = \frac{2j\omega}{d\varepsilon}\sum_{l=1}^{\infty}\frac{1}{-\omega^2 + jb\omega + c_l^2} \tag{5.20}$$

となる．ただし，$b = \sigma_e/\varepsilon$, $c_l = (2l-1)^2\pi^2/4d^2\varepsilon\mu$ である．式 (5.20) は容易に時間領域に変換でき，各項は指数関数で表されるから 4.2 節の PLRC 法を使うことができる．特に d が波長に比べて小さい場合には式 (5.20) の打ち切り項数は数項で十分である．

5.5 遠　　方　　界

遠方電界 $\dot{\boldsymbol{E}}(\omega)$ は図 **5.18** のように，仮想閉曲面 S 上の等価電流 $\dot{\boldsymbol{K}}_e = \hat{\boldsymbol{n}} \times \dot{\boldsymbol{H}}$ と等価磁流 $\dot{\boldsymbol{K}}_m = \dot{\boldsymbol{E}} \times \hat{\boldsymbol{n}}$ から計算することができて

$$\dot{\boldsymbol{E}}(\omega) = \frac{e^{-jk_0 r}}{r}\dot{\boldsymbol{D}}(\omega, \theta, \phi) \tag{5.21}$$

となる．また，遠方磁界は $\dot{\boldsymbol{H}} = \hat{\boldsymbol{r}} \times \dot{\boldsymbol{E}}/Z_0$ によって与えられる（章末問題【 **7** 】）．ここで $\dot{\boldsymbol{D}}$ は**指向性関数** (directivity function) と呼ばれ†

$$\left.\begin{aligned}\dot{\boldsymbol{W}}(\omega) &= \oint_S \dot{\boldsymbol{K}}_e(\omega, \boldsymbol{r}')e^{jk_0\hat{\boldsymbol{r}}\cdot\boldsymbol{r}'}\,dS' \\ \dot{\boldsymbol{U}}(\omega) &= \oint_S \dot{\boldsymbol{K}}_m(\omega, \boldsymbol{r}')e^{jk_0\hat{\boldsymbol{r}}\cdot\boldsymbol{r}'}\,dS'\end{aligned}\right\} \tag{5.22}$$

とおいたとき

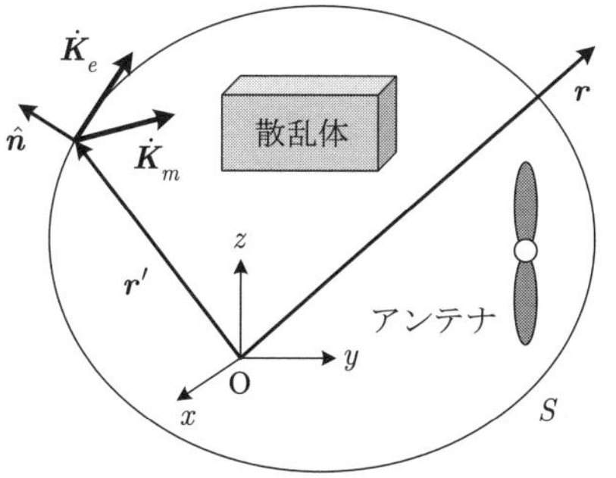

図 **5.18**　仮想閉曲面 S 上の等価電磁流

† directivity とは式 (6.44) の指向性利得 (directive gain) を指す場合もあるので注意していただきたい．

$$\dot{\boldsymbol{D}} = \frac{jk_0}{4\pi}\hat{\boldsymbol{r}} \times \left[Z_0\left(\hat{\boldsymbol{r}} \times \dot{\boldsymbol{W}}\right) + \dot{\boldsymbol{U}}\right] \tag{5.23}$$

によって与えられる．これを球座標系で表すと

$$\left.\begin{aligned}\dot{D}_\theta(\omega) &= \frac{jk_0}{4\pi}\Big[-Z_0\dot{W}_\theta(\omega) - \dot{U}_\phi(\omega)\Big]\\ \dot{D}_\phi(\omega) &= \frac{jk_0}{4\pi}\Big[-Z_0\dot{W}_\phi(\omega) + \dot{U}_\theta(\omega)\Big]\end{aligned}\right\} \tag{5.24}$$

となる．

図5.18の閉曲面 S はアンテナと散乱体の両方を囲むようにとっているため，式(5.21)はアンテナの遠方電界と遠方散乱界の和である．もし，散乱体だけを囲むようにとれば遠方散乱界だけが計算される．これに対して，アンテナだけを囲むようにとれば，アンテナの遠方電界が計算される．ただし，この値は散乱体との相互作用を含んだものであり，アンテナ単独の遠方界ではないことに注意していただきたい．

5.5.1 過渡指向性関数

FDTD法によって遠方電界を求めるために，これまでは式(5.24)を時間領域に変換した指向性関数

$$\left.\begin{aligned}D_\theta(t) &= \frac{1}{4\pi c}\left[-Z_0\frac{dW_\theta(t)}{dt} - \frac{dU_\phi(t)}{dt}\right]\\ D_\phi(t) &= \frac{1}{4\pi c}\left[-Z_0\frac{dW_\phi(t)}{dt} + \frac{dU_\theta(t)}{dt}\right]\end{aligned}\right\} \tag{5.25}$$

を直接計算する方法が用いられてきた[9)〜11)]．しかし，電磁界の散乱問題やアンテナの問題において興味の対象となるのは散乱断面積や指向性といった周波数領域の特性であり，$\boldsymbol{W}, \boldsymbol{U}$ の時間微分からではなく，$\boldsymbol{W}(t), \boldsymbol{U}(t)$ そのもののフーリエ変換から計算できるはずである．ここではまずこの方法について説明し，つぎに $\boldsymbol{D}(t)$ を直接計算する従来の方法を説明する．

（1） $\boldsymbol{W}(t)$, $\boldsymbol{U}(t)$ の計算　　式 (5.22) を時間領域に変換すると

$$\left.\begin{aligned}\boldsymbol{W}(t) &= \oint_S \boldsymbol{K}_e\left(t+\frac{\hat{\boldsymbol{r}}\cdot\boldsymbol{r}'}{c},\boldsymbol{r}'\right)dS' \\ \boldsymbol{U}(t) &= \oint_S \boldsymbol{K}_m\left(t+\frac{\hat{\boldsymbol{r}}\cdot\boldsymbol{r}'}{c},\boldsymbol{r}'\right)dS'\end{aligned}\right\} \tag{5.26}$$

となる．右辺の被積分関数は時刻 $t' = t + \hat{\boldsymbol{r}}\cdot\boldsymbol{r}'/c$ における閉曲面 S 上の等価電磁流を表している．ところが，等価電流 $\boldsymbol{K}_e$ は S 上の磁界 $\boldsymbol{H}$，等価磁流 $\boldsymbol{K}_m$ は S 上の電界 $\boldsymbol{E}$ によって与えられ，FDTD 法ではそれぞれ $(n+1/2)\Delta t$, $n\Delta t$ の時刻における値が用いられる．そこでこれらの時刻の電磁流が $\boldsymbol{W}$, $\boldsymbol{U}$ にどのように寄与するかを考えよう．このためにまず最初に点 $\boldsymbol{r}'$ を含む微小面積 $\Delta S(\boldsymbol{r}')$ 内の電流 $\boldsymbol{K}_e$ の寄与分 $\Delta\boldsymbol{W}(t)$ について考える．$\boldsymbol{K}_e$ は $t' = (n+1/2)\Delta t$ で与えられているから，そのときの時刻 t は $t = t' - \hat{\boldsymbol{r}}\cdot\boldsymbol{r}'/c = (n+1/2)\Delta t - \hat{\boldsymbol{r}}\cdot\boldsymbol{r}/c$ となり，ΔS 上の寄与は

$$\Delta\boldsymbol{W}\left[\left(n+\frac{1}{2}\right)\Delta t - \frac{\hat{\boldsymbol{r}}\cdot\boldsymbol{r}'}{c}\right] = \boldsymbol{K}_e^{n+\frac{1}{2}}\Delta S(\boldsymbol{r}') \tag{5.27}$$

となる．ここで $t_n = (n+1/2) - \hat{\boldsymbol{r}}\cdot\boldsymbol{r}'/c$ は一般に実数値となるが，FDTD 法では電磁界は整数次の時刻で計算されるから．$t_n/\Delta t$ に近い整数として

$$m = \mathrm{int}\left[\left(n+\frac{1}{2}\right) - \frac{\hat{\boldsymbol{r}}\cdot\boldsymbol{r}'}{c\Delta t}\right] \tag{5.28}$$

を選ぶ．ただし，$\mathrm{int}[x]$ とは x を超えない最大の整数である†．このとき，$m\Delta t \le t_n \le (m+1)\Delta t$ となるから，t_n と $m\Delta t$ の間隔を $\eta\Delta t$ とすると，$t_n = m\Delta t + \eta\Delta t$ となる．ただし，$0 \le \eta = t_n/\Delta t - m \le 1$ である．一方，式 (5.27) は $\Delta\boldsymbol{W}(t_n) = \boldsymbol{K}_e^{n+1/2}\Delta S$ と表すことができる．m と $\Delta\boldsymbol{W}$ の関係を示したものが図 **5.19** である．

$\Delta\boldsymbol{W}(m\Delta t) = \Delta\boldsymbol{W}^m$ の値を知るために，その両側の値 $\Delta\boldsymbol{W}(t_{n-1})$ と $\Delta\boldsymbol{W}(t_n)$ を用いて 1 次補間すると

† $x \ge 0$ のときは FORTRAN の切り捨て関数 INT と同じ意味であるが，$x < 0$ のときは異なる値となるので注意してほしい．例えば，$\mathrm{int}[3.8] = \mathrm{INT}[3.8] = 3$ であるが，$\mathrm{INT}[-3.2] = -3$，$\mathrm{int}[-3.2] = -4 = \mathrm{INT}[-3.2] - 1$ となる．

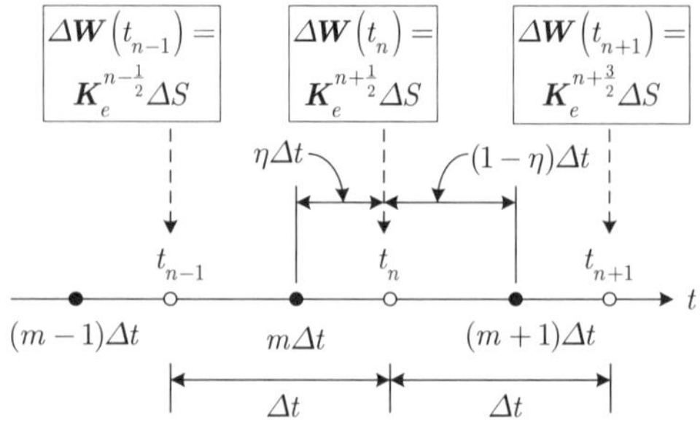

図 **5.19**　m と $\Delta\boldsymbol{W}$ の関係

$$
\begin{aligned}
\Delta\boldsymbol{W}^m &= \eta\Delta\boldsymbol{W}(t_{n-1})+(1-\eta)\Delta\boldsymbol{W}(t_n)\\
&= \Delta S(\boldsymbol{r}')\left[\eta\boldsymbol{K}_e^{n-\frac{1}{2}}+(1-\eta)\boldsymbol{K}_e^{n+\frac{1}{2}}\right]
\end{aligned}
\tag{5.29}
$$

となる．同様に $\Delta\boldsymbol{W}^{m+1}$ をその両側の $\Delta\boldsymbol{W}(t_n)$ と $\Delta\boldsymbol{W}(t_{n+1})$ とを用いて 1 次補間すると

$$
\Delta\boldsymbol{W}^{m+1}=\Delta S(\boldsymbol{r}')\left[\eta\boldsymbol{K}_e^{n+\frac{1}{2}}+(1-\eta)\boldsymbol{K}_e^{n+\frac{3}{2}}\right]
\tag{5.30}
$$

を得る．すなわち，$t'=(n+1/2)\Delta t$ の磁界によって生じる電流 $\boldsymbol{K}_e^{n+1/2}$ は $m\Delta t$ と $(m+1)\Delta t$ の時刻の両方に影響し，その寄与分はそれぞれ $\Delta S(1-\eta)\boldsymbol{K}_e^{n+1/2}$, $\Delta S\eta\boldsymbol{K}_e^{n+1/2}$ である．もちろん式 (5.29), (5.30) をそのまま計算してもよいが，FDTD 法のプログラムコードを念頭におくと，式 (5.29) の $\boldsymbol{K}_e^{n-1/2}$ はすでに 1 時間ステップ前の時刻 $t'=(n-1/2)\Delta t$ で計算されているから，$t'=(n+1/2)\Delta t$ の時刻では $\boldsymbol{K}_e^{n+1/2}$ の分だけを計算するようにして

$$
\left.
\begin{aligned}
\Delta\boldsymbol{W}^m &\leftarrow \Delta\boldsymbol{W}^m+(1-\eta)\boldsymbol{K}_e^{n+\frac{1}{2}}\Delta S\\
\Delta\boldsymbol{W}^{m+1} &\leftarrow \Delta\boldsymbol{W}^{m+1}+\eta\boldsymbol{K}_e^{n+\frac{1}{2}}\Delta S
\end{aligned}
\right\}
\tag{5.31}
$$

のようなコードを書けば十分である．

$t'=n\Delta t$ における磁流 $\boldsymbol{K}_m^n$ による寄与もまた同様に計算することができる．式 (5.27) に対応する磁流の寄与分は

$$
\Delta\boldsymbol{U}\left[n\Delta t-\frac{\hat{\boldsymbol{r}}\cdot\boldsymbol{r}'}{c}\right]=\boldsymbol{K}_m^n\Delta S(\boldsymbol{r}')
\tag{5.32}
$$

となるから，式 (5.28) と同様に

$$m' = \mathrm{int}\left[n - \frac{\hat{\boldsymbol{r}}\cdot\boldsymbol{r}'}{c\varDelta t}\right], \quad \eta' = \left[n - \frac{\hat{\boldsymbol{r}}\cdot\boldsymbol{r}'}{c\varDelta t}\right] - m' \tag{5.33}$$

によって m', η' を定め

$$\left.\begin{aligned} \varDelta\boldsymbol{U}^{m'} &\leftarrow \varDelta\boldsymbol{U}^{m'} + (1-\eta')\boldsymbol{K}_m^n \varDelta S \\ \varDelta\boldsymbol{U}^{m'+1} &\leftarrow \varDelta\boldsymbol{U}^{m'+1} + \eta'\boldsymbol{K}_m^n \varDelta S \end{aligned}\right\} \tag{5.34}$$

のように計算すればよいことは明らかであろう．このような計算をすべての閉曲面 S に対して行えば式 (5.26) の $\boldsymbol{W}, \boldsymbol{U}$ を計算できる．

m, m' は時間ステップ n と観測方向 $\hat{\boldsymbol{r}}$ および原点から閉曲面までの距離によって定まるから，その最大値と最小値を求めておく．n は 1 から始まり N_{step} まで計算され，$-r_{\max} \le \hat{\boldsymbol{r}}\cdot\boldsymbol{r}' \le r_{\max}$ まで変化しうる．ただし，$r_{\max}$ は原点から閉曲面までの距離の最大値である．また，$\varDelta\boldsymbol{W}$, $\varDelta\boldsymbol{U}$ はそれぞれ $m+1$, $m'+1$ もまた計算する必要がある．したがって

$$\left.\begin{aligned} m_s = \mathrm{int}\left[\frac{3}{2} - \frac{r_{\max}}{c\varDelta t}\right] \le m \le m_e = \mathrm{int}\left[\left(N_{\mathrm{step}} + \frac{3}{2}\right) + \frac{r_{\max}}{c\varDelta t}\right] \\ m'_s = \mathrm{int}\left[1 - \frac{r_{\max}}{c\varDelta t}\right] \le m' \le m'_e = \mathrm{int}\left[(N_{\mathrm{step}} + 1) + \frac{r_{\max}}{c\varDelta t}\right] \end{aligned}\right\} \tag{5.35}$$

となる．また，式 (5.24) のように $\boldsymbol{W}$ と $\boldsymbol{U}$ との和から指向性関数が得られるから，これらの時間範囲を同じにしておく必要がある．この範囲は式 (5.35) より $m'_s \le t \le m_e$ となる．一方，$\boldsymbol{W}, \boldsymbol{U}$ は直角座標で計算されているから，これを球座標に直すには，つぎのような変換公式が用いられる．

$$\left.\begin{aligned} A_\theta &= (A_x\cos\phi + A_y\sin\phi)\cos\theta - A_z\sin\theta \\ A_\phi &= -A_x\sin\phi + A_y\cos\phi \end{aligned}\right\} \tag{5.36}$$

また，時間領域の指向性関数 $D_\theta(t)$, $D_\phi(t)$ を求めるには $\boldsymbol{W}(t), \boldsymbol{U}(t)$ の時間微分を計算する必要があるが，これは $t = (n+1/2)\varDelta t$ における中心差分を用いて，$dW_\theta/dt = \left(W_\theta^{n+1} - W_\theta^n\right)/\varDelta t$ のようにすればよい．

（2） $\boldsymbol{D}(t)$ の計算　　$\widehat{\boldsymbol{W}}(t) = d\boldsymbol{W}(t)/dt,\ \widehat{\boldsymbol{U}}(t) = d\boldsymbol{U}(t)/dt$ の計算をする必要はあるが，考え方は（1）と同じである．再び $\Delta S(\boldsymbol{r}')$ 上の電流 $\boldsymbol{K}_e$ の寄与 $\Delta\widehat{\boldsymbol{W}}$ から議論を始める．

$$\begin{aligned}\Delta\widehat{\boldsymbol{W}}(t) &= \frac{\Delta\boldsymbol{W}(t+\Delta t/2) - \Delta\boldsymbol{W}(t-\Delta t/2)}{\Delta t} \\ &= \frac{\Delta S}{\Delta t}\left[\boldsymbol{K}_e\left(t + \frac{\Delta t}{2} + \frac{\hat{\boldsymbol{r}}\cdot\boldsymbol{r}'}{c}\right) - \boldsymbol{K}_e\left(t - \frac{\Delta t}{2} + \frac{\hat{\boldsymbol{r}}\cdot\boldsymbol{r}'}{c}\right)\right]\end{aligned} \tag{5.37}$$

であるから，$t = (n+1)\Delta t$ とした後に時間をシフトすると

$$\Delta\widehat{\boldsymbol{W}}\left[(n+1)\Delta t - \frac{\hat{\boldsymbol{r}}\cdot\boldsymbol{r}'}{c}\right] = \frac{\Delta S}{\Delta t}\left(\boldsymbol{K}_e^{n+\frac{3}{2}} - \boldsymbol{K}_e^{n+\frac{1}{2}}\right) \tag{5.38}$$

となる．ここで

$$\left.\begin{aligned} t'_n &= (n+1)\Delta t - \frac{\hat{\boldsymbol{r}}\cdot\boldsymbol{r}'}{c} \\ m' &= \mathrm{int}\left[(n+1) - \frac{\hat{\boldsymbol{r}}\cdot\boldsymbol{r}'}{c\Delta t}\right] \\ \eta' &= \frac{t'_n}{\Delta t} - m' \end{aligned}\right\} \tag{5.39}$$

と定義すると，$m'\Delta t \leq t'_n \leq (m'+1)\Delta t$，$t'_n = m'\Delta t + \eta'\Delta t$ となる．また，式 (5.38) は $\Delta\widehat{\boldsymbol{W}}(t'_n) = \Delta S\left(\boldsymbol{K}_e^{n+3/2} - \boldsymbol{K}_e^{n+1/2}\right)/\Delta t$ と書くことができる．$t = \Delta t$ における $\Delta\widehat{\boldsymbol{W}}$ の値 $\Delta\widehat{\boldsymbol{W}}^{m'}$ を，式 (5.29) と同様にその両側の値 $\Delta\widehat{\boldsymbol{W}}(t'_{n-1})$ と $\Delta\widehat{\boldsymbol{W}}(t'_n)$ とで 1 次補間すると，式 (5.38) より

$$\begin{aligned}\Delta\widehat{\boldsymbol{W}}^{m'} &= \eta'\Delta\widehat{\boldsymbol{W}}(t'_{n-1}) + (1-\eta')\Delta\widehat{\boldsymbol{W}}(t'_n) \\ &= \frac{\Delta S}{\Delta t}\left[\eta'\left(\boldsymbol{K}_e^{n+\frac{1}{2}} - \boldsymbol{K}_e^{n-\frac{1}{2}}\right) + (1-\eta')\left(\boldsymbol{K}_e^{n+\frac{3}{2}} - \boldsymbol{K}_e^{n+\frac{1}{2}}\right)\right]\end{aligned} \tag{5.40}$$

となるから，$\boldsymbol{K}_e^{n+1/2}$ の寄与分は $\Delta S/\Delta t[\eta' - (1-\eta')]\boldsymbol{K}_e^{n+1/2}$ となる．同様の計算を行うと，$\boldsymbol{K}_e^{n+1/2}$ は $\Delta\widehat{\boldsymbol{W}}^{m'-1}$, $\Delta\widehat{\boldsymbol{W}}^{m'+1}$ にも寄与分があり，それぞれ，$\Delta S/\Delta t(1-\eta')\boldsymbol{K}_e^{n+1/2}$, $-\Delta S/\Delta t\eta'\boldsymbol{K}_e^{n+1/2}$ となる．

$\Delta\widehat{\boldsymbol{U}}(t)$ については，式 (5.37) において $\boldsymbol{W}\to\boldsymbol{U}$, $\boldsymbol{K}_e\to\boldsymbol{K}_m$ と置き換えれ

ばよいが，$\boldsymbol{K}_m$ が $n\Delta t$ で与えられていることを考慮して $t=(n+1/2)\Delta t$ とおくと

$$\Delta\widehat{\boldsymbol{U}}\left[\left(n+\frac{1}{2}\right)\Delta t-\frac{\hat{\boldsymbol{r}}\cdot\boldsymbol{r}'}{c}\right]=\frac{\Delta S}{\Delta t}\left(\boldsymbol{K}_m^{n+1}-\boldsymbol{K}_m^{n}\right) \tag{5.41}$$

となるから

$$\left.\begin{aligned}
t_n&=\left(n+\frac{1}{2}\right)\Delta t-\frac{\hat{\boldsymbol{r}}\cdot\boldsymbol{r}'}{c}\\
m&=\mathrm{int}\left[\left(n+\frac{1}{2}\right)-\frac{\hat{\boldsymbol{r}}\cdot\boldsymbol{r}'}{c\Delta t}\right]\\
\eta&=\frac{t_n}{\Delta t}-m
\end{aligned}\right\} \tag{5.42}$$

と定義して $\Delta\widehat{\boldsymbol{W}}$ と同様の計算を行うと，$\boldsymbol{K}_m^n$ は $\Delta\widehat{\boldsymbol{U}}^{m-1}$, $\Delta\widehat{\boldsymbol{U}}^{m}$ および $\Delta\widehat{\boldsymbol{U}}^{m+1}$ に寄与し，その寄与分はそれぞれ $\Delta S/\Delta t(1-\eta)\boldsymbol{K}_m^n$, $\Delta S/\Delta t[\eta-(1-\eta)]\boldsymbol{K}_m^n$ および $-\Delta S/\Delta t\eta\boldsymbol{K}_m^{n+1/2}$ となることが容易に導かれる．また，この計算法では $m'-1$, m', $m'+1$ に対する計算を行うから，式 (5.39), (5.42) より $n=1,2,\cdots,N_{\mathrm{step}}$ に対して以下のようになる．

$$\left.\begin{aligned}
&\mathrm{int}\left[1-\frac{r_{\max}}{c\Delta t}\right]\le m'\le \mathrm{int}\left[(N_{\mathrm{step}}+2)+\frac{r_{\max}}{c\Delta t}\right]\\
&\mathrm{int}\left[\frac{1}{2}-\frac{r_{\max}}{c\Delta t}\right]\le m\le \mathrm{int}\left[\left(N_{\mathrm{step}}+\frac{3}{2}\right)+\frac{r_{\max}}{c\Delta t}\right]
\end{aligned}\right\} \tag{5.43}$$

5.5.2 プログラム例

5.5.1 項に述べた二つの方法による $\boldsymbol{D}(t)$ の計算プログラム例を付録 B.4 節に示す．**プログラムコード B.9** の `fdtd3dfar.f` は両者に共通で，**プログラムコード B.10** の `fartime1.f` は (1) に対応し，**プログラムコード B.11** の `fartime2.f` は (2) に対応する．これらのプログラム例からも明らかなように，(1) のほうが計算量は少ない．いくつかの数値実験によると，計算時間は約 30%程度少ない．

（1） fdtd3dfar.f　　このプログラムでは，プログラムコード B.3 によって解析領域の電磁界の計算を行い，それと同時に遠方界を計算するようにしている．このため，module fdtd_variable の内容もほぼ同じである．ここには異なる部分だけを示している．計算例は図 **5.20** のような真空中の微小ダイポール電流源を取り上げたため，誘電体四角柱の比誘電率を epsr=1.0 としている．電流源のパルス幅 duration はプログラムコード B.3 の 2 倍とした．このとき，周波数領域の遠方界は

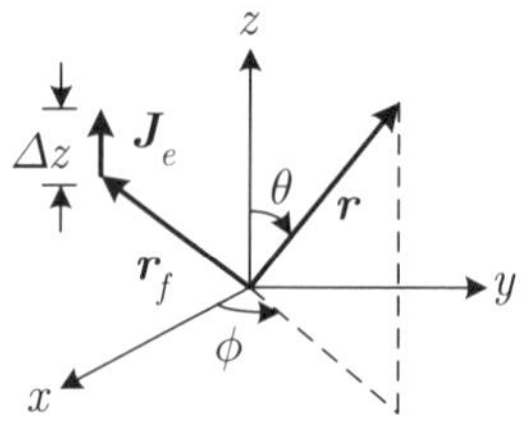

図 **5.20**　微小ダイポール

$$\dot{\boldsymbol{E}}(\omega) = \frac{e^{-jk_0 r}}{r}\left[\frac{jk_0 \Delta z \dot{p}(\omega)}{4\pi} e^{jk_0 \hat{\boldsymbol{r}}\cdot\boldsymbol{r}_f}\sin\theta\right]\hat{\boldsymbol{\theta}} \tag{5.44}$$

で与えられる．ただし，$\dot{p}(\omega)$ は振幅である（章末問題【**8**】）．

メインプログラム fdtd3d_far もまたプログラムコード B.3 の fdtd_3d と基本構造は同じである．遠方界計算の初期設定サブプログラム init_far() を call した後で，時間を進めながら解析領域の近傍電磁界を計算するとともに，電界の計算の後で式 (5.22) の磁流による遠方界の寄与 $\boldsymbol{W}(t)$ を，磁界の計算の後で電流による寄与 $\boldsymbol{U}(t)$ を計算するようにしている．

（2） fartime1.f　　図 5.18 の仮想閉曲面 S は波源である微小電流源を囲んでいさえすればその形はなんでもよいので，ここでは電界セルエッジを含む直方体の表面とし，module far_field ではまず最初に PML 表面と積分面との距離を isx=5，isy=5,isz=5 と定めている．つぎに，座標系の原点 (ic0,jc0,kc0) を閉曲面の中心に定めているが，必ずしも電界のサンプリング点に一致しないから，実数と宣言している．さらに，観測角 (θ, ϕ) =(theta,phi) は度の単位で与えたいから，(theta0,phi0) を度で表した観測角とし，これらをラジアンに変換している．radi0= $\pi/180$ である．

subroutine init_far の rrmax は $r_{\max}$ であり，ms, me はそれぞれ式 (5.35) の m_s', m_e である．これらは wx, ux などの配列の大きさである．式 (5.35) に従って配列の大きさを別々に決めてもよいが，煩雑になるためこのようにした．

mf は計算結果を出力する際の最終時間ステップ数である．ΔS 上の電磁界は me まで寄与する分もあるが，遠方界は閉曲面全体の総和であるから意味のあるデータは mf=ms+nstep となる．

計算結果の出力は subroutine out_far() で行っており，式 (5.25) を時刻 $t=(m+1/2)\Delta t$ において中心差分近似した値とその時刻における厳密解をファイル：fardpl1.txt に書き込むようにしている．なお，厳密解は式 (5.44) から容易に計算できて，次式によって与えられる．

$$D_\theta(t) = \sin\theta \frac{\Delta z}{4\pi c} \left.\frac{dp(t)}{dt}\right|_{t\to t+\hat{\boldsymbol{r}}\cdot\boldsymbol{r}_f/c} \tag{5.45}$$

subroutine jsur1() は i=i0 の面において式 (5.31) を計算しているサブプログラムである．ここで $\boldsymbol{K}_e = -\hat{\boldsymbol{x}} \times \boldsymbol{H} = H_z\hat{\boldsymbol{y}} - H_y\hat{\boldsymbol{z}}$ となるが，この面には磁界は割り当てられていないから，(j,k) における $\Delta S(\boldsymbol{r}')$ 中心の値を周りの磁界を用いて平均をとっている．subroutine msur1() は同じ面での磁流の寄与 (5.34) を計算するサブプログラムであり，電流と同様に $\Delta S(\boldsymbol{r}')$ 中心の値を周りの電界から計算するようにしている．

(3) fartime2.f　fartime1.f とほぼ同じであるから説明の必要はないであろう．異なるのは subroutine jsur1() や subroutine msur1() における電磁流の寄与分の計算だけである．これらは前項の (1), (2) を比較すれば容易に理解できるであろう．

(4) 計　算　例　計算結果を図 **5.21** に示す．fartime1.f による計算も

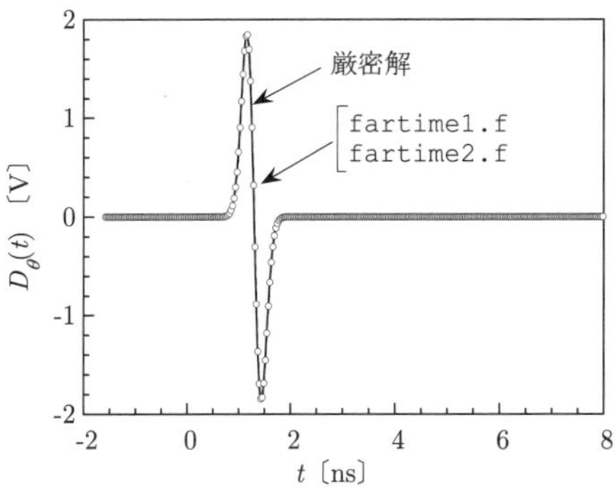

図 **5.21**　微小電流源の過渡指向性

fartime2.f による計算結果も，ともに厳密解と完全に一致し，正しく遠方界が計算できているといえる．なお，遠方指向性の角度特性は式 (5.45) のように $\sin\theta$ だけに依存しているが，fartime1.f でも fartime2.f も $\phi =$ phi0=30.0° として計算している．

5.5.3 散乱断面積と散乱幅

(1) 散乱断面積　多くの電磁波の散乱問題で興味の対象となるのは**散乱断面積** (scattering cross–section) である．図 **5.22** に示すように，散乱体に電力密度 $P^{\rm inc}(\theta_0,\phi_0)$ の平面波が (θ_0,ϕ_0) 方向から入射し，(θ,ϕ) 方向に電力密度 $P^{\rm scat}(r,\theta,\phi)$ の散乱波が放射されたとする．このとき，散乱断面積 $\sigma(\theta,\phi\,;\theta_0,\phi_0)$ は

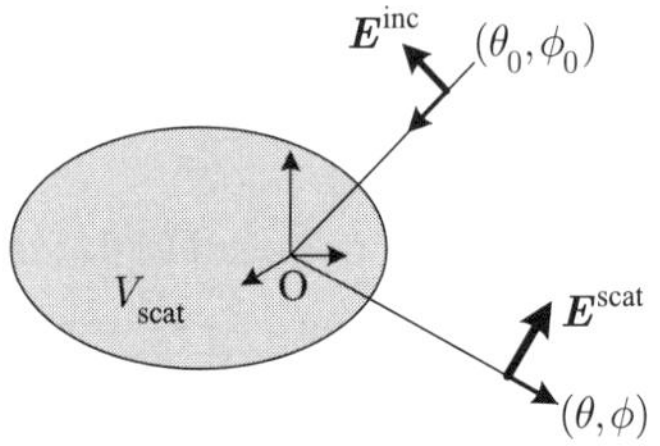

図 **5.22**　散乱断面積の計算

$$\sigma(\theta,\phi\,;\theta_0,\phi_0) = \lim_{r\to\infty}\left[4\pi r^2\frac{P^{\rm scat}(r,\theta,\phi)}{P^{\rm inc}(\theta_0,\phi_0)}\right] = 4\pi\frac{|\dot{\boldsymbol{D}}(\theta,\phi)|^2}{|\boldsymbol{E}_0|^2}$$
$$= \frac{k_0^2}{4\pi}\frac{|Z_0\dot{W}_\theta+\dot{U}_\phi|^2+|Z_0\dot{W}_\phi-\dot{U}_\theta|^2}{|\boldsymbol{E}_0|^2} \tag{5.46}$$

によって定義される．ただし，$\boldsymbol{E}_0$ は入射電界の振幅ベクトルである．特に $(\theta,\phi) = (\theta_0,\phi_0)$，すなわち入射方法と散乱方向が等しいときの散乱断面積を**後方散乱断面積** (back–scattering cross–section) あるいは**レーダ断面積** (radar cross–section) という．

完全導体球の後方散乱断面積を計算した例を図 **5.23** に示す（章末問題【**9**】）．a は導体球の半径で，実線が FDTD 法の計算結果，● は厳密解[1)] である．FDTD 法の計算においては立方体セルを用い，$k_0a = 2$ のとき $\sqrt{3}\Delta x$ が波長の約 1/18，$k_0a = 10$ のとき 1/3.6 程度である．波長に対するセルサイズが大きくなるにしたがって誤差が増えるが，全体としては厳密解とよく一致している．これは，後方散乱断面積が変分原理を満たしているからであると考えられる．また，$k_0a = 2\pi a/\lambda_0$ が大きくなるにしたがって，振動しながら球の実断面積 πa^2 に

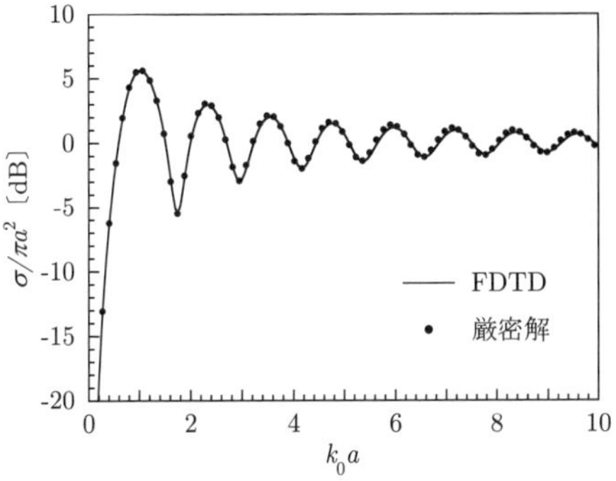

図 **5.23**　完全導体球の後方散乱断面積

近づく．

つぎに，図 **5.24** (a) のような開き角 $\Phi_0 = 90°$ のコーナーリフレクタに x 軸方向から z 方向を向く平面波が入射するものとする．このときの x–z 面内の散乱断面積を図 (b) に示す．ただし，縦軸の dBsm とは 1 m^2 を 0 dBsm とした値である．また，$L = 300$ mm, $W = 150$ mm とし，周波数は 5 GHz とした．この計算においてはセルサイズを $\Delta x = \Delta y = \Delta z = 5$ mm としたため，波長 $\lambda = 60$ mm に対して $60/(5\sqrt{3}) \simeq 7$ 分割していることになる．

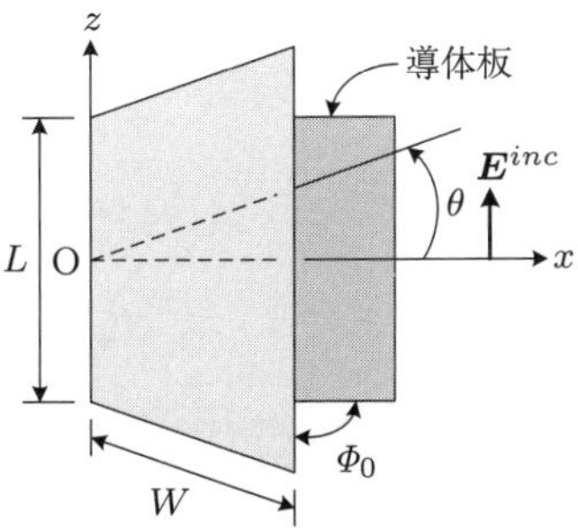

(a) 構造と入射波

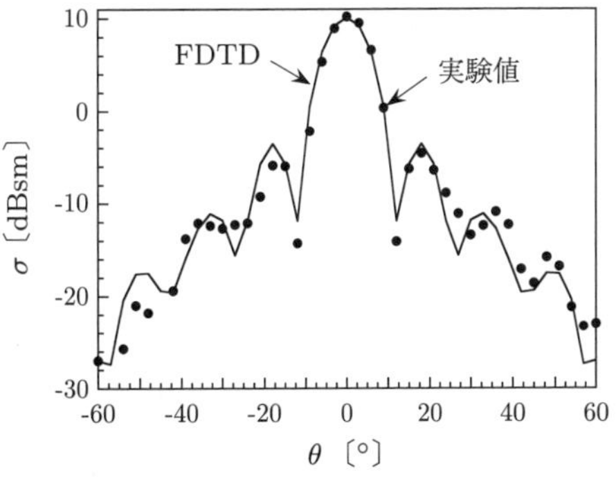

(b) 計算値と実験値

図 **5.24**　コーナーリフレクタの散乱断面積

(2) 散　乱　幅　例えば図 5.24 の長さ L が波長に比べて非常に大きい場合には，解析モデルを直接計算しようとするときわめて多くの計算資源を必要とする．このような散乱体による散乱波は z 方向にはほとんど変化しないであろうから，2 次元問題として扱うことができる．以下にその方法を示す．記号のほとんどは 3 次元と同じものを使うため混乱はないであろう．

図 5.25 のように，x 軸から ϕ_0 の角度で平面波が入射するものとする．このとき，$\boldsymbol{\rho}$ 方向の遠方電界は

$$\dot{\boldsymbol{E}}(\omega) = \frac{e^{-jk_0\rho}}{\sqrt{\rho}}\dot{\boldsymbol{D}}(\omega,\phi) \tag{5.47}$$

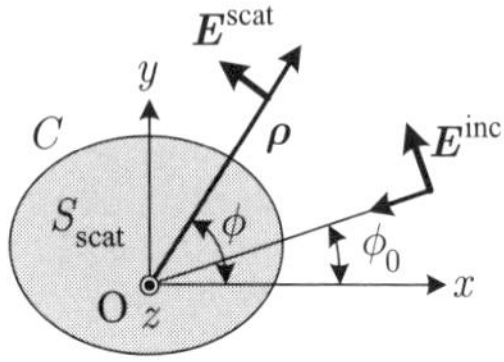

図 **5.25**　散乱幅の計算

によって与えられる．ここで

$$\left.\begin{aligned}\dot{\boldsymbol{W}}(\omega) &= \oint_C \boldsymbol{K}_e(\omega,\boldsymbol{\rho}')e^{jk_0\hat{\boldsymbol{\rho}}\cdot\boldsymbol{\rho}'}\,dl' \\ \dot{\boldsymbol{U}}(\omega) &= \oint_C \boldsymbol{K}_m(\omega,\boldsymbol{\rho}')e^{jk_0\hat{\boldsymbol{\rho}}\cdot\boldsymbol{\rho}'}\,dl'\end{aligned}\right\} \tag{5.48}$$

としたとき

$$\left.\begin{aligned}\dot{D}_\phi(\omega) &= \sqrt{\frac{jk_0}{8\pi}}\Big[-Z_0\dot{W}_\phi(\omega)-\dot{U}_z(\omega)\Big] \\ \dot{D}_z(\omega) &= \sqrt{\frac{jk_0}{8\pi}}\Big[-Z_0\dot{W}_z(\omega)+\dot{U}_\phi(\omega)\Big]\end{aligned}\right\} \tag{5.49}$$

となり，**散乱幅** (scattering width)$\sigma_{2\mathrm{D}}(\phi,\phi_0)$ は

$$\begin{aligned}\sigma_{2\mathrm{D}}(\phi,\phi_0) &= \lim_{\rho\to\infty}\left[2\pi\rho\frac{|\dot{\boldsymbol{E}}|^2}{|\dot{\boldsymbol{E}}_0|^2}\right] = 2\pi\frac{|\dot{\boldsymbol{D}}|^2}{|\boldsymbol{E}_0|^2} \\ &= \frac{k_0}{4}\frac{|Z_0\dot{W}_\phi+\dot{U}_z|^2+|Z_0\dot{W}_z-\dot{U}_\phi|^2}{|\dot{\boldsymbol{E}}_0|^2}\end{aligned} \tag{5.50}$$

によって与えられる．3 次元の散乱断面積は $\sigma = L\sigma_{2\mathrm{D}}$ とすることによって近似的に求めることができる．一方，FDTD 法で時間領域の散乱界を求める場合には，式 (5.49) のように $\sqrt{jk_0}$ があるから都合が悪い．5.5.1 (1) 項のようにして式 (5.48) の $\dot{\boldsymbol{W}}$, $\dot{\boldsymbol{U}}$ の時間領域変換公式を用いたほうが容易である．重複する部分が多いから本書では省略する．読者自ら導出するとともにそのプログラムコードも作成してほしい（章末問題【**10**】）．

章 末 問 題

【1】 5.1 節の散乱界に対する FDTD 法に関して，つぎの問に答えよ．

(1) 図 5.1 の V_{scat} 内部は無損失媒質とする．つぎの二つの場合を考え，それぞれについて V_{scat} 内部の等価電磁流を求めよ．(a) $\varepsilon_b = \varepsilon_0$, $\mu_b = \mu_0$, $\varepsilon = \varepsilon_s$, $\mu = \mu_s$. (b) $\varepsilon_b = \varepsilon_s$, $\mu_b = \mu_s$, $\varepsilon = \varepsilon_0$, $\mu = \mu_0$.

(2) 領域 V_b に損失がある場合の散乱電磁界を導出せよ．

【2】 図 5.3 と同じ誘電体円柱に電界が平行に入射した場合の過渡電界を計算せよ．

【3】 プログラムコード B.7, B.8 を周波数 ω で正弦振動する円偏波の散乱問題を解析するプログラムに作り換えよ．

【4】 プログラムコード B.7, B.8 を 1 次元および 2 次元問題に適用できるように書き換えよ．

【5】 つぎの問に答えよ．

(1) 解析空間内のすべてにおいてセルサイズが異なるとする．**図 5.26** のように磁界は電界セルの中心に，電界は偏った位置に配置するものとする．電磁界の FDTD 表現を導出せよ．

(2) プログラムコード B.3 にならって不均一セルに対するプログラムを完成させよ．ただし，PML 内のセルサイズは一定とし，プログラムコード B.4 を用いるものとする．

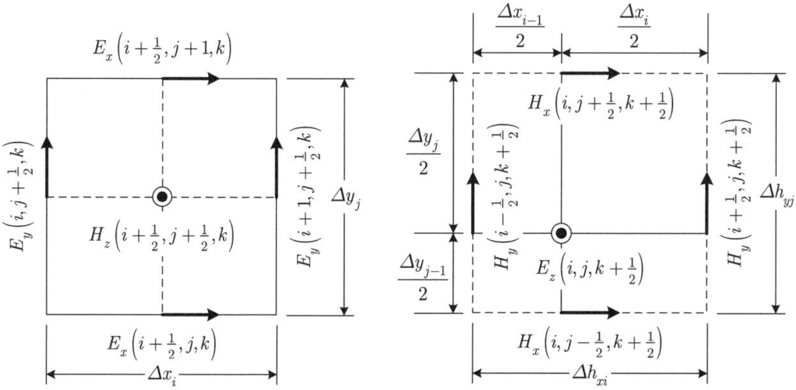

図 5.26　不均一セルの電磁界配置

【6】 図 5.15 のような導体板による散乱問題について以下の問に答えよ．

(1) Yee アルゴリズムを用いて導体板中心の電流密度を計算せよ．ただし，導電率は $\sigma_e = 5.87 \times 10^7$, 5.87×10^6, 5.87×10^5 のとする．また，FDTD 法のパラメータは ETA と同じものとする．

(2) Yee アルゴリズムが収束するようなパラメータを算出し，上問 (1) と同じ計算をせよ．

(3) 2 章の章末問題【**12**】のようなアルゴリズムを用いたとき，ETA の精度がどの程度改善されるかを議論せよ．

【7】 式 (5.11), (5.12) において，$|\boldsymbol{r}| \gg |\boldsymbol{r}'|$ のとき

$$G_0 \simeq \frac{1}{4\pi}\frac{e^{-jk_0 r}}{r}e^{jk_0 \hat{\boldsymbol{r}}\cdot\boldsymbol{r}'}$$

と近似できるものとする．式 (5.21) を導出せよ．また，$\dot{\boldsymbol{H}} = \hat{\boldsymbol{r}} \times \dot{\boldsymbol{E}}/Z_0$ の関係が成り立つことを示せ．

【8】 図 5.20 のような微小ダイポールに関して以下の問に答えよ．

(1) 式 (5.21)，(5.22) を用いて式 (5.44) を導け．

(2) 微小ダイポールによる近傍電磁界の過渡応答を FDTD 法によって計算し，厳密解と比較せよ．

(3) 式 (5.11), (5.12) を時間領域に変換して近傍電磁界の過渡応答を計算し，問 (2) の結果と比較せよ．

【9】 プログラムコード B.7 と B.10 を利用して，半径 $a = 10$ cm の完全導体球の後方散乱断面積を計算せよ．ただし，周波数範囲は 0.5 MHz ～ 5 GHz とする．

【10】 プログラムコード B.10 を 2 次元遠方散乱界の計算プログラムコードに直せ．また，散乱幅を計算するプログラムを作れ．

6 アンテナ解析とその実例

アンテナ特性を正確に解析するにはアンテナを構成する導体や誘電体などを詳細にモデル化する必要があるが，細か過ぎてはメモリや計算時間などの計算機負荷が増え過ぎる．したがって，正確さをできるだけ失わずに効率のよいモデル化が必要である．また，アンテナ解析では入力インピーダンス，放射指向性，利得などが興味の対象となる．ここではおもにアンテナの FDTD 解析に必要ないくつかの手法とその関連事項を説明する．

6.1 アンテナ導体のモデル化

6.1.1 細線導体と導体板

図 6.1 のような波長に比べて十分細い円柱導体を Yee セルによってモデル化しようとするとセルの数が増加するが，5.3.3 項の CP 法を用いるとセルサイズを小さくすることなく円柱の半径を組み入れることができる．これについて説明しよう．

図 6.1 を線状アンテナとし，その給電部に一様な電界 $\boldsymbol{E}^{ex} = E_z(\mathrm{P_f})\hat{\boldsymbol{z}}$ が印加されていると仮定する．このとき，導体表面では電界の接線成分が 0 であり，給電部だけに電界 $\boldsymbol{E}^{ex}$ があるから，点 $\mathrm{Q_1}$ の磁界 $H_x(\mathrm{Q_1})$ は式 (5.9) より

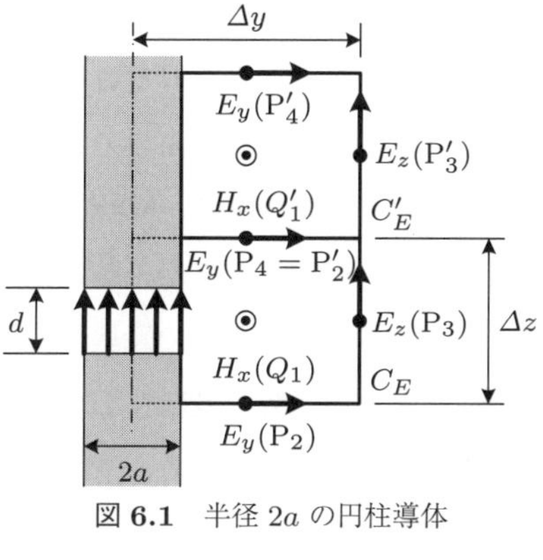

図 6.1　半径 $2a$ の円柱導体

$$
\begin{aligned}
H_x^{n+\frac{1}{2}}(\mathrm{Q}_1) = a_m(\mathrm{Q}_1)H_x^{n-\frac{1}{2}}(\mathrm{Q}_1) \\
-b_m(\mathrm{Q}_1)\left[\frac{E_y^n(\mathrm{P}_2)-E_y^n(\mathrm{P}_4)}{\Delta z} - \frac{E_z^n(\mathrm{P_f})d - E_z(\mathrm{P}_3)\Delta z}{\Delta z(\Delta y - a)}\right]
\end{aligned}
\tag{6.1}
$$

となる．給電部を含まないセルでは $E_z(\mathrm{P_f}) = 0$ とすればよいから

$$
\begin{aligned}
H_x^{n+\frac{1}{2}}(\mathrm{Q}_1') = a_m(\mathrm{Q}_1')H_x^{n-\frac{1}{2}}(\mathrm{Q}_1') \\
-b_m(\mathrm{Q}_1')\left[\frac{E_y^n(\mathrm{P}_2')-E_y^n(\mathrm{P}_4')}{\Delta z} + \frac{E_z(\mathrm{P}_3')}{\Delta y - a}\right]
\end{aligned}
\tag{6.2}
$$

を得る．

一方，円柱が非常に長いとすると電界も磁界も動径 $\rho = \sqrt{x^2+y^2}$ に対して $1/\rho$ のように変化するから，この変化を取り入れれば近似精度が上がると予想される．しかしながら，**ダイポールアンテナ** (dipole antenna) のような有限長の線状アンテナでは，端部に蓄積される電荷の効果によってさらに複雑な変化をするため，これだけでは著しい効果はない．

図 6.1 を厚さ $2a$ の板状アンテナの側面図であるとみなすと，上述と同様のモデリング法をそのまま適用することができる．考え方も表現式も式 (6.1), (6.2) とほぼ同じであるから，あらためて説明する必要はないであろう．

6.1.2　導　体　端　部

導体円柱や導体板の端部などの不連続部には電荷が集中するため不連続部近傍電磁界の振舞いはかなり複雑になる[39),42)]．したがって，電磁界分布の計算精度を上げるためには電磁界の特異性を取り入れることが重要となる．しかしながら，2 次元の場合[43)] や誘電体基板上アンテナ[44)] などの特殊な場合を除いて，簡単で一般性を持ったモデル化の手法はいまのところ見出されていない．

一方，導体端部電磁界の特異性が入力インピーダンスや指向性などのアンテナ特性に著しい影響を及ぼすことは少ないが，アンテナの寸法を正確にモデル化することは非常に重要で，少なくとも CP 法などを用いて導体端部を正確に設定しておく必要がある．

6.1.3 近 接 導 体

図 6.2 に示す逆 F アンテナのように，インピーダンス整合を行う目的で給電ピンの近くに短絡ピンを設置することがある．この場合，2 本の円柱導体が接近するため電流は表面に一様に流れるのではなく偏った流れ方をする．このため，それらの太さや間隔が整合条件に大きな影響を与える．したがって，このようなアンテナの特性を正確に計算するためには，給電ピン，短絡ピンともに半径方向に 2 セル以上でモデル化し，かつ CP 法や等価半径を用いて各円柱導体の太さを計算に取り込むようにする必要がある[45)].

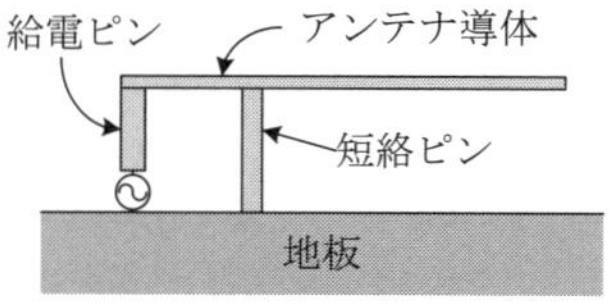

図 6.2 逆 F アンテナ

6.1.4 導体板と線状導体の接続部

導体板の厚さや線状導体の太さが無視できるなら，それらが結合した場合でも導体板表面と線状導体の中心に配置された電界を 0 にするだけでモデル化でき，**モーメント法**†(method of moments, MoM) のような特別な工夫[46)] は必要としない．しかしながら，図 6.2 の逆 F アンテナのような場合には，線状導体の太さも重要なパラメータとなるため注意深い検討が必要となる．ここでは導体半径を FDTD 法計算に取り入れる最も簡単な方法を説明する．

導体板と線状導体の接合部における電界セル配置を**図 6.3** に示す．線状導体の半径 a はセルサイズの 1/2 よりも小さいとする．まず，磁界の法線成分は原理的に 0 であるが，FDTD 法の計算過程で自動的に 0 となるから特に注意する必要はない．つぎに，接合部分の電界セル C'_{E} では導体板上の電界が 0 となるから，式 (6.2) において $E_y(\mathrm{P}'_2) = 0$ と置いて

$$\begin{aligned} H_x^{n+\frac{1}{2}}(\mathrm{Q}'_1) &= a_m(\mathrm{Q}'_1) H_x^{n-\frac{1}{2}}(\mathrm{Q}'_1) \\ &\quad + b_m(\mathrm{Q}'_1) \left[\frac{E_y^n(\mathrm{P}'_4)}{\Delta z} - \frac{E_z(\mathrm{P}'_3)}{\Delta y - a} \right] \end{aligned} \tag{6.3}$$

† モーメント法の詳細については 8.3.2 項およびその中で引用されている文献を参照してほしい．

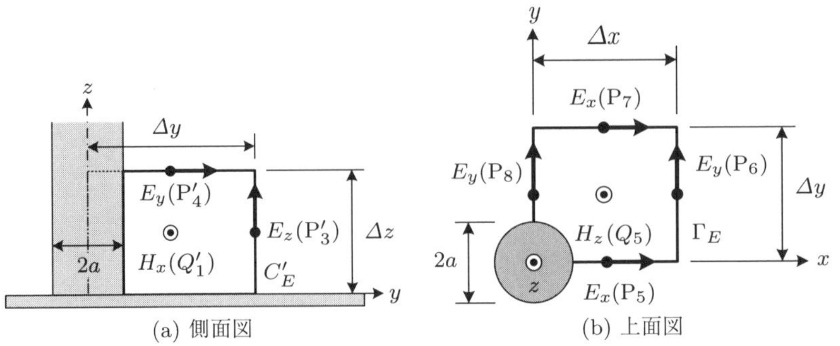

図 6.3　導体板と線状導体の接続部

を得る．接合線状導体が単一ならこれで十分ではあるが，二つ以上の導体が接近している場合には周方向の電磁界は一様ではないから，Γ_E に対しても CP 法を用いて

$$
\begin{aligned}
H_z^{n+\frac{1}{2}}(\mathrm{Q}_5) &= a_m(\mathrm{Q}_5)H_x^{n-\frac{1}{2}}(\mathrm{Q}_5) \\
&\quad -b_m(\mathrm{Q}_5)\left[\frac{E_x(\mathrm{P}_5)(\varDelta x-a)-E_x(\mathrm{P}_7)\varDelta x}{\varDelta S_\Gamma}\right. \\
&\quad \left. -\frac{E_y(\mathrm{P}_8)(\varDelta y-a)-E_y(\mathrm{P}_6)\varDelta y}{\varDelta S_\Gamma}\right] \qquad (6.4)
\end{aligned}
$$

となる．ただし，$\varDelta S_\Gamma = \varDelta x\varDelta y - \pi a^2/4$ である．

6.2　アンテナ給電モデルと給電点電流

アンテナ解析においては給電部の取扱いが重要である．実際に使用されるコネクタや線路の形状までを計算に取り込むことも可能ではあるが，複雑過ぎては計算量が増大する．したがって，単純でしかも本質を失わないような**給電モデル**が必要である．本節では，FDTD 法でよく用いられる給電モデルを紹介する．

6.2.1　微小ギャップ給電

アンテナの給電法で基本となるのが**図 6.4** のような給電モデルである．外部から強制的に与える**給電電圧** (feeding voltage) を $v^{ex}(t) = V_0p(t)$，給電間隔

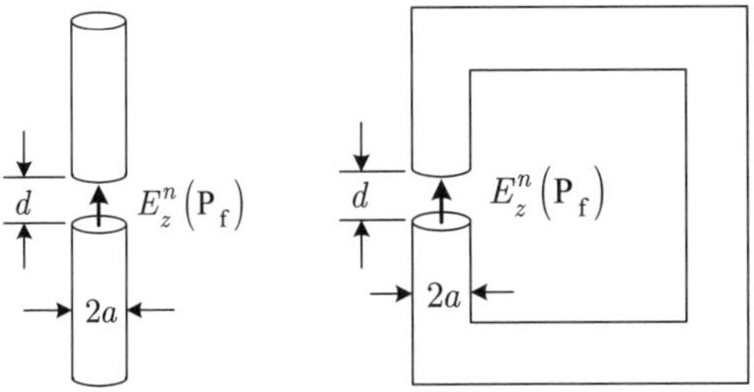

(a) ダイポールアンテナ　　(b) ループアンテナ

図 6.4　微小ギャップ給電

を d としたとき，給電部の電界は

$$E_z^n(\mathrm{P_f}) = -\frac{v^{ex}(n\Delta t)}{d} = -\frac{V_0}{d}\,p(n\Delta t) \tag{6.5}$$

によって与えられる．負号は上部の導体の電位が下部導体よりも高いとしたことによる．この給電法をモーメント法のそれにならって**微小ギャップ給電** (small gap feed)，あるいはデルタギャップ給電という．ただし，V_0 は給電電圧の振幅である．また，半径 a，給電間隔 d はともに波長に比べて小さいとし，$d \ll a$ の条件も満たすものとする．

この給電法は実際のアンテナ給電部を良くモデル化していると考えられるが，給電間隔が大きくなると印加電界は必ずしも一様とはならない．この効果は等価的なコンデンサに置き換えて考えることができて，その静電容量 C_g は $d \ll a$ のとき $C_g \simeq 2\varepsilon_0 a \ln(2a/d)$ となることが知られている[50)]．実用上は $d \lesssim a/10$ 程度ならばこの効果を無視できるといわれている．

微小ギャップ給電線状アンテナの**給電点電流** (feed point current) を求めるための給電点近傍磁界セルエッジ C_H を**図 6.5** に示す．C_H によって囲まれた面 S_H を貫く全電流はアンペア・マクスウェルの法則を用いて

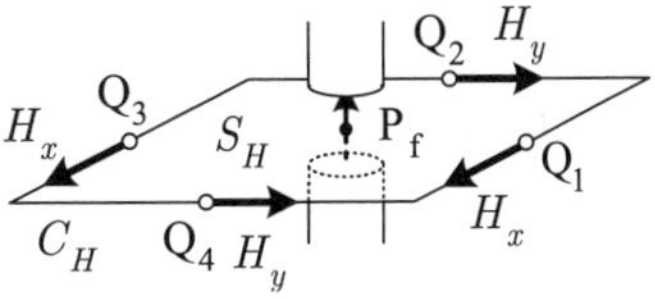

図 6.5　給電点電流の計算

$$
\begin{aligned}
i^{n+\frac{1}{2}} &= \oint_{C_H} \boldsymbol{H}^{n+\frac{1}{2}} \cdot d\boldsymbol{l} \\
&= \left[H_x^{n+\frac{1}{2}}(\mathrm{Q}_3) - H_x^{n+\frac{1}{2}}(\mathrm{Q}_1)\right] \Delta x + \left[H_y^{n+\frac{1}{2}}(\mathrm{Q}_4) - H_y^{n+\frac{1}{2}}(\mathrm{Q}_2)\right] \Delta y
\end{aligned}
\tag{6.6}
$$

から計算することができる†．ここで注意しなければならないのは，この電流はアンテナ導体に流れる電流と面 S_H を貫く変位電流の和であり，アンテナに流れる電流だけを抽出することは原理的にはできない．このため実際の計算では，変位電流による誤差をできるだけ小さくするように，閉曲線 C_H を給電部を含む最小磁界セルエッジとする．変位電流による誤差とその低減法については文献 47) を参照されたい．

(1)　プログラム例　　図 6.4 (a) のような全長 $L = 2l$, 半径 a，給電間隔 d のダイポールアンテナに電圧

$$
v^{ex}(t) = V_0 \exp\left[-\left(\frac{t - t_0}{t_d}\right)^2\right] \tag{6.7}
$$

を印加した場合の給電点電流 $i(t)$ を計算するプログラム例を付録 B.5 節の**プログラムコード B.12** に示す．ただし，給電部はダイポールアンテナの中央部にあるものとした．このプログラムはプログラムコード B.3 をできるだけ変えないようするために，6.1 節で説明したアンテナのモデル化と給電点電流の計算はもう一つの**プログラムコード B.13** を `include` するようにした．

プログラムコード B.12 のメインプログラム `fdtd_dpl` では，ダイポールアンテナの寸法や電磁界計算のための係数などを決めるサブプログラム `setup_dip()` を `call` した後で，時間を進めながら電磁と磁界の計算をしている．給電点の電界 $E_z(\mathrm{P_f})$ を計算するサブプログラム `e_dip` を `e_cal` の後に `call` したのは，点 $\mathrm{P_f}$ に式 (6.5) のような強制電界 E_z^n を与えるためである．給電点電流は式 (6.6) のように $t = (n + 1/2)\Delta t$ におけるアンテナ近傍の磁界から計算されるので，`call h_cal` の直後の `call h_dip` で導体近傍の磁界だけを抽出するよ

† 給電電圧を式 (6.5) ではなく，$E_z = v^{ex}/d$ で与えたとすると，給電点電流は $-i^{n+1/2}$ となる．

うにしている．さらに，`call out_vi(n)` によって給電点電圧と給電点電流を出力している．

プログラムコード B.13 の `module dipole_variable` 内の `ip` は $t = (n - 1/2)\Delta t$ における給電点電流 $i^{n-1/2}$ であり，初期値を 0.0 としている．`ldip` はアンテナの全長 $L = 2l$ で 15 cm としている．`a_dip`, `d_fed` はそれぞれアンテナの半径 a，給電間隔 d で $a = 1$ mm, $d = a/10$ とした．`subroutine setup_dip()` では給電部以外のアンテナ中心軸を完全導体とするための係数を設定している．また，`s_dip` は式 (6.4) の ΔS_Γ である．アンテナ中心軸上の電界は `subroutine e_dip()` の中で与えており，励振部では式 (6.5) によって，それ以外では 0 としている．`subroutine h_dip()` はアンテナ導体に最も近いセル上の磁界を CP 法によって計算するサブプログラムで，具体的には式 (6.1), (6.4) である．`subroutine out_vi(n)` は $t = n\Delta t$ における給電部に生じる電圧 $v^{ex}(t) = -E_z(\mathrm{P_f})d$ と給電点電流 $i(t)$ を出力するサブプログラムで，式 (6.6) の右辺を計算している．ただし，`i` は式 (6.6) の $i^{n+1/2}$ であるから，給電電圧の時刻と合わせるために $i^n = (i^{n+1/2} + i^{n-1/2})/2$ として出力している．

(2) 数　値　例　プログラムコード B.13 を用いて計算した結果を**図 6.6** に示す．ただし $V_0 = 1$ V，$t_0 = 0.25$ ns，$\tau_d = 4t_0$ とした．また，セルサイズを $\Delta x = \Delta y = \Delta z = 6$ mm とし，吸収境界は 8 層の PML とした．給電点で励振された電流はアンテナ表面を光速で伝搬し，アンテナ端で反射して給電点

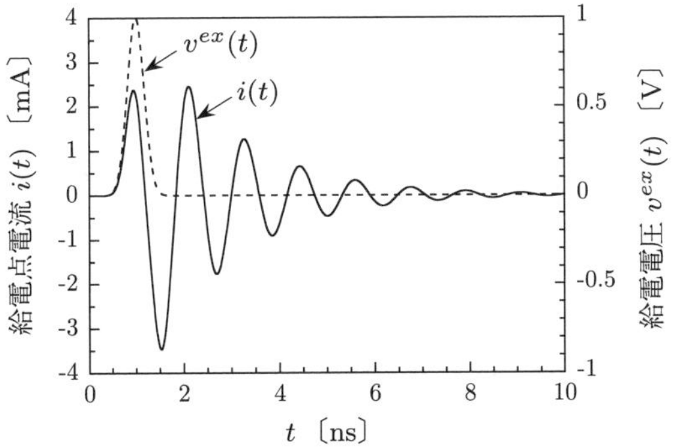

図 6.6　ダイポールアンテナの給電電圧と給電点電流

に戻る．この電流は電磁波の放射を伴いながら反射を繰り返すため，振動しながら徐々に振幅が小さくなるとともにその波形も崩れてゆく．

つぎに，図 6.4 (b) のような一辺が 150 mm の正方形**ループアンテナ** (loop antenna) をガウスパルス電圧で励振した場合の給電点電流を図 **6.7** に示す．ただし，$\Delta x = \Delta y = \Delta z = 1$ cm とし，吸収境界は PML を用いた．給電電圧は直流成分を含むパルスであるため，放射にほとんど寄与しない電流がいつまでも流れ続ける．このため，電流の周波数特性を求めるための数値フーリエ変換ができない．これを解決するためには，図 1.17 (a) のような直流成分を含まないパルスで給電するか，あるいは 6.3.3 項のような方法を用いる必要がある．

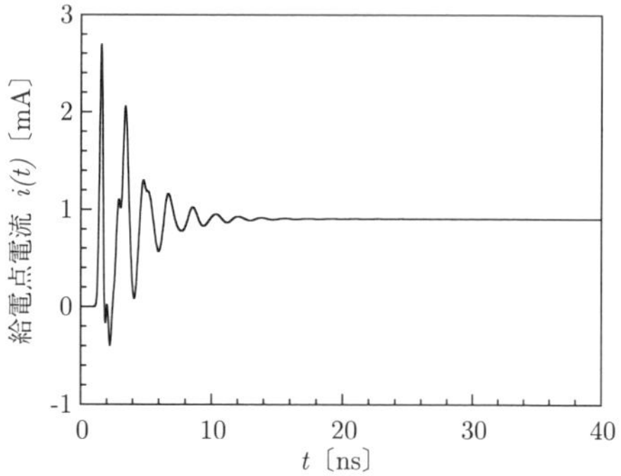

図 **6.7**　ループアンテナの給電点電流

6.2.2　同 軸 線 路 給 電

同軸線路給電 (coaxial cable feed) とは同軸線路を模擬した給電モデルで，図 **6.8** のように半径 b の円形外導体を正方形の電界セルでモデル化している[48]．同軸線路の内導体に半径 a のアンテナ導体が接続されたとき，同軸線路開口部の電界は近似的に

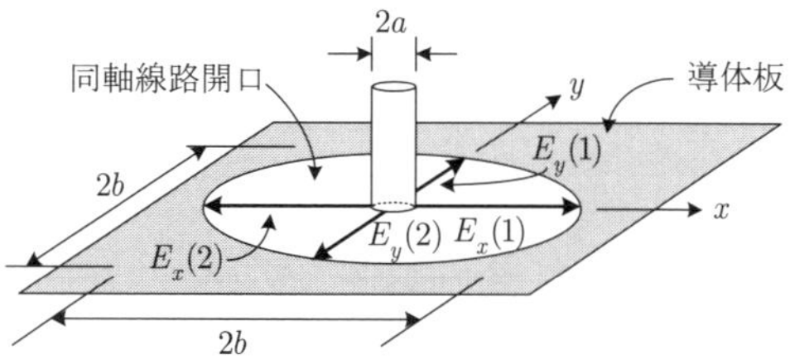

図 **6.8**　同軸線路給電

$$E_x(1) = E_y(1) = -E_x(2) = -E_y(2) = -\frac{v^{ex}(t)}{\rho \log(b/a)} \tag{6.8}$$

で与えられる．ただし $\rho = \sqrt{x^2 + y^2}$ である．このようにすると給電電界は動径方向 ρ の関数になるが，電界セルエッジに沿って積分すると，その値は $v^{ex}(t)$

となるので，磁界の更新式は変えなくてよい．

給電点電流は図 6.5 と同じように導体を囲む磁界セルエッジ上の磁界を用いて求められるが，同軸開口部には磁界は割り当てられていないから，そこから半セル分だけ上部の磁界を用いることになる．なお，この給電法はモーメント法における磁気フリル (magnetic frill) 給電[49] に対応する．

6.2.3　マイクロストリップ線路給電

図 6.9 はマイクロストリップアンテナ (microstrip antenna) を幅 W のストリップ導体を介して給電する様子を示したもので，図 (a) ではストリップ導体の幅方向に数個の電界セルで分割し，それらのセルすべてに同一の励振電界 $\boldsymbol{E}^{ex}$ を与えている．これは給電線路に一様な電界励振させようとするもので，**マイクロストリップ線路給電** (microstrip–line feed) という．このように電界だけを給電するとアンテナと逆方向へ伝搬する波も発生するためアンテナ方向だけに伝搬するようにするのには，磁界も同時に与えなければならない．磁界を与えない場合には，ストリップ導体を延長し，吸収境界で終端しておく必要がある．給電の仕方は簡単であるが，このような給電の仕方をすると，有限地板の問題が解析できない．これを解決するために，微小ギャップ給電とマイクロストリップ線路給電との中間的なものとして，図 (b) のように給電面内に階段状の導体セルを設けて地板上のセルにギャップ給電する方法がある[51]．これは給電線路に取り付けられたコネクタの最も簡単なモデルである．前者の給電法における給電点電流は導体の周りの磁界セルエッジにアンペア・マクスウェルの法則を適用することによって求められる．後者のそれは，式 (6.6) によって求

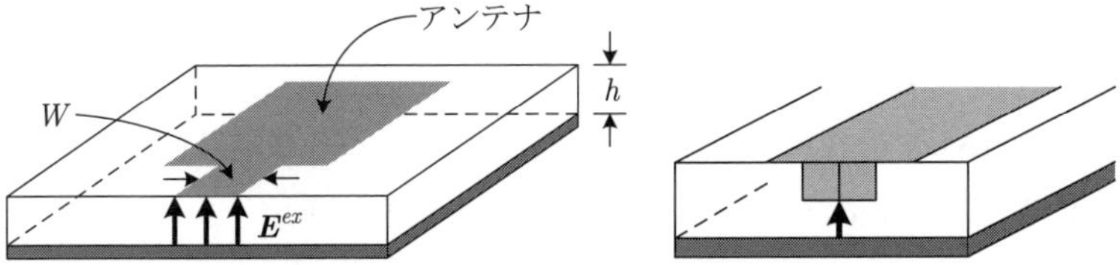

(a) 線路による給電　　(b) ギャップ給電

図 6.9　マイクロストリップ線路給電

められる．

一方，地板から給電ピンを介してマイクロストリップアンテナを給電する場合もある．このような給電は，6.2.1 項で述べた微小ギャップ給電あるいは 6.2.2 項の同軸線路給電によってモデル化することができる．

6.3　入力インピーダンス

6.3.1　計　　算　　法

（1） **FFT の利用**　　アンテナの**入力インピーダンス** (input impedance) は給電電圧，給電点電流のフーリエスペクトルをそれぞれ $\dot{V}(\omega)$, $\dot{I}(\omega)$ としたとき

$$\dot{Z}_{\rm in}(\omega) = \frac{\dot{V}(\omega)}{\dot{I}(\omega)} \tag{6.9}$$

によって与えられる．$\dot{V}(\omega), \dot{I}(\omega)$ を計算するには，式 (6.5) の $v^{ex}(t) = V_0 p(n\Delta t)$, 式 (6.6) の $i^{n+1/2}$ を数値的にフーリエ変換すればよい．ただし，電流と電圧とは $\Delta t/2$ だけ時刻がずれていることに注意してほしい．この時間差による誤差は一般に小さいが，より正確に計算するためにはプログラムコード B.13 で示すように，$i^n = (i^{n-1/2} + i^{n+1/2})/2$ と平均したデータを用いて数値的にフーリエ変換すればよい．ところで，FDTD では $t \geq 0$ の値だけが計算されるだけであるから，本来のフーリエ変換とは異なる．一方，数値フーリエ変換としてよく知られているのは**高速フーリエ変換** (fast Fourier transform, FFT) であるが，**離散フーリエ変換** (discrete Fourier transform, DFT) と本質的には同じである．フーリエ変換と DFT の関係や FFT のプログラム例は付録 C.3 節を参照していただきたい．

（2） **ARMA の利用**　　FDTD 法では Δt ごとの離散時間信号を扱うから，z **変換**[52] (z transform) を用いると便利な場合が多い．$z = e^{j\omega\Delta t}$ としたときの線形システムの伝達関数は

$$H(z) = \frac{a_0 + a_1 z^{-1} + \cdots + a_q z^{-q}}{1 + b_1 z^{-1} + \cdots + b_p z^{-p}} \tag{6.10}$$

で与えられるから，入力信号 $x(n)$ を電流 I^n，出力信号 $y(n)$ を電圧 V^n とすれば，$H(z)$ は入力インピーダンスに相当する．式 (6.10) の係数 $a_j (j = 0, 1, \cdots, q)$，$b_i (i = 1, 2, \cdots, p)$ を入出力信号から決定する手法の一つが**自己回帰移動平均推定法**[53)](auto–regressive moving average method, ARMA) である．これについて説明しよう．

式 (6.10) を用いると出力信号 $y(n)$ は

$$y(n) = -\sum_{i=1}^{p} b_i y(n-i) + \sum_{j=0}^{q} a_j x(n-j) \tag{6.11}$$

で与えられる．ここで $\boldsymbol{y} = [y(1), \cdots, y(n)]^t$，$\boldsymbol{c} = [b_1, \cdots, b_p, a_0, \cdots, a_q]^t$ として式 (6.11) を行列形式に変換すると，$\boldsymbol{y} = A\boldsymbol{c}$ となり，その最小 2 乗解は $\boldsymbol{c} = \left(A^t A\right)^{-1} A^t \boldsymbol{y}$ で与えられる．このようにして入力信号と出力信号より式 (6.11) の係数 a_j，b_i が求められる．ここで

$$A = \left[\begin{array}{c|c} -Y_b^{(1)} & X_a^{(1)} \\ \hline -Y_b^{(2)} & X_a^{(2)} \end{array}\right] \tag{6.12}$$

としたとき

$$Y_b^{(1)} = \begin{bmatrix} 0 & 0 & \ldots & 0 \\ y(1) & 0 & \ldots & 0 \\ \vdots & \vdots & \ddots & \vdots \\ y(p) & y(p-1) & \ldots & y(1) \end{bmatrix} \tag{6.13a}$$

$$X_a^{(1)} = \begin{bmatrix} x(1) & 0 & \ldots & 0 \\ x(2) & x(1) & \ldots & 0 \\ \vdots & \vdots & \ddots & \vdots \\ x(p+1) & x(p) & \ldots & x(p+1-q) \end{bmatrix} \tag{6.13b}$$

$$Y_b^{(2)} = \begin{bmatrix} y(p+1) & y(p) & \dots & y(2) \\ y(p+2) & y(p+1) & \dots & y(3) \\ \vdots & \vdots & \ddots & \vdots \\ y(n-1) & y(n-2) & \dots & y(n-p) \end{bmatrix} \tag{6.13c}$$

$$X_a^{(2)} = \begin{bmatrix} x(p+2) & x(p+1) & \dots & x(p+2-q) \\ x(p+3) & x(p+2) & \dots & x(p+3-q) \\ \vdots & \vdots & \ddots & \vdots \\ x(n) & x(n-1) & \dots & x(n-q) \end{bmatrix} \tag{6.13d}$$

である．ただし，$i < 0$ に対して $x(i) = y(i) = 0$ である．

6.3.2 ダイポール系アンテナ

図 6.6 のデータを用いて計算したダイポールアンテナの入力インピーダンスを**図 6.10** に示す．21 分割の区分的正弦関数を基底関数とするモーメント法 (MoM) の結果も併せて示している．局所的には一致しない部分もあるが，全体的には両者はよく一致している．ただし，極低周波領域の FDTD 法の計算は誤差が大きい．これは吸収境界が低周波数帯では誤差が大きいことに加えて，図 6.6 のように電流の低周波成分がほとんどなく，わずかな数値誤差でも大きな影響を及ぼすためである．また，$\sqrt{\Delta x^2 + \Delta y^2 + \Delta z^2} \sim 10.4$ mm であるから，セルサイズは 3 GHz で約 1/10 波長となり，この例では 4 GHz 以上の周波数で数値分散誤差が顕著になる．

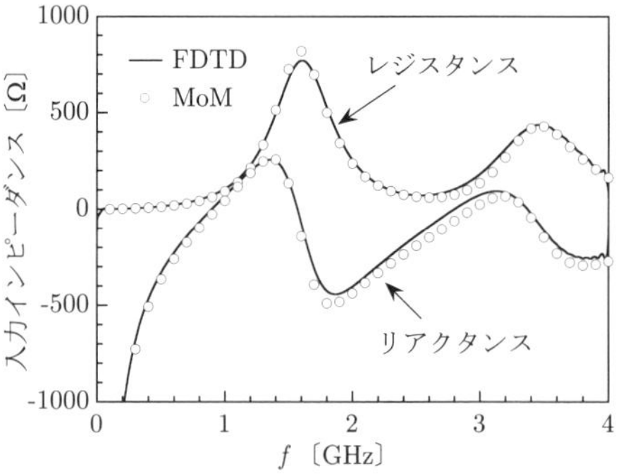

図 6.10　入力インピーダンス

つぎに，**図 6.11** (a) のような全長 $2l$，開き角 $\theta_0 = 45°$ の**ボウタイアンテナ**

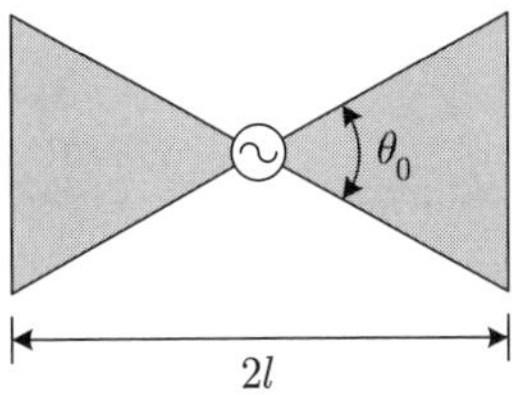

(a) 構　造

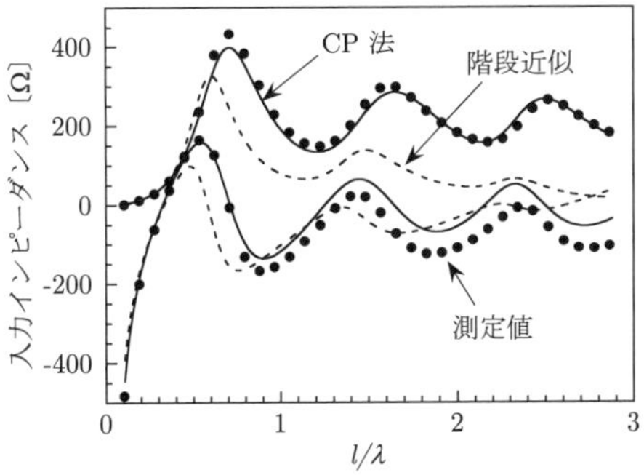

(b) 入力インピーダンス

図 6.11　ボウタイアンテナの入力インピーダンス

(bow–tie antenna) の入力インピーダンスを図 (b) に示す．ただし，横軸は l を波長で規格化している．セルサイズは $l/21$ とした．直方体セルを用いた計算 (階段近似と表示) ではアンテナの側面を階段近似しているため計算誤差が大きい．これに対して CP 法を用いることにより精度が向上していることがわかる．

6.3.3　ループ系アンテナ

ループアンテナや図 6.2 の逆 F アンテナにガウスパルスのような直流成分を持つ電圧を与えると，図 6.7 のように放射に寄与しない直流電流がいつまでも流れ続けて電流の値が 0 に収束しない．このため，電流の数値的なフーリエ変換ができない．これを解決する方法の一つが**図 6.12** に示す**内部抵抗** (internal resistance)r を装荷した微小ギャップ給電モデルである．この時の給電電界は

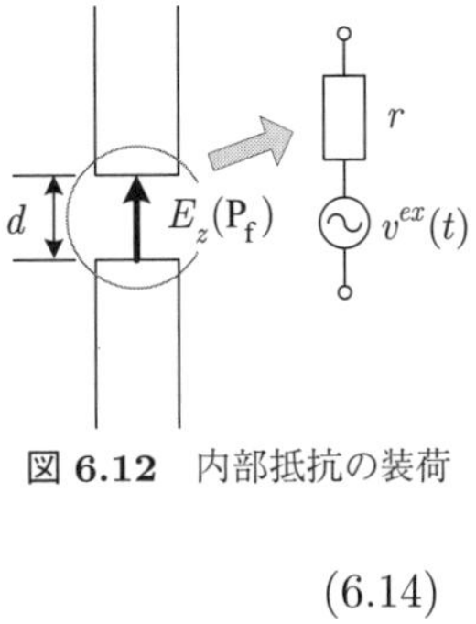

図 6.12　内部抵抗の装荷

$$E_z^n(\mathrm{P_f}) = -\frac{v^{ex}(n\Delta t) - ri^{n-\frac{1}{2}}}{d} \tag{6.14}$$

で与えられる．ここで $t = (n-1/2)\Delta t$ の電流を使っていることに注意していただきたい．計算例を**図 6.13** に示す．内部抵抗により給電点電流は時間とともに減衰するから，式 (6.9) より内部抵抗を含めた入力インピーダンスを求め

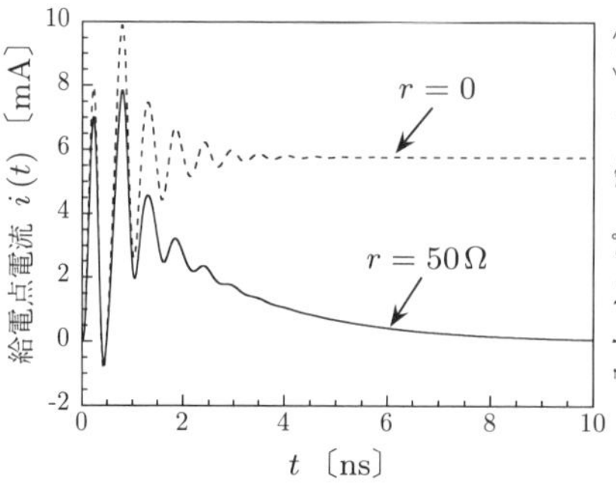

図 **6.13**　ループアンテナの給電点電流

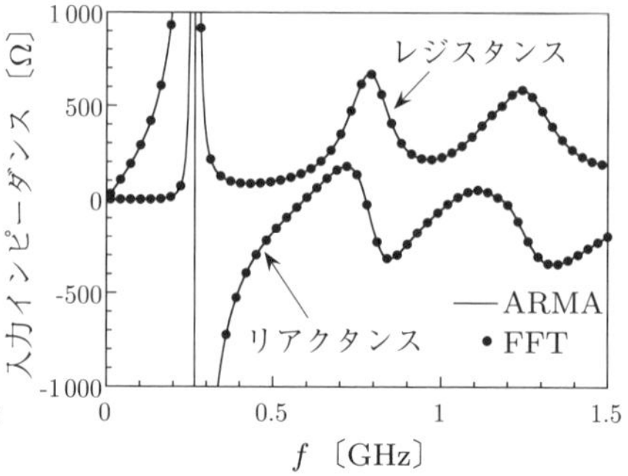

図 **6.14**　入力インピーダンス

ることができる．この値から r を差し引いた値がアンテナの入力インピーダンスである．

もう一つの方法は，ARMA を利用する方法である．計算例を**図 6.14** に示す．この例では $n = 500$, $p = q = 200$ とした．また，黒丸で示した FFT とは，図 6.12 の $r = 50\ \Omega$ の電流データを 4 096 個用いた計算値である．ARMA の計算では行列計算を行っているので FFT よりも多くの計算時間を要する反面，いったん伝達関数 $H(z)$ が求まってしまえば，どんなパルス応答に対しても FDTD の計算をすることなしに電流波形を計算することができる利点がある．

6.3.4　マイクロストリップアンテナ

図 6.9 の側面図を**図 6.15** に示す．図 6.9 (b) のギャップ給電の場合は $x < x_f$ が真空であると考えていただきたい．$x = x_f$ に給電電界 $\boldsymbol{E}^{ex}(t) = v^{ex}(t)/h\,\hat{\boldsymbol{z}}$ を与えて，電流は $x = x_I = x_f + \Delta x/2$ の点で計算される．したがって，一様給電の場合は時間的にも空間的にも半セルだけずれた点で給電電圧，給電点電流が定義されることに注意してほしい．もちろん，空間的にも時間的にも平均

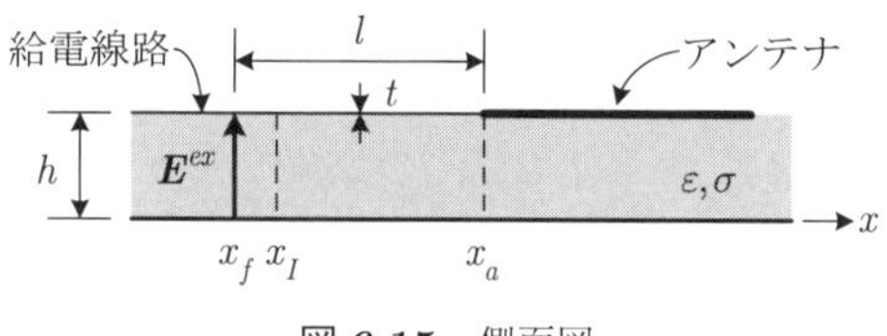

図 **6.15**　側面図

値を用いればこのような困難を避けることができるが，計算されるのは給電線路とアンテナを含むインピーダンスである．知りたいのは $x = x_a$ から右側を見たアンテナのインピーダンスであるから，給電線路の寄与分を差し引く必要がある．

一方，給電線路内では **TEM モード** (transverse electomagnetic mode) だけが伝搬するものと考えてよく，**図 6.16** にような等価回路で考えることができる．したがって，FDTD 法によって計算された端子 $x_f - x'_f$ のインピーダンスを $\dot{Z}_{\mathrm{in}}$ としたとき，端子 $x_a - x'_a$ から右側を見たアンテナのインピーダンス $\dot{Z}_a$ は，例えばインピーダンス変換公式[54] より

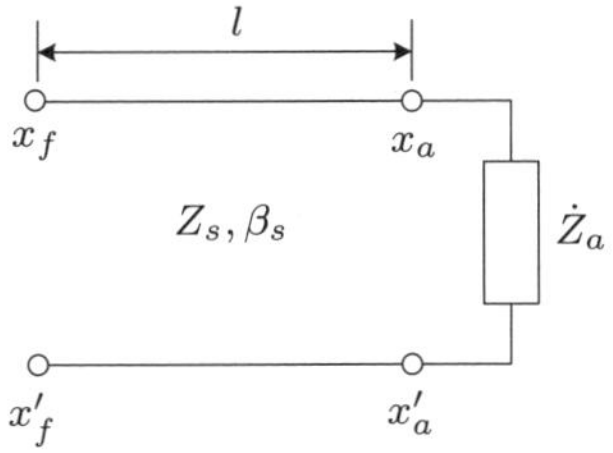

図 6.16 等価回路

$$\dot{Z}_a = Z_s \frac{\dot{Z}_{\mathrm{in}} - jZ_s \tan \beta_s l}{Z_s - j\dot{Z}_{\mathrm{in}} \tan \beta_s l} \tag{6.15}$$

によって求めることができる．ただし，伝送線路は無損失であるとする．このとき必要な定数はマイクロストリップ線路の特性インピーダンス Z_s と伝搬定数 β_s であるが，これらは近似的に次式で与えられる[55]．

$$Z_s = \begin{cases} \dfrac{60}{\sqrt{\varepsilon_{\mathrm{eff}}}} \ln\left(\dfrac{8h}{W'} + \dfrac{W'}{4h}\right) & \left(\dfrac{W'}{h} \leq 1\right) \\ \dfrac{120\pi}{\sqrt{\varepsilon_{\mathrm{eff}}}} \left[\dfrac{W'}{h} + 1.393 + 0.667 \ln\left(\dfrac{W'}{h} + 1.444\right)\right]^{-1} & \left(\dfrac{W'}{h} > 1\right) \end{cases} \tag{6.16}$$

ただし，W' と実効誘電率 $\varepsilon_{\mathrm{eff}}$ は次式から計算される．

$$W' = \begin{cases} W + \dfrac{5t}{4\pi}\left[1 + \ln\left(\dfrac{4\pi W}{t}\right)\right] & \left(\dfrac{W}{h} \leq \dfrac{1}{2\pi}\right) \\ W + \dfrac{5t}{4\pi}\left[1 + \ln\left(\dfrac{2h}{t}\right)\right] & \left(\dfrac{W}{h} > 1\right) \end{cases} \tag{6.17}$$

$$\varepsilon_{\mathrm{eff}} = \frac{\varepsilon_s - 1}{2} + \frac{\varepsilon_s - 1}{2}\left[q_s - \frac{1}{2.3}\frac{t/h}{\sqrt{W/h}}\right] \tag{6.18}$$

$$q_s = \begin{cases} 1/\sqrt{1+\dfrac{12h}{W}} + 0.04\left(1-\dfrac{W}{h}\right)^2 & \left(\dfrac{W}{h} \leq 1\right) \\ 1/\sqrt{1+\dfrac{12h}{W}} & \left(\dfrac{W}{h} > 1\right) \end{cases} \tag{6.19}$$

また，誘電体基板内の波長は $\lambda_s = \lambda_0/\sqrt{\varepsilon_{\rm eff}}$ で与えられるから，伝搬定数は $\beta_s = 2\pi/\lambda_s$ となる．

一方，マイクロストリップアンテナは一般に狭帯域であるため，共振周波数に対する電流がいつまでも流れ続けて収束がきわめて遅い場合がある．このような場合には 6.3.1 (2) 項で述べた ARMA や 6.3.3 項で述べた内部抵抗を挿入する方法が利用できる．

6.4　反射係数と散乱行列

6.4.1　入射電力と入力電力

入射電力 (incident power) と**入力電力** (input power) は混同しがちなので，電気回路を例にとって復習しておく[56)]．アンテナの入力インピーダンスを $\dot{Z}_{\rm in}(\omega)$ とすると，アンテナ給電部の等価回路は図 **6.17** のよう描くことができる．ただし，r は給電回路の内部抵抗であり，一般に実数値をとる．また，電圧 $\dot{V}_e$，電流 $\dot{I}_e$ などは実効値で表されているものとする．

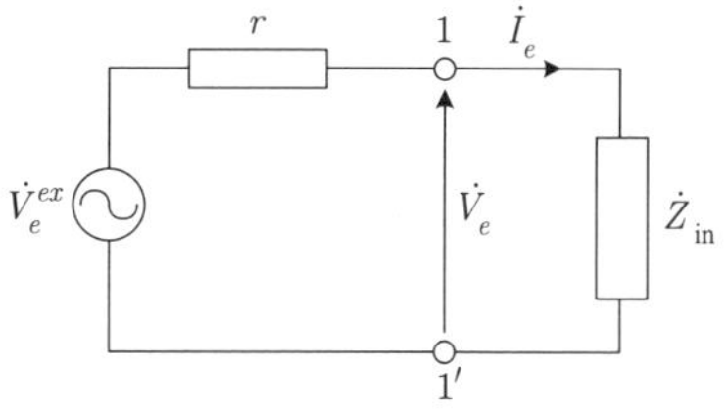

図 **6.17**　等価回路

$\dot{Z}_{\rm in}(\omega)$ で消費される有効電力をアンテナへの入力電力と呼び，それを $W_{\rm in}(\omega)$ と表すと

$$W_{\rm in}(\omega) = {\rm Re}\left[\overline{\dot{V}_e}(\omega)\dot{I}_e(\omega)\right] = {\rm Re}\left[\frac{|\dot{V}_e(\omega)|^2}{\dot{Z}_{\rm in}(\omega)}\right] \tag{6.20}$$

で与えられる．ただし，$\dot{V}_e(\omega)$, $\dot{I}_e(\omega)$ はそれぞれアンテナ給電部の電圧，電流である．一方，内部抵抗 r，起電力 $\dot{V}_e^{ex}$ の電源から取り出しうる最大電力のこ

とを入射電力といい，これを $W_{\rm inc}(\omega)$ と表すと

$$W_{\rm inc}(\omega)=\frac{|\dot{V}_e^{ex}|^2}{4r}=\frac{|\dot{V}_e+r\dot{I}_e|^2}{4r} \tag{6.21}$$

となる．なお，$W_{\rm inc}$ のことを**有能電力** (available power) ということもある．入射電力 $W_{\rm inc}$ と入力電力 $W_{\rm in}$ の差を**反射電力** (reflected power) といい，$W_{\rm ref}$ と表すと，式 (6.20), (6.21) より次式のように与えられる．

$$W_{\rm ref}(\omega)=W_{\rm inc}(\omega)-W_{\rm in}(\omega)=\frac{|\dot{V}_e-r\dot{I}_e|^2}{4r} \tag{6.22}$$

6.4.2 反 射 係 数

式 (6.21) の入射電力 $W_{\rm inc}$ と式 (6.22) の反射電力 $W_{\rm ref}$ の表現式に注目して，$\dot{a}$ を**入射波** (incident wave)，$\dot{b}$ を**反射波** (reflected wave) として†それぞれを

$$\dot{a}=\frac{\dot{V}_e+r\dot{I}_e}{2\sqrt{r}},\qquad \dot{b}=\frac{\dot{V}_e-r\dot{I}_e}{2\sqrt{r}} \tag{6.23}$$

と定義すると，$W_{\rm inc}=|\dot{a}|^2$, $W_{\rm ref}=|\dot{b}|^2$ となる．さらに反射係数 $\dot{\Gamma}(\omega)$ を

$$\dot{\Gamma}(\omega)=\frac{\dot{b}}{\dot{a}}=\frac{\dot{V}_e-r\dot{I}_e}{\dot{V}_e+r\dot{I}_e}=\frac{\dot{Z}_{\rm in}-r}{\dot{Z}_{\rm in}+r} \tag{6.24}$$

によって定義すると次式を得る．

$$W_{\rm ref}=|\dot{\Gamma}|^2W_{\rm inc},\qquad W_{\rm in}=(1-|\dot{\Gamma}|^2)W_{\rm inc} \tag{6.25}$$

6.4.3 インピーダンス行列と散乱行列

(1) インピーダンス行列　**図 6.18** のように二つのアンテナ#1, #2 に内部抵抗 r_1, r_2 の電源回路を接続したとき，アンテナの給電点電圧，給電点電流がそれぞれ，$\dot{V}_1, \dot{I}_1$, $\dot{V}_2, \dot{I}_2$ であったとする．このとき，$\dot{I}_1, \dot{I}_2$ と $\dot{V}_1, \dot{V}_2$ はアドミタンス行列 $\dot{Y}$ を用いて

$$\begin{bmatrix}\dot{I}_1\\ \dot{I}_2\end{bmatrix}=\dot{Y}\begin{bmatrix}\dot{V}_1\\ \dot{V}_2\end{bmatrix}=\begin{bmatrix}\dot{Y}_{11} & \dot{Y}_{12}\\ \dot{Y}_{21} & \dot{Y}_{22}\end{bmatrix}\begin{bmatrix}\dot{V}_1\\ \dot{V}_2\end{bmatrix} \tag{6.26}$$

† 入射電磁波（電磁界），反射電磁波のこともそれぞれ入射波，反射波というが，混乱はないであろう．

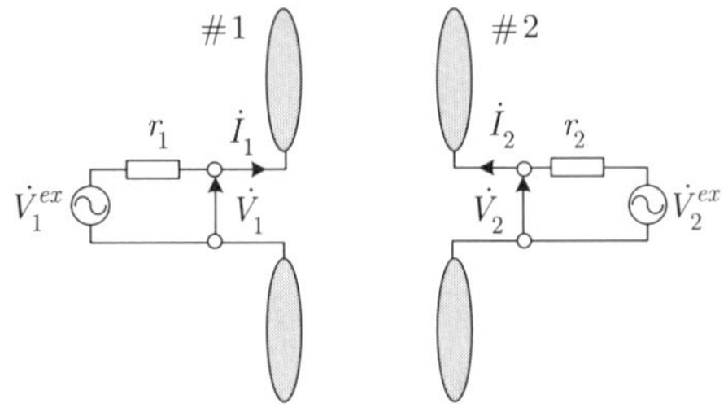

図 **6.18**　アンテナ系

と表すことができる．これより

$$\dot{Y}_{11} = \left.\frac{\dot{I}_1}{\dot{V}_1}\right|_{\dot{V}_2=0} \tag{6.27}$$

であるから，$\dot{Y}_{11}$ を求めるには#2 を短絡して，#1 の給電点電圧，給電点電流から計算することができる．$\dot{Y}_{22}$ についても同様である．つぎに，$\dot{Y}_{12} = \dot{Y}_{21}$ は

$$\dot{Y}_{12} = \dot{Y}_{21} = \left.\frac{\dot{I}_2}{\dot{V}_1}\right|_{\dot{V}_2=0} \tag{6.28}$$

であるから，#2 を短絡して $\dot{V}_1$, $\dot{I}_2$ から計算することができる．

インピーダンス行列 $\dot{Z}$ は $\dot{Z} = \dot{Y}^{-1}$ より求めることができる．

(**2**) **散 乱 行 列**　　図6.18のアンテナ系を等価回路で表すと，**図6.19**のようになる．ここで，各端子における入射波，反射波は式(6.23)と同様に $2\sqrt{r_k}\dot{a}_k = \dot{V}_k + r_k\dot{I}_k$, $2\sqrt{r_k}\dot{b}_k = \dot{V}_k - r_k\dot{I}_k$ によって定義される．また，$\dot{Z}_1$ は $\dot{V}_2 = 0$ としたときの端子 $1-1'$ から回路 N を見たときのインピーダンス，$\dot{Z}_2$ は $\dot{V}_1 = 0$ としたときのインピーダンスである．このとき，**散乱行列** (scattering matrix)$\dot{S}$

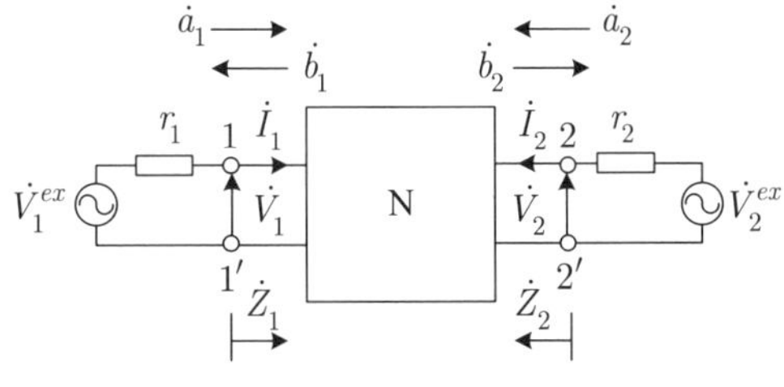

図 **6.19**　等価回路

は

$$\begin{bmatrix} \dot{b}_1 \\ \dot{b}_2 \end{bmatrix} = \begin{bmatrix} \dot{S}_{11} & \dot{S}_{12} \\ \dot{S}_{21} & \dot{S}_{22} \end{bmatrix} \begin{bmatrix} \dot{a}_1 \\ \dot{a}_2 \end{bmatrix} = \dot{S} \begin{bmatrix} \dot{a}_1 \\ \dot{a}_2 \end{bmatrix} \tag{6.29}$$

によって定義される．また，$\dot{S}_{11}$, $\dot{S}_{22}$ は $\dot{Z}_1$, $\dot{Z}_2$ を用いて

$$\dot{S}_{11} = \frac{\dot{Z}_1 - r_1}{\dot{Z}_1 + r_1}, \qquad \dot{S}_{22} = \frac{\dot{Z}_2 - r_2}{\dot{Z}_2 + r_2} \tag{6.30}$$

と表される．一方，散乱行列はインピーダンス行列 $\dot{Z}$，あるいはアドミタンス行列 $\dot{Y} = \dot{Z}^{-1}$ からも計算することができて

$$\begin{aligned} \dot{S} = \begin{bmatrix} \dot{S}_{11} & \dot{S}_{12} \\ \dot{S}_{21} & \dot{S}_{22} \end{bmatrix} &= \sqrt{G}[\dot{Z} - R][\dot{Z} + R]^{-1}\sqrt{R} \\ &= \sqrt{R}[G - \dot{Y}][G + \dot{Y}]^{-1}\sqrt{G} \end{aligned} \tag{6.31}$$

となる[56)]．ただし

$$R = \begin{bmatrix} r_1 & 0 \\ 0 & r_2 \end{bmatrix}, \qquad \sqrt{R} = \begin{bmatrix} \sqrt{r_1} & 0 \\ 0 & \sqrt{r_2} \end{bmatrix} \tag{6.32}$$

および $G = R^{-1}$, $\sqrt{G} = \sqrt{R}^{-1}$ である．

このように二つのアンテナの相互インピーダンスや散乱行列のすべての要素を求めるには，同じアンテナ系であっても基本的には 2 回の計算が必要となる．これに対して，給電電圧として **OFDM** (orthogonal frequency division multiplexing) パルスの直交性を利用することにより，1 回の計算で散乱行列が計算できる手法が提案されている．FDTD 法の本質とはややかけ離れるので詳細は参考文献 57) に譲ることにする．

6.5　アンテナの放射効率と SAR

図 6.20 のように，アンテナの近傍に損失性媒質がある場合を考える．また，アンテナ自身にも損失があるものとする．このとき，給電回路からアンテナに

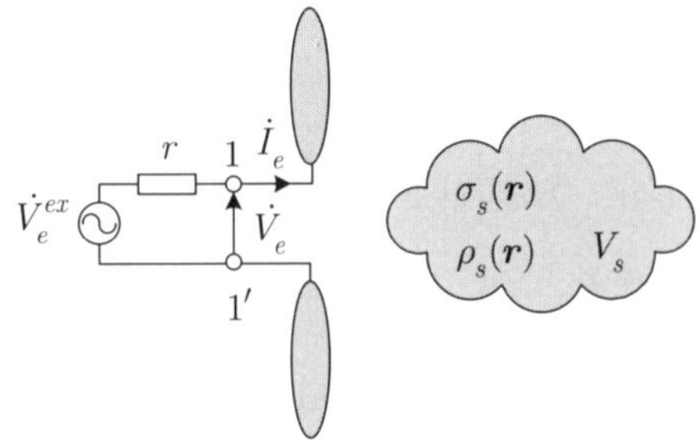

図 **6.20**　アンテナ近傍の損失性媒質

供給された電力の一部はアンテナ導体と近傍媒質で消費されるとともに遠方にも放射される．また，アンテナと給電回路の整合が完全でなければ，残りの電力は給電回路に戻る．放射電力や損失電力の指標となる定数を FDTD 法でどのようにして計算するかについて考える．

6.5.1 放　射　効　率

アンテナの**放射効率** (radiation efficiency)η は

$$\eta(\omega) = \frac{W_{\mathrm{rad}}(\omega)}{W_{\mathrm{in}}(\omega)} = \frac{W_{\mathrm{in}}(\omega) - W_{\mathrm{loss}}(\omega)}{W_{\mathrm{in}}(\omega)} \tag{6.33}$$

によって定義される．ただし，$W_{\mathrm{rad}}(\omega)$ は無限遠方への放射電力，$W_{\mathrm{loss}}(\omega)$ はアンテナと近傍媒質で消費される電力である．すなわち，放射効率とは 1 W の電力がアンテナに入力されたときの遠方放射電力である．したがって，アンテナにも周囲の媒質にも損失がないなら効率は 100%である．

ところで，実際のアンテナは銅やアルミニウムなどの高導電率金属で作られるため，アンテナが極端に小さくない限りアンテナ自体の損失電力は放射電力に比べて無視できることが多い．このため，アンテナの分野では入力電力ではなく，入射電力を基準にした $\eta_a = W_{\mathrm{rad}}/W_{\mathrm{inc}}$ を放射効率と定義することも多い．このとき，式 (6.25), (6.33) より

$$\eta_a(\omega) = \frac{W_{\mathrm{rad}}}{W_{\mathrm{inc}}} = (1 - |\dot{\Gamma}|^2)\eta(\omega) \tag{6.34}$$

となる（章末問題【**1**】）．

6.5.2 SAR

アンテナから放射された電力の一部は近傍媒質に吸収される．この吸収電力の指標になるのが **SAR**(specific absorption rate) で

$$SAR(\omega, \boldsymbol{r}) = \frac{\sigma_s(\boldsymbol{r})|\dot{\boldsymbol{E}}_e(\omega, \boldsymbol{r})|^2}{\rho_s(\boldsymbol{r})} \tag{6.35}$$

によって定義される．ここで，σ_s は物体の導電率，ρ_s は密度，$\dot{\boldsymbol{E}}_e$ は物体内部の電界で，実効値で表したものである．式 (6.35) の分子は物体で消費される電力密度であるから，SAR とは 1 kg 当りの消費電力となる．また，場所の関数であることから，**局所 SAR** (local SAR) とも呼ばれる．一方，物体全体で消費される単位質量当りの電力もまた重要な指標となる．$SAR(\omega, \boldsymbol{r})$ を用いると，この値は

$$SAR_W(\omega) = \frac{\displaystyle\int_{V_s} SAR(\omega, \boldsymbol{r})\rho_s(\boldsymbol{r})\, dv}{\displaystyle\int_{V_s} \rho_s(\boldsymbol{r})\, dv} \tag{6.36}$$

によって計算できる．$SAR_W(\omega)$ は物体を人体とみなして**全身平均 SAR** (whole–body average SAR)，あるいは単に全身 SAR (whole–body SAR) と呼ばれることもある．

6.5.3 電力の計算

（1） 入力電力　以下の議論では内部抵抗を考える必要はないから，図 6.20 における給電部の内部抵抗を $r = 0$ とする．このとき，式 (6.20) の電圧 $\dot{V}$ は給電回路の起電力 $\dot{V}_e^{ex}$ に等しい．したがって，入力電力は $W_{\rm in}(\omega) = {\rm Re}[|\dot{V}_e^{ex}(\omega)|^2/\dot{Z}_{\rm in}(\omega)]$ によって計算できるが，放射効率や SAR は単一周波数で議論することが多い．そこでここでは，$v^{ex}(t)$ が正弦波である場合の計算法を示す．

式 (6.20) の入射電力 $W_{\rm in}$ は瞬時電力 $w(t) = v^{ex}(t)i(t)$ を 1 周期当りで平均したものに等しいが，給電電圧 $v^{ex}(t)$ として正弦波状の電圧を与えたとしても定常状態に達するまでには数周期の時間を要する．したがって，FDTD 法で入

力電力を計算するためには

$$W_{\rm in}(\omega) = \frac{1}{T}\int_{T_s}^{T_s+T} v^{ex}(t)\ i(t)\ dt \tag{6.37}$$

のように計算する必要がある．ここで，$T = 2\pi/\omega$ は $v^{ex}(t)$ の周期，T_s は定常状態に達するまでの時間であり，問題によっては T の 10 〜 20 倍程度になる場合がある．

（2）放射電力　　放射電力はアンテナと散乱体とを含む半径 r の十分に大きな球面 S_∞ から外側に流れるポインティング電力を積分することによって得られ，次式によって与えられる．

$$\begin{aligned} W_{\rm rad}(\omega) &= \lim_{r\to\infty}\oint_{S_\infty}\frac{|\dot{\boldsymbol{E}}_e|^2}{Z_0}\,dS \\ &= \frac{1}{Z_0}\int_0^{2\pi}d\phi\int_0^{\pi}|\dot{\boldsymbol{D}}_e(\theta,\phi)|^2\sin\theta\,d\theta \end{aligned} \tag{6.38}$$

ここで，$\dot{\boldsymbol{E}}_e$，$\dot{\boldsymbol{D}}_e$ はそれぞれ実効値で表したときの遠方電界と指向性関数であり，後者は 5.5 節のようにして計算した過渡指向性関数 $\boldsymbol{D}(t)$ を角度ごとにフーリエ変換した値を $1/\sqrt{2}$ 倍したものである．

式 (6.38) を直接計算するためには θ と ϕ に関する 2 重積分が必要となり，パルス応答から放射電力を計算するには多くの計算が必要となる．しかし，放射電力の周波数特性を議論することはまれで，多くの場合は単一周波数における値だけが必要となる．一方，複素ポインティングベクトルを $\dot{\boldsymbol{S}}_e = \dot{\boldsymbol{E}}_e \times \overline{\dot{\boldsymbol{H}}}_e$ とし，図 **6.21** のように S と S_∞ で囲まれた波源がない領域 V に $\nabla\cdot\dot{\boldsymbol{S}}_e$ に対するガウスの発散定理を適用すると

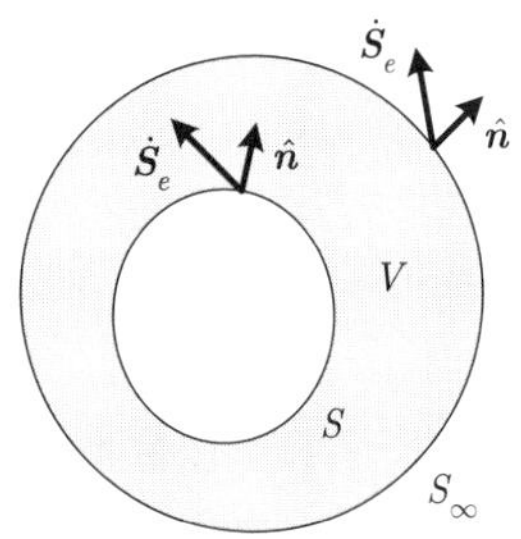

図 **6.21**　積分面

$$W_{\rm rad} = {\rm Re}\left[\oint_{S_\infty}\dot{\boldsymbol{S}}_e\cdot\hat{\boldsymbol{n}}\,dS\right] = {\rm Re}\left[\oint_{S}\dot{\boldsymbol{S}}_e\cdot\hat{\boldsymbol{n}}\,dS\right] \tag{6.39}$$

の関係が得られる．ただし，S は図 5.18 のようなアンテナと散乱体すべてを囲む閉曲面である．したがって，S 上の複素電磁界がわかれば放射電力が計算で

きる．S 上の複素電磁界と複素指向性 $\dot{\boldsymbol{D}}(\theta,\phi)$ の計算法については 6.6.3 項で説明する．

(3) 損 失 電 力　損失性媒質内の点 $\boldsymbol{r}$ における瞬時電力密度は，$w_{\rm loss}(\boldsymbol{r},t) = \sigma_s \boldsymbol{E}^2(\boldsymbol{r},t)$ と表されるから，これを 1 周期当りで平均したものが単位体積当りの損失（消費）電力となる．この値は

$$w_{\rm loss}(\boldsymbol{r}) = \frac{\sigma_e}{T}\int_{T_s}^{T_s+T} \boldsymbol{E}^2(\boldsymbol{r},t)\,dt \tag{6.40}$$

によって与えられるが，電界が定常状態なら $\boldsymbol{E}(\boldsymbol{r},t) = \sqrt{2}\boldsymbol{E}_e(\boldsymbol{r})\sin(\omega t+\phi)$ となっているはずであるから，式 (6.40) は結局 $E_e^2 = \max|\boldsymbol{E}(t)|^2/2$ を求める問題に帰着される．一方，FDTD セル上の電界は図 1.11 のように配置されているから，各成分ともセルエッジ上の四つの値で平均するものとする．

アンテナ導体に関しても原理的にはこのような計算をすれば損失電力を求めることはできるが，アンテナ導体の導電率はきわめて大きいため，電界は表面付近だけに集中する．このため，簡単な形状のアンテナでもセルをきわめて細かくしなければならず，多くのセルが必要となる．したがって，アンテナ導体の損失を導体内部の電界から計算するのは適切ではない．5.4.2 項で述べた表面インピーダンス法を用いて損失を見積もるようにするほうがよいであろう．

6.5.4 計　算　例

(1) 放 射 効 率　図 6.4 のような全長 $2l$ の直線状ダイポールアンテナと周囲長 $4l$ の正方形ループアンテナの放射効率を計算した例を**図 6.22** に示す．横軸の λ_0 は真空中の波長である．両アンテナ導体の断面は 2 mm× 2 mm の正方形で給電間隔は 1 mm とした．アンテナ導体は無酸素銅でできており，導電率を付録 A の表 A.6 より $\sigma_e = 5.86\times10^7$ S/m とした．また，比較のために $\sigma_e/1\,000$ としたものもまた計算している．ダイポールアンテナの場合，導電率が小さくなっても効率の低下はほとんどないが，ループアンテナは導電率に大きく依存して効率が低下することがわかる．しかし，銅でできていれば効率の低下はほとんどなく，その値はおおむね 100% であると考えてよいことがわか

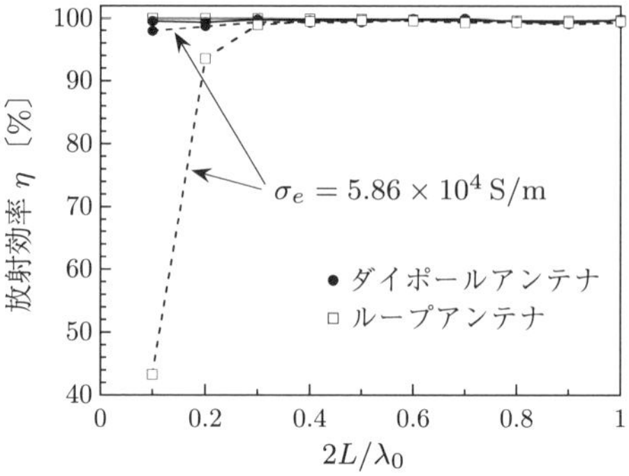

図 6.22　放射効率

る．なお，FDTD 法の計算においてはセルサイズは $\Delta x = \Delta y = \Delta z = 1$ mm とした．

（**2**） **SAR**　　解析モデルを**図 6.23** に示す．$L_x = L_y = L_z = 200$ mm の損失性立方体媒質（ファントム）の近傍に，半径 $a = 2.5$ mm，全長 $2l = 132.5$ mm のダイポールアンテナが面 S_y に平行に置かれており，中心軸から S_y までの距離を $s = 15$ mm とする．また，ファントムの比誘電率，導電率および密度をそれぞれ $\varepsilon_s = 43.0$, $\sigma_s = 0.83$ S/m，$\rho_s = 1\,030$ kg/m^3 とする．給電電圧は $v^{ex}(t) = \sqrt{2}V_e \sin(2\pi f t)$ とし，$V_e = 5/\sqrt{2}$ V，$f = 900$ MHz とした．

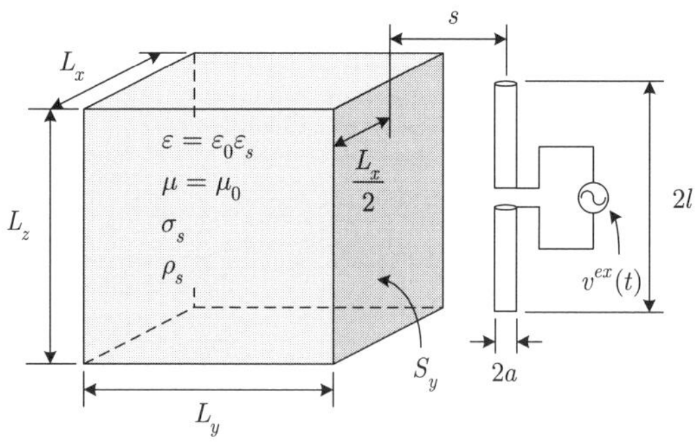

図 6.23　解析モデル

この解析モデルを 2.5 mm の立方体セルを用いて解析したときの T_s/T に対する全身平均 SAR を**図 6.24** に示す．縦軸の値は 3 周期当りの平均値である．

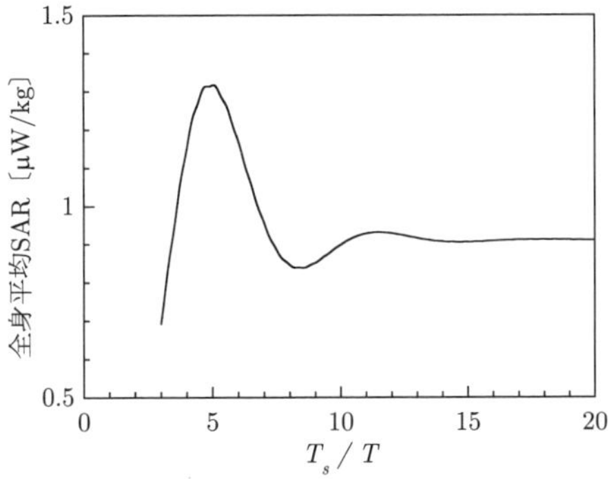

図 6.24　全身平均 SAR の収束性

給電点電流はおおむね 6 周期で収束しているが，ファントムが損失を持つことによる周波数分散性のため損失電力はそれよりも収束が遅くなり，この例では大体 15 周期程度で収束している．一方，誘電率が大きなファントムではセルサイズを小さくしなければならないため，時間ステップも小さくなる．SAR は図 6.24 のように収束が比較的遅い．このため，特に低周波数帯の SAR を計算しようとすると多くの時間ステップを必要とする．

6.6　遠 方 界 特 性

アンテナの遠方界特性で重要なのは指向性と利得であり，5.5 節で説明した方法を用いて計算することができる．本節では，簡単な構造のアンテナを例にとってその計算例を示すとともに FDTD 解析における注意事項を述べる．

6.6.1　指　　向　　性

アンテナの指向性とは，ある特定の周波数に対する遠方界角度特性，すなわち，式 (5.21) の指向性関数 $\dot{\boldsymbol{D}}(\omega,\theta,\phi)$ のことである．ただし，指向性というときには相対値で表示することが多い．

（1）　単 一 領 域　　5.5 節で説明した方法で指向性関数 $\dot{\boldsymbol{D}}(\omega,\theta,\phi)$ を計算するには，アンテナすべてを囲むように閉曲面 S をとっておき，角度ごとに遠方

電界の時間応答 $\boldsymbol{D}(t,\theta,\phi)$ を求めてからフーリエ変換して所望の角周波数 ω における $\dot{\boldsymbol{D}}(\omega,\theta,\phi)$ を求めるという方法がとられる（章末問題【**3**】）．このため，角度のサンプリング点が多いとかなりの計算量となる．しかし，最近は計算機の能力が向上したため，極端に長い計算時間を要するというようなことはないようである．本項で示す例はすべてこの方法で計算したものであるが，もし閉曲面 S 上の複素電磁流 $\dot{\boldsymbol{K}}_e(\omega,\boldsymbol{r}')$，$\dot{\boldsymbol{K}}_m(\omega,\boldsymbol{r}')$ が求まったとすると，$\dot{\boldsymbol{D}}(\omega,\theta,\phi)$ は式 (5.22) の面積分をするだけであるから，計算量を削減できると考えられる．これについては 6.6.3 項で説明する．

図 6.25 (a) のように，z 軸に平行に置かれたダイポールアンテナの指向性を図 (b) に示す．ただし，アンテナの全長 $2l$，半径 a は図 6.6 の計算例と同じである．ただし，全長は半波長とした．また，図 (b) の角度 Θ は y–z 面内なら図 (a) に示した z 軸からの角度 θ であり，x–y 面なら x 軸からの角度 ϕ である．また，指向性は最大値を 0 dB として描いた．一方，波長に比べて十分細い半波長ダイポールアンテナの指向性は

$$D_\theta(\theta) = \frac{\cos\left(\dfrac{\pi}{2}\cos\theta\right)}{\sin\theta} \tag{6.41}$$

で近似できる．これと図 6.25 (b) を比較すれば FDTD 法の計算が正しく行われていることがわかる．

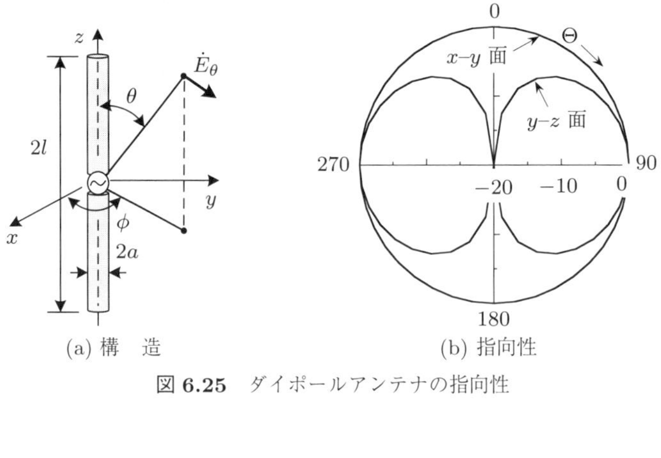

(a) 構　造　　　(b) 指向性

図 6.25　ダイポールアンテナの指向性

つぎに，**図 6.26** (a) のように $2W \times 2W$ の正方形導体板の中央で給電された $l = 1/4$ 波長モノポールアンテナの指向性を図 (b) に示す．放射界はモノポールから放射された波と導体端部で回折した波との和であると解釈でき，放射界は導体板の上方に向くが，導体板が大きくなるに従って垂直方向に向くとともに下方への放射は少なくなる．すなわち，導体板が無限に広くなってダイポールアンテナの指向性の上反面の指向性に近づく．一方，図が煩雑となるためにここでは示していないが，導体板が小さくなるとその影響が少なくなり，ダイポールのような指向性となる．読者自ら確かめていただきたい．

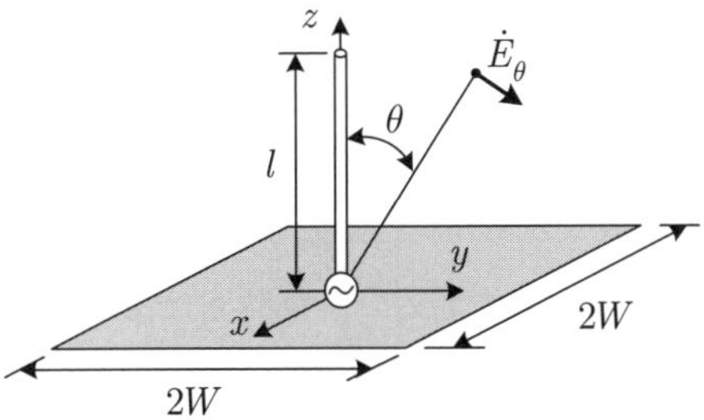

(a) 構　造

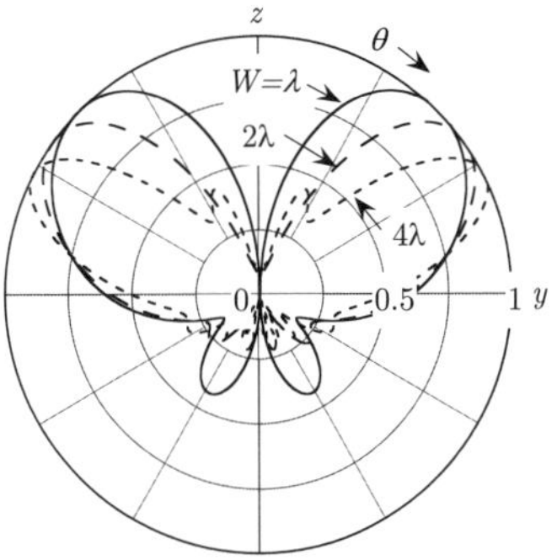

(b) 指向性

図 6.26　導体板上のモノポールアンテナ

(2) MR–FDTD　**図 6.27** (a) のように z 軸上の全長 $2l = 150$ mm のダイポールアンテナに，距離 $d = 300$ mm を隔てて厚さ $t = 18$ mm，面積 $W \times W = 180$ mm $\times 180$ mm の正方形完全導体板が平行に置かれている場合の指向性を計算した結果を図 (b) に示す．周波数は 1 GHz である．実線は全体を FDTD 法で計算した結果で破線と点線は 5.3.4 項で述べた MR–FDTD 法によって計算した結果である．主領域 V_a のセルは $\Delta_a = 3$ mm の立方体セルとし，セルの総数は $100 \times 100 \times 130$ とした．これに対して，サブ領域 V_b のセルサイズ Δ_b は Δ_a の M 倍とした．このため，V_b のセル総数はセルサイズに応じて $36 + 24/M \times 36 + 72/M \times 36 + 72/M$ となるように定めた．

MR–FDTD 法で遠方界を求めるには，各サブ領域内の閉曲面上の電磁流によ

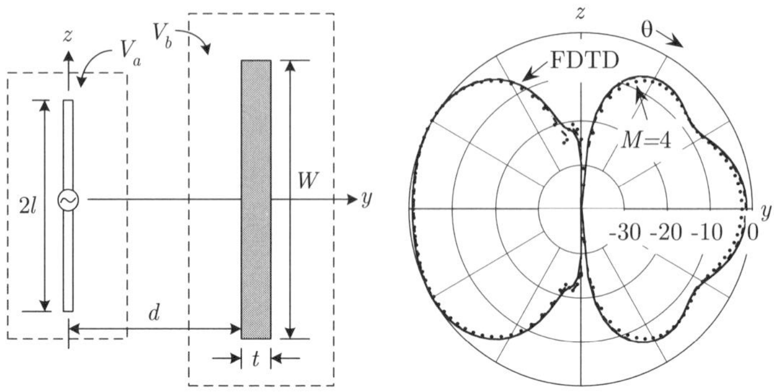

(a) 構　造　　(b) 指向性

図 6.27　導体板に平行なダイポールアンテナ

る遠方界を別々に計算しておいてそれらを重ね合わせればよい．図 6.27 (b) はそのようにして計算した指向性である．$M = 2$ の結果は FDTD 法の結果とほぼ重なっており，$M = 4$ の点線はわずかに差異が見られる．このようにセルサイズの比を大きくするに従って誤差も大きくなるが，これはサブ領域 V_b のセルが大きくなり，散乱体のモデルが荒くなるためである．計算時間はほぼ $1/M^2$ に比例して短くなる．

6.6.2　利　　　　得

アンテナの**利得** (gain) とは，そのアンテナと基準となるアンテナの両方に同じ電力を入力したときの遠方における電力密度の比で定義される[58]．特にあらゆる方向に等しい放射を行う仮想的な等方性アンテナ (isotropic antenna) を基準としたときの利得を**絶対利得** (absolute gain) と呼び，つぎのように定義される．

$$G_a(\theta,\phi) = \lim_{r\to\infty} \frac{4\pi r^2 |\dot{\boldsymbol{E}}_e|^2/Z_0}{W_{\rm in}} = \frac{4\pi|\dot{\boldsymbol{D}}_e(\theta,\phi)|^2}{Z_0 W_{\rm in}} \tag{6.42}$$

ここで $W_{\rm in}$ はアンテナへの入力電力である．G_a は角度の関数であるが，特に指定しない限りは最大値をもってそのアンテナの絶対利得といい，$10\log_{10} G_a$〔dB〕で表すのが普通である．また，アンテナの利得といったときには絶対利得を指すと考えてよいが，それを明記するために〔dBi〕と表示することが多い．これに対して，理想的な完全半波長アンテナを基準アンテナに選んだときの利得を**相対利得** (relative gain) といい，〔dBd〕と表記する†．絶対利得と相対利得 G_d との間には $[G_a]_{\mathrm{dB}} \simeq [G_d]_{\mathrm{dB}} + 2.15$ dB の関係があるので，最近は小形アンテナ等でも絶対利得を用いることが多い．

絶対利得が計算できれば，アンテナの**動作利得** (actual gain)G_w は

$$G_w = (1 - |\dot{\Gamma}|^2)G_a \tag{6.43}$$

から計算することができる．この場合には給電回路の内部抵抗を考えなければならないが，アンテナの場合には一般に $r = 50\ \Omega$ が用いられる．

図 6.6 と同じダイポールアンテナの絶対利得を**図 6.28** に示す．低周波部分で計算が正しく行われていないのは入力インピーダンスの部分で説明した理由と同じである．また，吸収境界として Mur を用いたために，これによる誤差も含まれている．

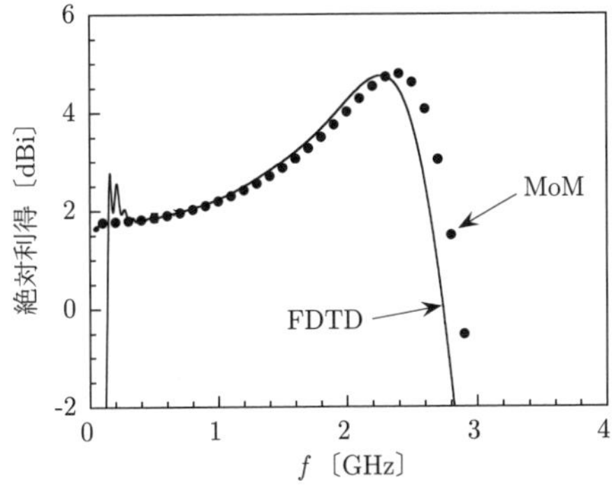

図 6.28　絶対利得

アンテナの性能を評価する指標としては，絶対利得のほかに**指向性利得** (directive gain, directivity)

$$G_d(\theta,\phi) = \frac{|\dot{\boldsymbol{D}}(\theta,\phi)|^2}{\dfrac{1}{4\pi}\displaystyle\int_0^{2\pi} d\phi \int_0^{\pi} |\dot{\boldsymbol{D}}(\theta,\phi)|^2 \sin\theta\, d\theta} \tag{6.44}$$

がある．これは (θ,ϕ) 方向の放射電力密度と，全放射電力密度をすべての方向について平均した値の比であり，放射電力の鋭さを表す指標である．絶対利得と同様に，特に断らない限り最大放射方向の値をもってアンテナの指向性利得という．また，6.5 節で述べた放射効率 η を用いると $G_a(\theta,\phi) = \eta G_d(\theta,\phi)$ となる．

---

† もともとは half–wavelength dipole antenna を基準とするという意味で〔dBh〕と表記されていたが，最近は dipole の ‘d’ をとってこのように表すことが多い．

6.6.3　複素指向性関数の計算

アンテナの分野では遠方界の周波数特性を求めることはまれで，単一周波数における複素指向性関数 $\dot{\boldsymbol{D}}(\theta, \phi)$ の角度特性を知りたい場合が少なくない．複素指向性は正弦波で励振した場合の複素振幅であるから，本質的には5.5節と同じように計算できるはずである．そこでここでは，プログラム例を示しながらその計算法を説明する．ただし，すべてのプログラム全体を記載すると非常に冗長になるので，要点だけを説明する．

プログラムコード 6.1, **6.2** は微小電流源による複素指向性を計算するプログラムの一部を示したものである（章末問題【**4**】）．5.5節と付録B.4節のプログラムコードとを併せて参照いただきたい．プログラムコード6.1のメインプログラムでは，他のプログラムと同様に時間を進めながら電磁界を計算しているが，その途中に閉曲面上の複素数の等価磁流 $\dot{\boldsymbol{K}}_m$ を計算するサブプログラム `k_m()` と複素数の等価電流 $\dot{\boldsymbol{K}}_e$ を計算するサブプログラム `k_e()` を `call` している．電流源はサブプログラム `feed()` によって与えている．ただし，励振パルスを $\sin \omega t$ とすると，数値誤差により過渡遠方電界にもわずかに直流成分が残るため，滑らかに $\sin \omega t$ に近づくようにしている．

複素振幅の計算は周期 T の周期関数 $a(t)$ に対するフーリエ係数

$$\dot{A}(\omega) = \frac{1}{T} \int_0^T a(t) e^{-j\omega t}\, dt \tag{6.45}$$

と同じ計算を行っており，等価磁流 $\dot{\boldsymbol{K}}_m$ に関してはプログラムコード6.2のサブプログラム `k_m()` でその計算を行っている．ただし，式 (6.45) の計算は定常状態に達してから行わなければならないため，$t =$`nstep`$\varDelta t$ を積分の上限時刻とし，積分区間は3周期とした．数値積分は付録C.1.2のシンプソン則を用いて行っている．シンプソン則のサンプリング点総数は奇数であるから，サブプログラム `init_far()` においてその数を定めている．これに伴って，Courant安定条件より定まる時間ステップ `dt` をわずかに小さくし，その値 `dt0` をあらためてFDTD法の時間ステップとしている．式 (6.45) の $a(t)$ に対応する時間領域の等価磁流 $\boldsymbol{K}_m(\boldsymbol{r}', t)$ はサブプログラム `sur1e` で計算される．他の5面の寄与を計算するサブプログラムは省略した．等価電流 $\dot{\boldsymbol{K}}_e$ についてもまったく同様であり，サブプログラム k_e() と sur1h がそれに対応する．

式 (5.22) の関数 $\dot{\boldsymbol{W}}$ と $\dot{\boldsymbol{U}}$ を計算しているのがサブプログラム sur1f である．他の 5 面の寄与も加えなければならないが，そのサブプログラムは省略した．また，式 (6.45) の計算をフーリエ積分に置き換えれば，このプログラムをパルス応答に対する指向性を計算するプログラムに直すことができる．

プログラムコード 6.1　cfdtd3d.f

```
      module fdtd_variable
      . . . . .
      . . . . .
      real,parameter::duration=0.5, freq=1.0e9      !遷移周期，周波数
      real,parameter::omega=2.0*pi*freq
      real,parameter::tau=duation/freq
      . . . . .
      . . . . .
      end module fdtd_variable
!-----------------------------------------------------------------------
!        メ イ ン プ ロ グ ラ ム
!-----------------------------------------------------------------------
      program fdtd_3d
      use fdtd_variable

      call setup()
      call init_pml()
      call init_far()

      t=dt0
      do n=1,nstep
         call e_cal
         call e_pml()
         call feed()
         call k_m()              !複素磁流
         t=t+0.5*dt0
         call h_cal
         call h_pml()
         call k_e()              !複素電流
         t=t+0.5*dt0
      end do
      . . . . .
      . . . . .
      end program fdtd_3d
!-----------------------------------------------------------------------
!        微 小 電 流 源
!-----------------------------------------------------------------------
      subroutine feed()
      use fdtd_variable
      real::iz

      if( t<tau )then
         w=0.5*(1.0-cos(t/tau*pi))
      else
         w=1.0
      end if
      iz=w*sin(omega*t)
```

```
      ez(ifed,jfed,kfed)=ez(ifed,jfed,kfed)-befed*iz/(dx*dy)
      end subroutine feed
      . . . . .
      . . . . .
!
!----- pml, farfreq_sin.f の include ---------------------------------
      include "pml.f"
      include "farfreq_sin.f"
```

プログラムコード 6.2 farfreq_sin.f

```
      module far_field
      use fdtd_variable
      . . . . .
      . . . . .
      complex,pointer::wx,wy,wz,ux,uy,uz
      complex::cexpe,cexph
      complex,parameter::cj=(0.0,1.0)
!6積分面上の電磁流
!js#(:,:,1), js#(:,:,2) :面#上の磁流の2成分
!js#(:,:,3), js#(:,:,4) :面#上の電流の2成分
      complex,pointer::js1(:,:,:),js2(:,:,:),js3(:,:,:),
     &                 js4(:,:,:),js5(:,:,:),js6(:,:,:)
      integer::itgstr,itgend                  !DFT積分の開始と終了時刻
      . . . . .
      . . . . .
      end module far_field
!---------------------------------------------------------------------
!     遠方界計算の初期設定
!---------------------------------------------------------------------
      subroutine init_far()
      use far_field
      . . . . .
      . . . . .
      nintg=3                              !フーリエ係数を計算をする周期
      tintg=nintg/freq                     !積分範囲
      ndt=int(tintg/dt)+1
      if(mod(ndt,2) .ne. 0) ndt = ndt+1    !積分範囲の分割（偶数）
      dt0=tintg/ndt                        !サンプリング間隔
      itgstr=nstep-ndt                     !サンプリング開始時刻
      itgend=nstep                         !サンプリング終了時刻

      js1=(0.0, 0.0)
      js2=(0.0, 0.0)
      js3=(0.0, 0.0)
      js4=(0.0, 0.0)
      js5=(0.0, 0.0)
      js6=(0.0, 0.0)

      ak0=omega/c                          !波数
      wi=0.3333333*dt0/tintg               !重み係数 $\div$ 積分範囲
      end subroutine inifar
      . . . . .
      . . . . .
!---------------------------------------------------------------------
!     i=i0の面における遠方界への寄与
!---------------------------------------------------------------------
      subroutine sur1f
      use far_field
      complex ss
c
```

```
      ds=dy*dz
      i=i0
      x=(i-ic0)*dx
      do k=k0,k1-1
        do j=j0,j1-1
          y=(j+0.5-jc0)*dy
          z=(k+0.5-kc0)*dz
            rr=hatx*x+haty*y+hatz*z
            ss=ds*cexp(cj*ak0*rr)
            wy=wy+js1(j,k,4)*ss
            wz=wz-js1(j,k,3)*ss
            uy=uy-js1(j,k,2)*ss
            uz=uz+js1(j,k,1)*ss
        end do
      end do
      end subroutine sur1f
      . . . . .
      . . . . .
!-----------------------------------------------------------------------
!     複素面磁流の計算
!-----------------------------------------------------------------------
      subroutine k_m()
      use far_field
!
!     シンプソン積分によるフーリエ係数の計算
      cexpe=cexp(-cj*omega*t)
      if(n.ge.itgstr.and.n.le.itgend) then
         if(n.eq.itgstr.or.n.eq.itgend) then
            cofe=wi*cexpe
         else if(mod(n-itgstr,2).eq.0) then
            cofe=2.0*wi*cexpe
         else
            cofe=4.0*wi*cexpe
         end if
         call sur1e
         . . . . .
         . . . . .
         call sur6e
      end if
      end subroutine far_e
!-----------------------------------------------------------------------
!     i=i0の面磁流
!-----------------------------------------------------------------------
      subroutine sur1e
      use far_field
c
      i=i0
      do j=j0,j1-1
        do k=k0,k1-1
          eys=0.5*(ey(i,j,k)+ey(i,j,k+1))
          ezs=0.5*(ez(i,j,k)+ez(i,j+1,k))
          js1(j,k,1)=js1(j,k,1)+eys*cofe
          js1(j,k,2)=js1(j,k,2)+ezs*cofe
        end do
      end do
      end subroutine sur1e
      . . . . .
      . . . . .
!-----------------------------------------------------------------------
!     複素面電流の計算
!-----------------------------------------------------------------------
      subroutine k_e()
```

```
      use far_field

      cexph=cexp(-cj*omega*t)
      if(n.ge.itgstr.and.n.le.itgend) then
         if(n.eq.itgstr.or.n.eq.itgend) then
            cofh=wi*cexph
         else if(mod(n-itgstr,2).eq.0) then
            cofh=2.0*wi*cexph
         else
            cofh=4.0*wi*cexph
         end if
         call sur1h
         . . . . .
         . . . . .
         call sur6h
      end if
      end subroutine far_h
!-----------------------------------------------------------------------
!     i=i0の面電流
!-----------------------------------------------------------------------
      subroutine sur1h
      use far_field
c
      i=i0
      do j=j0,j1-1
        do k=k0,k1-1
          hys=0.25*(hy(i,j,k)+hy(i,j+1,k)+hy(i-1,j,k)+hy(i-1,j+1,k))
          hzs=0.25*(hz(i,j,k)+hz(i,j,k+1)+hz(i-1,j,k)+hz(i-1,j,k+1))
          js1(j,k,3)=js1(j,k,3)+hys*cofh
          js1(j,k,4)=js1(j,k,4)+hzs*cofh
        end do
      end do
      end subroutine sur1h
      . . . . .
      . . . . .
```

6.6.4 半無限領域

マイクロストリップアンテナのように，実際は有限の大きさであっても，設計・解析の段階では無限地板を考えておいたほうが便利なことが多い．この場合には，仮想閉曲面が導体を貫くようになるため，5.5節の方法は使えない．これはグリーン関数として自由空間のグリーン関数を使っているためである．無限地板上のアンテナによる指向性を計算するためには，**図 6.29** のような導体板付誘電体スラブに対するグリーン関数を使わなければならない．このグリーン関数の表現式はすでに知られているから[59)]，鞍部点法[60)] を用いて $r \to \infty$ のときの表現式を導出すれば，遠方界に対するグリーン関数を導くことができる（章末問

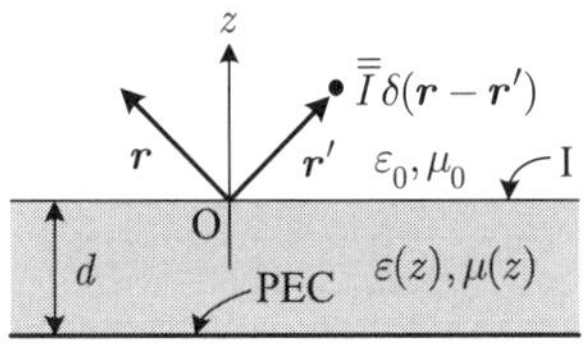

図 6.29　導体板付誘電体スラブ

題【5】). 読者自ら導出してみてほしい. このグリーン関数を用いることによって, アンテナが境界面Iの上にあればアンテナだけを囲むように, 境界面Iに接していればアンテナ上の電流分布から遠方界を計算できる.

6.7 電流分布と電荷分布

アンテナの特性を理解するためにはアンテナに流れる電流の分布を知ることが重要である. また, 7章に述べるメタマテリアルの解析においては導体上の電荷分布を知りたい場合がある. ここでは, ダイポールアンテナの電流分布の計算例と面状導体の電流分布および電荷分布の計算方法を示す.

6.7.1 線 状 導 体

線状アンテナの電流分布はアンテナの各点で式 (6.6) を計算することによって求められる. 周波数領域における電流分布は, それをフーリエ変換すればよい. そのようにして計算した全長 $2l = 50$ cm, 直径 $2a = 1$ cm, 給電ギャップ $d = 2$ cm の半波長ダイポールアンテナの電流分布を**図 6.30** に示す. ただし, 給電電圧は 1 V である. 比較のためにモーメント法による結果も示したが, モーメント法では細線近似を用いずに厳密なグリーン関数を用いている. 一方, FDTD 法ではセルサイズを $\Delta x = \Delta y = \Delta z = 2$ cm としている. 虚数部はよく一致

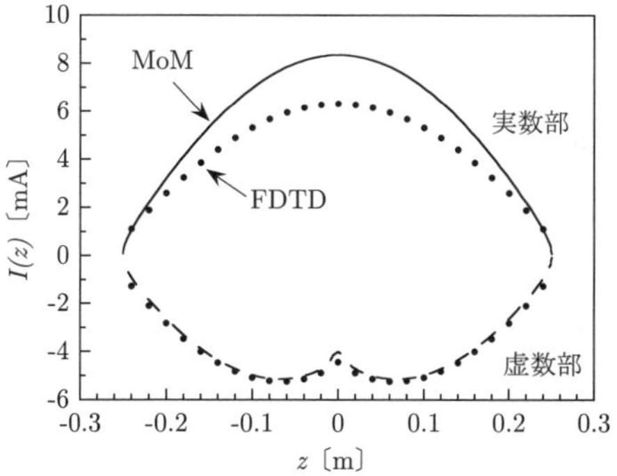

図 6.30 半波長ダイポールアンテナの電流分布

しているが，実数部の大きさには差異がある．これは両者の入力サセプタンスはほぼ一致しているが，コンダクタンスの計算結果が異なるためである．また，FDTD 法の電流はアンテナ端で 0 になっていない．これは式 (6.6) に変位電流の寄与が含まれているためである．

図 6.27 (a) と同じ問題を 5.3.4 項の MR–FDTD 法で計算したときのダイポールアンテナの電流分布を**図 6.31** に示す．ただし，構造パラメータと計算のパラメータは 6.6.1 (2) 項と同じであり，給電電圧は 1 V である．指向性と同じように，サブ領域のセルサイズが $M = 2$ 倍程度までは FDTD 法の結果とほぼ一致している．一方，電流の空間分布が計算できれば，電荷分布は電荷保存則 (1.5) から求められる．直線状導体の場合には，単位長当りの電荷密度分布 $\dot{\lambda}_e(z)$ は $\dot{\lambda}_e = -(1/j\omega)(d\dot{I}/dz)$ より計算される．

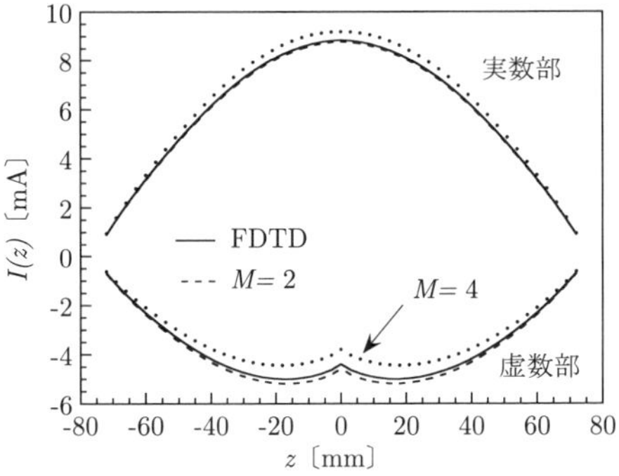

図 6.31　ダイポールアンテナの電流分布

6.7.2　面　状　導　体

図 6.32 のような誘電体基板上の平面アンテナについて考える．アンテナ導体の厚さ t は一般に無視できる程度に薄いため，アンテナ導体の面電流，面電荷密度は導体中心で代表させることができる．また，アンテナ導体上下の電磁界をそれに最も近い電磁界 $E_z(\mathrm{Q}_1)$, $H_x(\mathrm{P}_1)$ および $E_z(\mathrm{Q}_{-1})$, $H_x(\mathrm{P}_{-1})$ で近似すると，まず点 P_0 の電流 $\boldsymbol{K}_e$ の y 成分は式 (1.14) より

$$K_{ey}^{n+\frac{1}{2}}(\mathrm{P}_0) = H_x^{n+\frac{1}{2}}(\mathrm{P}_1) - H_x^{n+\frac{1}{2}}(\mathrm{P}_{-1}) \tag{6.46}$$

となる．同様に，点 Q_0 の面電荷密度は式 (1.15) より

$$\omega_e^n(\mathrm{Q}_0) = \varepsilon_0 E_z^n(\mathrm{Q}_1) - \varepsilon_1 E_z(\mathrm{Q}_{-1}) \tag{6.47}$$

で与えられる．これに対して，アンテナ導体の厚さが無視できない場合や，導体表面，誘電体との接触面における電流などを別々に知りたい場合もある．このときでも，アンテナ導体に最も近い磁界あるいは電界を用いればおおよその電流分布と電荷分布を計算することができ，$K_{ey}^{n+1/2}(\mathrm{P}_0) = H_x^{n+1/2}(\mathrm{P}_1)$, $\omega_e^n(\mathrm{Q}_0) = \varepsilon_0 E_z^n(\mathrm{Q}_1)$ と近似できる．誘電体との接触面については $H_x^{n+1/2}(\mathrm{P}_{-1})$, $E_z^n(\mathrm{Q}_1)$ を用いればよい．また，精度を上げるには，例えば点 $H_x(\mathrm{P}_1)$ と点 $H_x(\mathrm{P}_2)$ を用いて点 P_0 の磁界を外挿すればよいであろうが，どのような補外法を用いるかは導体の構造に応じて適切に決める必要がある．

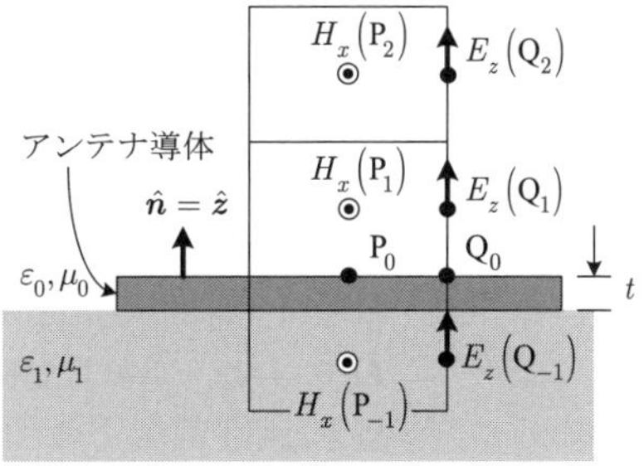

図 6.32　アンテナ電流と電荷

一方，実際のアンテナ表面はほぼ平らな面であると思ってもよいが，誘電体との接触面は必ずしも滑らかではない．高周波になればなるほど凹凸による損失は増加するであろうと考えられるが，その詳細はいまのところよくわかっていない．

章　末　問　題

【1】 図 6.18 のようなアンテナ系において，アンテナ#1 だけに給電するものとする．すなわち，$\dot{V}_1^{ex} \neq 0$, $\dot{V}_2^{ex} = 0$ とする．このとき，#1 の放射効率 η_a を散乱行列の要素を用いて表せ．

【2】 プログラムコード B.12 を利用して図 6.23 のような損失性立方体の全身 SAR を計算するプログラムを作れ．

【3】 つぎの問題に答えよ．

(1) プログラムコード B.10 を観測角ごとに過渡指向性関数 $\boldsymbol{D}(t)$ を求めるプログラムに書き換えよ．

(2) 上問 (1) の $\boldsymbol{D}(t)$ をフーリエ変換して周波数領域の指向性 $\dot{\boldsymbol{D}}(\omega)$ を求めるプログラムを作れ．

(3) プログラムコード B.9 と B.12 を利用してをダイポールアンテナの指向性を求めるプログラムに書き換えよ．

【4】 つぎの問題に答えよ．

(1) プログラムコード 6.1, 6.2 を完成させて，微小電流源による指向性を計算せよ．また，吸収境界と閉曲面 S との距離をパラメータとして，指向性の収束性を検討せよ．

(2) 閉曲面 S 上の複素電磁流から放射電力を計算するプログラムを作り，$\dot{\boldsymbol{D}}(\theta, \phi)$ から計算した放射電力の値と比較せよ．ただしこのとき，吸収境界と閉曲面 S との距離をパラメータとせよ．

(3) 指向性利得 $G_d(\theta, \phi)$ の角度パターンを計算せよ．

【5】 つぎの問題に答えよ．

(1) 図 6.29 に対するダイアディックグリーン関数を求めよ．ただし，スラブ内の誘電率，透磁率はともに一定値であるとする．

(2) 鞍部点法を用いて遠方界に対するダイアディックグリーン関数を求めよ．

(3) アンテナは境界 I にあり，その電流分布を $\dot{\boldsymbol{K}}_e(x, y)$ とする．$z > 0$ の空間における遠方電界の表現式を求めよ．

(4) FDTD 法を用いて指向性を計算するプログラムを作れ．

7 メタマテリアル

アンテナやマイクロ波の分野でメタマテリアルといったときには，導体や誘電体・磁性体で構成された人工周期構造体のことを指す．メタマテリアルの構造を工夫することによって自然界にはない電磁的性質を実効的に持たせることが可能で，アンテナやマイクロ波デバイスばかりではなく光の領域までの幅広い分野に応用されつつある．本章ではおもにメタマテリアル解析の基本となる周期構造による平面波および点波源の散乱問題と構造内の電波伝搬特性の計算法について述べる．

7.1 メタマテリアルと FDTD 法

7.1.1 メタマテリアルアンテナ

メタマテリアルアンテナにはアンテナの構造自体にメタマテリアルの概念を取り入れたものと，アンテナは単純な構造のままで，その近傍に周期構造体（メタマテリアル）を置いて全体として特性を向上させるものとがある．

前者のアンテナはおもに導体と誘電体・磁性体および一部に回路素子を含む有限の大きさを持つアンテナであるから，原理的には前章までに説明した手法をそのまま用いて解析できると考えてよい．しかし，アンテナ設計という観点からは必ずしも効率的ではない．特に平面構造を有するアンテナのような場合には，まず伝送線路で近似的に設計しておいて[61)]，最終的な特性は FDTD 法で正確に計算するというような方法がとられることが多い．紙面の都合でこれらの詳細を述べることはできないが，興味のある読者は参考文献 7), 62), 63) などと，その中で引用されている文献を参照していただきたい．本章では基本的な考え方の説明と簡単な計算例の紹介にとどめることにする.

これに対して後者は, 実用化の段階では有限構造になるにしても, 設計解析の段階では無限周期構造を考えたほうが便利なことが多い. ところが, この問題は無限周期構造と非周期アンテナが混在する問題であるから, これまでに述べてきた標準的な FDTD 法だけで解析しようとすると, **図 7.1** のようにアンテナといくつかのメタマテリアル構成要素を含む解析空間で電磁界を計算しておき, これが収束するまで順次解析空間を広げてゆく方法をとらざるを得ない. いうなれば**力ずく法** (brute–force method) である. このため, 膨大な計算を必要とするばかりではなく, 構造によっては必ずしも収束する保証はない. また, アンテナの設計という観点からはいかにも非効率的である. 基本モードだけが伝搬するような構造に対しては伝送線路近似等[64] を用いて等価的な媒質に置き換えることも可能であろうと考えられるが, その有効性については必ずしも明確になっていない. 今後の発展に期待したい.

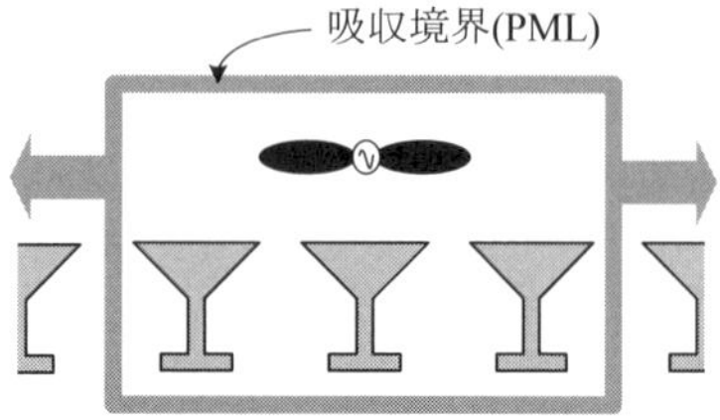

図 7.1　力ずく法

7.1.2　フロケの理論

実際の応用では 3 次元周期構造を取り扱うことはきわめてまれであるから, まず最初に**図 7.2** に示すような x 方向と y 方向に周期的な 2 次元無限周期構造による平面波の散乱について考える.

周期をベクトル $\boldsymbol{p} = p_x\hat{\boldsymbol{x}} + p_y\hat{\boldsymbol{y}}$ で表したとすると, 周波数領域の電界および磁界 $\dot{\boldsymbol{F}}$ は**フロケの理論** (Floquet theorem) (ブロッホの定理 (Bloch theorem) ともいう) より, つぎの条件を満足しなければならない.

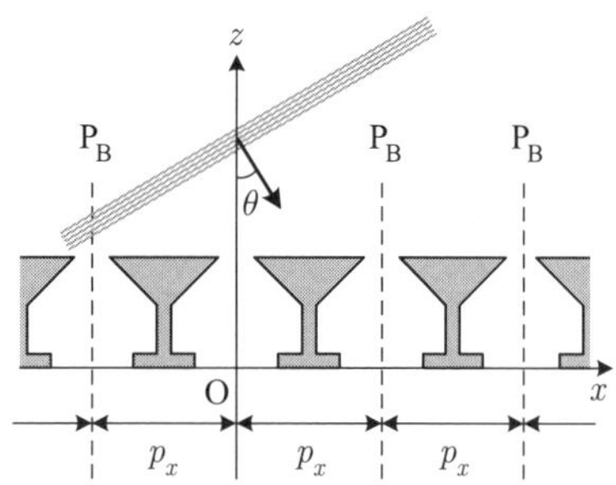

図 7.2　周期構造による平面波の散乱

$$\dot{\boldsymbol{F}}(\boldsymbol{r}+\boldsymbol{p})=\dot{\boldsymbol{F}}(\boldsymbol{r})e^{-j\boldsymbol{k}_t\cdot\boldsymbol{p}} \tag{7.1}$$

ここで，$\boldsymbol{k}_t=k_x\hat{\boldsymbol{x}}+k_y\hat{\boldsymbol{y}}$ は x–y 面内の波数ベクトルである．式 (7.1) を**フロケの周期境界条件**（Floquet periodic boundary condition）というが，本書では単に**フロケ条件**と呼ぶ．特別な場合として，図 7.2 のように x–z 面を真空中から平面波が角度 θ で入射する場合には，$\boldsymbol{k}_t\cdot\boldsymbol{p}=k_xp_x=k_0p_x\sin\theta$ となる．ここで，$k_0=\omega/c$ は真空の波数である．また，点線で示した1周期の境界を**周期境界** (periodic boundary)，周期境界で挟まれた領域を**ユニットセル** (unit cell) という．

式 (7.1) を時間領域に変換すると

$$\boldsymbol{F}(\boldsymbol{r},t)=\boldsymbol{F}(x+p_x,y,z,t+p_x\sin\theta/c) \tag{7.2}$$

となる．これは現在の時刻 t における電磁界を計算するためには未来の時刻 $t+p_x\sin\theta/c$ の電磁界が必要であることを意味しており，垂直入射 ($\theta=0$) を除いては前章までに述べてきた FDTD 法をそのままの形で用いることができない．斜め入射の平面波の問題については 7.3 節で説明する．一方，平面波の代わりに一つの電流源あるいは磁流源を置いたとすると，散乱体の構造は周期的であっても波源は周期的ではないから，電磁界も周期的ではなくなり，フロケ条件を用いることはできない．もちろん，波源も散乱体と同じ周期で並んでいるならフロケ条件を用いることができる．単一波源の取扱いについては 7.4 節で説明する．

7.1.3 解析領域

3次元の場合，ユニットセルは直方体となるが，簡単のために z–x 断面だけを示すと**図 7.3** のようになる．ユニットセルの上部と下部には吸収境界 AB が置かれる．具体的には 2.2 節で述べた PML 吸収境界である．両側の周期境界 $\mathrm{P_B}$ にフロケ条件を適用することにより FDTD 法の解析領域をこのユニットセルだけに制限できるが，式 (7.2) の困難のためにいくつかの工夫が必要となる．以降順を

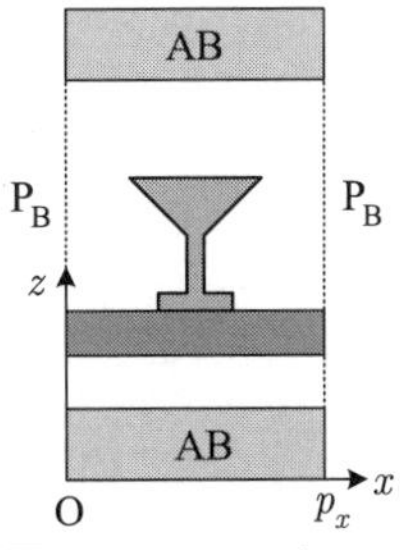

図 7.3 ユニットセル

おって励振波源に応じた周期境界条件の与え方を説明する.

7.2　平面波の垂直入射

7.2.1　周期境界条件

平面波が図 7.2 の z 軸方向から散乱体に垂直に入射するものとする. このとき, 1.4.1 項と同様の方法によってパルス平面波

$$\left.\begin{aligned} \boldsymbol{E}^{\rm inc}(\boldsymbol{r},t) &= \hat{\boldsymbol{x}}E_0\ p(\tau)\big|_{\tau=t+\frac{z-d}{c}} \\ \boldsymbol{H}^{\rm inc}(\boldsymbol{r},t) &= \hat{\boldsymbol{y}}\frac{E_0}{Z_0}\ p(\tau)\big|_{\tau=t+\frac{z-d}{c}} \end{aligned}\right\} \tag{7.3}$$

を図 7.3 のユニットセル全体に与えることができる. 入射電界が $\hat{y}$ 方向を向く場合も同様である. これに対して, 散乱電磁界と全電磁界との計算領域を分けて解析したい場合には, 散乱体の上下に接続面を設けて 5.2 節の方法を用いればよい. このとき, 平面波は全電磁界領域に与えられる.

平面波が式 (7.3) のように垂直に入射した場合でも散乱界は一般に全成分を持ち, 周期境界条件を満足する. また, 平面波は $z=$ 一定 の面内で一様であ

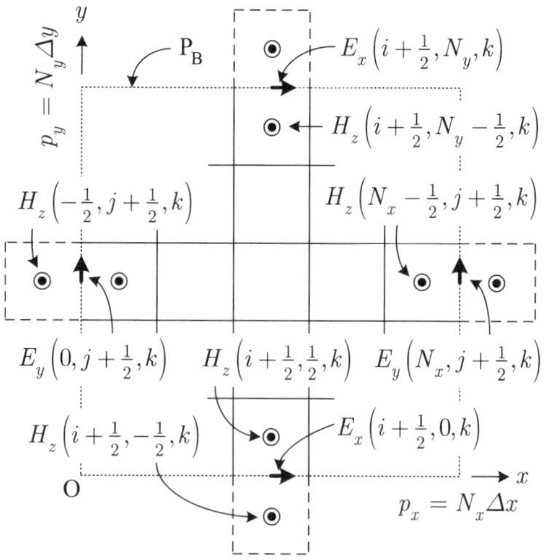

図 7.4　$z=k\Delta z$ 断面内の電磁界

るから，全電磁界もまた周期境界条件を満足する．そこで，ここでは周期境界 P_B 上の電磁界成分の与え方について説明する．

図 7.4 はユニットセルの $z = k\varDelta z$ 断面を示したものであり，$x = 0, N_x\varDelta x$ および $y = 0, N_y\varDelta y$ が P_B である．P_B 上の電界，例えば $y = 0$ 上の $E_x(i + 1/2, 0, k)$ を計算しようとすると，P_B 外側の磁界 $H_z(i + 1/2, -1/2, k)$ を必要とする．しかしこれは周期条件より $H_z(i + 1/2, N_y - 1/2, k)$ と等しいから，式 (1.45) より

$$\begin{aligned}
E_x^n\left(i+\frac{1}{2},0,k\right) &= a_e\left(i+\frac{1}{2},0,k\right)E_x^{n-1}\left(i+\frac{1}{2},0,k\right)\\
&+b_e\left(i+\frac{1}{2},0,k\right)\left[\frac{H_z^{n-\frac{1}{2}}\left(i+\frac{1}{2},\frac{1}{2},k\right)-H_z^{n-\frac{1}{2}}\left(i+\frac{1}{2},N_y-\frac{1}{2},k\right)}{\varDelta y}\right.\\
&\left.-\frac{H_y^{n-\frac{1}{2}}\left(i+\frac{1}{2},0,k+\frac{1}{2}\right)-H_y^{n-\frac{1}{2}}\left(i+\frac{1}{2},0,k-\frac{1}{2}\right)}{\varDelta z}\right]
\end{aligned}\tag{7.4}$$

となる．$x = 0$ 上の電界 $E_y(0, j + 1/2, k)$ についても同様に，$H_z(-1/2, j + 1/2, k) = H_z(N_x - 1/2, j + 1/2, k)$ の関係を用いると式 (1.46) より

$$\begin{aligned}
E_y^n\left(0,j+\frac{1}{2},k\right) &= a_e\left(0,j+\frac{1}{2},k\right)E_y^{n-1}\left(0,j+\frac{1}{2},k\right)\\
&+b_e\left(0,j+\frac{1}{2},k\right)\left[\frac{H_x^{n-\frac{1}{2}}\left(0,j+\frac{1}{2},k+\frac{1}{2}\right)-H_x^{n-\frac{1}{2}}\left(0,j+\frac{1}{2},k-\frac{1}{2}\right)}{\varDelta z}\right.\\
&\left.-\frac{H_z^{n-\frac{1}{2}}\left(\frac{1}{2},j+\frac{1}{2},k\right)-H_z^{n-\frac{1}{2}}\left(N_x-\frac{1}{2},j+\frac{1}{2},k\right)}{\varDelta x}\right]
\end{aligned}\tag{7.5}$$

を得る．$y = N_y\varDelta y$ の P_B 上における $E_x(i+1/2, N_y, k)$，$x = N_x\varDelta x$ 上の電界 $E_y(N_x, j + 1/2, k)$ についても，それぞれ周期条件 $H_z(i + 1/2, N_y + 1/2, k) = H_z(i + 1/2, 1/2, k)$，$H_z(N_x + 1/2, j + 1/2, k) = H_z(1/2, j + 1/2, k)$ を用いた表現が可能である．

一方，式 (7.4) の H_y, 式 (7.5) の H_x は図 **7.5** のように $z=(k+1/2)\Delta z$ の面，あるいは $z=(k-1/2)\Delta z$ の面内にあり，これらも周期境界条件を満たさなければならないから，$H_y^{n-1/2}(i+1/2,0,k+1/2)=H_y^{n-1/2}(i+1/2,N_y,k+1/2)$, $H_x^{n-1/2}(0,j+1/2,k+1/2)=H_x^{n-1/2}(N_x,j+1/2,k+1/2)$ などとなる．

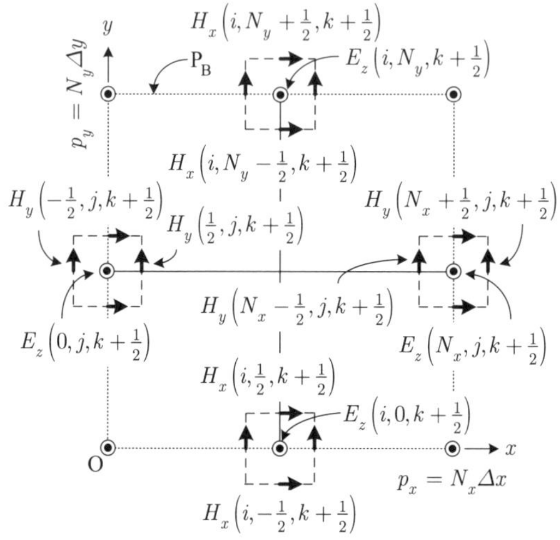

図 **7.5**　$z=(k+1/2)\,\Delta z$ 断面内の電磁界

つぎに E_z の計算法について考える．E_z は 4 面の $\mathrm{P_B}$ 上にあるが，例えば，$y=0$ の $\mathrm{P_B}$ 上では，式 (1.47) と周期境界条件より次式を得る．

$$E_z^n\left(i,0,k+\frac{1}{2}\right)=a_e\left(i,0,k+\frac{1}{2}\right)E_z^{n-1}\left(i,0,k+\frac{1}{2}\right)$$
$$+b_e\left(i,0,k+\frac{1}{2}\right)\left[\frac{H_y^{n-\frac{1}{2}}\left(i+\frac{1}{2},0,k+\frac{1}{2}\right)-H_y^{n-\frac{1}{2}}\left(i-\frac{1}{2},0,k+\frac{1}{2}\right)}{\Delta x}\right.$$
$$\left.-\frac{H_x^{n-\frac{1}{2}}\left(i,\frac{1}{2},k+\frac{1}{2}\right)-H_x^{n-\frac{1}{2}}\left(i,N_y-\frac{1}{2},k+\frac{1}{2}\right)}{\Delta y}\right] \tag{7.6}$$

$t=(n+1/2)\Delta t$ の磁界 $\boldsymbol{H}^{n+1/2}$ を計算する場合，磁界が $\mathrm{P_B}$ 上にあっても $\mathrm{P_B}$ 外の電界を使うことはない．しかし，$\mathrm{P_B}$ 上の磁界と $\mathrm{P_B}$ から半セルだけ内

側の磁界の計算には P_B 上の電界を使う．この電界は周期境界条件を満たす．例えば，図 7.4 の $H_z^{n+1/2}(i+1/2, 1/2, k)$ は式 (1.50) より

$$H_z^{n+\frac{1}{2}}\left(i+\frac{1}{2},\frac{1}{2},k\right) = a_m\left(i+\frac{1}{2},\frac{1}{2},k\right)H_z^{n-\frac{1}{2}}\left(i+\frac{1}{2},\frac{1}{2},k\right)$$
$$-b_m\left(i+\frac{1}{2},\frac{1}{2},k\right)\left[\frac{E_y^n\left(i+1,\frac{1}{2},k\right)-E_y^n\left(i,\frac{1}{2},k\right)}{\Delta x}\right.$$
$$\left.-\frac{E_x^n\left(i+\frac{1}{2},1,k\right)-E_x^n\left(i+\frac{1}{2},N_x,k\right)}{\Delta y}\right] \tag{7.7}$$

となる．このようにして P_B 上の電磁界とその半セルだけ内側の磁界にだけ周期境界条件を与えればよいことになる．ところが，式 (7.4) や式 (7.5) などは式 (1.45) や式 (1.46) に周期境界条件を代入しただけであるから，**プログラムコード 7.1** のように `call e_cal`, `call h_cal` の直前で周期境界条件を計算するようにすれば，プログラムの修正は最小限で済むことになる．ただし，散乱界は PML 吸収境界内部にまで伝搬してゆくので，PML 内でも周期境界条件を導入しなければならない（章末問題【**1**】）.

プログラムコード 7.1　`fdtd3d_pb.f`

```
 . . . .
 . . . .
!----------------------------------------------------------------
!       メインプログラム
!----------------------------------------------------------------
      program fdtd3d_pb
      use fdtd_variable

      call setup()                          !FDTDの初期設定
      call init_pml()                       !PMLの初期設定
      call init_plane()                     !平面波の初期設定

      t=dt
      do n=1,nstep
         write(*,*)'Time step:',n
         call h_pbc                         !磁界に関する周期境界条件
         call e_cal
         call e_pml()
         t=t+0.5*dt
         call e_pbc                         !電界に関する周期境界条件
         call h_cal
         call h_pml()
         t=t+0.5*dt
         call out_emf(n)
```

```
      end do
      end program fdtd3d_pb
!-----------------------------------------------------------------
!     磁界の周期境界条件
!-----------------------------------------------------------------
      subroutine h_pbc
      use fdtd_variable

!     (x-z)面
!for Ex
      do k=1,nz-1
         do i=0,nx-1
            hz(i,0,k) = hz(i,ny-1,k)
         enddo
      enddo
!for Ez
      do k=0,nz-1
         do i=1,nx-1
            hx(i,0,k) = hx(i,ny-1,k)
         enddo
      enddo

!     (y-z)面
!for Ey
      do k=1,nz-1
         do j=0,ny-1
            hz(0,j,k) = hz(nx-1,j,k)
         enddo
      enddo
!for Ez
      do k=0,nz-1
         do j=1,ny-1
            hy(0,j,k) = hy(nx-1,j,k)
         enddo
      enddo
      end subroutine h_pbc
!-----------------------------------------------------------------
!     電界の周期境界条件
!-----------------------------------------------------------------
      subroutine e_pbc
      use fdtd_variable

!     (x-z)面
!for Hx
      do k=0,nz-1
         do i=1,nx-1
            ez(i,ny,k) = ez(i,1,k)
         enddo
      enddo
!for Hz
      do k=1,nz-1
         do i=0,nx-1
            ex(i,ny,k) = ex(i,1,k)
         enddo
      enddo

!     (y-z)面
```

```
!for Hy
      do k=0,ny-1
         do j=1,ny-1
            ez(nx,j,k) = ez(1,j,k)
         enddo
      enddo
!for Hz
      do k=1,nz-1
         do j=0,ny-1
            ey(nx,j,k) = ey(1,j,k)
         enddo
      enddo
      end subroutine e_pbc
```

プログラムコード 7.1 の 11 行目の `init_plane()` は解析領域に $-z$ 方向に伝搬する平面波を与えるサブプログラムであるが，これは 1.4.1 項の説明とプログラムコード B.2 を参照すれば容易にコーディングできるであろう．ただし，平面波は PML に垂直に入射するから `subroutine init_plane()` の中では PML に関するサブプログラムは `call` する必要がない．

注意するのは PML である．PML は z 軸に垂直な二つの領域にしかないから，他の 4 面に関する PML は `call` する必要がない．具体的には，プログラムコード B.4 の 52 ～ 55 行の `call epml(pml_x0)`～`call epml(pml_y1)` と 65 ～ 68 行の `call hpml(pml_x0)`～`call hpml(pml_y1)` を削除するか，コメントアウトする必要がある．また，このプログラムでは z に垂直な面でも $\sigma_{ex}(x), \sigma_{ey}(y)$ なども与えているから，144 ～ 164 行を `sigmxm=0.0`, `sigmxe=0.0`, `sigmym=0.0`, `sigmye=0.0` の 4 行に置き換える必要がある．

7.2.2 完全電気壁と完全磁気壁

解析対象に対称性があるときは，$\mathrm{P_B}$ を適切にとると電界が $\mathrm{P_B}$ に垂直になるかあるいは磁界が垂直になることがある．したがって，前者は完全電気壁，後者は完全磁気壁として扱うことができる．

(1) 完全電気壁　$\mathrm{P_B}$ を完全電気壁とするためには，$\mathrm{P_B}$ 上の電界接線成分を 0 にすればよいから，次式となる．

$$\left.\begin{aligned}
E_x\left(i+\frac{1}{2},0,k\right)=E_x\left(i+\frac{1}{2},N_y,k\right)=0\\
E_y\left(0,j+\frac{1}{2},k\right)=E_y\left(N_x,j+\frac{1}{2},k\right)=0\\
E_z\left(i,0,k+\frac{1}{2}\right)=E_z\left(i,N_y,k+\frac{1}{2}\right)=0\\
E_z\left(0,j,k+\frac{1}{2}\right)=E_z\left(N_x,j,k+\frac{1}{2}\right)=0
\end{aligned}\right\}\tag{7.8}$$

（**2**）　**完全磁気壁**　　磁界セルエッジを完全磁気壁とする場合には，完全電気壁と同様にすればよいが，電磁界解析の分野では電界を中心に考えるから，ここでは $i=0$ の P_B を完全磁気壁とする方法を説明する．磁気壁上では磁界の接線成分は 0 であるから，$i=0$ の面の両隣の磁界の平均値を P_B 上の磁界とすると，図 7.4, 図 7.5 より

$$\left.\begin{aligned}
H_z\left(-\frac{1}{2},j+\frac{1}{2},k\right)+H_z\left(\frac{1}{2},j+\frac{1}{2},k\right)=0\\
H_y\left(-\frac{1}{2},j,k+\frac{1}{2}\right)+H_y\left(\frac{1}{2},j,k+\frac{1}{2}\right)=0
\end{aligned}\right\}\tag{7.9}$$

となる．このとき P_B 上の電界 $E_y(0,j+1/2,k)$, $E_z(0,j,k+1/2)$ は式 (1.46), (1.47) より

$$\begin{aligned}
E_y^n\left(0,j+\frac{1}{2},k\right)&=a_e\left(0,j+\frac{1}{2},k\right)E_y^{n-1}\left(0,j+\frac{1}{2},k\right)\\
&+b_e\left(0,j+\frac{1}{2},k\right)\left[\frac{H_x^{n-\frac{1}{2}}\left(0,j+\frac{1}{2},k+\frac{1}{2}\right)-H_x^{n-\frac{1}{2}}\left(0,j+\frac{1}{2},k-\frac{1}{2}\right)}{\Delta z}\right.\\
&\left.-\frac{2H_z^{n-\frac{1}{2}}\left(\frac{1}{2},j+\frac{1}{2},k\right)}{\Delta x}\right]
\end{aligned}\tag{7.10}$$

$$E_z^n\left(0,j,k+\frac{1}{2}\right)=a_e\left(0,j,k+\frac{1}{2}\right)E_z^{n-1}\left(0,j,k+\frac{1}{2}\right)$$
$$+b_e\left(i,j,k+\frac{1}{2}\right)\left[\frac{2H_y^{n-\frac{1}{2}}\left(\frac{1}{2},j,k+\frac{1}{2}\right)}{\Delta x}\right.$$
$$\left.-\frac{H_x^{n-\frac{1}{2}}\left(0,j+\frac{1}{2},k+\frac{1}{2}\right)-H_x^{n-\frac{1}{2}}\left(0,j-\frac{1}{2},k+\frac{1}{2}\right)}{\Delta y}\right] \tag{7.11}$$

となり，P_B 上の電界が解析領域内の電磁界によって決まる．他の P_B についても同様である．

（**3**） **解　析　例**　1 辺の長さが 20 cm，比誘電率が $\varepsilon_r=3$ の誘電体立方体が周期 $p_x=40$ cm で x–y 面内に並んでおり，y 方向の電界成分を平面波が垂直に入射した場合の z–x 面内の電界分布を**図 7.6** に示す．縦軸が z 座標，横軸が x 座標で，$y=0$ とした．入射パルスはガウスパルスで，FDTD 法の計算パラメータも 3.3.5 項と同じである．図 3.15 と比較していただきたい．2 次元と 3 次元との違いはあるものの，図 7.6 (a) のようにパルスが誘電体に入射した直後の $t=50\Delta t$ の分布は図 3.15 (a) とほぼ同じであるが，時間が経過するごとに 2 次元と 3 次元の違いが徐々に顕著になり始め，図 7.6 (b) のように $t=100\Delta t$ になると，さらに隣り合う誘電体からの散乱波が到達して周期境界

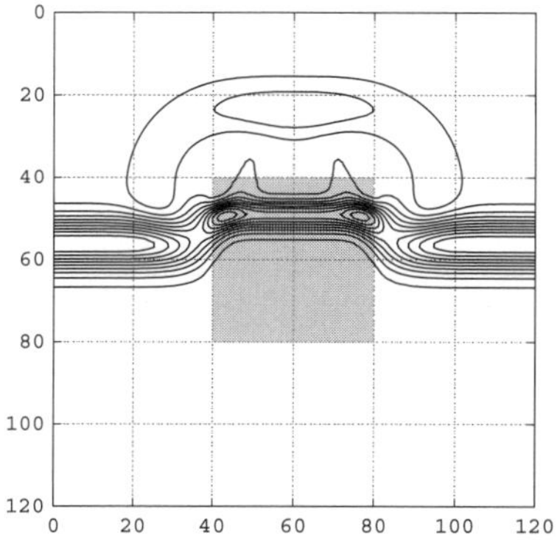

(a) $t=50\Delta t$

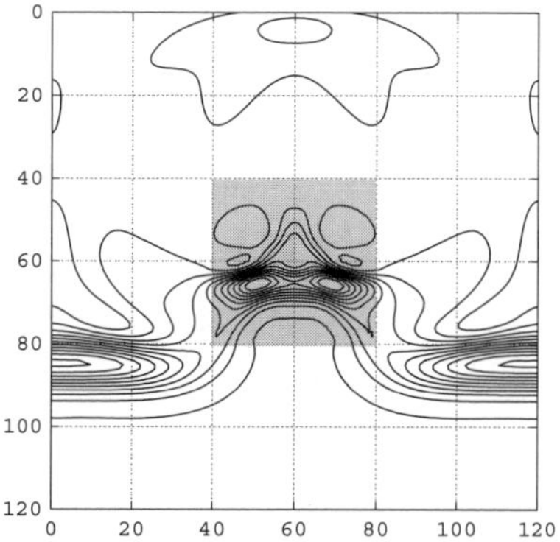

(b) $t=100\Delta t$

図 7.6　電界 $E_y(x,0,z,t)$

近くの分布が異なってくる．

つぎに，**図 7.7** (a) のような厚さ d の無損失誘電体スラブ表面に無限に長い幅 W のストリップ導体が周期 $p = 2W$ で周期的に並んでいるモデルに平面波が垂直に入射した場合の反射係数を図 (b) に示す．ただし，$d = 2W$ とし，ストリップ導体の厚さは無視できるものとした．この解析モデルは 2 次元問題として扱うことができ，周期境界条件は 7.2.1 項のように与えることもできるが，構造の対称性より周期境界 P_B では必ず磁界は垂直になることから，ここでは磁気壁として扱った．また，同図にはモーメント法 (MoM) の計算結果[66] も示しており，両者は非常によく一致している．

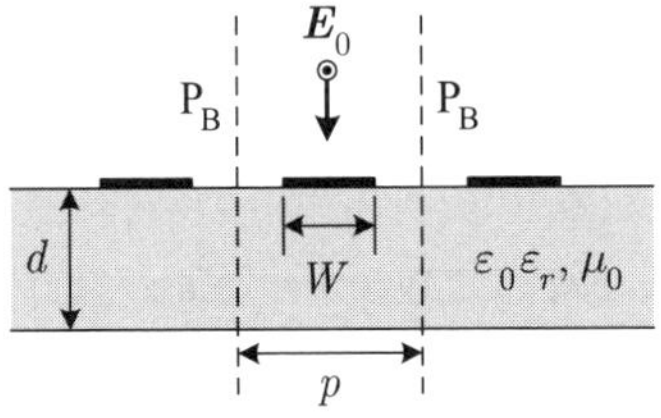

(a) 構　造

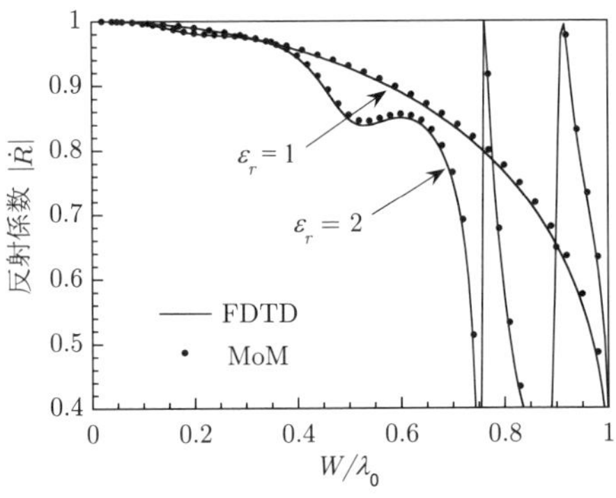

(b) 反射係数

図 7.7　周期ストリップによる平面波の散乱

7.3　斜　め　入　射

7.3.1　Sine–Cosine 法

フロケ条件 (7.1) は周波数領域の複素電磁界に対して成り立つ定理である．そこでまず，解析領域を $\cos\omega t$ と $\sin\omega t$ で時間変化する二つの平面波で別々に励振し，前者の励振法による電磁界を $\boldsymbol{F}_r$，後者のそれを $\boldsymbol{F}_m$ で表す．つぎに，それらの電磁界を結合して新たに $\boldsymbol{F} = \boldsymbol{F}_r + j\boldsymbol{F}_m$ を作ったとすると，この複素電磁界は $e^{j\omega t}$ で時間変化する平面波で励振された電磁界と等価であり，フロケ条件 (7.1) を適用することができる．時刻ごとにこのような計算をすれば，

$\cos\omega t$ と $\sin\omega t$ に対する電磁界は $\boldsymbol{F}_r = \mathrm{Re}(\boldsymbol{F})$ と $\boldsymbol{F}_m = \mathrm{Im}(\boldsymbol{F})$ によって計算でき定常状態までこのような計算を続ければよい．これを **Sine–Cosine 法**[65] (sine–cosine method) という．この方法は Yee アルゴリズムを変更する必要がないが，単一周波数しか扱えないため周波数特性を求めようとすると周波数を変えながら同じ計算を何度も繰り返す必要がある．

7.3.2 電磁界変換法

パルス平面波に対する計算手法として電磁界変換法に基づく **S–F 法** (split–field method) があるが[67]，その安定条件は，セルサイズが $\Delta x = \Delta y = \Delta z$ としたとき

$$\frac{c\Delta t}{\Delta x} \leq \frac{1-\sin\theta}{\sqrt{3}} \tag{7.12}$$

となる．このため，平面波の入射角 θ が大きくなると Δt がきわめて小さくなり，現在ではほとんど使われなくなった．

7.3.3 US–FDTD 法

Sine–Cosine 法は $e^{j\omega t}$ で時間変化する平面波に対する電磁界の計算法であったが，任意の時間変化に対する電磁界はこれの重ね合せとして表されるから，式 (7.1) の波数ベクトル $\boldsymbol{k}_t$ が一定ならば任意の時間応答に対しても拡張できて

$$\dot{\boldsymbol{F}}(\boldsymbol{r}+\boldsymbol{p}, t) = \dot{\boldsymbol{F}}(\boldsymbol{r}, t)e^{-j\boldsymbol{k}_t\cdot\boldsymbol{p}} \tag{7.13}$$

が成り立つはずである．この考えに基づく計算法を **US–FDTD 法** (unified–spectral FDTD method)，あるいは**定 k 法** (constant–k method) といい，散乱問題ばかりではなく導波領域の解析などにも適用することができる[62),68]．ここでは US–FDTD 法の基本概念と計算例を示す．

(1) 基 本 概 念　US–FDTD 法の基本的な考え方を説明するために，再び図 7.2 のような 2 次元周期構造による平面波の散乱問題を考える．$\boldsymbol{r}$ 方向から伝搬する平面波は一般に $e^{j\boldsymbol{k}\cdot\boldsymbol{r}}$ と表される．このとき，z 方向の波数は $k_z = \sqrt{k_0^2 - k_x^2 - k_y^2} = \sqrt{(\omega/c)^2 - k_t^2}$ となるから，$\omega/c > k_t$ ならば周期構造散乱体

方向にも伝搬する平面波となる．これに対して，$\omega < ck_t$ ならば k_z は純虚数となり z 方向には指数関数的に減衰する．これは周期構造を導波路とみなしたときの伝搬問題に対応する．このように，波数 k_t と角周波数 ω とは**図 7.8** のように二つの領域に分割して考えることができる．前者の $\omega > ck_t$ の領域を**平面波領域** (plane wave region)，後者の $\omega < ck_t$ の領域を**導波領域** (guided wave region) といい，両者の境界 $\omega = ck_t$ を**ライトライン** (light line) という．

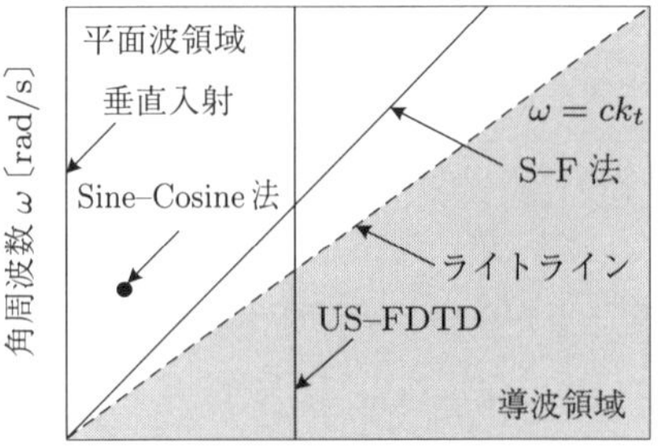

図 7.8　k_t–ω 面

さて，垂直入射の場合は $k_t = 0$ であり，7.2 節のようにしてパルス応答を計算できるから，図 7.8 の $k_t = 0$ の直線上の問題と考えることができる．Sine–Cosine 法は斜め入射の場合も扱うことができるが，単一周波数であるから，● の点に対応する．S–F 法はパルス応答を扱えるが，入射角度は一定であるから，k_t に比例する直線上の問題に対応する．これに対して US–FDTD 法は k_t を固定しているから，$k_t =$ 一定 の直線上の問題になる．したがって，US–FDTD 法は導波領域から平面波領域までの問題を扱うことができる．平面波領域に限ると，例えば図 7.2 のように z–x 面内を伝搬する平面波は $k_t = \omega/c \sin\theta$ となるから，k_t を変化させることによって，入射角を固定した場合には $\omega = k_t \sin\theta/c$ の周波数特性が，周波数を固定した場合には $\theta = \sin^{-1}(k_t/k_0)$ の入射角特性が計算できることになる．

(2)　ユニットセルと平面波の励振　　US–FDTD 法におけるユニットセルを**図 7.9** に示す．$z = z_{\rm O}$ の面 $S_{\rm O}$ は平面波を励振する面，S_R, S_T はそれぞれ散乱波を観測する面とする．

まず最初に平面波を入射させる方法について考える．斜め入射であるから，**図 7.10** のように TE_z の場合と TM_z の両方が考えられる．例えば，TE_z の場合，$\dot{\boldsymbol{E}}^{\rm inc}(\boldsymbol{r}) = \dot{E}_0 e^{-j(k_x x - k_z z)} \hat{\boldsymbol{y}}$ で与えられるから，入射磁界の x 成分は

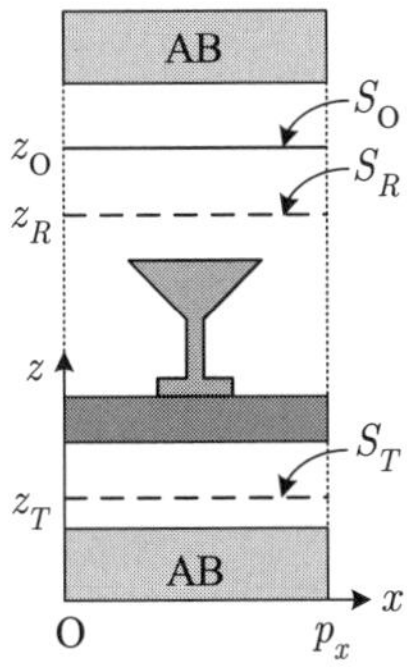

図 7.9 ユニットセル

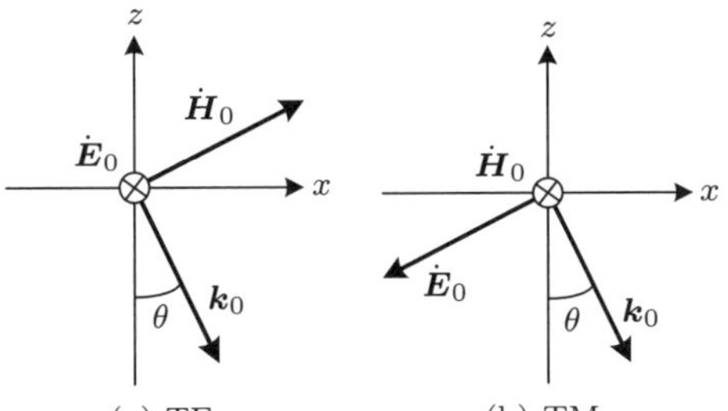

(a) TE_z　(b) TM_z

図 7.10 斜め入射平面波

$$\dot{H}_x^{\mathrm{inc}}(\boldsymbol{r}) = \frac{\dot{E}_0}{Z_0}e^{-j(k_x x - k_z z)}\cos\theta$$
$$= \frac{\dot{E}_0}{Z_0}e^{j(k_x x - k_z z)}\sqrt{1-(k_x/k_0)^2}$$

となる．US–FDTD 法では k_x を一定とするから $\dot{H}_x^{\mathrm{inc}}$ は $\sqrt{1-c^2k_x^2/\omega^2}$ に比例し，これを時間領域に変換できたとしても非常に複雑な関数となる．したがって，7.2 節のように入射電磁界を解析空間全体に与えるのではなく，電界の $\dot{\boldsymbol{E}}^{\mathrm{inc}}$ 成分だけを面 S_O に与えるようにする．すなわち

$$\dot{E}_y^{\mathrm{inc}}(x, z_O, t) = E_0\dot{p}(t)e^{-jk_x x} \tag{7.14}$$

とする．

TM_z の場合は，上式と同様の入射磁界 $\dot{\boldsymbol{H}}^{\mathrm{inc}}$ だけを与える．このようにすると，$z < z_O$ の領域だけではなく，$z > z_O$ の領域にも平面波が伝搬することに注意していただきたい．また，$e^{-jk_x x}$ の項は式 (7.13) のフロケ条件を満足させるためのものである．一方，式 (7.14) の $\dot{p}(t)$ は複素パルス関数であり，散乱問題を扱う場合には $\dot{p}(t) = p(t)e^{j\omega_0 t}$ のようにすることが多い．ただし，ω_0 は $p(t)$ の周波数スペクトルのほとんどが，図 7.8 における k_x に対応するライトライン上の角周波数 $\omega_1 = k_x c$ よりも高い周波数帯に入るように定める．

(3) 電磁界の計算　ユニットセル内の電磁界は周期境界条件の与え方が異なるだけで 7.2.1 項と同様に計算することができる．ただし，式 (7.13) のように，過渡電磁界であっても複素数となる．例えば，図 7.4 の $E_x(i+1/2, 0, k)$

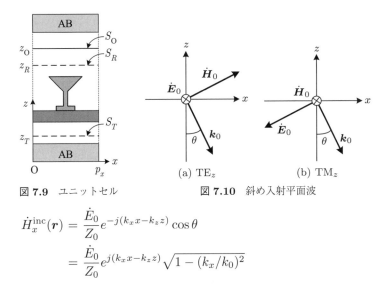

は $H_z(i+1/2,-1/2,k) = e^{jk_yp_y}H_z(i+1/2,N_y-1/2,k)$ であることから，複素表現に書き換えて

$$\dot{E}_x^n\left(i+\frac{1}{2},0,k\right) = a_e\left(i+\frac{1}{2},0,k\right)\dot{E}_x^{n-1}\left(i+\frac{1}{2},0,k\right)$$
$$+b_e\left(i+\frac{1}{2},0,k\right)\left[\frac{\dot{H}_z^{n-\frac{1}{2}}\left(i+\frac{1}{2},\frac{1}{2},k\right)-e^{jk_yp_y}\dot{H}_z^{n-\frac{1}{2}}\left(i+\frac{1}{2},N_y-\frac{1}{2},k\right)}{\Delta y}\right.$$
$$\left.-\frac{\dot{H}_y^{n-\frac{1}{2}}\left(i+\frac{1}{2},0,k+\frac{1}{2}\right)-\dot{H}_y^{n-\frac{1}{2}}\left(i+\frac{1}{2},0,k-\frac{1}{2}\right)}{\Delta z}\right] \tag{7.15}$$

となる．ここで $\dot{H}_y$ もまた，周期境界条件より $\dot{H}_y(i+1/2,0,k+1/2) = e^{jk_yp_y}\dot{H}_y(i+1/2,N_y,k+1/2)$ である．他の成分に関しても 7.2.1 項と同様に導くことができる．このように，P_B 上の電磁界にフロケ条件 (7.1) を用いるという以外には垂直入射と同様にできる．したがって，プログラムコードも 7.1 とほぼ同じであり，周期境界条件だけのサブプログラムを示すと，**プログラムコード 7.2** のようになる．プログラムコード 7.1 と比較していただきたい．

プログラムコード 7.2　fdtd3d_us.f

```
!-----------------------------------------------------------------------
!      共通変数の宣言
!-----------------------------------------------------------------------
       module fdtd_variable
       . . . . .
       . . . . .
       complex::ex(0:nx,0:ny,0:nz),ey(0:ny,0,ny,0:nz),ez(0:nx,0:ny,0;nz)
       complex::hx(0:nx,0:ny,0:nz),hy(0:ny,0,ny,0:nz),hz(0:nx,0:ny,0;nz)
       . . . . .
       . . . . .
       complex,parameter::cj=(0.0,1.0)             !虚数単位(j)
       complex::cpx,cpy
       real,parameter::k0=10.0                     !波数
       real,parameter::theta0=20.0,phi0=0.0        !入射角度
       real,parameter::px=0.2,py=0.5               !周期

       real,patameter::radi0=1.74532925e-2         !pi/180
       . . . . .
       end module fdtd_variable
!-----------------------------------------------------------------------
!     初期設定
!-----------------------------------------------------------------------
       subroutine setup()
       . . . . .
       . . . . .
       theta=theta0*radi0
```

```
      phi=phi0*radi0
      sx=sin(theta)*cos(phi)
      sy=sin(theta)*sin(phi)

      cpx=cexp(cj*k0*sx*px)                     ! exp(j*kx*px)
      cpy=cexp(cj*k0*sy*py)                     ! exp(j*ky*py)
      . . . . .
      . . . . .
      end subroutine setup
!-----------------------------------------------------------------------
!      メインプログラム
!-----------------------------------------------------------------------
      program fdtd3d_us
      use fdtd_variable

      call setup()                          !FDTDの初期設定
      call init_pml()                       !PMLの初期設定

      t=dt
      do n=1,nstep
         write(*,*)'Time step:',n
         call h_pbc                         !磁界に関する周期境界条件
         call e_cal
         call e_pml()
         call efeed                         !電界の励振
         t=t+0.5*dt
         call e_pbc                         !電界に関する周期境界条件
         call h_cal
         call h_pml()
         t=t+0.5*dt
         call out_emf(n)
      end do
      end program fdtd3d_us
!-----------------------------------------------------------------------
!     磁界の周期境界条件
!-----------------------------------------------------------------------
      subroutine h_pbc
      use fdtd_variable

!     (x-z)面
!for Ex
      do k=1,nz-1
         do i=0,nx-1
            hz(i,0,k) = hz(i,ny-1,k)*cpy
         enddo
      enddo
!for Ez
      do k=0,nz-1
         do i=1,nx-1
            hx(i,0,k) = hx(i,ny-1,k)*cpy
         enddo
      enddo

!     (y-z)面
!for Ey
      do k=1,nz-1
         do j=0,ny-1
            hz(0,j,k) = hz(nx-1,j,k)*cpx
         enddo
      enddo
!for Ez
      do k=0,nz-1
```

```
            do j=1,ny-1
               hy(0,j,k) = hy(nx-1,j,k)*cpx
            enddo
         enddo
         end subroutine h_pbc
!-----------------------------------------------------------------------
!        電界の周期境界条件
!-----------------------------------------------------------------------
         subroutine e_pbc
         use fdtd_variable

!        (x-z)面
!for Hx
         do k=0,nz-1
            do i=1,nx-1
               ez(i,ny,k) = ez(i,1,k)/cpy
            enddo
         enddo
!for Hz
         do k=1,nz-1
            do i=0,nx-1
               ex(i,ny,k) = ex(i,1,k)/cpy
            enddo
         enddo

!        (y-z)面
!for Hy
         do k=0,ny-1
            do j=1,ny-1
               ez(nx,j,k) = ez(1,j,k)/cpx
            enddo
         enddo
!for Hz
         do k=1,nz-1
            do j=0,ny-1
               ey(nx,j,k) = ey(1,j,k)/cpx
            enddo
         enddo
         end subroutine e_pbc
```

US–FDTD 法では電磁界が複素数となるため，`module fdtd_variable` 内で `ex`～`hz` を複素数と宣言した後で，波数や入射角度，周期 `px`，`py` などを設定している．サブプログラム `setup()` の cpx, cpy はそれぞれ，$e^{jk_xp_x}$, $e^{jk_yp_y}$ である．メインプログラムもプログラムコード 7.1 とほぼ同じであるが，PML 内の電磁界もまた複素数になることに注意してほしい．また，サブプログラム `e_pml()`, `h_pml()` は，平面波の垂直入射と同じ変更をすればよい．`efeed` とは式 (7.14) を計算するサブプログラムである．周期境界条件を計算するサブプログラム h_pbc, e_pbc の変更点は，式 (7.15) のように $e^{\pm jk_xp_x}$, $e^{\pm jk_yp_y}$ の条件が付け加えられるだけであるから，詳細な説明は不要であろう．

(4) 反射係数と透過係数　平面波散乱の問題では，反射係数や等価係数が興味の対象となる．一方，US–FDTD 法では散乱界領域と全電磁界領域とを分けることができないため，散乱界だけを求めるには観測面 S_R あるいは S_T 上の入射電磁界を別途計算しておく必要がある．これは解析的にできることが多いが，散乱体がない場合の電磁界を US–FDTD 法で計算していてもよい．あるいは，5.1 節で説明した散乱界に対する FDTD 法を用いることもできる．全電磁界の計算だけで反射係数を求めるには，以下のようにする．

観測面 S_R 上でフーリエ変換して電磁界接線成分（x 成分あるいは y 成分）の周波数スペクトル $\dot{E}_t(\omega,x,y)$, $\dot{H}_t(\omega,x,y)$ を計算しておく．位相の遅れを考慮した平均値

$$\left.\begin{aligned}\dot{E}_R(\omega) &= \int_{S_R} \dot{E}_t(\omega,x,y,z_R)e^{j(k_x x+k_y)}\,dS\\ \dot{H}_R(\omega) &= \int_{S_R} \dot{H}_t(\omega,x,y,z_R)e^{j(k_x x+k_y)}\,dS\end{aligned}\right\} \tag{7.16}$$

を考えると，この面の波動インピーダンスは $\dot{Z}_R(\omega)=\dot{E}_R(\omega)/\dot{H}_R(\omega)$ となる．このとき，反射係数は伝送線路と同様に

$$\dot{\Gamma}(\omega) = \frac{\dot{Z}_R(\omega)-\dot{Z}_{\mathrm{W}}(\omega)}{\dot{Z}_R(\omega)+\dot{Z}_{\mathrm{W}}(\omega)} \tag{7.17}$$

で与えられる．ただし，$\dot{Z}_{\mathrm{W}}$ は入射平面波の波動インピーダンスで次式によって与えられる．

$$\dot{Z}_{\mathrm{W}} = \frac{k_0}{k_z}Z_0\ ;\ \mathrm{TE}_z, \qquad \dot{Z}_{\mathrm{W}} = \frac{k_z}{k_0}Z_0\ ;\ \mathrm{TM}_z \tag{7.18}$$

$z=z_T$ においても式 (7.16) と同様の計算を行い，$\dot{Z}_T(\omega)=\dot{E}_R(\omega)/\dot{H}_R(\omega)$ とすると．透過係数は

$$\dot{T}(\omega) = \frac{2\dot{Z}_T(\omega)}{\dot{Z}_R(\omega)+\dot{Z}_{\mathrm{W}}(\omega)} \tag{7.19}$$

によって与えられる．ただし，反射領域も透過領域もともに真空とした．

(5) 計　算　例　US–FDTD 法の計算精度を検証するために，図 **7.11** (a) のような厚さ $d=7.5$ mm，比誘電率 $\varepsilon_r=4$ の誘電体スラブに TE_z 平面波が角

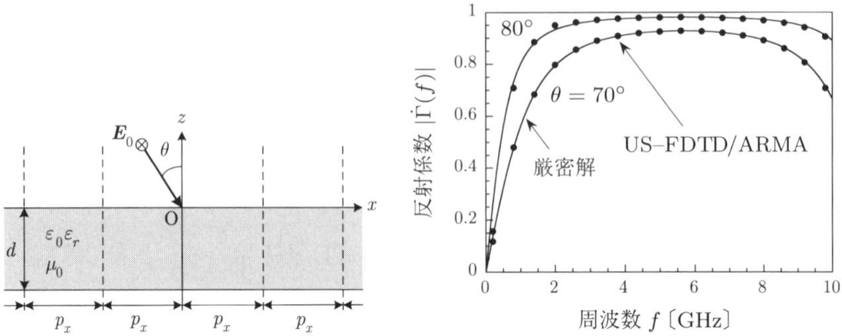

(a) 誘電体スラブ　　(b) 反射係数

図 7.11　誘電体スラブの反射係数

度 θ で入射した場合の反射係数を計算した．その結果を図 (b) に示す．この例は解析的に厳密解が計算できるため，その値も併せて示した．また，US–FDTD 法ではスラブを周期 $p_x = 2d$ の周期誘電体スラブとして解析した．このとき，スラブ表面で透過した波はスラブの底面で反射し，再び表面から真空中に透過する．これを繰り返しながら x 方向に伝搬するため，時間的には周期的な反射が繰り返され，収束するまでには長い時間を要する．これを解決するために，ここでは 6.3.1 (2) 項に示した ARMA を用いて収束値を推定した．

つぎに，**図 7.12** (a) のように誘電体スラブ表面に $W = W_x = W_y = 4$ mm 正方形導体板を周期 $p_x = p_y = 8$ mm で並べた．ただし，$d = 10$ mm とした．このときの反射係数を図 (b) に示す．比較のためにモーメント法 (MoM) による

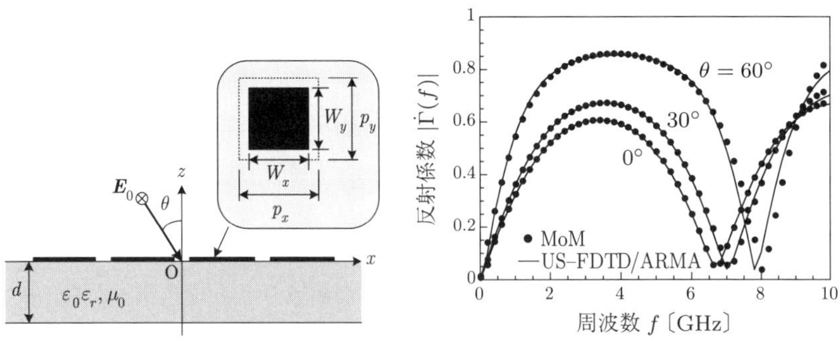

(a) 誘電体スラブ上の周期導体板　　(b) 反射係数

図 7.12　反射係数

結果も示している．このときもUS–FDTD法の収束は遅いため，ARMAも併用して反射係数を計算している．両者ともよく一致しており，US–FDTD/ARMA法が正しく計算できていることがわかる．また，周期構造による散乱解析を効率よく行うためにはARMAのような定常値を推定するような計算方法が不可欠である．

7.3.4 伝送線路近似

伝送線路近似法はメタマテリアル構造体内の横方向波数 k_t に関する電波伝搬特性を求めるために使われる方法で，導波モードが興味の対象となるマイクロ波デバイスばかりではなく，漏れ波アンテナの設計にも広く用いられている[61]．その基本概念は7.5.1項で紹介することとし，ここでは散乱問題に適用する方法を紹介する．

図7.12(a)のような誘電体スラブに平面波が入射する問題を考える．$z=0$ の表面インピーダンスを $\dot{Z}_S$ としたとき，反射係数は式(7.17)の $\dot{Z}_R$ を $\dot{Z}_S$ に置き換えればよい．また，式(7.18)の k_z は $k_z = k_0 \cos\theta$ である．ここで紹介する方法とは，z 方向に伝搬する波だけを考えて，その特性を伝送線路モデルで近似する方法である．例えば，周期導体板がなければ平面波の伝搬は伝送線路モデルに正確に置き換えることができることは明らかであろう．そこで，周期導体板が真空中にあったときのインピーダンスを $\dot{Z}_g$ とすると，**図7.13**のような等価伝送線路モデルに近似的に置き換えることができる．ただし，図7.12(a)のように誘電体スラブの下部が真空なら，$\dot{Z}_l = \dot{Z}_W$ である．これに対して，完全導体に接しているなら $\dot{Z}_l = 0$ である．

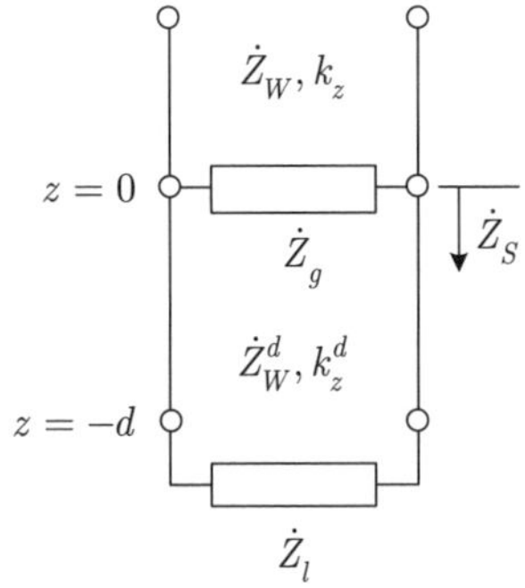

図 **7.13** 等価伝送線路モデル

表面インピーダンス $\dot{Z}_S$ とは，$\dot{Z}_g$ と $\dot{Z}_l$ で終端された長さ d の伝送線路のインピーダンス

$$\dot{Z}_d = \dot{Z}_W^d \frac{\dot{Z}_l + j\dot{Z}_W^d \tan k_z^d d}{\dot{Z}_W^d + j\dot{Z}_l \tan k_z^d d} \qquad (7.20)$$

との並列接続であるから容易に求めることができる．ただし，$\dot{Z}_W^d$，k_z^d はそれぞれ誘電体部分の特性インピーダンスと z 方向の波数で，式 (7.18) において，$\dot{Z}_W \to \dot{Z}_W^d$, $k_0 \to k_d = k_0\sqrt{\varepsilon_r}$, $k_z \to k_z^d = k_d \cos\theta_t$, $Z_0 \to Z_0/\sqrt{\varepsilon_r}$ と置き換えればよい．ただし，θ_t は屈折角で，スネルの法則 $\sin\theta = \sqrt{\varepsilon_r}\sin\theta_t$ によって決定される．

図 7.12 (a) の誘電体スラブ下面 $z = -d$ に完全導体板を置き，TE_z, TM_z 平面波が角度 $\theta = 30°$ で入射した場合の反射係数の位相特性を**図 7.14** に示す．振幅はほぼ 1 である．FDTD 法と伝送線路近似とはきわめてよく一致しており，伝送線路近似の有効性が確認できる．ただし，$p = p_x = p_y = 2$ mm, $d = 2$ mm, $\varepsilon_r = 4$ とし，導体板間の距離 g を変化させた．これは導体板の幅 $W = W_x = W_y = p - g$ を変化させたことに対応する．なお，FDTD 法の計算ではセルサイズを 0.025 mm とした．一方，伝送線路近似における導体板のインピーダンス $\dot{Z}_g$ は近似的に導出されており

$$\dot{Z}_g = \begin{cases} -j\dfrac{\dot{Z}_{\mathrm{eff}}}{2\alpha\left(1 - \dfrac{\sin^2\theta}{2\varepsilon_{\mathrm{eff}}}\right)} & ;\ \mathrm{TE}_z \\[2ex] -j\dfrac{\dot{Z}_{\mathrm{eff}}}{2\alpha} & ;\ \mathrm{TM}_z \end{cases} \tag{7.21}$$

によって与えられる[69]．ただし

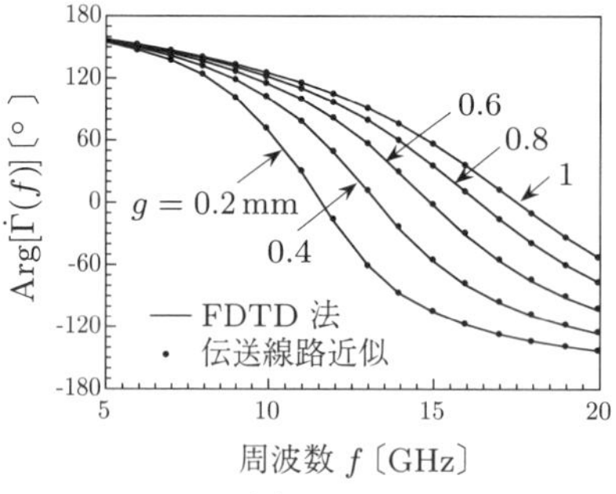

(a) TE_z

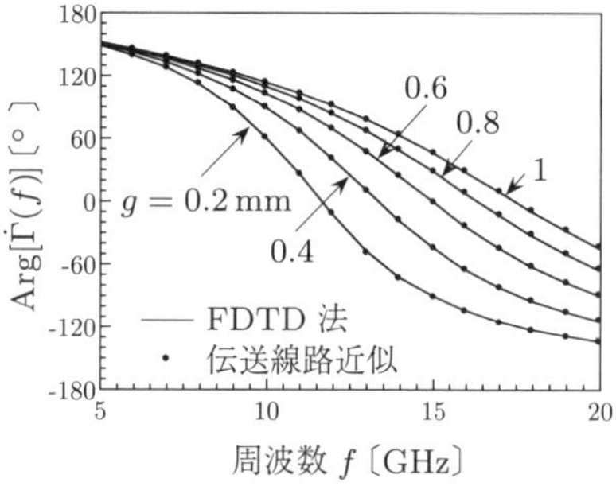

(b) TM_z

図 7.14　反射係数の位相

$$\left.\begin{aligned} &\varepsilon_{\rm eff}=\frac{\varepsilon_r+1}{2}, \qquad \dot{Z}_{\rm eff}=\frac{Z_0}{\sqrt{\varepsilon_{\rm eff}}} \\ &\alpha=k_0\sqrt{\varepsilon_{\rm eff}}p\frac{0.575\left(\dfrac{p-g}{p}\right)^3}{1-0.413\left(\dfrac{p-g}{p}\right)^3} \end{aligned}\right\} \tag{7.22}$$

である．また，誘電体スラブの下面は $\dot{Z}_l=0$ であるから，式 (7.20) より $\dot{Z}_d=jZ_W^d\tan k_z^d l$ である．

7.4 アンテナ問題

これまでは平面波の散乱問題を扱ってきたが，本節では図 7.2 のような周期構造体の上部にアンテナが一つ置かれた場合の問題を考える．このとき，アンテナの放射界は周期的ではないから，フロケ条件 (7.1) は成り立たない．また，**図 7.15** のようにユニットセル内の点 $\boldsymbol{r}_0$ に点電流源 $\dot{\boldsymbol{J}}_0$ を置いたとすると，これは $\dot{\boldsymbol{J}}_0$ が周期的に並んだ問題となり，アンテナ単体の問題ではなくなる．これを解決する方法の一つに **ASM** (array scanning method) を利用した FDTD 法がある．これを **ASM–FDTD 法**という．本節ではこれについて説明する．

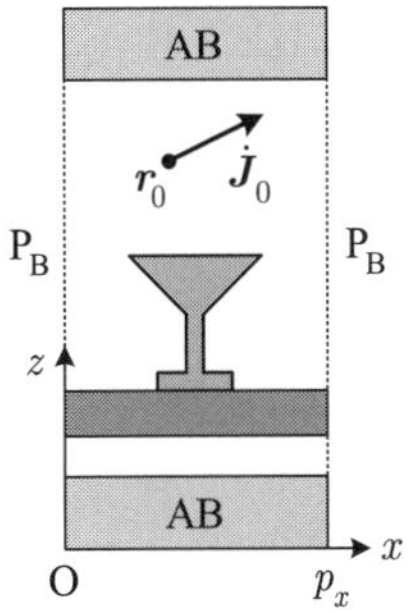

図 7.15 点電流源

7.4.1 ASM–FDTD 法

(1) 基本概念 図 7.15 の点電流源 $\dot{\boldsymbol{J}}_e(\boldsymbol{r})=\dot{\boldsymbol{J}}_0\delta(\boldsymbol{r}-\boldsymbol{r}_0)$ は

$$\dot{\boldsymbol{J}}_e(\boldsymbol{r})=\frac{p_xp_y}{(2\pi)^2}\int_{-\pi/p_x}^{\pi/p_x}\int_{-\pi/p_y}^{\pi/p_y}\dot{\boldsymbol{J}}_e^{\infty}(\boldsymbol{r},\boldsymbol{k}_t)\,dk_x\,dk_y \tag{7.23}$$

によって表される．ただし，$\boldsymbol{r}_{mn}=\boldsymbol{r}_0+\boldsymbol{d}_{mn}$ および $\boldsymbol{d}_{mn}=mp_x\hat{\boldsymbol{x}}+np_y\hat{\boldsymbol{y}}$ としたとき，$\dot{\boldsymbol{J}}_e^{\infty}(\boldsymbol{r},\boldsymbol{k}_t)$ は

$$\dot{\boldsymbol{J}}_e^{\infty}(\boldsymbol{r},\boldsymbol{k}_t) = \dot{\boldsymbol{J}}_0 \sum_{m=-\infty}^{\infty}\sum_{n=-\infty}^{\infty} \delta(\boldsymbol{r}-\boldsymbol{r}_{mn}) e^{-j\boldsymbol{k}_t\cdot\boldsymbol{d}_{mn}} \tag{7.24}$$

によって与えられる（章末問題【**2**】）.

式 (7.24) は，図 **7.16** のように $\dot{\boldsymbol{J}}_0$ が $\boldsymbol{r}_{mn} = \boldsymbol{r}_0 + \boldsymbol{d}_{mn}$ の位置に周期 p_x, p_y で並んでおり，その振幅が $\dot{\boldsymbol{J}}_0 e^{-j\boldsymbol{k}_t\cdot\boldsymbol{d}_{mn}}$ であることを表している．さらに，式 (7.23) はこれらの電流源 $\dot{\boldsymbol{J}}_e^{\infty}(\boldsymbol{r},\boldsymbol{k}_t)$ をブリルアンゾーン (Brillouin zone) $-\pi/p_x \le k_x \le \pi/p_x$, $-\pi/p_y \le k_y \le \pi/p_y$ で積分すれば $\boldsymbol{r}=\boldsymbol{r}_0$ にある単一電流源 $\dot{\boldsymbol{J}}_e(\boldsymbol{r})$ になることを意味している．したがって，$\boldsymbol{k}_t$ を一定としたとき，すべての電流源 $\dot{\boldsymbol{J}}_e^{\infty}$ による電界を $\dot{\boldsymbol{E}}^{\infty}(\boldsymbol{r},\boldsymbol{k}_t)$ とすると，単一電流源による電界 $\dot{\boldsymbol{E}}(\boldsymbol{r})$ は

$$\dot{\boldsymbol{E}}(\boldsymbol{r}) = \frac{p_x p_y}{(2\pi)^2} \int_{-\pi/p_x}^{\pi/p_x} \int_{-\pi/p_y}^{\pi/p_y} \dot{\boldsymbol{E}}^{\infty}(\boldsymbol{r},\boldsymbol{k}_t)\, dk_x\, dk_y \tag{7.25}$$

となる．ここで，$\dot{\boldsymbol{E}}^{\infty}(\boldsymbol{r},\boldsymbol{k}_t)$ は明らかにフロケ条件を満たすから，7.3.3 項の US–FDTD 法を用いれば，図 7.15 のような単一の電流源 $\dot{\boldsymbol{J}}_0$ による電界に置き換えることができる．また，パルス応答であっても構わない．すなわち，式 (7.25) は

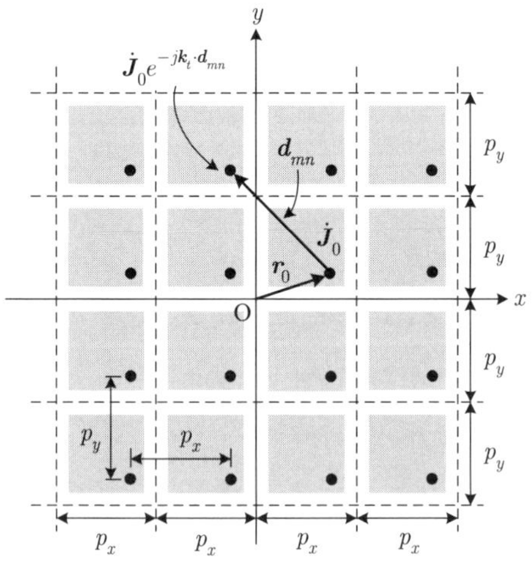

図 **7.16**　周期的に並んだ点電流源

$$\dot{\boldsymbol{E}}(\boldsymbol{r},t) = \frac{p_x p_y}{(2\pi)^2}\int_{-\pi/p_x}^{\pi/p_x}\int_{-\pi/p_y}^{\pi/p_y}\dot{\boldsymbol{E}}^{\infty}(\boldsymbol{r},\boldsymbol{k}_t,t)\,dk_x\,dk_y \tag{7.26}$$

と書き換えることができる[70]．ただし，$\boldsymbol{r}$ はユニットセル内の位置ベクトルである．さらに，$\boldsymbol{r}\to\boldsymbol{r}+\boldsymbol{d}_{mn}$ とすると，$\dot{\boldsymbol{E}}^{\infty}(\boldsymbol{r}+\boldsymbol{d}_{mn},\boldsymbol{k}_t,t) = \dot{\boldsymbol{E}}^{\infty}(\boldsymbol{r},\boldsymbol{k}_t,t)e^{-j\boldsymbol{k}_t\cdot\boldsymbol{d}_{mn}}$ であるから

$$\begin{aligned}&\dot{\boldsymbol{E}}(\boldsymbol{r}+\boldsymbol{d}_{mn},t)\\&\quad=\frac{p_x p_y}{(2\pi)^2}\int_{-\pi/p_x}^{\pi/p_x}\int_{-\pi/p_y}^{\pi/p_y}\dot{\boldsymbol{E}}^{\infty}(\boldsymbol{r},\boldsymbol{k}_t,t)e^{-j\boldsymbol{k}_t\cdot\boldsymbol{d}_{mn}}\,dk_x\,dk_y\end{aligned} \tag{7.27}$$

となり，(m,n) 番目のユニットセル内の過渡電界を求めることができる．

このようにしてパルス電流源による過渡電界を計算することができるが，$\dot{\boldsymbol{J}}_e(\boldsymbol{r},t)$ は既知の分布である．つまり，ASM–FDTD 法で計算される電磁界は強制励振電磁流源による電磁界である．ところが，アンテナの電流分布は散乱体に影響されるから，実際のアンテナ問題はこの方法だけでは解決できない．今後の発展に期待したい．一方，点波源は平面波の重ね合せとして表されるから，平面波展開法が使えそうであるが，ここで述べた ASM のほうが有効であるとされている[71]．しかし，有限の大きさを持った一般のアンテナについては完全には解決していない．これは，メタマテリアルとアンテナとの相互結合がこの方法では考慮できないためである．

(2) ブリルアンゾーンの数値積分　単一波源の問題を解く場合には，式 (7.26) あるいは式 (7.27) のように US–FDTD 法によって $\dot{\boldsymbol{E}}^{\infty}(\boldsymbol{r},\boldsymbol{k}_t,t)$ を計算した後に，この被積分関数を図 **7.17** のようなブリルアンゾーン全体にわたって積分しなければならない．一方，z 方向の波数は $k_z = \sqrt{k_0^2-k_t^2} = \sqrt{k_0^2-k_x^2-k_y^2}$ であるから，$\dot{\boldsymbol{E}}^{\infty}(\boldsymbol{r},\boldsymbol{k}_t,t)$ には本質的に $\sqrt{k_0^2-k_t^2}$ や $1/\sqrt{k_0^2-k_t^2}$ のような関数が含まれると考えられる．特に $k_c=k_0$ がこの領域に含まれ

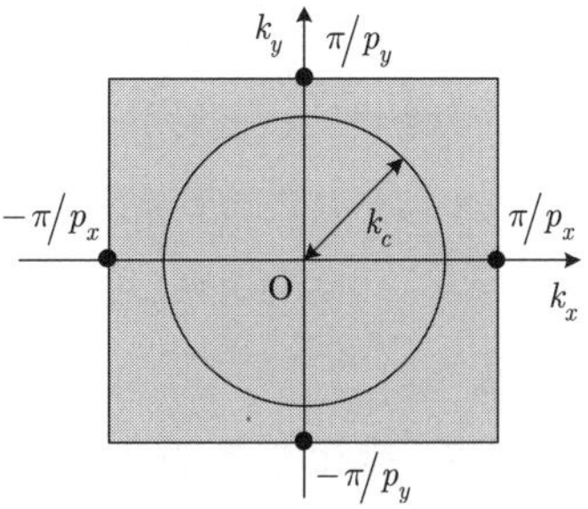

図 7.17　ブリルアンゾーン

る場合には分岐点での取扱いに注意する必要がある．このような特異積分を**シンプソン則** (Simpson's rule) や**ガウス・ルジャンドル則** (Gauss–Legendre's rule) で行うのは適切ではない（付録 C 参照）．$\dot{\boldsymbol{E}}^{\infty}(\boldsymbol{r}, \boldsymbol{k}_t, t)$ の特徴が詳細にわかればより正確な積分法が明らかになるかもしれないが，いまのところ**台形則** (trapezoidal rule) が最もよいとされている[71]．しかし，台形則は被積分関数を直線で近似する方法であるから，必ずしも精度のよい求積法ではない．このため，k_x, k_y に対して多くのサンプリング点を必要とする．このように，ASM–FDTD 法の計算時間や精度はブリルアンゾーンの積分法に大きく依存する．

(3)　数　値　例　　図 7.12 (a) の周期導体板の中心から高さ $z = 100$ mm の位置に，z 方向を向く点電流源を置き，正弦波で変調されたガウスパルスで励振したときの散乱電界を**図 7.18** に示す．ただし，$p = p_x = p_y = 80$ mm, $W = W_x = W_y = 40$ mm, $d = 100$ mm, $\varepsilon_r = 4$ とし，観測点は同じ高さで電流源から y 方向に 80 mm 離れた点とした．AMS–FDTD (48) の 48 とはブリルアンゾーンを 48×48 個のサンプリング点をとって台形則で積分したことを表し，BT–FDTD (11) とは 11 × 11 個のユニットセル全体を 7.1.1 項で述べた力ずく (brute–force) 法で計算した散乱電界である．

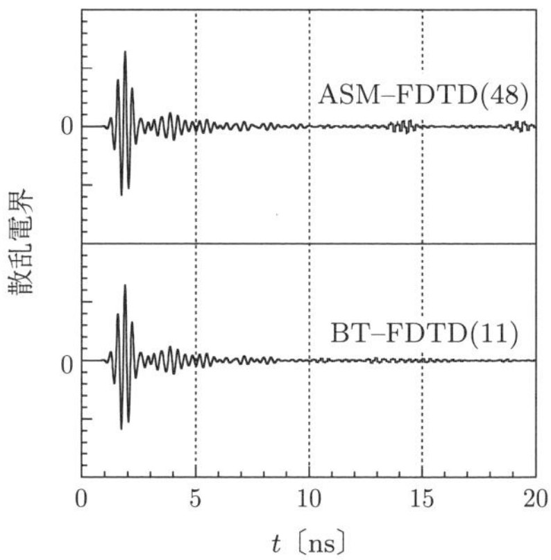

図 7.18　散乱電界の過渡応答

8 ns 程度までの初期応答は両者ともよく一致しているが，14 ns と 19 ns 付近にではわずかに差異が見られる．ブリルアンゾーンのサンプリング点を増やすことによってこの差異は小さくなることから，ASM–FDTD 法におけるブリルアンゾーンの積分については注意深い検討が必要である．

7.4.2　等価媒質近似

7.3.4 項で示したような伝送線路近似法を用いるとメタマテリアルは**図 7.19**

のような誘電率 $\overline{\overline{\varepsilon}}^{\mathrm{eff}}(\omega)$ と透磁率 $\overline{\overline{\mu}}^{\mathrm{eff}}(\omega)$ を持つ半無限媒質，あるいはインピーダンス壁として近似することができる．どのような等価媒質定数になるかはメタマテリアルの構造に依存するが，グリーン関数が導出できれば，アンテナの問題もモーメント法等を利用して解析することができる．しかし，異方性媒質に対するグリーン関数の数値計算は困難であろうと予想される．その場合には，4.6 節で述べたような方法が応用できると考えられる．

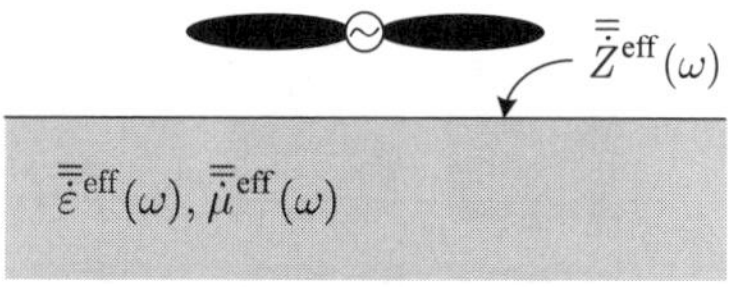

図 7.19　等価媒質上のアンテナ

7.5　分散ダイアグラム

メタマテリアル内の電磁波伝搬特性を知るには波数 $\boldsymbol{k}_t$ と角周波数 ω との関係を求めておくことが重要であり，その関係を**分散ダイアグラム** (dispersion diagram) という．分散ダイアグラムは伝送線路近似によって計算されることが多いが，より正確なダイアグラムを計算するには FDTD 法などの数値計算法を用いる必要がある．FDTD 法では，まずユニットセル内に図 **7.20** のようなメッシュを作り，すべての面を周期境界 $\mathrm{P_B}$ で囲む．つぎに 7.3.3 項の US–FDTD 法を用いて分散ダイアグラムを計算する．ところが，分散ダイアグラムは周波数領域の特性であるから，FDTD 法で計算することは必ずしも効率的ではない．そこでここでは，伝送線路法と周波数領域の差分法である **FDFD 法** (finite difference frequency domain method) による分散ダイアグラムの計算法を紹介する[72]．

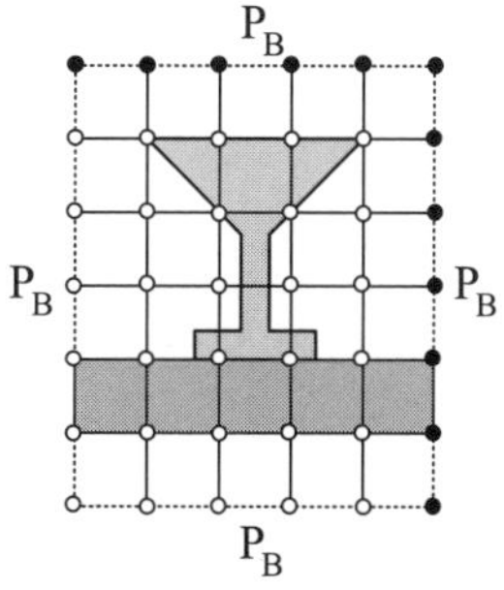

図 7.20　FDTD メッシュ

7.5.1　伝送線路近似

図 **7.21** のようなマッシュルーム型 **EBG 構造** (electromagnetic band gap

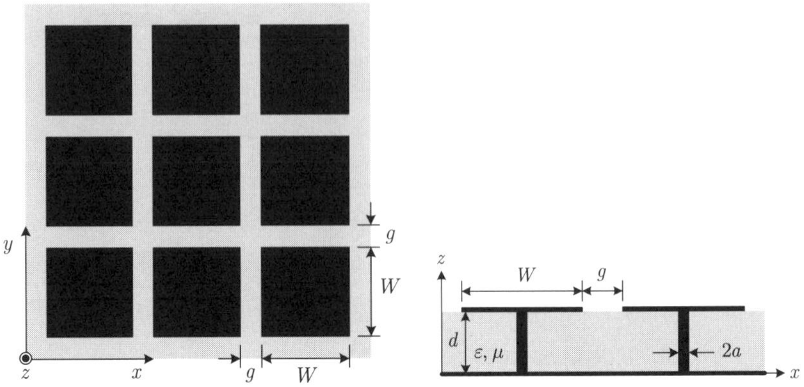

(a) 上面図　　　　(b) 側面図

図 7.21　マッシュルーム型 EBG 構造

structure) を例にとって，伝送線路近似による分散ダイアグラムの計算法について説明しよう．2 次元構造ではあるが，ここでは簡単のために x 方向に伝搬する波について考える．

$z=d$ のギャップの部分は等価定理により，ここを完全導体で閉じておき，その上下に磁流を置いたモデルと等価であるから，x 方向に進む波は線路間隔 d の伝送線路にギャップに対応するインピーダンスが直列に装荷された回路で近似することができる．また，ギャップ部分は g が波長に比べて小さいなら容量 C のコンデンサに置き換えることができる．2 枚の半無限導体板間の単位長当りの静電容量は容易に求めることができて（演習問題【**3**】），幅 W の導体板間の静電容量は

$$C = \frac{W(\varepsilon_0 + \varepsilon)}{\pi} \cosh^{-1}\left(\frac{W+g}{g}\right) \tag{7.28}$$

で与えられる．一方，導体板と半径 a の短絡ピンには周回電流が流れるから，短絡ピンは等価的にインダクタンスに置き換えることができる．最も粗い近似は，間隔 d で挟まれた導体間の磁気エネルギーから求めることができて $L=\mu d$ となるが，さらに短絡ピンの半径まで考慮すると

$$L = \frac{\mu}{2\pi} d \left[\sinh^{-1}\left(\frac{d}{a}\right) + \frac{a}{d} - \sqrt{1+\left(\frac{a}{d}\right)^2}\right] \tag{7.29}$$

によって近似できる（演習問題【**4**】）．ただし，短絡ピンの表面だけに電流が流れると仮定した．

ギャップ部分から短絡ピンを見たときのインピーダンスを $\dot{Z}_p$，コンデンサと Z_p の並列回路の合成インピーダンスを $\dot{Z}$ とすると，x 方向に伝搬する波の等価回路は図 **7.22** のような無限周期の伝送線路モデルで置き換えることができる．ただし，$\beta_t = \omega\sqrt{\mu\varepsilon}$, $Z_t = \sqrt{\mu/\varepsilon}$ はそれぞれ伝送線路の伝搬定数，特性インピーダンスである．このとき，n 番目と $n+1$ 番目の端子電圧，端子電流の間にはフロケ条件 (7.1) が成り立ち

$$\begin{bmatrix} \dot{V}_{n+1} \\ \dot{I}_{n+1} \end{bmatrix} = \lambda \begin{bmatrix} \dot{V}_n \\ \dot{I}_n \end{bmatrix} \qquad (\lambda = e^{jk_x p_x}) \tag{7.30}$$

となるから，x 方向の波数 k_x は

$$\cos(k_x p_x) = \cos(\beta_t p_x) + \frac{j\dot{Z}}{2Z_t}\sin(\beta_t p_x) \tag{7.31}$$

を満足する．ここで，構造に損失がないなら $\dot{Z}$ は純虚数である．ω_t と k_x の関係，すなわち分散ダイアグラムは非線形方程式 (7.31) を解くことによって得られる．

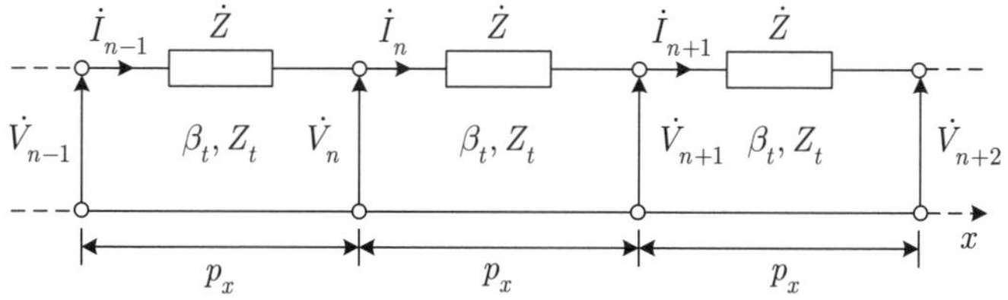

図 **7.22**　表面波の伝送線路モデル

伝送線路近似は構成要素の等価インピーダンス $\dot{Z}$，すなわち C や L をいかに正確に求めるかに依存する．また，この方法は横方向に伝搬する表面波の解析には適用できるが，散乱問題には用いることができないということに注意していただきたい．

7.5.2 FDFD 法

FDFD 法の空間差分は FDTD 法と同じである．各セルエッジ上の電磁界をベクトル $\boldsymbol{x}$ で表しておく．P_B にフロケ条件 (7.1) を適用すると

$$A\boldsymbol{x} = \omega B\boldsymbol{x} \tag{7.32}$$

の固有方程式を得る（章末問題【5】）．ここで，行列 A, B は構造パラメータや波数 $\boldsymbol{k}_t$ によって定まる．$\boldsymbol{k}_t$ を固定して式 (7.32) の固有値 ω を計算すれば分散ダイアグラムを得ることができる．このような計算法は有限要素法と同じである．

計算例を**図 7.23** に示す．これは周期 $p = p_x = p_y$ 内にある半径 $0.2p$, 比誘電率 8.9 の無限円柱に対する分散ダイアグラムで，基本モードから第 4 モードまでを示している．また，円柱に垂直な偏波である．横軸の Γ, X, M はそれぞれブリルアンゾーンの点 $(k_x, k_y) = (0,0), (\pi/p_x, 0), (\pi/p_x, \pi/p_y)$ を表している．伝搬領域がバンド構造をしていることから，このような構造を分散ダイアグラムのバンドギャップ構造という．例えば，$3 \leq \omega p/2\pi c \leq 4.5$ の周波数範囲の電磁波はどの方向にも伝搬せず指数関数的に減衰する．

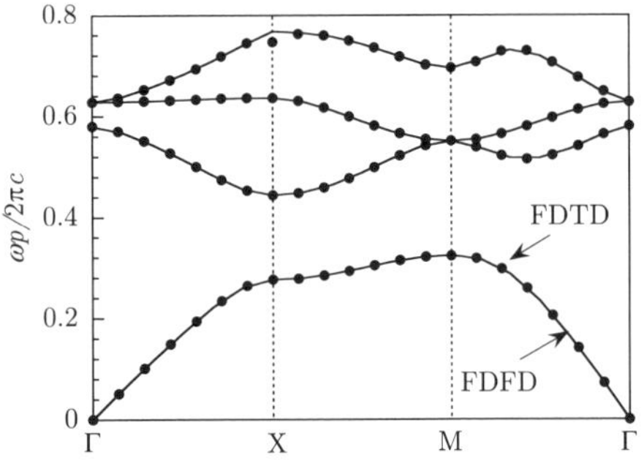

図 7.23　分散ダイアグラム

章 末 問 題

【1】 図 7.11 (a) のような厚さ d, 比誘電率 ε_r の無限に広い無損失誘電体スラブに y 方向の電界成分を持つガウスパルス平面波が垂直に入射するものとする．すなわち，$\theta = 0$ とする．以下の問に答えよ．

(1) 過渡散乱電磁界の厳密解を求めよ．

(2) この誘電体スラブを x, y 方向にそれぞれ周期 p_x, p_y を持つ周期的誘電

体スラブとみなす．FDTD 法のプログラムコードを作れ．

(3) $z = 2d, -3d$ における過渡電界を FDTD 法の結果と比較せよ．ただし，誘電体スラブや FDTD 法の計算に必要なパラメータは適切に定めよ．

【2】 式 (7.23) が成り立つことを示せ．

【3】 つぎの問に答えよ．

(1) $u(x,z) = \sqrt{(x-g/2)^2 + z^2}$, $w(x,y) = \sqrt{(x+g/2)^2 + z^2}$ とする．ポテンシャル関数

$$\psi(x,z) = \frac{V_0}{\pi} \sin^{-1}\left(\frac{w-u}{g}\right)$$

はポアソンの方程式

$$\frac{\partial^2 \psi}{\partial x^2} + \frac{\partial^2 \psi}{\partial z^2} = -\frac{\omega_e(x,z)}{\varepsilon_0}$$

を満足し，$|x| > g/2$ に対して $\psi(x,0) = \mathrm{sgn}(x) V_0/2$ であることを示せ．ただし，$\omega(x,z)$ は次式で与えられる．

$$\omega_e(x,z) = \begin{cases} 0 & (|x| < g/2) \\ \dfrac{\varepsilon_0 V_0}{\pi} \dfrac{\mathrm{sgn}(x)}{\sqrt{x^2 - (g/2)^2}} \delta(z) & (|x| \geq g/2) \end{cases}$$

(2) 問 (1) は**図 7.24** (a) のように，電位 $\pm V_0/2$ の y 方向に無限に長い 2 枚の導体板が間隔 g で平行に並んでいるときの静電界の問題である．図 (b) のように幅 $W \gg g$ の導体板が平行に並んでいる場合でも電荷密度は問 (1) の場合とほぼ等しいと近似できるものとする．このときの単位長当りの静電容量 C_0 を求めよ．必要ならつぎの積分公式を用いよ．

$$\int \frac{dx}{\sqrt{x^2 - a^2}} = \cosh^{-1}\left(\frac{x}{a}\right)$$

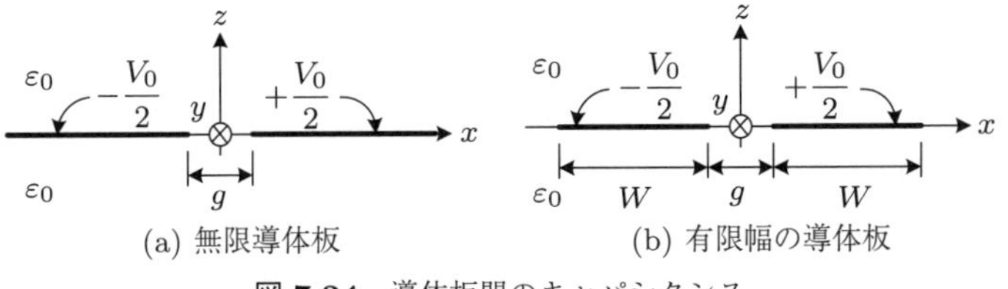

図 7.24　導体板間のキャパシタンス

(3) 図 7.24 (b) において $z < 0$ の領域が誘電率 ε の半無限誘電体であるとする．$k = 2\varepsilon_0/(\varepsilon_0 + \varepsilon)$ とすると，$z > 0$ の電位は全空間を ε_0 の空間

として境界に $\omega_e'(x) = k\omega_e(x)$ の電荷を置いたときの電位に等しいことを電気影像法を用いて示せ．また，このことにより単位長当りの静電容量は $C = C_0/k$ となることを示せ．

(4)　図 7.24 (b) と同じ構造の導体板をもう一組平行に置き，上下の導体をそれぞれ導線で結んだ．このときの単位長当りの静電容量は $2C_0$ で近似できることを示せ．これと問 (3) の結果を用いて，図 7.21 のギャップの静電容量が式 (7.28) で与えられることを示せ．

【4】 図 **7.25** のように 2 枚の導体#1, #2 間の給電ピンの表面を一様な電流 I が流れているものとする．以下の問に答えよ．

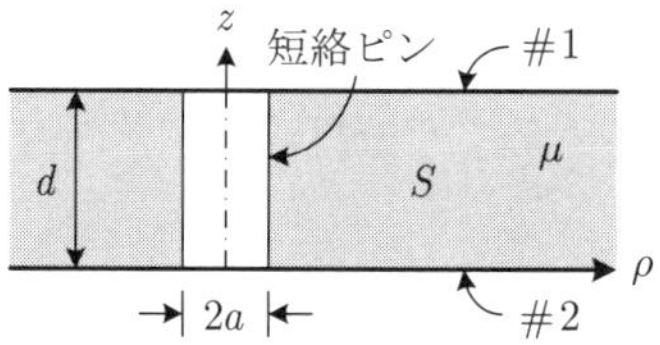

図 7.25　短絡ピンのインダクタンス

(1)　$\rho > a$ の外部磁界を求めるときは，電流が $\rho = 0$ の中心軸を流れているとみなすことができる．周囲の磁界を求めよ．必要ならつぎの積分公式を用いよ．

$$\int \frac{dx}{(x^2+c)^{\frac{3}{2}}} = \frac{x}{c\sqrt{x^2+c}}$$

(2)　面 S を貫く磁束 Ψ を求め，インダクタンス L が式 (7.29) によって与えられることを示せ．必要ならつぎの積分公式を用いよ．

$$\int \frac{\sqrt{x^2+a^2}}{x}\,dx = \sqrt{x^2+a^2} + a\log\left|\frac{x}{a+\sqrt{x^2+a^2}}\right| \qquad (a>0)$$

(3)　周波数が非常に低い場合には式 (7.29) に給電ピン内部の磁界による寄与 $L_{\rm in}$ を加える必要がある．$L_{\rm in} = \mu d/(8\pi)$ であることを示せ．

【5】 $\boldsymbol{E}(\boldsymbol{r},t) = \dot{\boldsymbol{E}}(\boldsymbol{r})e^{j\omega t}$, $\boldsymbol{H}(\boldsymbol{r},t) = \dot{\boldsymbol{H}}(\boldsymbol{r})e^{j\omega t}$ とし，2 次元 TM_z モードを考える．FDFD 法に関するつぎの問に答えよ．

(1)　図 1.7 (a) を参照して電磁界の空間差分表現を求めよ．

(2)　$x = 0, p_x = N_x\Delta x$, $y = 0, p_y = N_y\Delta y$ が周期境界であるとする．フロケ条件を利用して式 (7.32) のような固有値方程式を導け．

8 関　連　手　法

FDTD 法に関連した手法のうち，代表的な物を簡単に紹介する．細かく分類するとここで述べる手法以外にも多種多様な方法があるが，紙面の都合でそれらすべてを網羅することはできない．巻末にあげた参考文献などで補っていただきたい．また，FDTD 法以外の代表的な電磁界解析法についても簡単に紹介する．一方，計算機の能力が格段に向上したため，たがいに複雑に絡み合った複数の物理現象を連成させた数値解析が可能になりつつある．これをマルチフィジクス解析 (multiphysics analysis) という．本章では分子・原子といったミクロ領域には立ち入らないで，電磁波工学で重要と思われる電磁界と熱，および電磁界と電気回路との連成解析法について簡単に紹介する．

8.1　FDTD 関連手法

8.1.1　陰　解　法

陽解法 (explicit methods) の一つである FDTD 法ではセルサイズと時間間隔 Δt とは 1.5.1 項で示した Courant 安定条件を満足しなければならないため，Δt をこの条件より大きくとることはできない．また，グリッド分散誤差を最小にするには $\Delta t = \Delta t_c$ としなければならないため，セルサイズを決めると Δt も一意的に決まってしまって自由に選ぶことはできない．このため，セルサイズを小さくすると計算時間がそれに伴って増加する．これに対して，**ADI–FDTD 法**[74),75)] (alternating direction implicit FDTD method) や **LOD–FDTD 法**[76),77)] (locally one–dimensional FDTD method) に代表される**陰解法** (implicit methods) では Courant 安定条件に縛られることなく $\Delta t > \Delta t_c$ としても不安定になることはない．

ここでは ADI–FDTD 法の基本的な考え方とその特徴を概観するが，陰解法はもともと**熱伝導方程式** (heat transfer equation) や流体の運動方程式などの波動方程式とは異なる型の偏微分方程式の数値解法として発展してきた．そこでここでは，熱伝導方程式の解法アルゴリズムがマクスウェルの方程式にどのように応用されたかを中心に説明する．

（1）偏微分方程式の型　2 変数関数 $u(x,t)$ に関する **2 階偏微分方程式** (second order partial differential equation) は一般に

$$A\frac{\partial^2 u}{\partial x^2} + B\frac{\partial^2 u}{\partial x \partial t} + C\frac{\partial^2 u}{\partial t^2} + D\frac{\partial u}{\partial x} + E\frac{\partial u}{\partial t} + Fu + Q(x,t) = 0 \tag{8.1}$$

と表される．係数 $A \sim F$ は x と t の関数である．このとき，偏微分方程式 (8.1) はつぎの三つに分類される[78]．

$$\left.\begin{aligned} &B^2 - 4AC > 0 &&：\text{双曲線型} \\ &B^2 - 4AC = 0 &&：\text{放物線型} \\ &B^2 - 4AC < 0 &&：\text{だ円型} \end{aligned}\right\} \tag{8.2}$$

例えば，$A = 1$, $C = -1/v^2$, $B = D = E = F = 0$ とすると，式 (8.1) は波動方程式

$$\frac{\partial^2 u}{\partial x^2} - \frac{1}{v^2}\frac{\partial^2 u}{\partial t^2} = -Q(x,t) \tag{8.3}$$

となる．このとき，$B^2 - 4AC = 4/v^2 > 0$ であるから，式 (8.3) の波動方程式は**双曲線型** (hyperbolic) 微分方程式に分類される．同様に，$A = -\kappa$, $E = 1$, $B = C = F = 0$ のときには $B^2 - 4AC = 0$ だから，熱伝導方程式

$$\frac{\partial u}{\partial t} - \kappa\frac{\partial^2 u}{\partial x^2} = -Q(x,t) \tag{8.4}$$

は**放物線型** (parabolic) である．これに対して，$A = C = 1$, $B = D = E = F = 0$ とすると，式 (8.1) はポアソンの方程式になる．このとき，$B^2 - 4AC = -4 < 0$

だから，ポアソンの方程式はだ円型 (elliptic) である．ポアソンの方程式は静電界あるいは静磁界のポテンシャルが満たす方程式であるから，記号は t であっても時間ではなく空間座標と考えるべきである．したがってここでは，時間変化のある熱伝導方程式と波動方程式について考えよう．

(2) 熱伝導方程式の陰解法　簡単のために，$Q(x,t)=0$ の熱源がない領域を考える．式 (8.4) の左辺を $t=(n-1)\Delta t$ において前進差分近似し，x に関しては $x=i\Delta x$ で中心差分近似すると

$$\frac{u^n(i)-u^{n-1}(i)}{\Delta t}=\kappa\frac{u^{n-1}(i+1)-2u^{n-1}(i)+u^{n-1}(i-1)}{(\Delta x)^2} \tag{8.5}$$

を得る．これに対して，後進差分近似は

$$\frac{u^n(i)-u^{n-1}(i)}{\Delta t}=\kappa\frac{u^{n}(i+1)-2u^{n}(i)+u^{n}(i-1)}{(\Delta x)^2} \tag{8.6}$$

と表される．これらの近似精度は，時間については $\mathcal{O}(\Delta t)$，空間については $\mathcal{O}\left((\Delta x)^2\right)$ である．

式 (8.5), (8.6) の平均をとると

$$\frac{u^n(i)-u^{n-1}(i)}{\Delta t}=\frac{\kappa}{2}\left[\frac{u^{n-1}(i+1)-2u^{n-1}(i)+u^{n-1}(i-1)}{(\Delta x)^2}\right.$$
$$\left.+\frac{u^{n}(i+1)-2u^{n}(i)+u^{n}(i-1)}{(\Delta x)^2}\right] \tag{8.7}$$

となるが，これは $t=(n-1/2)\Delta t$ で中心差分し，$u^{n-1/2}=(u^n+u^{n-1})/2$ と近似したものに等しいから，式 (8.7) は時間に関しても $\mathcal{O}\left((\Delta t)^2\right)$ の精度となる．式 (8.7) より形式的に $u^n(i)$ を求めると

$$u^n(i)=u^{n-1}(i)+\frac{\kappa\Delta t}{(\Delta x)^2}\left[u^{n}(i+1)-2u^{n}(i)+u^{n}(i-1)\right]$$
$$+\frac{\kappa\Delta t}{(\Delta x)^2}\left[u^{n-1}(i+1)-2u^{n-1}(i)+u^{n-1}(i-1)\right] \tag{8.8}$$

となるが，右辺にも u^n を含むことから，u^n に関して陰解法表現になっている．このような差分法を**クランク・ニコルソン法** (Crank–Nicolson method) という[79]．この方法の安定条件を求めるために，1.5.1 項と同様に $u(x,t)=u(t)e^{-jkx}$

とおいて式 (8.8) に代入すると，$u^n = \beta u^{n-1}$ なる状態方程式が得られ，任意の $\alpha = \kappa\Delta t/(\Delta x)^2$ に対して $|\beta| \leq 1$ となることが容易に証明できる．すなわち，式 (8.8) は α の値に無関係に安定である．もちろん，Δt と Δx をどんな値に選んでもよいわけではなく，差分の近似精度が保たれるようにしなければならない．

式 (8.8) を $i = 1, 2, \cdots, N$ の解析領域全体に対して書き下すと，$A\boldsymbol{u}^n = B\boldsymbol{u}^{n-1}$ なる行列方程式が得られる．ただし，$\boldsymbol{u}^n = [u^n(1), u^n(2), \cdots, u^n(N)]^t$ である．行列 A, B は3重対角となるから，$\boldsymbol{u}^{n-1}$ から $\boldsymbol{u}^n$ の計算は容易である．

(3) ADI–FDTD 法　ADI–FDTD 法とは，クランク・ニコルソン法が無条件安定になることに注目して，放物線型の方程式の解法をマクスウェルの方程式に応用したものである．いろいろなバージョンがあるが，ここでは最も代表的なものを簡単に紹介しよう[11)]．ただし，$\sigma_e = 0$, $\sigma_m = 0$ の自由空間を考える．

クランク・ニコルソン法では，前進差分近似と後進差分近似の平均をとって時間に関する精度を上げたから，マクスウェルの方程式に応用するときにも両方の差分近似を用いることとする．そのために，ADI–FDTD 法では時間間隔 $(n-1)\Delta t \leq t \leq n\Delta t$ を $(n-1)\Delta t \leq t \leq (n-1/2)\Delta t$ と $(n-1/2)\Delta t \leq t \leq n\Delta t$ の二つの区間に分け，$(n-1)\Delta t \leq t \leq (n-1/2)\Delta t$ では $t = (n-1/2)\Delta t$ における後進差分近似を用い，$(n-1/2)\Delta t \leq t \leq n\Delta t$ においては $t = n\Delta t$ における前進差分近似を用いる．このようにすると，式 (1.23), (1.24) はつぎのように差分近似される．

(i)　$\underline{(n-1)\Delta t \leq t \leq (n-1/2)\Delta t}$

$$\left.\begin{aligned} \frac{\boldsymbol{E}^{n-\frac{1}{2}} - \boldsymbol{E}^{n-1}}{\Delta t/2} &= \frac{1}{\varepsilon}\nabla \times \boldsymbol{H}^{n-\frac{1}{2}} \\ \frac{\boldsymbol{H}^{n-\frac{1}{2}} - \boldsymbol{H}^{n-1}}{\Delta t/2} &= -\frac{1}{\mu}\nabla \times \boldsymbol{E}^{n-\frac{1}{2}} \end{aligned}\right\} \tag{8.9}$$

(ii)　$\underline{(n-1/2)\Delta t \leq t \leq n\Delta t}$

$$\left.\begin{aligned}\frac{\boldsymbol{E}^n-\boldsymbol{E}^{n-\frac{1}{2}}}{\Delta t/2}&=\frac{1}{\varepsilon}\nabla\times\boldsymbol{H}^n\\ \frac{\boldsymbol{H}^n-\boldsymbol{H}^{n-\frac{1}{2}}}{\Delta t/2}&=-\frac{1}{\mu}\nabla\times\boldsymbol{E}^n\end{aligned}\right\}\tag{8.10}$$

空間差分は 1.2 節と同じ Yee アルゴリズムが用いられる．これが基本的な考え方であるが，例えば，式 (8.9) の E_x, H_x は

$$\begin{aligned}E_x^{n-\frac{1}{2}}\left(i+\frac{1}{2},j,k\right)&=E_x^{n-1}\left(i+\frac{1}{2},j,k\right)\\&+\frac{\Delta t}{2\varepsilon\Delta y}\left[H_z^{n-\frac{1}{2}}\left(i+\frac{1}{2},j+\frac{1}{2},k\right)-H_z^{n-\frac{1}{2}}\left(i+\frac{1}{2},j-\frac{1}{2},k\right)\right]\\&-\frac{\Delta t}{2\varepsilon\Delta z}\left[H_y^{n-\frac{1}{2}}\left(i+\frac{1}{2},k,k+\frac{1}{2}\right)-H_y^{n-\frac{1}{2}}\left(i+\frac{1}{2},j,k-\frac{1}{2}\right)\right]\end{aligned}\tag{8.11}$$

$$\begin{aligned}H_x^{n-\frac{1}{2}}\left(i,j+\frac{1}{2},k+\frac{1}{2}\right)&=H_x^{n-1}\left(i,j+\frac{1}{2},k+\frac{1}{2}\right)\\&+\frac{\Delta t}{2\mu\Delta z}\left[E_y^{n-\frac{1}{2}}\left(i,j+\frac{1}{2},k+1\right)-E_y^{n-\frac{1}{2}}\left(i,j+\frac{1}{2},k\right)\right]\\&-\frac{\Delta t}{2\mu\Delta y}\left[E_z^{n-\frac{1}{2}}\left(i,j+1,k+\frac{1}{2}\right)-E_z^{n-\frac{1}{2}}\left(i,j,k+\frac{1}{2}\right)\right]\end{aligned}\tag{8.12}$$

となるが，ADI–FDTD 法では右辺第 3 項のサンプリング時刻だけを $t=(n-1)$ Δt に置き換えて，H_y^{n-1}, E_z^{n-1} とする．これは式 (8.8) のクランク・ニコルソン表現と同じようにするためである．このようにしてから，$H^{n-1/2}$ を電界の表現式に代入すると，電界の各成分に関して式 (8.8) と同様の表現式が得られ，無条件安定性が導かれる（章末問題【1】）．式 (8.10) の電界 E_x については

$$\begin{aligned}E_x^{n}\left(i+\frac{1}{2},j,k\right)&=E_x^{n-\frac{1}{2}}\left(i+\frac{1}{2},j,k\right)\\&+\frac{\Delta t}{2\varepsilon\Delta y}\left[H_z^{n}\left(i+\frac{1}{2},j+\frac{1}{2},k\right)-H_z^{n}\left(i+\frac{1}{2},j-\frac{1}{2},k\right)\right]\\&-\frac{\Delta t}{2\varepsilon\Delta z}\left[H_y^{n}\left(i+\frac{1}{2},k,k+\frac{1}{2}\right)-H_y^{n}\left(i+\frac{1}{2},j,k-\frac{1}{2}\right)\right]\end{aligned}\tag{8.13}$$

となるが，右辺第 2 項のサンプリング時刻だけを $t=n-1/2\Delta t$ に置き換えて，$H_z^{n-1/2}$ を用いる．他の電磁界成分についてもまったく同様にする．

ADI–FDTD 法はかにセルサイズと時間ステップの比に関して無条件安定と

なるが，グリッド分散は FDTD 法に比べて大きくなり，FDTD 法と同程度の精度を得るためには，結局時間ステップを Δt_c 程度にしなければならない．このようなことから必ずしも広い分野に普及しているとはいえない．

（４） **電磁界における放物線型方程式**　陰解法はもともと熱伝導方程式や流体の運動方程式に代表される放物線型の偏微分方程式に適した方法であり，波動方程式のような双曲線型には基本的に不向きであると考えられる．一方，良導体中では変位電流が無視できて，電磁界は熱伝導と同じ方程式を満足する（章末問題【２】）．また，半導体中の拡散方程式のように，電磁界そのものではなく電流あるいは電荷密度に着目すると，これらは放物線型の偏微分方程式を満足するから，これらの問題に対しては FDTD 法よりも有効であるかもしれない．今後の研究に期待したい．

8.1.2 高　精　度　化

FDTD 法の計算精度を上げるためにはセルサイズを小さくするのが最も簡単な方法であるが，そのようにできない場合には 5.3 節で説明したようにメッシュ構造を工夫する方法があった．ここではそれ以外の方法を簡単に紹介する．

（１） **FDTD(n,m) 法**　FDTD 法は中心差分を用いているため，その精度は時間空間共に 2 次である．このことを示すために FDTD(2,2) と書くことがある．精度を上げるために，空間に関する 4 次の差分を用いる FDTD 法を FDTD(2,4) 法と書く[11]．例えば，関数 $\partial u(x,t)/\partial x$ の $x = i\Delta t$ における 4 次近似は

$$\left.\frac{\partial u(x,t)}{\partial x}\right|_{x=i\Delta t} = \frac{9\left[u\left(i+\dfrac{1}{2},t\right)-u\left(i-\dfrac{1}{2},t\right)\right]}{8\Delta x} - \frac{u\left(i+\dfrac{3}{2},t\right)-u\left(i-\dfrac{3}{2},t\right)}{24\Delta x} \tag{8.14}$$

で与えられる．この近似の誤差は $\mathcal{O}\left((\Delta x)^4\right)$ である．このように高次差分近似を用いることによって精度は上がるが，2 点以上のサンプリング点が必要とな

るため導体と誘電体が混在するような問題は扱いづらい．これは，媒質の境界で電磁界の接線成分は連続であるが，滑らかではなく，法線成分は不連続になるためである．このため，FDTD(n,m) 法は滑らかな空間内の電波伝搬の問題に適しているといえる．

（2） **NS–FDTD 法**　Non–Standard FDTD 法の略で，基本的には 1.2 節で説明した Yee アルゴリズムを使うが，式 (1.26), (1.27) に現れる係数 $a_e \sim b_m$ を式 (1.28)，(1.29) ではなく，数値分散誤差が最小になるように置き換えた方法である[80]．当初は単一周波数の計算法として提案されたが，その後広帯域解析が行えるようになった[81]．大規模電波伝搬問題に適している．

（3） **準静電磁界の導入**　FDTD 法ではセルエッジの沿う電磁界を一定と仮定しているが，物体の極近傍では**準静電磁界** (quasi–static fields) が主要な成分であり電磁界は急激に変化する．そこで，この空間的な変化を FDTD 法に適切に取り入れることができたとすると，セルサイズを細かくすることなく計算精度を向上させることができると考えられる．したがって，近似精度の高い準静電磁界が前もってわかっていればきわめて有効である．例えば，パッチアンテナの導体近傍の準静電磁界は静電界と静磁界からおおよその空間分布を予想することができて，セルサイズを細かくすることなく高精度の解析が可能である．これに対して，直線状導体などでは，準静電磁界を導入しても動径方向の変化はもともと激しくないから，その効果は必ずしも大きくない．このように，解析対象ごとに電磁界の変化とその効果を予測しておく必要があり汎用性に欠ける．具体例は文献[44),82)]などを参照していただきたい．

8.1.3 その他の手法

（1） **BOR–FDTD 法**　軸対称の問題において周方向の変化があらかじめわかっている場合には円柱座標を用いると原理的には 3 次元問題を 2 次元問題として扱うことができる．円柱座標に対する FDTD 法を **BOR–FDTD 法** (body of revolution FDTD method) という．原理的にはよさそうではあるが，中心軸から離れるにしたがって差分間隔が広がってしまうという欠点がある[9]．

また，軸対称物体の近くに別の散乱体があるような場合には，軸対称の問題にはならないため，BOR–FDTD 法を用いる利点はない．このため，円柱座標や球座標の FDTD 法が実際に利用されることはほとんどない．

（2） **WE–FDTD 法**　　マクスウェルの 1 階偏微分方程式を差分するのではなく，電界あるいは磁界に関する波動方程式そのものを差分近似する方法である[83),84)]．このため，**WE–FDTD 法** (wave equation FDTD method) と名付けられている．例えば，式 (8.3) の波動方程式において $\partial^2 u/\partial t^2$ は 2 次近似を，$\partial^2 u/\partial x^2$ は 4 次の差分を用いることが多いため，WE–FDTD(2,4) と書くこともある．さらに高次の差分近似を用いる場合には WE–FDTD(2,6) などと書く．高次の差分近似を用いるため数値誤差は小さくなるが，微分の階数が高くなるため Yee アルゴリズムに比べると不安定になりやすく，あまり使われない．

（3） **ハイブリッド法**　　FDTD 法は曲線状のアンテナ解析は不得手である．一方，モーメント法は線状アンテナの解析は得意であるが誘電体の解析には膨大な時間が必要である．そこで，アンテナの部分はモーメント法で，誘電体の部分は FDTD 法で解析しておいてそれらを電磁界の等価定理を用いて接続する**ハイブリッド法** (hybrid methods) がある[85),86)]．また，複雑な微細構造は FDTD 法で解析して，周囲の空間はレイトレーシング法で解析する方法もある[87)]．後者は吸収境界が不要になるなどのメリットがあるが，相互作用を含めることは難しい．また，前者は電磁界の接続のために繰り返し計算が必要であり，アンテナと散乱体が近過ぎると相互作用のために収束がかなり遅くなる場合がある．新たな方法が開発されることを期待したい

（4） **FIT と FVTD 法**　　1.2.5 項に述べたような積分形のマクスウェルの方程式から非直交セルに対する計算アルゴリズムが導かれる．これに基づく方法を **FIT** (finite integration techniques) という[88)]．物体形状に合わせたグリッドがとれる点に特徴があり，それが適切にできれば 5.3 節の CP 法と同程度の計算精度が得られる．また，FIT とよく似た手法として **FVTD 法** (finite volume time domain method) がある[89)]．しかし，解析空間全体を非直交セルでモデル化することは効率的でなく，あまり普及していない．

(5) CIP 法　波動方程式に代表される双曲線型の偏微分方程式の数値解法のために開発された方法で，Cubic–Interpolated Pseudo–Particle 法の略である．その名のとおり未知関数を 3 次関数で近似する．この際，前進波と後進波に対応する移流方程式と呼ばれる 1 次偏微分方程式に分解するのが特徴である[90)]．3 次補間しているので，一様な空間ではもちろん，線形近似の FDTD 法よりも精度がよい．しかし，完全導体や媒質媒質定数などの不連続な境界の電磁界を滑らかな関数で近似するのは適当でなく，電磁界の散乱問題やアンテナの問題に適用された例はほとんどない．

(6) 空間回路網法　FDTD 法と同様に時間領域の電磁界を計算する方法として**空間回路網法** (spatial network method) がある[91)]．原理的には FDTD 法と等価であるが[92)]，計算機メモリが増えるという欠点があり，最近では使われることがほとんどなくなった．

8.2 FDTD 連成解析

8.2.1 電磁波と電気回路

マイクロ波集積回路のパッケージング問題や高速ディジタル回路からの不要放射問題を扱う場合には，導体線路間に挿入されている非線形回路が重大な働きをする．そのため，回路素子と電磁界とを同時に解析できるような手法が必要となる．

本項では，図 **8.1** のような波長に比べて十分小さな領域に回路素子があるものとして，回路と電磁界との結合方法を考える．回路に流れる電流の電流密度を $\boldsymbol{J}_L$ とすると，この領域では

$$\varepsilon\frac{\partial \boldsymbol{E}}{\partial t} = \nabla \times \boldsymbol{H} - \boldsymbol{J}_L \tag{8.15}$$

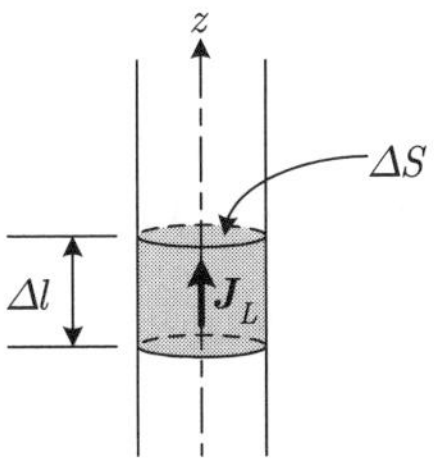

図 **8.1**　集中定数素子

が成り立つから，電界の z 成分の FDTD 表現は

$$E_z^n = E_z^{n-1} + \frac{\Delta t}{\varepsilon}\left(\nabla \times \boldsymbol{H}^{n-\frac{1}{2}}\right)_z - \frac{\Delta t}{\varepsilon \Delta S} i_L^{n-\frac{1}{2}} \tag{8.16}$$

となる．ただし，$i_L(t) = J_L(t)\Delta S$ は回路素子に流れる電流である．また，素子両端の電圧を $v_L(t)$ とすると，$v_L(t) = E_z(t)\Delta l$ で与えられる．ここでは簡単な回路素子の例として抵抗，コンデンサ等の基本素子から始め，回路シミュレータと電磁界との結合法を説明する．

（1） **抵　　抗**　$i_L = v_L/R$ と表されるから，$v_L = E_z\Delta l$ を用いて電界に置き換えると

$$i_L^{n-\frac{1}{2}} = \frac{E_z^{n-1} + E_z^n}{2}\frac{\Delta l}{R} \tag{8.17}$$

と近似できる．これを式 (8.16) に代入して E_z^n についてまとめると

$$E_z^n = \frac{1 - \dfrac{\Delta t}{2RC_0}}{1 + \dfrac{\Delta t}{2RC_0}}E_z^{n-1} + \frac{\Delta t/\varepsilon}{1 + \dfrac{\Delta t}{2RC_0}}\left(\nabla \times \boldsymbol{H}^{n-\frac{1}{2}}\right)_z \tag{8.18}$$

となり，抵抗を取り入れた電界の表現が得られる．ただし，$C_0 = \varepsilon\Delta S/\Delta l$ である．

（2） **コンデンサ**　$i_L = C\,dv_L/dt$ の関係があるから，これを中心差分近似して電界に置き換えると

$$i_L^{n-\frac{1}{2}} = C\frac{E_z^n - E_z^{n-1}}{\Delta t}\Delta l \tag{8.19}$$

となる．これを式 (8.16) に代入して E_z^n についてまとめると次式を得る．

$$E_z^n = E_z^{n-1} + \frac{\Delta t/\varepsilon}{1 + C/C_0}\left(\nabla \times \boldsymbol{H}^{n-\frac{1}{2}}\right)_z \tag{8.20}$$

（3） **コ　イ　ル**　$v_L = L\,di_L/dt$ であるから，時刻 $t = (n-1/2)\Delta t$ の電流はこれを積分して

$$i_L^{n-\frac{1}{2}} = \frac{1}{L}\int_0^{(n-\frac{1}{2})\Delta t} v_L(t)\,dt = \frac{\Delta l}{L}\int_0^{(n-\frac{1}{2})\Delta t} E_z(t)\,dt \tag{8.21}$$

となる．ここで $(m-1)\Delta t \leq t \leq m\Delta t$ の電界を 1 次関数

$$E_z(t) = E_z^{m-1} + \frac{E_z^m - E_z^{m-1}}{\Delta t}\bigl[t - (m-1)\Delta t\bigr] \tag{8.22}$$

で近似して $i_L^{n-1/2}$ を求め，その結果を式 (8.16) に代入して E_z^n についてまとめると

$$E_z^n = \frac{1-\dfrac{(\Delta t)^2}{4LC_0}}{1+\dfrac{(\Delta t)^2}{4LC_0}}E_z^{n-1} + \frac{\dfrac{(\Delta t)^2}{2LC_0}}{1+\dfrac{(\Delta t)^2}{4LC_0}}\Phi^{n-1} + \frac{\Delta t/\varepsilon}{1+\dfrac{(\Delta t)^2}{4LC_0}}\left(\nabla \times \boldsymbol{H}^{n-\frac{1}{2}}\right)_z \tag{8.23}$$

を得る．ここで

$$\Phi^{n-1} = \sum_{m=1}^{n-1} E_z^m \tag{8.24}$$

である．このように Φ^{n-1} は過去の電界をすべて記憶しておく表現となっているが，$\Phi^{n-1} = E_z^{n-1} + \Phi^{n-2}$ と書けるから，実際には一つ前のデータだけ記憶しておけばよい．

（4） **非線形素子**　素子の V–I 特性が非線形関数 f によって $i_L = f(v_L)$ と表される場合

$$i_L^{n-\frac{1}{2}} = f\left(\frac{E_z^{n-1} + E_z^n}{2}\Delta l\right) \tag{8.25}$$

と近似できるから，これを式 (8.16) に代入すると，E_z^n に関する非線形方程式を得る．非線形方程式の解法にはさまざまな方法があるが，未知数 E_z^n に関する微分が容易に計算できる場合には E_z^{n-1} を初期値とする**ニュートン法** (Newton's method) を用いると収束が速い．これができない場合には準ニュートン法やはさみ打ち法などの反復法を用いることができるが，後者はニュートン法に比べると一般に収束が遅い．

（5） **回路シミュレータとの結合**　上述したように基本的な回路素子ならその影響を電磁界解析に簡単に組み込むことができる．回路が複雑になった場合でも原理的には可能であるが，回路シミュレータと結合させることができれば便利である．回路シミュレータとして最も代表的なものは **SPICE**(simulation program with integrated circuit emphasis) であるが，SPICE 内では結局，回

路方程式をニュートン法を用いて時間領域で解いているのであるから，FDTD 法との親和性がよい．以下にその方法を紹介する．

再び図 8.1 のような構造を考え，式 (8.15) の z 成分に ΔS を掛けると

$$\frac{\varepsilon \Delta S}{\Delta l}\frac{\partial(E_z \Delta l)}{\partial t} + i_L = (\nabla \times \boldsymbol{H})_z \Delta S \tag{8.26}$$

となる．右辺の $i_e(t) = (\nabla \times \boldsymbol{H})_z \Delta S$ は素子に流れる全電流であるから，式 (8.26) は

$$C_0 \frac{dv_L}{dt} + i_L = i_e(t) \tag{8.27}$$

と書き換えることができる．右辺の全電流は図 6.5 のようにして素子の周りの磁界から計算することができ，$(n-1)\Delta t \leq t \leq n\Delta t$ で一定と近似すると定電流源と考えることができる．したがって，式 (8.27) を等価回路に直すと**図 8.2** のようになる．回路網 N がどのように複雑になっても SPICE などの回路シミュレータによって式 (8.27) の v_L, i_L を求めることができる．もちろん回路網の中に外部電圧源，電流源が含まれていてもかまわない．v_L が求まれば $E_z^n = v_L^n/\Delta l$ から電界を求めることができて，FDTD 法に引き渡すことができる．この方法は FDTD 法によって計算される電流を回路の電流源とすることから**電流源法**と呼ばれる[10),93)]．

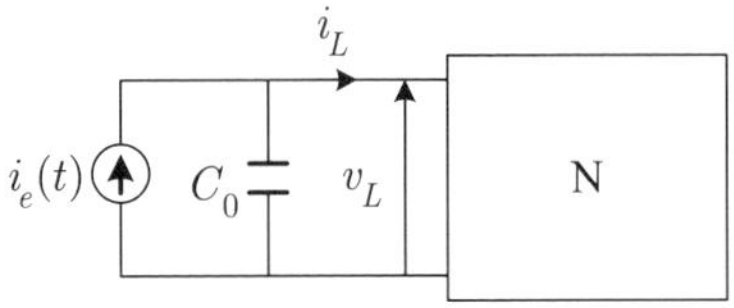

図 8.2　電流源法の等価回路

図 8.3 は FDTD 法と回路シミュレータ SPICE とのデータの受け渡しを時間を追って示したものである．まず，FDTD 法では回路の入力端セルにおいて $\boldsymbol{H}^{n-3/2}$ と $\boldsymbol{E}^{n-1}$ から半ステップ後の磁界 $\boldsymbol{H}^{n-1/2}$ が計算されているとする．これより式

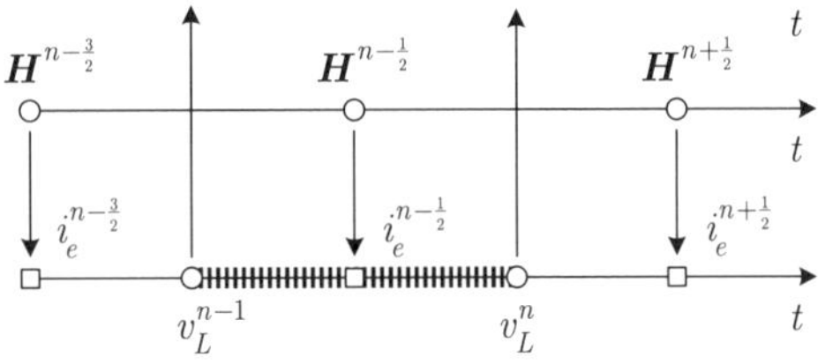

図 8.3　データの流れ

(8.27) 右辺の全電流 $i^{n-1/2}$ が求められる．この電流を電流源として図 8.2 の回路が解析され，電圧 v_L が求められるが，式 (8.27) 左辺の第 1 項は $t=(n-1/2)\Delta t$ における微分であるから，これを解くためには v_L^{n-1} が初期値として必要になる．この値は前の計算区間で求めた値を使ってもよいし，FDTD 法における電界の値から $v_L^{n-1}=E^{n-1}\Delta l$ を用いてもよい．このようにして $(n-1)\Delta t \le t \le n\Delta t$ の区間で SPICE による計算が行われ，$E^n=v_L^n/\Delta l$ の値が FDTD 法に引き渡される．ただし，FDTD 法と SPICE の計算を単独で実行せざるを得ない場合にはデータ通信の時間のほうが計算よりも時間がかかる場合が多い．

図 8.2 の等価回路を電圧源に置き換えることは電気回路，すなわち準定常電流近似の範囲では簡単であるが，変位電流を考えると必ずしも容易ではない．一方，電流源法がアンペア・マクスウェルの法則に基づいて導かれたのに対して，ファラデーの法則を用いて回路と電磁界を結合する方法を電圧源法という．ここでは紙面の関係で省略する．参考文献 94) で補っていただきたい．

(6)　回路網方程式の数値解法　　図 8.2 の回路網 N 内の節点電圧，枝電流あるいは電荷をまとめてベクトル $\boldsymbol{x}$ で表すと，回路網方程式（状態方程式）は一般に

$$\frac{d\boldsymbol{x}}{dt}=A(\boldsymbol{x})\boldsymbol{x}+\boldsymbol{F}(\boldsymbol{x}) \tag{8.28}$$

と表すことができる．ここで $\boldsymbol{x}$ は状態ベクトルと呼ばれ，v_L, i_L もこれに含まれる．A は回路素子によって決まる行列で，線形回路ならば $\boldsymbol{x}$ に無関係な定数行列となる．$\boldsymbol{F}$ は式 (8.27) の全電流 i_e や給電電圧 v^{ex} を含むベクトル関数であり，一般に $\boldsymbol{x}$ に関する非線形方程式となる．

式 (8.28) を数値的に解くために SPICE などでは後進差分近似が用いられることが多いが，ここでは FDTD 法に合わせて自作のプログラムコードを作ることを念頭に，中心差分を用いた定式化を紹介する．式 (8.28) を時刻 $t=(n-1/2)\Delta t$ で差分近似すると

$$\frac{\boldsymbol{x}^n-\boldsymbol{x}^{n-1}}{\Delta t}=A\left(\frac{\boldsymbol{x}^n+\boldsymbol{x}^{n-1}}{2}\right)\frac{\boldsymbol{x}^n+\boldsymbol{x}^{n-1}}{2}+\boldsymbol{F}\left(\frac{\boldsymbol{x}^n+\boldsymbol{x}^{n-1}}{2}\right) \tag{8.29}$$

となるから，式 (8.29) は未知関数 $\boldsymbol{x}^n$ に関する多変数非線形方程式

$$\boldsymbol{g}(\boldsymbol{x}^n) = \frac{\boldsymbol{x}^n - \boldsymbol{x}^{n-1}}{\Delta t} - A\left(\frac{\boldsymbol{x}^n + \boldsymbol{x}^{n-1}}{2}\right)\frac{\boldsymbol{x}^n + \boldsymbol{x}^{n-1}}{2} - \boldsymbol{F}\left(\frac{\boldsymbol{x}^n + \boldsymbol{x}^{n-1}}{2}\right) = 0 \tag{8.30}$$

の解法に帰着される．非線形方程式の標準的な解法はニュートン法で，その M 番目の近似解は

$$\boldsymbol{x}^n_M = \boldsymbol{x}^n_{M-1} - J^{-1}\left(\boldsymbol{x}^n_{M-1}\right) g\left(\boldsymbol{x}^n_{M-1}\right) \tag{8.31}$$

で与えられる．ただし，J はヤコビ行列で $J_{ij} = \partial g_i/\partial x_j$ で与えられる．したがって，$\boldsymbol{x}^n_0 = \boldsymbol{x}^{n-1}$ を初期値として式 (8.31) が収束するまで反復計算すれば，そのときの値から v^n_L を求めることができる．非線形方程式の解法にはニュートン法以外にも多くの方法がある．文献 95) などの非線形最適化問題の参考書で補っていただきたい．

8.2.2　電 磁 波 と 熱

損失のある物体に電磁波が照射されると，物体内部にジュール熱が発生し，物体内では熱の伝導や対流が起こり，表面からは熱が放射される．また，熱の伝導や対流によって厳密には電気定数も変化する．したがって，電磁波による食品加熱の問題や人体の電力吸収量の解析にはマクスウェルの方程式と熱伝導方程式[79)]

$$C_T(\boldsymbol{r})\rho(\boldsymbol{r})\frac{\partial T(\boldsymbol{r},t)}{\partial t} - \nabla\cdot[\sigma_T(\boldsymbol{r})\nabla T(\boldsymbol{r},t)] = Q(\boldsymbol{r},t) \tag{8.32}$$

や（非圧縮性）流体の運動方程式：**Navier–Stokes の方程式**[96)]

$$\left(\frac{\partial}{\partial t} + \boldsymbol{v}\cdot\nabla\right)\boldsymbol{v} - \nu(\boldsymbol{r})\nabla^2\boldsymbol{v} - \frac{\nabla p(\boldsymbol{r},t)}{\rho(\boldsymbol{r})} = \boldsymbol{F}(\boldsymbol{r},t) \tag{8.33}$$

などを組み合わせ，適当な境界条件の下で解析する必要がある．ここで，式 (8.32) の C_T は比熱，ρ は密度，σ_T は熱伝導率，Q は熱量密度であり，その源は電磁波によるジュール熱である．また，式 (8.33) の $\boldsymbol{v} = d\boldsymbol{r}/dt$ は流体の速

度，ν は動粘性係数，p は圧力，$\boldsymbol{F}$ は力である．このように，式 (8.33) の $\boldsymbol{r}$ は任意の位置ベクトルではないことに注意してほしい．

熱の伝導や対流問題は FDTD 法と熱伝導方程式や流体の運動方程式を組み合わせれば原理的には解決しそうではあるが，電磁波の速度と熱や流体の速度が桁違いであるため，スケーリング等の工夫が必要である．熱伝導に加えて熱放射や外気の熱対流などを含めるとさらに複雑な問題となる．この問題に対しては，モンテカルロ法を組み合わせることによって満足できる結果を得たとの報告がある[97)]．

一方，電磁波加熱の場合，熱の変化に比べて電磁波はきわめて激しく変動するが，損失が大きいため熱が伝わる前に減衰して熱源だけが残ると考えてよい場合が少なくない．このような場合には，熱量は電磁界による発熱の瞬時値ではなく定常値であるとして扱うことができる．このとき，熱量密度は $\boldsymbol{Q}(\boldsymbol{r}) = \rho(\boldsymbol{r})SAR(\boldsymbol{r})$ によって与えられ，熱分布と電磁界とを分離して解析することができる．

8.3　周波数領域の電磁界解析手法

FDTD 法を含めてほとんどすべての数値電磁界解析法は，解析対象を微細領域に分けて正確に解いておき，それを重ね合わせることによって全体の問題を解こうとするものであるから，波長に比べて大きな問題は本質的に不得手である．しかし，計算機の能力が格段に向上したため，現在ではかなり大きなサイズの問題も比較的容易に解析できるようになってきている．本節では周波数領域における代表的な電磁界解析法の基本概念と，波長に比べて大きなサイズの散乱体を扱うための高周波近似法を説明する．

8.3.1　規　範　問　題

形状が変数分離可能な座標系に一致する物体による散乱問題や伝送路の問題は一般的に規範問題と呼ばれ，形式的には厳密な電磁界表現が可能である．無限円柱や球による平面波の散乱問題や平面大地上のアンテナの問題がその代表的な例である[1),98)]．このような問題の解析解はベクトルモード関数の級数和やスペクトル積分で表現されるため，表現は厳密であってもその計算が困難になる場合が少なくない．

任意の波源分布に対する厳密解は**ダイアディックグリーン関数** (dyadic Green's function) を用いて表現することができる．ダイアディックグリーン関数はスペクトル積分やベクトルモード関数で表されており[99),19)]，波源分布がわかっているときの厳密な電磁界の表現が可能である．このため，高周波近似の電磁界表現やモーメント法における支配方程式の導出などに用いられる．

8.3.2　モーメント法

モーメント法[49)]は波動方程式や導波路の固有モード解析などにも原理的には適用できるが，導体表面や誘電体内部に流れる分極電流を未知関数とする積分方程式の数値解法であるというのが一般的な理解である．そこでここでは，図 **8.4** のように真空中の完全導体に $\left(\dot{\boldsymbol{E}}^{\mathrm{inc}}, \dot{\boldsymbol{H}}^{\mathrm{inc}}\right)$ の電磁界が入射した場合の散乱問題を考える．半無限誘電体や導体球が近くにあるなら，それらに対応するダイアディックグリーン関数を用いることで散乱体だけを考慮した解析ができる．また，アンテナ問題を扱う場合には入射電界 $\dot{\boldsymbol{E}}^{\mathrm{inc}}$ が給電部分に局在していると考えればよい．

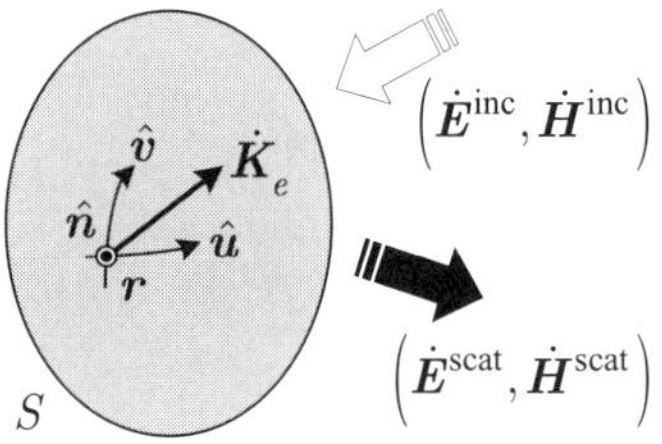

図 8.4　完全導体による散乱

（**1**）　**電界積分方程式**　　図 8.4 の $\hat{\boldsymbol{u}}$, $\hat{\boldsymbol{v}}$ は導体表面 S に沿うたがいに直行する単位ベクトルで，単位法線ベクトルは $\hat{\boldsymbol{n}} = \hat{\boldsymbol{u}} \times \hat{\boldsymbol{v}}$ で与えられる．入射電磁界によって散乱体表面 S に面電流 $\dot{\boldsymbol{K}}_e$ が誘起され，この誘起電流 $\dot{\boldsymbol{K}}_e$ によって散乱電磁界 $\left(\dot{\boldsymbol{E}}^{\mathrm{scat}}, \dot{\boldsymbol{H}}^{\mathrm{scat}}\right)$ が生じる．このように $\dot{\boldsymbol{K}}_e$ がわかればすべての物理量が計算できるから，モーメント法の課題は $\dot{\boldsymbol{K}}_e$ をいかに正確に求めるかになる．

散乱電界 $\dot{\boldsymbol{E}}^{\mathrm{scat}}$ は

$$\dot{\boldsymbol{E}}^{\rm scat} = -j\omega\mu_0 \oint_S \overline{\overline{G}}_0(\boldsymbol{r},\boldsymbol{r}')\cdot\dot{\boldsymbol{K}}_e(\boldsymbol{r}')\,dS' \tag{8.34}$$

によって与えられる．ただし，$\overline{\overline{G}}_0(\boldsymbol{r},\boldsymbol{r}')$ は真空の無限空間に対するダイアディックグリーン関数で次式で与えられる．

$$\begin{aligned}\overline{\overline{G}}_0(\boldsymbol{r},\boldsymbol{r}') &= \left(\overline{\overline{I}} + \frac{1}{k_0^2}\nabla\nabla\right)G_0(\boldsymbol{r},\boldsymbol{r}')\\ &= \left(\begin{bmatrix}1&0&0\\0&1&0\\0&0&1\end{bmatrix} + \frac{1}{k_0^2}\begin{bmatrix}\dfrac{\partial^2}{\partial x^2}&\dfrac{\partial^2}{\partial x\partial y}&\dfrac{\partial^2}{\partial x\partial z}\\ \dfrac{\partial^2}{\partial y\partial x}&\dfrac{\partial^2}{\partial y^2}&\dfrac{\partial^2}{\partial y\partial z}\\ \dfrac{\partial^2}{\partial z\partial x}&\dfrac{\partial^2}{\partial z\partial y}&\dfrac{\partial^2}{\partial z^2}\end{bmatrix}\right)G_0(\boldsymbol{r},\boldsymbol{r}')\end{aligned} \tag{8.35}$$

ここで，G_0 は式 (5.13) のスカラグリーン関数である．

さて，完全導体表面では全電磁界の接線成分は 0 であるから，表面上の任意の点 $\boldsymbol{r}$ で $\hat{\boldsymbol{n}}\times\left[\dot{\boldsymbol{E}}^{\rm inc}(\boldsymbol{r})+\dot{\boldsymbol{E}}^{\rm scat}(\boldsymbol{r})\right]=0$ が成り立つ．これより，未知電流 $\dot{\boldsymbol{K}}_e$ に関する第 1 種フレドホルム型の積分方程式

$$\hat{\boldsymbol{n}}(\boldsymbol{r})\times\left[j\omega\mu_0\oint_S \overline{\overline{G}}_0(\boldsymbol{r},\boldsymbol{r}')\cdot\dot{\boldsymbol{K}}_e(\boldsymbol{r}')\,dS'\right] = \hat{\boldsymbol{n}}(\boldsymbol{r})\times\dot{\boldsymbol{E}}^{\rm inc}(\boldsymbol{r}) \tag{8.36}$$

が得られる．これを **Pocklington の積分方程式** (Pocklington's integral equation) と呼ぶこともある．磁界に着目すれば第 2 種フレドホルム型の積分方程式が導かれるが（章末問題【4】），ここでは式 (8.36) について考え，簡単のためにこの積分方程式を $\hat{\boldsymbol{n}}\times L(\dot{\boldsymbol{K}}_e)=\hat{\boldsymbol{n}}\times\dot{\boldsymbol{E}}^{\rm inc}(\boldsymbol{r})$ と表す．ただし，L は積分作用素で，式 (8.36) の左辺に対応する．

（2） 重み付残差法　$\dot{\boldsymbol{K}}_e(\boldsymbol{r})$ を $\hat{\boldsymbol{u}}, \hat{\boldsymbol{v}}$ 成分を持つ N 個の既知関数（展開関数，あるいは基底関数という） $\boldsymbol{f}_1(\boldsymbol{r}),\boldsymbol{f}_2(\boldsymbol{r}),\cdots,\boldsymbol{f}_N(\boldsymbol{r})$ の和で近似して

$$\dot{\boldsymbol{K}}_e(\boldsymbol{r}) \simeq \dot{\boldsymbol{K}}_a(\boldsymbol{r}) = \sum_{n=1}^{N}\dot{I}_n\boldsymbol{f}_n(\boldsymbol{r}) \tag{8.37}$$

と置く†．これを式 (8.36) に代入すると

† 基底関数 $\boldsymbol{f}_n$ は複素数と考えてもよいが，実際のモーメント法計算では実数と置くことが多いので，このように表した．

$$\dot{\boldsymbol{R}}(\boldsymbol{r}) = \hat{\boldsymbol{n}} \times \left[L\left(\dot{\boldsymbol{K}}_a\right) - \dot{\boldsymbol{E}}^{\rm inc}(\boldsymbol{r}) \right] = \hat{\boldsymbol{n}} \times \left[\sum_{n=1}^{N} \dot{I}_n L\left(\boldsymbol{f}_n\right) - \dot{\boldsymbol{E}}^{\rm inc}(\boldsymbol{r}) \right] \tag{8.38}$$

だけの残差が生じる．この残差を $\hat{\boldsymbol{u}}$, $\hat{\boldsymbol{v}}$ 成分を持つ N 個の重み関数（試行関数ともいう）$\boldsymbol{w}_m (m = 1, 2, \cdots, N)$ に対して

$$\oint_S \boldsymbol{w}_m(\boldsymbol{r}) \cdot \dot{\boldsymbol{R}}(\boldsymbol{r})\, dS = 0 \tag{8.39}$$

とすると，未知数 $\dot{I}_n$ に対する行列方程式

$$\sum_{n=1}^{N} \dot{Z}_{mn} \dot{I}_n = \dot{V}_m \qquad (m = 1, 2, \cdots, N) \tag{8.40}$$

が得られる（章末問題【**5**】）．ただし

$$\left.\begin{aligned} \dot{Z}_{mn} &= j\omega\mu_0 \oint_S \oint_S \boldsymbol{w}_m(\boldsymbol{r}) \cdot \overline{\overline{G}}_0(\boldsymbol{r}, \boldsymbol{r}') \cdot \boldsymbol{f}_n(\boldsymbol{r}')\, dS'\, dS \\ \dot{V}_m &= \oint_S \boldsymbol{w}_m(\boldsymbol{r}) \cdot \dot{\boldsymbol{E}}^{\rm inc}(\boldsymbol{r})\, dS \end{aligned}\right\} \tag{8.41}$$

である．これがモーメント法の基本計算手順であるが，その基本的な考え方は積分方程式に対する**重み付残差法** (method of weighted residuals) であるといってよい．また，式 (8.40) は回路方程式と同じ形をしていることから，$\overline{\overline{Z}} = [\dot{Z}_{mn}]$ をインピーダンス行列，$\dot{\boldsymbol{V}} = [\dot{V}_1, \dot{V}_2, \cdots, \dot{V}_N]^t$, $\dot{\boldsymbol{I}} = [\dot{I}_1, \dot{I}_2, \cdots, \dot{I}_N]^t$ を電圧ベクトル，電流ベクトルという．このとき，式 (8.40) は $\overline{\overline{Z}}\dot{\boldsymbol{I}} = \dot{\boldsymbol{V}}$ と表される．

（3）基底関数　$\boldsymbol{f}_n = \boldsymbol{w}_n$ とする方法をガラーキン・モーメント法といい，最も計算精度がよいことが知られている．また，このとき $\dot{Z}_{mn} = \dot{Z}_{nm}$ となるから，インピーダンス行列の計算は半分で済む．一方，実際の問題では基底関数をどのように選ぶかが計算精度と計算時間に大きく影響する．例えば，ダイポールアンテナの電流はその端部で 0 となり，給電部では連続ではあるが滑らかではない．したがって，アンテナ全体で定義された連続関数よりも区分的に定義された関数のほうがよい．面状アンテナにおいても同様であるが，電流の流れ方は必ずしも容易に予想できるものではないから，基底関数としてはできるだけ簡単で物理的に矛盾がないような関数を選ぶのが肝要である．

図 8.5 の点線のような曲線状アンテナの解析によく用いられる基底関数は区分的正弦関数である．これを簡単に説明しよう．まずアンテナを N 個の微小区間に分割し，接点の位置を $\boldsymbol{r}_0, \boldsymbol{r}_1, \cdots, \boldsymbol{r}_{N+1}$ とする．つぎにそれらを直線で結んで曲線を区分的直線で近似し，$\boldsymbol{r}_{n-1}$ と $\boldsymbol{r}_{n+1}$ の間の基底関数を $\boldsymbol{f}_n = h_1(\xi_1)\hat{\xi}_1 + h_2(\xi_2)\hat{\xi}_2$ と表す．ただし，ξ_1 は $\boldsymbol{r}_n$ を原点として $\boldsymbol{r}_n - \boldsymbol{r}_{n-1}$ 方向を向く座標，ξ_2 は $\boldsymbol{r}_n$ を原点として $\boldsymbol{r}_{n+1} - \boldsymbol{r}_n$ 方向を向く座標である．このとき，$h_1(\xi_1), h_2(\xi_2)$ は

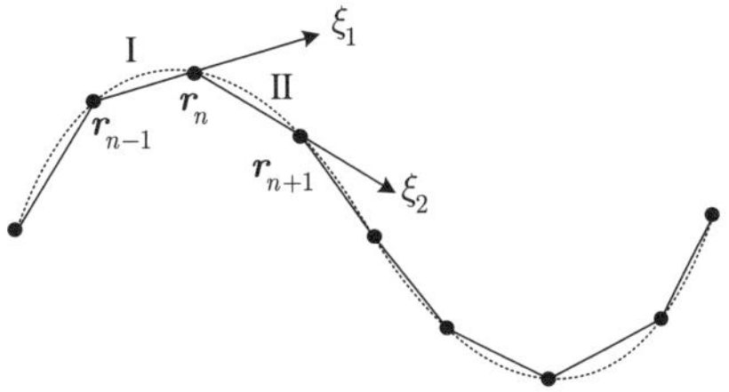

図 8.5 曲線状アンテナ

$$
\left.
\begin{aligned}
h_1(\xi_1) &= \frac{\sin k_0(\Delta l_1 + \xi_1)}{\sin k_0 \Delta l_1} \qquad (\xi_1 \in \mathrm{I}) \\
h_2(\xi_2) &= \frac{\sin k_0(\Delta l_2 - \xi_2)}{\sin k_0 \Delta l_2} \qquad (\xi_2 \in \mathrm{II})
\end{aligned}
\right\} \tag{8.42}
$$

で与えられる．ここで，$\Delta l_1 = |\boldsymbol{r}_n - \boldsymbol{r}_{n-1}|$, $\Delta l_2 = |\boldsymbol{r}_{n+1} - \boldsymbol{r}_n|$ である．式 (8.42) において $k_0 \to 0$ とすると，区分的 1 次関数が得られるが，これもまたよく用いられる基底関数である．一方，$\dot{\boldsymbol{K}}_e$ は面電流密度であるから，その単位は A/m である．したがって，式 (8.42) のように基底関数，重み関数として無次元の関数を選ぶと，電流ベクトル $\dot{\boldsymbol{I}}$, 電圧ベクトル $\dot{\boldsymbol{V}}$ の単位はそれぞれ Am, Vm となる．このため，アンテナの半径を a として $h_1(\xi_1)/2\pi a$, $h_2(\xi_2)/2\pi a$ と 1/m の単位を持たせることがある．このとき，電流ベクトル，電圧ベクトルの単位は A, V となって，$\overline{\overline{Z}}\dot{\boldsymbol{I}} = \dot{\boldsymbol{V}}$ は単位も含めて回路方程式とみなすことができる．

面状の散乱体を扱うとき，古くは面を直線メッシュで近似して線状アンテナの解析法を適用したものもあったが，精度が悪いため現在では面状の基底関数を用いるのが一般的である．面状の散乱体・アンテナの解析によく用いられる関数は，面を**図 8.6** のように微小三角領域に分割して，区分的一次関数を 2 次元に拡張した **RWG 関数** (Rao–Wilton–Glisson function)

$$\boldsymbol{f}_n(\boldsymbol{r}) = \begin{cases} \dfrac{\Delta L_n}{2\Delta S_n}(\boldsymbol{r} - \boldsymbol{r}_{n-1}) & (\boldsymbol{r} \in \Delta S_n) \\ \dfrac{\Delta L_n}{2\Delta S_{n+1}}(\boldsymbol{r}_n - \boldsymbol{r}) & (\boldsymbol{r} \in \Delta S_{n+1}) \end{cases} \tag{8.43}$$

であり，多くのモーメント法シミュレータに採用されている．

誘電体の解析においては，誘電体を微小ブロックに分割して分極電流を区分的正弦関数や 1 次関数で近似する方法が用いられる．しかし，3 次元の場合は式 (8.41) の積分は体積積分となり，インピーダンス行列の積分は 6 重積分となる．この積分を精度よく短時間で計算することは困難であるため，誘電体の解析はやや不得手である．一方，行列方程式 (8.40) を解くために必要な計算回数は N^3 に比例するため，展開関数の数が増えると，計算機の負荷が著しく増大する．これを解決する方法も研究されているが，本書の範囲を超えるのでここでは述べない．参考文献 49), 100) などを参照していただきたい．

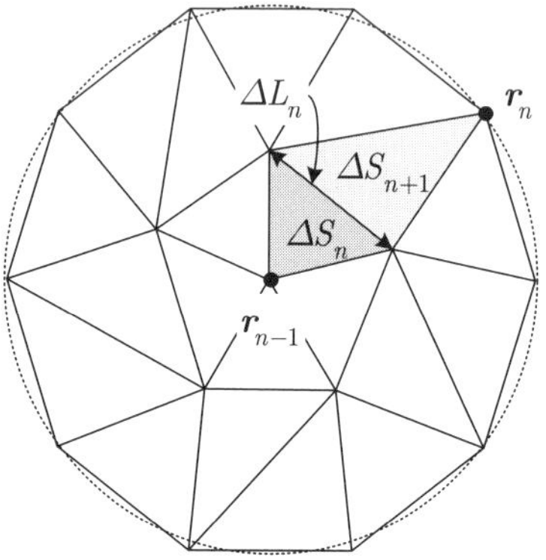

図 8.6　RWG 関数

8.3.3　有 限 要 素 法

有限要素法は FDTD 法と同様に閉領域の解法であるが，マクスウェルの方程式ではなく，波動方程式に代表される 2 階偏微分方程式の境界値問題をそれに対応する**汎関数** (functional) F の最小値問題として取り扱う方法である[16),101)]．したがって，汎関数があらかじめわかっていれば，変分問題における標準的な方法を用いることができる．

（1）基 本 原 理　　簡単のためにつぎのような汎関数 $F(u)$ を考える．

$$F(u) = \frac{1}{2}\int_{\Omega}\left[\left(\frac{\partial u}{\partial x}\right)^2 + \left(\frac{\partial u}{\partial y}\right)^2 - \lambda u^2\right] dS - \int_{\Gamma_b} uf\, dl \tag{8.44}$$

$F(u)$ の最小値問題は，変分法を適用すると 2 次元領域 Ω 内の波動方程式

$$\frac{\partial^2 u}{\partial x^2} + \frac{\partial^2 u}{\partial y^2} + \lambda u = 0 \tag{8.45}$$

を境界 $\Gamma = \Gamma_a + \Gamma_b$ 上の境界条件

$$\left.\begin{aligned} u(\boldsymbol{r}) &= h(\boldsymbol{r}) & (\boldsymbol{r} \in \Gamma_a) \\ \hat{\boldsymbol{n}} \cdot \nabla u(\boldsymbol{r}) &= f(\boldsymbol{r}) & (\boldsymbol{r} \in \Gamma_b) \end{aligned}\right\} \tag{8.46}$$

のもとに解く問題と等価であることが容易に導かれる（章末問題【**8**】）．このことから，式 (8.44) を最小にするような関数が見つかれば，それが式 (8.45) である．

モーメント法と同様に未知関数 $u(x,y)$ を N 個の既知関数 $u_n(x,y)$ によって $u(x,y) \simeq u_a(x,y) = \sum_{n=1}^{N} a_n u_n(x,y)$ と近似し，F に代入すると F は展開係数 a_n の関数となる．汎関数が最小値をとればそれが解であったから

$$\frac{\partial F}{\partial a_n} = 0 \qquad (n = 1, 2, \cdots, N) \tag{8.47}$$

を計算すれば，a_n に関する行列方程式を得ることができる．原理的にはこれでよいが，境界の形状が複雑であったり，未知関数 u が急峻に変化すると予想される場合には領域全体で適当な基底関数 u_n を決めることは難しい．そこで有限要素法では，**図 8.7** のように領域全体を要素と呼ばれる小さな領域に分割し，その一つひとつに式 (8.47) を適用して各要素に対する離散方程式を導き，最後にすべての要素について重ね合わせて全体方程式を得るようにしている．

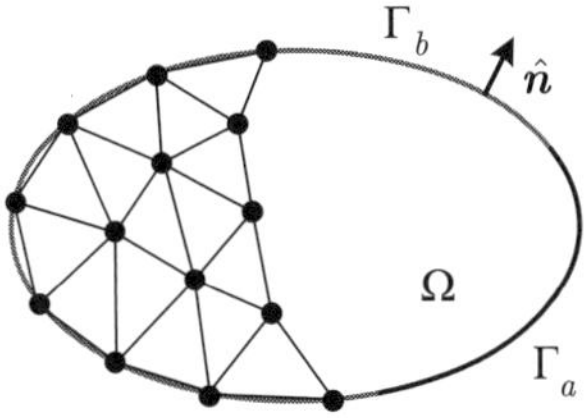

図 8.7　解析領域と要素

（2） 重み付残差法　このように汎関数があらかじめわかっていれば，変分法を用いることにより微分方程式の境界値問題を数値的に解くことができる．しかし，汎関数が必ず存在するとは限らないし，容易に導出できるものではない．汎関数がわかっていない場合には，重み付残差法が用いられる．Γ_a 上で境

界条件を満たすような関数 $u_a(\boldsymbol{r})$ を用いて $u(\boldsymbol{r})$ を近似したとすると，u_a は近似関数であるから

$$\left.\begin{aligned} R_\Omega(\boldsymbol{r}) &= \nabla^2 u_a(\boldsymbol{r}) + \lambda u_a(\boldsymbol{r}) \qquad (\boldsymbol{r} \in \Omega) \\ R_{\Gamma_b}(\boldsymbol{r}) &= \hat{\boldsymbol{n}} \cdot \nabla u_a(\boldsymbol{r}) - f(\boldsymbol{r}) \qquad (\boldsymbol{r} \in \Gamma_b) \end{aligned}\right\} \tag{8.48}$$

だけの残差が生じる．そこで，Γ_a 上で $w(\boldsymbol{r}) = 0$ となる重み関数を用いて

$$-\int_\Omega w(\boldsymbol{r}) R_\Omega(\boldsymbol{r})\, dS + \int_{\Gamma_b} w(\boldsymbol{r}) R_{\Gamma_b}(\boldsymbol{r})\, dl = 0 \tag{8.49}$$

とすると係数 a_n に関する行列方程式を得ることができる．

（3）要　　素　このような考え方はモーメント法の考え方とよく似ているが，有限要素法で特徴的なことは，各要素の基底関数（有限要素法では形状関数という）として多項式を用いることである．例えば，2 変数多項式で最も簡単なものは 1 次多項式 $Ax + By + C$ である．未知係数は A, B, C の三つであるから，これらの値を決めるには，**図 8.8** (a) のように 3 点の関数値だけを必要とする．さらに精度を上げるには，この三角形の辺上に節点を持つ高次の要素が用いられる．

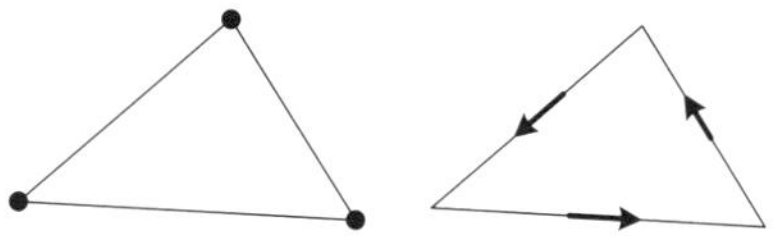

(a) 節点要素　　(b) 辺要素

図 8.8　2 次元基本要素

電磁波の問題は一般にベクトルの問題であるから，要素としては図 8.8 (b) のような辺要素が用いられる．また，実際の計算では展開係数 a_n を求めるのではなく，各節点における関数値を計算するようにしている．一方，有限要素法は閉領域の解法であるから，アンテナや電磁波の散乱問題のような開領域の問題を扱うには，解析領域を仮想的に無限領域として扱うための吸収境界が必要である．有限要素法が開領域の問題にも広く応用されるようになったのは 2.3 節の PML 吸収境界が開発されたためである．

8.3.4　高周波近似法

高周波近似法 (high–frequency approximation techniques) とは，波長に比べて大きな物体の散乱界を近似的に求める方法で，大きく分けて幾何光学的な

近似法と物理光学的な近似法とがある．前者は電磁波の粒子的な性質に着目した近似法で，物体表面の局所的性質を用いて散乱波を計算する方法である．これに対して，後者は等価波源から電磁波の散乱波を計算する方法である．いずれの方法も計算負荷は少なく，実際の物理現象の理解が容易であるなどの利点があるが，波長に比べて遠方の現象を扱うから，近傍界が本質的となるアンテナの入力インピーダンス計算などには利用できない．

幾何光学的な近似法を**図 8.9** のように二つの突起を持つ物体による散乱を例にとって説明する．ただし，点 P には点波源があるとし，点 Q_s, Q_f は観測点とする．点 P から放射された光線は散乱物体全体に照射されるが，観測点に到達する光線の経路は**フェルマーの原理** (Fermat's principle)，すなわち「光が 2 点間を進むとき，それの要する時間が最小になるような経路をとる」という最小時間の原理から決定される．点 Q_s の場合は球形突起物の表面 R_s となり，長方形突起物には無関係である．これに対して，点 Q_f の場合には長方形突起物の表面 R_f となる．このように，散乱は局所的に起こると考えるのが高周波近似法の特徴で，このような波を幾何光学波という．一方，幾何光学波は物体の裏側には到達しない．しかしながら，点 R_d に到来した波はそこで回折を起こす．その点が波源になって $0 < \phi < 3\pi/2$ の範囲に回折波が放射される．このように回折波もまた物体の局所的な性質によって決定される．

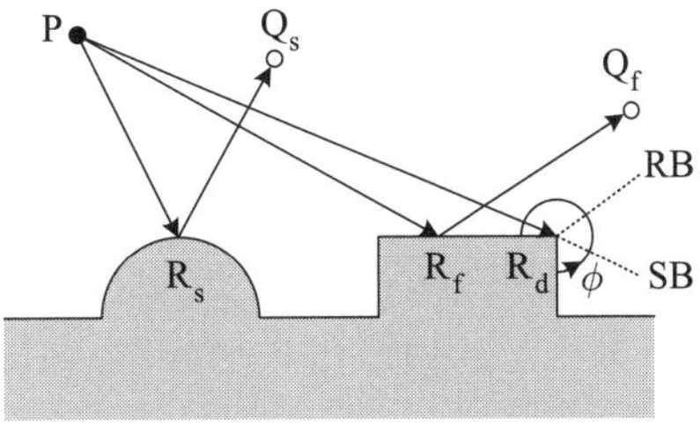

図 8.9 幾何光学的な近似法の概念図

（**1**） **幾何光学近似法** 均質媒質中の電界を

$$\dot{\boldsymbol{E}}(\boldsymbol{r}) \sim e^{-jk\psi(\boldsymbol{r})} \sum_{m=0}^{\infty} \frac{\dot{\boldsymbol{E}}_m(\boldsymbol{r})}{(-jk)^m} \tag{8.50}$$

と波数 k の逆べきで展開したときの初項だけを用いるのが**幾何光学** (geometrical optics) 近似法である．$\psi(\boldsymbol{r})$ はアイコナール (eikonal) と呼ばれ，距離の次元を持つ．$\psi =$ 一定の等位相面を波面といい，電磁波は波面に垂直に伝搬する．幾

何光学近似解 $\dot{\boldsymbol{E}}^{\rm GO}$ は式 (8.50) を波動方程式に代入することによって求められ

$$\dot{\boldsymbol{E}}^{\rm GO}(\boldsymbol{r}) = \dot{\boldsymbol{E}}(\boldsymbol{r}_0)\sqrt{\frac{S_0}{S}}e^{-jks} \tag{8.51}$$

となる．ここで，S_0, S は点 $\boldsymbol{r}_0, \boldsymbol{r}$ における波面の面積である．式 (8.51) のように幾何光学界の振幅はエネルギー保存の法則から決定され，位相は伝搬経路に沿う距離 s から決定される．

(2) GTD とその修正　　回折電磁界に関しても式 (8.50) が成り立つものと仮定し，その第 1 項だけで近似するものが**幾何光学的回折理論** (geometrical theory of diffraction, GTD) である[60]．GTD でも幾何光学近似と同様に，回折現象は局所的な現象であり，その伝搬経路はフェルマーの原理に従って決定される，という仮定をしている．回折点では入射波と異なった偏波の電磁波が生じ，一般に

$$\dot{\boldsymbol{E}}^{\rm D}(\boldsymbol{r}) = \dot{\boldsymbol{E}}(\boldsymbol{r}_1)\cdot\overline{\overline{D}}A(w)e^{-jkw} \tag{8.52}$$

という形で与えられる．ただし，$A(w)$ は入射波面の広がりを表す係数で，式 (8.51) の $\sqrt{S_0/S}$ に対応する．また，$\overline{\overline{D}}$ は回折係数と呼ばれ，回折点の局所的な形状によって決まる定数である．具体的な表現は円筒や楔《くさび》などの規範散乱問題の高周波近似を基に決定される．このように回折界も簡単な表現式から計算できるが，図 8.9 の SB(shadow boundary) と RB(reflection boundary) 近くの遷移領域で近似精度がきわめて悪くなる．これを改良した近似法に UTD(uniform GTD) や UAT(uniform asymptotic GTD) がある．また，幾何光学近似法や GTD などは電磁波の散乱問題ばかりではなく，市街地の電波伝搬解析にも用いられている[102]．

(3) 物理光学近似法　　無限に広い導体平板に電磁波が垂直に入射すると，導体表面には $\dot{\boldsymbol{K}}_e = 2\hat{\boldsymbol{n}}\times\dot{\boldsymbol{H}}^{\rm inc}$ の面電流が流れる．ただし，$\hat{\boldsymbol{n}}$ は単位法線ベクトル，$\dot{\boldsymbol{H}}^{\rm inc}$ は入射磁界である．

図 8.10 のように，波長に比べて非常に大きな散乱導体の表面が滑らかであるなら，その表面には無限平板と同様の物理光学電流 $\dot{\boldsymbol{K}}_e^{\rm PO} = 2\hat{\boldsymbol{n}}\times\dot{\boldsymbol{H}}^{\rm inc}$ が流れ

ると近似できるはずである．この方法を**物理光学近似法** (physical optics approximation) という．物理光学近似法では，$\dot{\boldsymbol{K}}_e^{\mathrm{PO}}$ は電磁波が放射された面 S_l だけに流れ，裏側の面 S_s には流れないと仮定する．物理光学近似法は開口面アンテナの解析によく用いられ，正面方向ではよい近似になることが知られている．また，物理光学近似法と各種高周波近似法との関係も詳細に検討されている[103]．

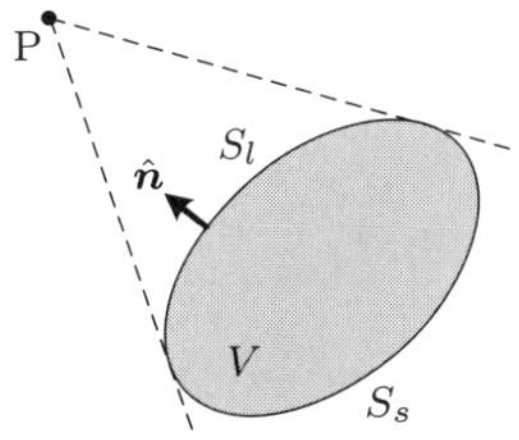

図 8.10　物理光学近似

章　末　問　題

【**1**】 つぎの問に答えよ．

(1) クランク・ニコルソン法が $\alpha = \kappa \Delta t/(\Delta x)^2$ に対して無条件安定であることを示せ．

(2) ADI–FDTD 法のアルゴリズムを導き，セルサイズと時間ステップの比に関して無条件安定であることを示せ．

【**2**】 媒質定数が一定の良導体中では，電磁界 $\boldsymbol{E}$, $\boldsymbol{H}$ も導電電流密度 $\boldsymbol{J}_e = \sigma_e \boldsymbol{E}$ もつぎの形の方程式を満たすことを示せ．

$$\sigma_e \mu \frac{\partial \boldsymbol{F}(\boldsymbol{r}, t)}{\partial t} = \nabla^2 \boldsymbol{F}(\boldsymbol{r}, t) \tag{8.53}$$

【**3**】 ニュートン法を用いて $F(\boldsymbol{x}) = 0$ の解を求めるプログラムを作れ．

【**4**】 完全導体表面に磁界に対する境界条件 $\hat{\boldsymbol{n}} \times \left[\dot{\boldsymbol{H}}^{\mathrm{inc}}(\boldsymbol{r}) + \dot{\boldsymbol{H}}^{\mathrm{scat}}(\boldsymbol{r})\right] = \dot{\boldsymbol{K}}_e(\boldsymbol{r})$ を適用して，電流 $\dot{\boldsymbol{K}}_e$ に対する積分方程式を導け．

【**5**】 式 (8.40) を導け．

【**6**】 **図 8.11** のような全長 $2l$, 半径 $a \ll l$ のダイポールアンテナを間隔 $d \ll a$ の給電部から一様な電界で励振した．以下の問に答えよ．ただし，周囲の空間は真空とし，波長を λ_0 としたとき，$a \ll \lambda_0$ とする．

(1) 面電流 $\dot{\boldsymbol{K}}_e$ による放射電界は線電流 $\dot{I}(z)$ が z 軸上を流れているときの放射電界で近似できるとする．$\dot{\boldsymbol{K}}_e = \dot{I}(z)/(2\pi a)\hat{\boldsymbol{z}}$ としたとき，式 (8.36) は

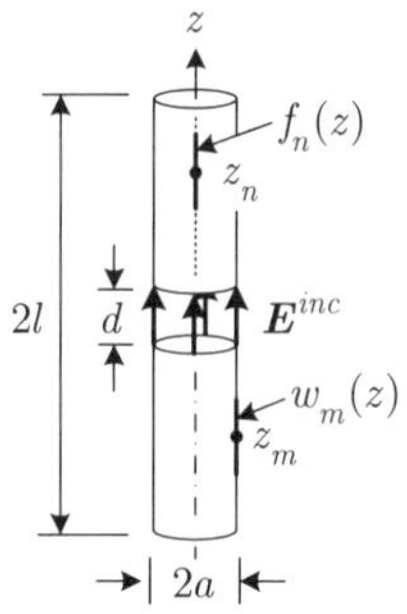

図 **8.11**　ダイポールアンテナ

$$jk_0 Z_0 \int_{-l}^{l} \dot{I}(z') \left[1 + \frac{1}{k_0^2} \frac{\partial}{\partial z^2} \right] G_0(z - z')\, dz' = \dot{E}_z^{\mathrm{inc}}(z) \tag{8.54}$$

と変形できることを示せ．ただし，$\dot{V}_0$ を給電電圧としたとき，$-d/2 < z < d/2$ の区間だけ $\dot{E}_z^{\mathrm{inc}} = \dot{V}_0/d$ である．また，$G_0(z - z')$ は次式で与えられる．

$$G_0(z - z') = \frac{1}{4\pi} \frac{e^{-jk_0\sqrt{a^2+(z-z')^2}}}{\sqrt{a^2 + (z - z')^2}} \tag{8.55}$$

(2)　アンテナを長さ $h = 2l/(N + 1)$ の微小区間に等分割し $z_n = -l + nh$, $(n = 0, 2, \cdots, N + 1)$ とする．$\dot{I}(z) = \sum_{n=1}^{N} \dot{I}_n f_n(z)$ を式 (8.54) に代入して $\sum_{n=1}^{N} \dot{I}_n u_n(z) = \dot{E}_z^{\mathrm{inc}}(z)$ と表したとき，$u_n(z)$ を積分を含まない解析的な表現式で表せ．ただし，$f_n(z)$ は次式で与えられる．

$$f_n(z) = \begin{cases} \dfrac{\sin k_0(z - z_{n-1})}{\sin k_0 h} & (z_{n-1} < z < z_n) \\ \dfrac{\sin k_0(z_{n+1} - z)}{\sin k_0 h} & (z_n < z < z_{n+1}) \end{cases} \tag{8.56}$$

(3)　重み関数 $\boldsymbol{w}_m = w_m(z)\hat{\boldsymbol{z}}$ はアンテナ導体表面にあり，$w_m(z) = f_m(z)$ とする．式 (8.41) の $\dot{Z}_{mn}$ と $\dot{V}_m$ の表現式を求めよ．

(4)　付録 C.1.3 項のガウス・ルジャンドル則を用いて Z_{mn} を計算するプログラムを作れ．

(5)　$\overline{\overline{Z}}\boldsymbol{I} = \boldsymbol{V}$ を解いて，入力インピーダンス $\dot{Z}_{\mathrm{in}} = \dot{V}_0/\dot{I}(0)$ を計算するプログラムを作れ．ただし，$N > 1$ は奇数とし，連立方程式は付録 D.1 節の方法を用いよ．

【7】 図 7.2 の散乱体は完全導体とする．ユニットセル内の導体表面に流れる面電流を $\dot{\boldsymbol{K}}_e(\boldsymbol{r})$ としたとき，散乱電界 $\dot{\boldsymbol{E}}^{\rm scat}(\boldsymbol{r})$ は次式によって与えられることを示せ．

$$\dot{\boldsymbol{E}}^{\rm scat}(\boldsymbol{r}) = -j\omega\mu_0 \oint \overline{\overline{G}}_p(\boldsymbol{r}, \boldsymbol{r}') \cdot \dot{\boldsymbol{K}}_e(\boldsymbol{r}')\, dS' \tag{8.57}$$

ここで，$\overline{\overline{G}}_p(\boldsymbol{r}, \boldsymbol{r}')$ は自由空間のダイアディックグリーン関数 $\overline{\overline{G}}_0(\boldsymbol{r}, \boldsymbol{r}')$ を用いて次式のように与えられる．

$$\overline{\overline{G}}_p(\boldsymbol{r}, \boldsymbol{r}') = \sum_{m=-\infty}^{\infty} \overline{\overline{G}}_0(\boldsymbol{r}, \boldsymbol{r}' + m\boldsymbol{p}) e^{-jm\boldsymbol{k}_t \cdot \boldsymbol{p}} \tag{8.58}$$

【8】 変分法を用いて，式 (8.44) より式 (8.45), (8.46) を導け．

【9】 **図 8.12** のように z 軸上の点 P に光源があり，z–x 面内の点 Q で境界 I からの反射光を観測するものとする．フェルマーの原理を用いて $\theta_i = \theta_r$ になることを示せ．また，点 R の x 座標を求めよ．つぎに，点 Q が $z < 0$ の媒質内にあるとする．スネルの法則 $\sqrt{\varepsilon_0\mu_0}\sin\theta_i = \sqrt{\varepsilon_1\mu_1}\sin\theta_t$ が成り立つことを示せ．ただし，θ_t は屈折角である．

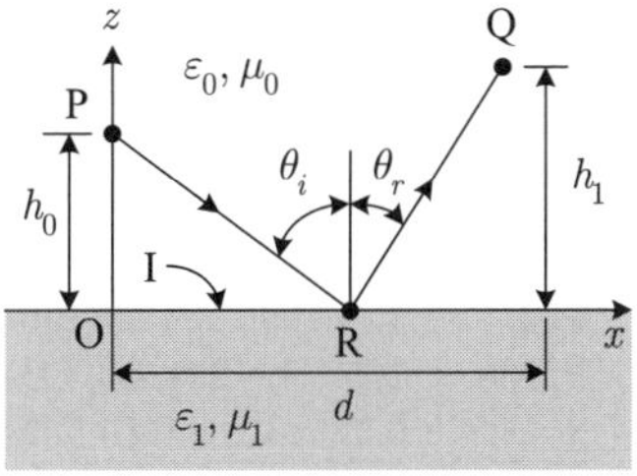

図 8.12　光の反射と透過

【10】 半径 a の完全導体球に平面波が入射するものとする．物理光学近似法を用いて後方散乱断面積を計算し，図 5.23 の結果と比較せよ．ただし，座標系や入射電界の振幅等は読者自ら適切に定めよ．

A 物理定数と物質の電気定数

A.1 基本定数

本書と関連する数値と基本的な物理定数をまとめた．他の定数は文献 27), 104) を参照していただきたい．

表 A.1 定数

名称	記号	数値
ネイピアの定数	e	$2.718\,281\,828\,459\,045\,235\,3\cdots$
円周率	π	$3.141\,592\,653\,589\,793\,238\,4\cdots$
	2π	$6.283\,185\,307\,179\,586\,476\,9\cdots$
	$\pi/2$	$1.570\,796\,326\,794\,896\,619\,2\cdots$
	$\pi/180$	$1.745\,329\,251\,994\,329\,576\,9\cdots\times 10^{-2}$
オイラーの定数	γ	$0.577\,215\,664\,901\,532\,860\,6\cdots$

表 A.2 物理定数

物理量〔単位〕	記号	数値
真空中の光速度〔m/s〕	c	$2.997\,924\,58\times 10^{8}$
真空の透磁率〔H/m〕	$\mu_0 = 4\pi\times 10^{-7}$	$1.256\,637\,061\,4\cdots\times 10^{-6}$
真空の誘電率〔F/m〕	$\varepsilon_0 = 1/(\mu_0 c^2)$	$8.854\,187\,817\cdots\times 10^{-12}$
真空の波動インピーダンス〔Ω〕	$Z_0 = \sqrt{\mu_0/\varepsilon_0}$	$376.730\ \ 313\,676\,96$
素電荷〔C〕	e	$1.602\,176\,462\times 10^{-19}$
電子の質量〔kg〕	m_e	$9.109\,381\,88\times 10^{-31}$
陽子の質量〔kg〕	m_p	$1.672\,621\,58\times 10^{-27}$
アボガドロ定数〔1/mol〕	N_{A}	$6.022\,141\,99\times 10^{23}$

A.2 物質の電気定数

A.2.1 基本媒質定数

身近な物質の比誘電率，比透磁率および導電率をまとめた[103),104)]．これらの値は常温（20°C）の極低周波数の値であり，温度や周波数および不純物によって異なることに注意していただきたい．また，表 A.4 に示す強磁性体以外の物質の比透磁率は $\mu_r = 1$ として実用上問題ない．

表 A.3 比誘電率 ε_r

気体 / 液体		固 体		その他	
水 素	1.000 27	アルミナ	8.5	ABS 樹脂	2.44 ～ 3.11
酸 素	1.000 49	雲 母	7.0	ポリ塩化ビニル	2.8 ～ 3.1
窒 素	1.000 55	NaCl	5.9	テフロン	2.0
二酸化炭素	1.000 92	ダイヤモンド	5.68	ナイロン	4.0 ～ 4.7
空気（乾）	1.000 52	石英ガラス	3.8	エポキシ樹脂	3.5 ～ 5.0
液体水素	1.23	ソーダガラス	7.5	ガラスエポキシ*2	4.5 ～ 5.2
液体酸素	1.51	花コウ岩	8	湿 地	30
液体窒素	1.45	大理石	8	乾燥地	4
変圧器油	2.2	ボール紙	3.2	乾いた砂	2.5
石 油	2.13	シリコンゴム	8.55	氷	3.15 ～ 3.2
水（20°C）*1	80.36	天然ゴム	2.4	雪*3	1.2 ～ 2.7

*1 不純物の種類や濃度によって大きく変化する．
*2 ガラスエポキシ積層板のこと．
*3 水が滴るようなみぞれを除く．

表 A.4 比磁化率 χ_m $(\mu_r = 1 + \chi_m)$

常磁性体		反磁性体		強磁性体	
空 気	3.64×10^{-7}	水 素	-2.50×10^{-5}	コバルト	88 ～ 188
酸 素	1.35×10^{-4}	Bi*2	-1.68×10^{-5}	ニッケル	125 ～ 380
硫酸銅	7.35×10^{-5}	水	-9.04×10^{-6}	純 鉄*3	200 ～ 8 000
アルミ*1	7.66×10^{-5}	銅	-1.42×10^{-6}	ケイ素鋼*3	500 ～ 7 000
プラチナ	1.23×10^{-5}	黒 鉛	-3.77×10^{-5}	パーマロイ*3	8 000 ～ 6×10^6

*1 アルミニウム．*2 ビスマス
*3 初期比透磁率と最大比透磁率の値．

表 **A.5**　導電率 σ_e〔S/m〕

金　属		誘電体	
銀	6.22×10^7	アルミナ	$10^{-12} \sim 10^{-9}$
銅	5.87×10^7	雲　母	$\sim 10^{-13}$
金	4.47×10^7	石英ガラス	$< 10^{-16}$
アルミニウム	3.66×10^7	大理石	$10^{-9} \sim 10^{-7}$
タングステン	1.87×10^7	シリコンゴム	$10^{-13} \sim 10^{-12}$
亜　鉛	1.67×10^7	天然ゴム	$10^{-15} \sim 10^{-13}$
純　鉄	9.92×10^6	絶縁油	$10^{-15} \sim 10^{-11}$
ス　ズ	8.48×10^6	テフロン	$10^{-19} \sim 10^{-15}$
鉛	4.81×10^6	ナイロン	$10^{-13} \sim 10^{-8}$
水　銀	1.04×10^6	ポリ塩化ビニル	$2 \times 10^{-13} \sim 2 \times 10^{-7}$
ニクロム	9.30×10^5	エポキシ	$10^{-13} \sim 10^{-12}$

表 **A.6**　おもな銅合金ストリップの導電率〔S/m〕

種　類	JIS 記号	% IACS*	導電率 σ_e	おもな用途
無酸素銅	C1020R	101	5.86×10^7	フレキシブルプリント配線 パソコン配線
タフピッチ銅	C1100R	101	5.86×10^7	フレキシブルプリント配線 パソコン配線
リン脱酸銅	C1220R	85	4.93×10^7	保護フィルム付集積回路
黄銅（真鍮）	C2680R	27	1.57×10^7	各種端子/パソコン ディジタルカメラ
リン青銅	C5191R	14	0.81×10^7	コネクタ/ワッシャー リレー/リード線
洋白銅	C7512R	6	0.35×10^7	スイッチ/アンテナ 水晶発振器接点
ベリリウム銅	C1720R	15~19	0.87 $\sim 1.1 \times 10^7$	スイッチ/コネクタ ディスクサスペンション

* International Annealed Copper Standard：$\sigma_e = 5.8001 \times 10^7$ を 100%とした値

A.2.2 その他の媒質定数

おもな人体組織の電気定数と電波伝搬解析等に用いられる材料の電気定数を以下に示す．これらの定数はともに周波数に依存する．ここに示した以外の電気定数は文献 103), 105) 等を参照していただきたい．比透磁率は $\mu_r = 1$ としてよい．

表 A.7 おもな人体組織の比誘電率と導電率〔S/m〕

組織名	50 MHz	100 MHz	500 MHz	1 GHz	5 GHz	10 GHz
筋 肉	77.1 0.678	66.0 0.707	56.5 0.823	54.8 0.978	49.5 4.05	42.8 10.6
脂 肪	68.8 0.035	60.7 0.036	55.4 0.043	54.5 0.054	50.3 0.242	46.0 0.585
皮 膚（乾燥）	107 0.405	72.9 0.491	44.9 0.728	40.9 0.900	35.8 3.06	31.3 8.01
小 脳	111 0.484	52.3 0.985	55.8 0.780	52.3 0.985	45.2 4.10	38.1 10.3
白 質	76.3 0.273	56.8 0.324	41.0 0.474	0.622 38.6	33.4 2.86	28.4 7.30
皮質骨	17.7 0.057	15.3 0.064	13.0 0.101	12.4 0.156	10.0 0.962	8.12 2.14

上段は比誘電率，下段は導電率

C.Gabriel, S.Gabriel and E.Corthout, "The Dielectric Properties of Biological Tissues: I. Literature Survey", Phys. Med. Biol. vol.41, pp.2231-2249 (1996)

表 A.8 おもな材料の比誘電率と導電率〔S/m〕

材料名	$\varepsilon_r = af_G^b$		$\sigma_e = cf_G^d$		周波数範囲〔GHz〕
	a	b	c	d	f_G
コンクリート	5.31	0	0.0326	0.8095	1〜 100
れんが	3.75	0	0.038	0	1〜 10
石膏ボード	2.94	0	0.0116	0.7076	1 〜 100
木 材	1.99	0	0.0047	1.0718	0.001 〜 100
ガラス	6.27	0	0.0043	1.1925	0.1 〜 100
チップボード	2.58	0	0.0217	0.7800	1 〜 100
極乾燥地	3	0	0.00015	2.52	1 〜 10
中乾燥地	15	−0.1	0.035	1.63	1 〜 10
湿 地	30	−0.4	0.15	1.30	1 〜 10

Int. Telecommn. Union, Recomendation ITU-R P.2040, "Effects of Building Materials and Structures on Radio Wave Propagation above about 100MHz" (2013)

B プログラム

B.1 2次元平面波の散乱プログラム

プログラムコード **B.1** fdtd2dp.f

```
!-----------------------------------------------------------------------
!        共通変数の宣言，FDTDパラメータ
!-----------------------------------------------------------------------
      module fdtd_variable

      integer,parameter::nx0=122, ny0=122              !解析領域の分割数
      . . . . .
      . . . . .
      real,parameter::z0=376.73031
      end module fdtd_variable
!-----------------------------------------------------------------------
!       メインプログラム
!-----------------------------------------------------------------------
      program fdtd_2d
      use fdtd_variable
      integer::n

      call setup()
      call initpml()
      call init_plane()                          !平面波の初設定

      t=dt
      do n=1,nstep
         write(*,*)'Time step:',n
         call e_cal
         call epml()
           call epmcw()       !上下領域の電界計算
         t=t+0.5*dt
         call h_cal
         call hpml()
           call hpmcw()                          !上下領域の磁界計算
         t=t+0.5*dt
         call out_emf(n)
      end do

      end program fdtd_2d
!-----------------------------------------------------------------------
!        計算結果の出力
```

```
!-----------------------------------------------------------------------
      subroutine out_emf(n)
      . . . . .
      . . . . .
      end subroutine out_emf
!-----------------------------------------------------------------------
!     初期設定
!-----------------------------------------------------------------------
      subroutine setup()
      . . . . .
      . . . . .
      end subroutine setup
!-----------------------------------------------------------------------
!四角柱の媒質定数
!-----------------------------------------------------------------------
      subroutine epsmu()
      . . . . .
      . . . . .
      end subroutine epsmu
!-----------------------------------------------------------------------
!     電界の計算
!-----------------------------------------------------------------------
      subroutine e_cal()
      . . . . .
      . . . . .
      end subroutine e_cal
!-----------------------------------------------------------------------
!     磁界の計算
!-----------------------------------------------------------------------
      subroutine h_cal()
      . . . . .
      . . . . .
      end subroutine h_cal

!---------------- 吸収境界と平面波計算のinclude ---------------------
      include "pml2d.f"          !PML
      include "plane_pml.f"
```

プログラムコード **B.2**　plane_pml.f

```
!-----------------------------------------------------------------------
!     パルス平面波の初期設定
!-----------------------------------------------------------------------
      subroutine init_plane()
      use pml_variable

      pw=5.0*dx                                              !パルス幅
      pc=(20.0+lpml)*dx                                      !パルス中心
!電界の初期値
!全領域
      t=0.0
      do i=0,nx
         x=i*dx
         do j=0,ny
            ez(i,j)=gs_ez(x,c,t,pc,pw)
         end do
      end do
!PML内部のサブコンポーネント
      call ez_pml(pml_u,pc,pw)
      call ez_pml(pml_d,pc,pw)
      call ez_pml(pml_l,pc,pw)
```

```
      call ez_pml(pml_l,pc,pw)

!磁界の初期値
!全領域
      t=0.5*dt
      do i=0,nx-1
         x=(i+0.5)*dx
         do j=0,ny
            hy(i,j)=-gs_ez(x,c,t,pc,pw)/z0
         end do
      end do
!PML内部のサブコンポーネント
      call hy_pml(pml_u,pc,pw)
      call hy_pml(pml_d,pc,pw)
      call hy_pml(pml_l,pc,pw)
      call hy_pml(pml_r,pc,pw)
      end subroutine init_plane
!-----------------------------------------------------------------------
!     PML内サブコンポーネントの初期設定（電界）
!-----------------------------------------------------------------------
      subroutine ez_pml(p,pc,pw)
      use pml_variable
      type(pml)::p

      do j=p%j0,p%j1
         do i=p%i0+1,p%i1
            x=i*dx
            p%ezx(i,j)=gs_ez(x,c,t,pc,pw)
         end do
      end do
      end subroutine ez_pml
!-----------------------------------------------------------------------
!     PML内サブコンポーネントの初期設定（磁界）
!-----------------------------------------------------------------------
      subroutine hy_pml(p,pc,pw)   !PML中の磁界Hyx成分に初期値を与える
      use pml_variable
      type(pml)::p

      do j=p%j0,p%j1
         do i=p%i0,p%i1-1
            x=(i+0.5)*dx
            p%hypml(i,j)=-gs_ez(x,c,t,pc,pw)/z0
         end do
      end do
      end subroutine hy_pml
!-----------------------------------------------------------------------
!    入射パルス
!-----------------------------------------------------------------------
      real function gs_ez(x,c,t,pc,pw)
      xx=x-c*t-pc
      a=xx/pw
      gs_ez=exp(-a*a)
      end function gs_ez
!-----------------------------------------------------------------------
!     PML領域の電界
!-----------------------------------------------------------------------
      subroutine epmcw()
      use pml_variable
      call epmcw_y0(pml_d)              !j=0の境界
      call epmcw_y0(pml_l)
      call epmcw_y0(pml_r)
      call epmcw_y1(pml_u)              !j=nyの境界
```

```
      call epmcw_y1(pml_l)
      call epmcw_y1(pml_r)
      end subroutine epmcw
!-----------------------------------------------------------------------
!     PML領域の磁界
!-----------------------------------------------------------------------
      subroutine hpmcw()
      use pml_variable
      call hpmcw_y0(pml_d)              !j=0の境界
      call hpmcw_y0(pml_l)
      call hpmcw_y0(pml_r)
      call hpmcw_y1(pml_u)              !j=nyの境界
      call hpmcw_y1(pml_l)
      call hpmcw_y1(pml_r)
      end subroutine hpmcw
!-----------------------------------------------------------------------
!     電界の計算(j=0)
!-----------------------------------------------------------------------
      subroutine epmcw_y0(p)
      use pml_variable
      type(pml)::p

      j=p%j0
      do i=p%i0,p%i1-1
            p%expml(i,j)=p%aeypml(i,j)*p%expml(i,j)
     &                 +p%beypml(i,j)*hz(i,j)*2.0
            ex(i,j)=p%expml(i,j)
      end do
      do i=p%i0+1,p%i1-1

            p%ezx(i,j)=p%aexpml(i,j)*p%ezx(i,j)
     &                +p%bexpml(i,j)*(hy(i,j)-hy(i-1,j))
            p%ezy(i,j)=p%aeypml(i,j)*p%ezy(i,j)
     &                -p%beypml(i,j)*hx(i,j)*2.0
            ez(i,j)=p%ezx(i,j)+p%ezy(i,j)
      end do
      end subroutine epmcw_y0
!-----------------------------------------------------------------------
!     電界の計算(j=ny)
!-----------------------------------------------------------------------
      subroutine epmcw_y1(p)
      use pml_variable
      type(pml)::p

      j=p%j1
      do i=p%i0,p%i1-1
            p%expml(i,j)=p%aeypml(i,j)*p%expml(i,j)
     &                 -p%beypml(i,j)*hz(i,j-1)*2.0
            ex(i,j)=p%expml(i,j)

      end do
      do i=p%i0+1,p%i1-1
            p%ezx(i,j)=p%aexpml(i,j)*p%ezx(i,j)
     &                +p%bexpml(i,j)*(hy(i,j)-hy(i-1,j))
            p%ezy(i,j)=p%aeypml(i,j)*p%ezy(i,j)
     &                +p%beypml(i,j)*hx(i,j-1)*2.0
            ez(i,j)=p%ezx(i,j)+p%ezy(i,j)
      end do
      end subroutine epmcw_y1
!-----------------------------------------------------------------------
!     磁界の計算(j=0)
!-----------------------------------------------------------------------
```

```
      subroutine hpmcw_y0(p)
      use pml_variable
      type(pml)::p
c
      j=p%j0
      do i=p%i0,p%i1-1
         p%hypml(i,j)=p%amxpml(i,j)*p%hypml(i,j)
     &                +p%bmxpml(i,j)*(ez(i+1,j)-ez(i,j))
         hy(i,j)=p%hypml(i,j)
      end do
      end subroutine hpmcw_y0
!-----------------------------------------------------------------------
!     磁界の計算(j=ny)
!-----------------------------------------------------------------------
      subroutine hpmcw_y1(p)
      use pml_variable
      type(pml)::p

      j=p%j1
      do i=p%i0,p%i1-1
         p%hypml(i,j)=p%amxpml(i,j)*p%hypml(i,j)
     &                +p%bmxpml(i,j)*(ez(i+1,j)-ez(i,j))
         hy(i,j)=p%hypml(i,j)
      end do
      end subroutine hpmcw_y1
```

B.2　3次元プログラム

プログラムコード B.3　fdtd3d.f

```
!-----------------------------------------------------------------------
!          FDTDの共通変数
!-----------------------------------------------------------------------
      module fdtd_variable
!解析領域
      integer,parameter::nxx=120,nyy=120,nzz=120      !解析領域分割数
      integer,parameter::nstep=1000                   !計算ステップ数
      real,parameter::dx=0.005,dy=0.005,dz=0.005      !セルサイズ
      real::dt,t                                      !時間ステップ，時間
!PML吸収境界
      integer,parameter::lpml=8,order=4               !PMLの次数，層数
      real,parameter::rmax=-120.0                     !要求精度〔dB〕
!全計算領域
      integer,parameter::nx=nxx+2*lpml,ny=nyy+2*lpml,nz=nzz+2*lpml
!電界，磁界の配列，係数の配列
      real::ex(0:nx,0:ny,0:nz),ey(0:nx,0:ny,0:nz),ez(0:nx,0:ny,0:nz)
      real::hx(0:nx,0:ny,0:nz),hy(0:nx,0:ny,0:nz),hz(0:nx,0:ny,0:nz)
      real::aex(0:nx,0:ny,0:nz),aey(0:nx,0:ny,0:nz),aez(0:nx,0:ny,0:nz)
      real::bexy(0:nx,0:ny,0:nz),bexz(0:nx,0:ny,0:nz)
      real::beyx(0:nx,0:ny,0:nz),beyz(0:nx,0:ny,0:nz)
      real::bezx(0:nx,0:ny,0:nz),bezy(0:nx,0:ny,0:nz)
      real::amx(0:nx,0:ny,0:nz),amy(0:nx,0:ny,0:nz),amz(0:nx,0:ny,0:nz)
      real::bmxy(0:nx,0:ny,0:nz),bmxz(0:nx,0:ny,0:nz)
      real::bmyx(0:nx,0:ny,0:nz),bmyz(0:nx,0:ny,0:nz)
      real::bmzx(0:nx,0:ny,0:nz),bmzy(0:nx,0:ny,0:nz)
!媒質定数の配列と背景媒質定数
```

```
      real::epsd(-1:nx,-1:ny,-1:nz),sgmed(-1:nx,-1:ny,-1:nz)
      real::mud(-1:nx,-1:ny,-1:nz), sgmmd(-1:nx,-1:ny,-1:nz)
      real,parameter::epsbk=1.0,mubk=1.0,sigebk=0.0,sigmbk=0.0 !背景媒質
!散乱体
      integer,parameter::ic=nx/2, jc=ny/2, kc=nz/2    !散乱直方体の中心
      integer,parameter::lx2=20, ly2=20, lz2=20       !(直方体の寸法)/2
      real,parameter::epsr=3.0                        !直方体の比誘電率
!励振パルス
      real,parameter::duration=0.1e-9,t0=4.0*duration   !パルス幅，ピーク時刻
      integer,parameter::ifed=ic-lx2-20, jfed=jc, kfed=kc   !給電位置
!励振の種類
      integer::lfeed,lsoft,lhard
      parameter(lsoft=1,lhard=2)
      parameter(lfeed=lhard)
      real::befed                                      !ソフト給電の係数
      real,parameter::dl=0.001                         !ハード給電の間隙
!定数
      real,parameter::eps0=8.854188e-12,mu0=1.256637e-6 !真空の誘電率，透磁率
      real,parameter::c=2.9979246e8                     !光速
      end module fdtd_variable
!-----------------------------------------------------------------------
!        メインプログラム
!-----------------------------------------------------------------------
      program fdtd_3d
      use fdtd_variable

      call setup()                       !FDTDの初期設定
      call init_pml()                    !PMLの初期設定

      t=dt
      do n=1,nstep                       !繰り返し計算
         write(*,*)'Time step:',n
         call e_cal                      !電界の計算
         call e_pml()                    !電界に対するPML
         call feed()                     !電流源の励振
         t=t+0.5*dt                      !時間の更新
         call h_cal                      !磁界の計算
         call h_pml()                    !磁界に対するPML
         t=t+0.5*dt                      !時間の更新
         call out_emf(n)                 !計算結果の出力
      end do
      end program fdtd_3d
!-----------------------------------------------------------------------
!        計算結果の出力
!-----------------------------------------------------------------------
      subroutine out_emf(n)
      use fdtd_variable
      integer,parameter::io=ic+lx2+20, jo=ny/2, ko=nz/2    !観測点

!出力空間の設定
      is=lpml
      ie=nx-lpml
      js=lpml
      je=ny-lpml
      k=nz/2
      if(n == 1) open(02,file='eztm.txt')
      write(02,111)t,ez(io,jo,ko)                       !観測点の過渡電界
      if(n==160)then
         open(03,file="ez160h.txt")
         do j=js,je
            do i=is,ie
```

```
               write(03,222)i-lpml,j-lpml,ez(i,j,k) !電界の空間分布
            end do
         end do
         close(03)
      end if
      if(n == nstep) close(02)
  111 format(2e18.9)
  222 format(2i5,e15.6)
      end subroutine out_emf
!-----------------------------------------------------------------------
!        励振波源
!-----------------------------------------------------------------------
      subroutine feed()
      use fdtd_variable
      real::iz

      if(lfeed==lsoft) then                              !ソフト給電
      iz=exp(-((t-0.5*dt-t0)/duration)**2)               !ガウスパルス
      ez(ifed,jfed,kfed)=ez(ifed,jfed,kfed)-befed*iz/(dx*dy)
      else
      ez(ifed,jfed,kfed)=exp(-((t-t0)/duration)**2)/dl    !ハード給電
      endif
      end subroutine feed
!-----------------------------------------------------------------------
!     FDTDの初期設定：
!-----------------------------------------------------------------------
      subroutine setup()
      use fdtd_variable
      real::mu
      integer::i,j,k

!時間ステップ
      dt=0.99999/(c*sqrt(1.0/(dx*dx)+1.0/(dy*dy)+1.0/(dz*dz)))
!背景媒質
      do k=-1,nz
         do j=-1,ny
            do i=-1,nx
               epsd(i,j,k)=epsbk
               mud(i,j,k)=mubk
               sgmed(i,j,k)=sigebk
               sgmmd(i,j,k)=sigmbk
            end do
         end do
      end do
!散乱直方体の媒質定数（背景媒質に上書き）
      call epsmu()

!波源の位置における係数
      eps=0.25*(epsd(ifed,jfed,kfed)+epsd(ifed-1,jfed,kfed)
     &         +epsd(ifed,jfed-1,kfed)+epsd(ifed-1,jfed-1,kfed))*eps0
      befed=dt/eps

!係数の計算
      do k=0,nz
        do j=0,ny
          do i=0,nx
            eps=0.25*(epsd(i,j,k)+epsd(i,j-1,k)
     &              +epsd(i,j,k-1)+epsd(i,j-1,k-1))*eps0
            sgm=0.25*(sgmed(i,j,k)+sgmed(i,j-1,k)
     &              +sgmed(i,j,k-1)+sgmed(i,j-1,k-1))
            a=0.5*sgm*dt/eps
            aex(i,j,k)=(1.0-a)/(1.0+a)
```

```
               bexy(i,j,k)=dt/eps/(1.0+a)/dy
               bexz(i,j,k)=dt/eps/(1.0+a)/dz

               eps=0.25*(epsd(i,j,k)+epsd(i-1,j,k)
     &              +epsd(i,j,k-1)+epsd(i-1,j,k-1))*eps0
               sgm=0.25*(sgmed(i,j,k)+sgmed(i-1,j,k)
     &              +sgmed(i,j,k-1)+sgmed(i-1,j,k-1))
               a=0.5*sgm*dt/eps
               aey(i,j,k)=(1.0-a)/(1.0+a)
               beyx(i,j,k)=dt/eps/(1.0+a)/dx
               beyz(i,j,k)=dt/eps/(1.0+a)/dz

               eps=0.25*(epsd(i,j,k)+epsd(i-1,j,k)
     &              +epsd(i,j-1,k)+epsd(i-1,j-1,k))*eps0
               sgm=0.25*(sgmed(i,j,k)+sgmed(i-1,j,k)
     &              +sgmed(i,j-1,k)+sgmed(i-1,j-1,k))
               a=0.5*sgm*dt/eps
               aez(i,j,k)=(1.0-a)/(1.0+a)
               bezx(i,j,k)=dt/eps/(1.0+a)/dx
               bezy(i,j,k)=dt/eps/(1.0+a)/dy

               mu=0.5*(mud(i,j,k)+mud(i-1,j,k))*mu0
               sgmm=0.5*(sgmmd(i,j,k)+sgmmd(i-1,j,k))
               a=0.5*sgmm*dt/mu
               amx(i,j,k)=(1.0-a)/(1.0+a)
               bmxy(i,j,k)=dt/mu/(1.0+a)/dy
               bmxz(i,j,k)=dt/mu/(1.0+a)/dz

               mu=0.5*(mud(i,j,k)+mud(i,j-1,k))*mu0
               sgmm=0.5*(sgmmd(i,j,k)+sgmmd(i,j-1,k))
               a=0.5*sgmm*dt/mu
               amy(i,j,k)=(1.0-a)/(1.0+a)
               bmyz(i,j,k)=dt/mu/(1.0+a)/dz
               bmyx(i,j,k)=dt/mu/(1.0+a)/dx

               mu=0.5*(mud(i,j,k)+mud(i,j,k-1))*mu0
               sgmm=0.5*(sgmmd(i,j,k)+sgmmd(i,j,k-1))
               a=0.5*sgmm*dt/mu
               amz(i,j,k)=(1.0-a)/(1.0+a)
               bmzx(i,j,k)=dt/mu/(1.0+a)/dx
               bmzy(i,j,k)=dt/mu/(1.0+a)/dy
             end do
           end do
         end do
         end subroutine setup
!-------------------------------------------------------------------
!直方体の媒質定数
!-------------------------------------------------------------------
         subroutine epsmu()
         use fdtd_variable

         do k=kc-lz2, kc+lz2-1
            do j=jc-ly2, jc+ly2-1
               do i=ic-lx2, ic+lx2-1
                  epsd(i,j,k)=epsr
                  mud(i,j,k)=1.0
                  sgmed(i,j,k)=0.0
                  sgmmd(i,j,k)=0.0
               end do
            end do
         end do
         end subroutine epsmu
```

```
!-----------------------------------------------------------------------
!     電界の計算
!-----------------------------------------------------------------------
      subroutine e_cal()
      use fdtd_variable
      integer::i,j,k
!Ex
      do k=1,nz-1
         do j=1,ny-1
            do i=0,nx-1
               ex(i,j,k)=aex(i,j,k)*ex(i,j,k)+bexy(i,j,k)*(hz(i,j,k)
     &                   -hz(i,j-1,k))-bexz(i,j,k)*(hy(i,j,k)-hy(i,j,k-1))
            end do
         end do
      end do
!Ey
      do k=1,nz-1
         do j=0,ny-1
            do i=1,nx-1
               ey(i,j,k)=aey(i,j,k)*ey(i,j,k)+beyz(i,j,k)*(hx(i,j,k)
     &                   -hx(i,j,k-1))-beyx(i,j,k)*(hz(i,j,k)-hz(i-1,j,k))
            end do
         end do
      end do
!Ez
      do k=0,nz-1
         do j=1,ny-1
            do i=1,nx-1
               ez(i,j,k)=aez(i,j,k)*ez(i,j,k)+bezx(i,j,k)*(hy(i,j,k)
     &                   -hy(i-1,j,k))-bezy(i,j,k)*(hx(i,j,k)-hx(i,j-1,k))
            end do
         end do
      end do
      end subroutine e_cal
!-----------------------------------------------------------------------
!     磁界の計算
!-----------------------------------------------------------------------
      subroutine h_cal()
      use fdtd_variable
      integer::i,j,k
!Hx
      do k=0,nz-1
         do j=0,ny-1
            do i=1,nx-1
               hx(i,j,k)=amx(i,j,k)*hx(i,j,k)-bmxy(i,j,k)*(ez(i,j+1,k)
     &                         -ez(i,j,k))+bmxz(i,j,k)*(ey(i,j,k+1)-ey(i,j,k))
            end do
         end do
      end do
!Hy
      do k=0,nz-1
         do j=1,ny-1
            do i=0,nx-1
               hy(i,j,k)=amy(i,j,k)*hy(i,j,k)-bmyz(i,j,k)*(ex(i,j,k+1)
     &                         -ex(i,j,k))+bmyx(i,j,k)*(ez(i+1,j,k)-ez(i,j,k))
            end do
         end do
      end do
!Hz
      do k=1,nz-1
         do j=0,ny-1
            do i=0,nx-1
```

```
            hz(i,j,k)=amz(i,j,k)*hz(i,j,k)-bmzx(i,j,k)*(ey(i+1,j,k)
     &                    -ey(i,j,k))+bmzy(i,j,k)*(ex(i,j+1,k)-ex(i,j,k))
          end do
        end do
      end do
      end subroutine h_cal
!
!---------- PML吸収境界のinclude -----------------------------------
      include "pml3d.f"
```

プログラムコード **B.4** pml3d.f

```
!-----------------------------------------------------------------------
!     PMLの共通変数
!-----------------------------------------------------------------------
      module fdtd_pml
      use fdtd_variable

      type pml_var
         integer::nx0,ny0,nz0,nx1,ny1,nz1
         real,pointer::exy(:,:,:),exz(:,:,:)
         real,pointer::eyz(:,:,:),eyx(:,:,:)
         real,pointer::ezx(:,:,:),ezy(:,:,:)
         real,pointer::hxy(:,:,:),hxz(:,:,:)
         real,pointer::hyz(:,:,:),hyx(:,:,:)
         real,pointer::hzx(:,:,:),hzy(:,:,:)
         real,pointer::aeyx(:,:,:),amyx(:,:,:)
         real,pointer::aezx(:,:,:),amzx(:,:,:)
         real,pointer::aexy(:,:,:),amxy(:,:,:)
         real,pointer::aezy(:,:,:),amzy(:,:,:)
         real,pointer::aexz(:,:,:),amxz(:,:,:)
         real,pointer::aeyz(:,:,:),amyz(:,:,:)
         real,pointer::beyx(:,:,:),bmyx(:,:,:)
         real,pointer::bezx(:,:,:),bmzx(:,:,:)
         real,pointer::bexy(:,:,:),bmxy(:,:,:)
         real,pointer::bezy(:,:,:),bmzy(:,:,:)
         real,pointer::bexz(:,:,:),bmxz(:,:,:)
         real,pointer::beyz(:,:,:),bmyz(:,:,:)
      end type pml_var

      type(pml_var)::pml_x0,pml_x1,pml_y0,pml_y1,pml_z0,pml_z1

      real,parameter::copml=-1.5280063e-4
      end module fdtd_pml
!-----------------------------------------------------------------------
!     初期設定
!-----------------------------------------------------------------------
      subroutine init_pml()
      use fdtd_pml

      call addpml(pml_x0,       0, lpml,       0,   ny,       0,   nz)
      call addpml(pml_x1, nx-lpml,   nx,       0,   ny,       0,   nz)
      call addpml(pml_y0,       0,   nx,       0, lpml,       0,   nz)
      call addpml(pml_y1,       0,   nx, ny-lpml,   ny,       0,   nz)
      call addpml(pml_z0,       0,   nx,       0,   ny,       0, lpml)
      call addpml(pml_z1,       0,   nx,       0,   ny, nz-lpml,   nz)
      end subroutine init_pml
!-----------------------------------------------------------------------
!     電界に対するPML
!-----------------------------------------------------------------------
      subroutine e_pml()
```

```
      use fdtd_pml

      call epml(pml_x0)
      call epml(pml_x1)
      call epml(pml_y0)
      call epml(pml_y1)
      call epml(pml_z0)
      call epml(pml_z1)
      end subroutine e_pml
!------------------------------------------------------------------------
!     磁界に対するPML
!------------------------------------------------------------------------
      subroutine h_pml()
      use fdtd_pml

      call hpml(pml_x0)
      call hpml(pml_x1)
      call hpml(pml_y0)
      call hpml(pml_y1)
      call hpml(pml_z0)
      call hpml(pml_z1)
      end subroutine h_pml
!------------------------------------------------------------------------
!     係数の計算
!------------------------------------------------------------------------
      subroutine addpml(pml,nx0,nx1,ny0,ny1,nz0,nz1)
      use fdtd_pml
      type(pml_var)::pml
      real::mupml

      pml%nx0=nx0
      pml%nx1=nx1
      pml%ny0=ny0
      pml%ny1=ny1
      pml%nz0=nz0
      pml%nz1=nz1
      allocate(pml%exy(nx0:nx1,ny0:ny1,nz0:nz1))
      allocate(pml%exz(nx0:nx1,ny0:ny1,nz0:nz1))
      allocate(pml%eyz(nx0:nx1,ny0:ny1,nz0:nz1))
      allocate(pml%eyx(nx0:nx1,ny0:ny1,nz0:nz1))
      allocate(pml%ezx(nx0:nx1,ny0:ny1,nz0:nz1))
      allocate(pml%ezy(nx0:nx1,ny0:ny1,nz0:nz1))
      allocate(pml%hxy(nx0:nx1,ny0:ny1,nz0:nz1))
      allocate(pml%hxz(nx0:nx1,ny0:ny1,nz0:nz1))
      allocate(pml%hyz(nx0:nx1,ny0:ny1,nz0:nz1))
      allocate(pml%hyx(nx0:nx1,ny0:ny1,nz0:nz1))
      allocate(pml%hzx(nx0:nx1,ny0:ny1,nz0:nz1))
      allocate(pml%hzy(nx0:nx1,ny0:ny1,nz0:nz1))

      allocate(pml%aeyx(nx0:nx1,ny0:ny1,nz0:nz1))
      allocate(pml%aezx(nx0:nx1,ny0:ny1,nz0:nz1))
      allocate(pml%aexy(nx0:nx1,ny0:ny1,nz0:nz1))
      allocate(pml%aezy(nx0:nx1,ny0:ny1,nz0:nz1))
      allocate(pml%aexz(nx0:nx1,ny0:ny1,nz0:nz1))
      allocate(pml%aeyz(nx0:nx1,ny0:ny1,nz0:nz1))
      allocate(pml%amyx(nx0:nx1,ny0:ny1,nz0:nz1))
      allocate(pml%amzx(nx0:nx1,ny0:ny1,nz0:nz1))
      allocate(pml%amxy(nx0:nx1,ny0:ny1,nz0:nz1))
      allocate(pml%amzy(nx0:nx1,ny0:ny1,nz0:nz1))
      allocate(pml%amxz(nx0:nx1,ny0:ny1,nz0:nz1))
      allocate(pml%amyz(nx0:nx1,ny0:ny1,nz0:nz1))
      allocate(pml%beyx(nx0:nx1,ny0:ny1,nz0:nz1))
```

```
allocate(pml%bezx(nx0:nx1,ny0:ny1,nz0:nz1))
allocate(pml%bexy(nx0:nx1,ny0:ny1,nz0:nz1))
allocate(pml%bezy(nx0:nx1,ny0:ny1,nz0:nz1))
allocate(pml%bexz(nx0:nx1,ny0:ny1,nz0:nz1))
allocate(pml%beyz(nx0:nx1,ny0:ny1,nz0:nz1))
allocate(pml%bmyx(nx0:nx1,ny0:ny1,nz0:nz1))
allocate(pml%bmzx(nx0:nx1,ny0:ny1,nz0:nz1))
allocate(pml%bmxy(nx0:nx1,ny0:ny1,nz0:nz1))
allocate(pml%bmzy(nx0:nx1,ny0:ny1,nz0:nz1))
allocate(pml%bmxz(nx0:nx1,ny0:ny1,nz0:nz1))
allocate(pml%bmyz(nx0:nx1,ny0:ny1,nz0:nz1))
pml%exy=0.0
pml%exz=0.0
pml%eyz=0.0
pml%eyx=0.0
pml%ezx=0.0
pml%ezy=0.0
pml%hxy=0.0
pml%hxz=0.0
pml%hyz=0.0
pml%hyx=0.0
pml%hzx=0.0
pml%hzy=0.0

smax0x=copml*rmax*(order+1)/(lpml*dx)
smax0y=copml*rmax*(order+1)/(lpml*dy)
smax0z=copml*rmax*(order+1)/(lpml*dz)

do k=nz0,nz1-1
   do j=ny0,ny1-1
      do i=nx0,nx1-1

       if(i<lpml) then
          sigmxm=((lpml-i-0.5)/lpml)**order*smax0x
          sigmxe=(float(lpml-i)/lpml)**order*smax0x
       else if(i>=nx-lpml) then
          sigmxm=((i-nx+lpml+0.5)/lpml)**order*smax0x
          sigmxe=(float(i-nx+lpml)/lpml)**order*smax0x
       else
          sigmxm=0.0
          sigmxe=0.0
       end if

       if(j<lpml) then
          sigmym=((lpml-j-0.5)/lpml)**order*smax0y
          sigmye=(float(lpml-j)/lpml)**order*smax0y
       else if(j>=ny-lpml) then
          sigmym=((j-ny+lpml+0.5)/lpml)**order*smax0y
          sigmye=(float(j-ny+lpml)/lpml)**order*smax0y
       else
          sigmym=0.0
          sigmye=0.0
       end if

       if(k<lpml) then
          sigmzm=((lpml-k-0.5)/lpml)**order*smax0z
          sigmze=(float(lpml-k)/lpml)**order*smax0z
       else if(k>=nz-lpml) then
          sigmzm=((k-nz+lpml+0.5)/lpml)**order*smax0z
          sigmze=(float(k-nz+lpml)/lpml)**order*smax0z
       else
          sigmzm=0.0
```

```
                 sigmze=0.0
              end if

!Exの係数
              epspml=0.25*(epsd(i,j,k)+epsd(i,j-1,k)
     &                +epsd(i,j,k-1)+epsd(i,j-1,k-1))*eps0
              sigmy=sigmye*(epspml/eps0)
              sigmz=sigmze*(epspml/eps0)

              a=0.5*sigmy*dt/epspml
              pml%aexy(i,j,k)=(1.0-a)/(1.0+a)
              pml%bexy(i,j,k)=dt/epspml/(1.0+a)/dy
c
              a=0.5*sigmz*dt/epspml
              pml%aexz(i,j,k)=(1.0-a)/(1.0+a)
              pml%bexz(i,j,k)=dt/epspml/(1.0+a)/dz

!Eyの係数
              epspml=0.25*(epsd(i,j,k)+epsd(i-1,j,k)
     &                +epsd(i,j,k-1)+epsd(i-1,j,k-1))*eps0
              sigmz=sigmze*(epspml/eps0)
              sigmx=sigmxe*(epspml/eps0)

              a=0.5*sigmz*dt/epspml
              pml%aeyz(i,j,k)=(1.0-a)/(1.0+a)
              pml%beyz(i,j,k)=dt/epspml/(1.0+a)/dz
c
              a=0.5*sigmx*dt/epspml
              pml%aeyx(i,j,k)=(1.0-a)/(1.0+a)
              pml%beyx(i,j,k)=dt/epspml/(1.0+a)/dx

!Ezの係数
              epspml=0.25*(epsd(i,j,k)+epsd(i-1,j,k)
     &                +epsd(i,j-1,k)+epsd(i-1,j-1,k))*eps0
              sigmx=sigmxe*(epspml/eps0)
              sigmy=sigmye*(epspml/eps0)

              a=0.5*sigmx*dt/epspml
              pml%aezx(i,j,k)=(1.0-a)/(1.0+a)
              pml%bezx(i,j,k)=dt/epspml/(1.0+a)/dx
c
              a=0.5*sigmy*dt/epspml
              pml%aezy(i,j,k)=(1.0-a)/(1.0+a)
              pml%bezy(i,j,k)=dt/epspml/(1.0+a)/dy

!Hxの係数
              mupml=0.5*(mud(i,j,k)+mud(i-1,j,k))*mu0
              epspml=0.5*(epsd(i,j,k)+epsd(i-1,j,k))*eps0
              sigmy=sigmym*(epspml/eps0)
              sigmz=sigmzm*(epspml/eps0)

              a=0.5*sigmy*dt/epspml
              pml%amxy(i,j,k)=(1.0-a)/(1.0+a)
              pml%bmxy(i,j,k)=dt/mupml/(1.0+a)/dy
c
              a=0.5*sigmz*dt/epspml
              pml%amxz(i,j,k)=(1.0-a)/(1.0+a)
              pml%bmxz(i,j,k)=dt/mupml/(1.0+a)/dz

!Hyの係数
              mupml=0.5*(mud(i,j,k)+mud(i,j-1,k))*mu0
              epspml=0.5*(epsd(i,j,k)+epsd(i,j-1,k))*eps0
```

```
                sigmz=sigmzm*(epspml/eps0)
                sigmx=sigmxm*(epspml/eps0)

                a=0.5*sigmz*dt/epspml
                pml%amyz(i,j,k)=(1.0-a)/(1.0+a)
                pml%bmyz(i,j,k)=dt/mupml/(1.0+a)/dz
c
                a=0.5*sigmx*dt/epspml
                pml%amyx(i,j,k)=(1.0-a)/(1.0+a)
                pml%bmyx(i,j,k)=dt/mupml/(1.0+a)/dx

!Hzの係数
                mupml=0.5*(mud(i,j,k)+mud(i,j,k-1))*mu0
                epspml=0.5*(epsd(i,j,k)+epsd(i,j,k-1))*eps0
                sigmx=sigmxm*(epspml/eps0)
                sigmy=sigmym*(epspml/eps0)

                a=0.5*sigmx*dt/epspml
                pml%amzx(i,j,k)=(1.0-a)/(1.0+a)
                pml%bmzx(i,j,k)=dt/mupml/(1.0+a)/dx
c
                a=0.5*sigmy*dt/epspml
                pml%amzy(i,j,k)=(1.0-a)/(1.0+a)
                pml%bmzy(i,j,k)=dt/mupml/(1.0+a)/dy
              end do
            end do
         end do
         end subroutine addpml
!------------------------------------------------------------------------
!        電界の計算
!------------------------------------------------------------------------
         subroutine epml(pml)
         use fdtd_pml
         type(pml_var)::pml
!Ex
         do k=pml%nz0+1,pml%nz1-1
            do j=pml%ny0+1,pml%ny1-1
               do i=pml%nx0,pml%nx1-1
                  pml%exy(i,j,k)=pml%aexy(i,j,k)*pml%exy(i,j,k)
     &                  +pml%bexy(i,j,k)*(hz(i,j,k)-hz(i,j-1,k))
                  pml%exz(i,j,k)=pml%aexz(i,j,k)*pml%exz(i,j,k)
     &                  +pml%bexz(i,j,k)*(hy(i,j,k-1)-hy(i,j,k))
                  ex(i,j,k)=pml%exy(i,j,k)+pml%exz(i,j,k)
               end do
            end do
         end do
!Ey
         do k=pml%nz0+1,pml%nz1-1
            do j=pml%ny0,pml%ny1-1
               do i=pml%nx0+1,pml%nx1-1
                  pml%eyz(i,j,k)=pml%aeyz(i,j,k)*pml%eyz(i,j,k)
     &                  +pml%beyz(i,j,k)*(hx(i,j,k)-hx(i,j,k-1))
                  pml%eyx(i,j,k)=pml%aeyx(i,j,k)*pml%eyx(i,j,k)
     &                  +pml%beyx(i,j,k)*(hz(i-1,j,k)-hz(i,j,k))
                  ey(i,j,k)=pml%eyz(i,j,k)+pml%eyx(i,j,k)
              end do
            end do
         end do
!Ez
         do k=pml%nz0,pml%nz1-1
            do j=pml%ny0+1,pml%ny1-1
               do i=pml%nx0+1,pml%nx1-1
```

```
                 pml%ezx(i,j,k)=pml%aezx(i,j,k)*pml%ezx(i,j,k)
     &                  +pml%bezx(i,j,k)*(hy(i,j,k)-hy(i-1,j,k))
                 pml%ezy(i,j,k)=pml%aezy(i,j,k)*pml%ezy(i,j,k)
     &                  +pml%bezy(i,j,k)*(hx(i,j-1,k)-hx(i,j,k))
                 ez(i,j,k)=pml%ezx(i,j,k)+pml%ezy(i,j,k)
              end do
           end do
        end do
        end subroutine epml
!----------------------------------------------------------------------
!       磁界の計算
!----------------------------------------------------------------------
        subroutine hpml(pml)
        use fdtd_pml
        type(pml_var)::pml
!Hx
        do k=pml%nz0,pml%nz1-1
           do j=pml%ny0,pml%ny1-1
              do i=pml%nx0+1,pml%nx1-1
                 pml%hxy(i,j,k)=pml%amxy(i,j,k)*pml%hxy(i,j,k)
     &                  +pml%bmxy(i,j,k)*(ez(i,j,k)-ez(i,j+1,k))
                 pml%hxz(i,j,k)=pml%amxz(i,j,k)*pml%hxz(i,j,k)
     &                  +pml%bmxz(i,j,k)*(ey(i,j,k+1)-ey(i,j,k))
                 hx(i,j,k)=pml%hxy(i,j,k)+pml%hxz(i,j,k)
              end do
           end do
        end do
!Hy
        do k=pml%nz0,pml%nz1-1
           do j=pml%ny0+1,pml%ny1-1
              do i=pml%nx0,pml%nx1-1
                 pml%hyz(i,j,k)=pml%amyz(i,j,k)*pml%hyz(i,j,k)
     &                  +pml%bmyz(i,j,k)*(ex(i,j,k)-ex(i,j,k+1))
                 pml%hyx(i,j,k)=pml%amyx(i,j,k)*pml%hyx(i,j,k)
     &                  +pml%bmyx(i,j,k)*(ez(i+1,j,k)-ez(i,j,k))
                 hy(i,j,k)=pml%hyz(i,j,k)+pml%hyx(i,j,k)
              end do
           end do
        end do
!Hz
        do k=pml%nz0+1,pml%nz1-1
           do j=pml%ny0,pml%ny1-1
              do i=pml%nx0,pml%nx1-1
                 pml%hzx(i,j,k)=pml%amzx(i,j,k)*pml%hzx(i,j,k)
     &                  +pml%bmzx(i,j,k)*(ey(i,j,k)-ey(i+1,j,k))
                 pml%hzy(i,j,k)=pml%amzy(i,j,k)*pml%hzy(i,j,k)
     &                  +pml%bmzy(i,j,k)*(ex(i,j+1,k)-ex(i,j,k))
                 hz(i,j,k)=pml%hzx(i,j,k)+pml%hzy(i,j,k)
              end do
           end do
        end do
        end subroutine hpml
```

プログラムコード **B.5** fdtd3d_id.f

```
!----------------------------------------------------------------------
!         FDTDの共通変数
!----------------------------------------------------------------------
        module fdtd_variable
        . . . . .
        . . . . .
```

```
!電界磁界の配列
      real::ex(0:nx,0:ny,0:nz),ey(0:nx,0:ny,0:nz),ez(0:nx,0:ny,0:nz)
      real::hx(0:nx,0:ny,0:nz),hy(0:nx,0:ny,0:nz),hz(0:nx,0:ny,0:nz)
!媒質定数の配列
      integer::id_cnt    !媒質の数
     real::epr(0:255),sge(0:255),mur(0:255),sgm(0:255)
!ID配列
      integer(1)::idex(0:nx,0:ny,0:nz),idey(0:nx,0:ny,0:nz),
     &              idez(0:nx,0:ny,0:nz),idhx(0:nx,0:ny,0:nz),
     &              idhy(0:nx,0:ny,0:nz),idhz(0:nx,0:ny,0:nz)
!係数の配列
      real::aex(0:255),aey(0:255),aez(0:255)
      real::bexy(0:255),bexz(0:255)
      real::beyx(0:255),beyz(0:255)
      real::bezx(0:255),bezy(0:255)
      real::amx(0:255),amy(0:255),amz(0:255)
      real::bmxy(0:255),bmxz(0:255)
      real::bmyx(0:255),bmyz(0:255)
      real::bmzx(0:255),bmzy(0:255)
      . . . . .
      . . . . .
      end module fdtd_variable
!----------------------------------------------------------------------
!        メインプログラム
!----------------------------------------------------------------------
      program fdtd_3d
      . . . . .
      . . . . .
      end program fdtd_3d
!----------------------------------------------------------------------
!        計算結果の出力
!----------------------------------------------------------------------
      subroutine out_emf(n)
      . . . . .
      . . . . .
      end subroutine out_emf
!----------------------------------------------------------------------
!        励振波源
!----------------------------------------------------------------------
      subroutine feed()
      . . . . .
      . . . . .
      end subroutine feed
!----------------------------------------------------------------------
!      FDTDの初期設定
!----------------------------------------------------------------------
      subroutine setup()
      use fdtd_variable
      real::mu
      integer::i,j,k

      call epsmu()                               !直方誘電体の設定
      dt=0.99999/(c*sqrt(1.0/(dx*dx)+1.0/(dy*dy)+1.0/(dz*dz)))
!波源の位置における係数
      eps=epr(idez(ifed,jfed,kfed))*eps0
      befed=dt/eps
!係数の計算
      call cal_ce(aex,bexy,bexz,dy,dz)
      call cal_ce(aey,beyz,beyx,dz,dx)
      call cal_ce(aez,bezx,bezy,dx,dy)
      call cal_cm(amx,bmxy,bmxz,dy,dz)
      call cal_cm(amy,bmyz,bmyx,dz,dx)
```

```
      call cal_cm(amz,bmzx,bmzy,dx,dy)
      end subroutine setup
!----------------------------------------------------------------------
!     電界セルエッジの係数
!----------------------------------------------------------------------
      subroutine cal_ce(ae,be1,be2,d1,d2)
      use fdtd_variable
      real::ae(0:255),be1(0:255),be2(0:255)
      real::eps,sgme
!
      do i=0,id_cnt-1
         eps = epr(i)*eps0
         sgme = sge(i)
         a=0.5*sgme*dt/eps
         ae(i)=(1.0-a)/(1.0+a)
         be1(i)=dt/eps/(1.0+a)/d1
         be2(i)=dt/eps/(1.0+a)/d2
      end do
      end subroutine cal_ce
!----------------------------------------------------------------------
!     磁界セルエッジの計算
!----------------------------------------------------------------------
      subroutine cal_cm(am,bm1,bm2,d1,d2)
      use fdtd_variable
      real::am(0:255),bm1(0:255),bm2(0:255)
      real::mu,sgmm
!
      do i=0,id_cnt-1
         mu=mur(i)*mu0
         sgmm=sgm(i)
         a=0.5*sgmm*dt/mu
         am(i)=(1.0-a)/(1.0+a)
         bm1(i)=dt/mu/(1.0+a)/d1
         bm2(i)=dt/mu/(1.0+a)/d2
      end do
      end subroutine cal_cm
!------------------------------------------------------------------
!直方体の媒質定数
!------------------------------------------------------------------
      subroutine epsmu()
      use fdtd_variable

!周囲真空
      epr(0)=1.0
      sge(0)=0.0
      mur(0)=1.0
      sgm(0)=0.0
!誘電体内部
      epr(1)=epsr
      sge(1)=0.0
      mur(1)=1.0
      sgm(1)=0.0
!誘電体・周囲媒質の境界
      epr(2)=0.5*(epr(0)+epsr)
      sge(2)=0.0
      mur(2)=1.0
      sgm(2)=0.0
!誘電体四角柱の頂点
      epr(3)=0.25*epsr+0.75*epr(0)
      sge(3)=0.0
      mur(3)=1.0
      sgm(3)=0.0
```

```
      id_cnt=4

      ic0=ic-lx2
      ic1=ic+lx2
      jc0=jc-ly2
      jc1=jc+ly2
      kc0=kc-lz2
      kc1=kc+lz2

!Exセルエッジの材料指定
      do i=0,nx
        do j=0,ny
          do k=0,nz
            if(i .ge. ic0 .and. i .lt.ic1) then
              if(j.gt.jc0.and.j.lt.jc1.and.k.gt.kc0.and.k.lt.kc1) then
                idex(i,j,k)=1
              else if(j.lt.jc0.or.j.gt.jc1.or.k.lt.kc0.or.k.gt.kc1) then
                idex(i,j,k)=0
              else if(j.eq.jc0.and.k.eq.kc1) then
                idex(i,j,k)=3
              else if(j.eq.jc0.and.k.eq.kc0) then
                idex(i,j,k)=3
              else if(j.eq.jc1.and.k.eq.kc1) then
                idex(i,j,k)=3
              else if(j.eq.jc1.and.k.eq.kc0) then
                idex(i,j,k)=3
              else
                idex(i,j,k)=2
              end if
            else
              idex(i,j,k)=0
            end if
          end do
        end do
      end do

!Eyセルエッジの材質指定
      do i=0,nx
        do j=0,ny
          do k=0,nz
            if(j .ge. jc0 .and. j .lt.jc1) then
              if(i.gt.ic0.and.i.lt.ic1.and.k.gt.kc0.and.k.lt.kc1) then
                idey(i,j,k)=1
              else if(i.lt.ic0.or.i.gt.ic1.or.k.lt.kc0.or.k.gt.kc1) then
                idey(i,j,k)=0
              else if(i.eq.ic0.and.k.eq.kc1) then
                idey(i,j,k)=3
              else if(i.eq.ic0.and.k.eq.kc0) then
                idey(i,j,k)=3
              else if(i.eq.ic1.and.k.eq.kc1) then
                idey(i,j,k)=3
              else if(i.eq.ic1.and.k.eq.kc0) then
                idey(i,j,k)=3
              else
                idey(i,j,k)=2
              end if
            else
              idey(i,j,k)=0
            end if
          end do
        end do
      end do
```

```

!Ezセルエッジの材質指定
      do i=0,nx
        do j=0,ny
          do k=0,nz
            if(k .ge. kc0 .and. k .lt.kc1) then
              if(j.gt.jc0.and.j.lt.jc1.and.i.gt.ic0.and.i.lt.ic1) then
                idez(i,j,k)=1
              else if(j.lt.jc0.or.j.gt.jc1.or.i.lt.ic0.or.i.gt.ic1) then
                idez(i,j,k)=0
              else if(j.eq.jc0.and.i.eq.ic1) then
                idez(i,j,k)=3
              else if(j.eq.jc0.and.i.eq.ic0) then
                idez(i,j,k)=3
              else if(j.eq.jc1.and.i.eq.ic1) then
                idez(i,j,k)=3
              else if(j.eq.jc1.and.i.eq.ic0) then
                idez(i,j,k)=3
              else
                idez(i,j,k)=2
              end if
            else
              idez(i,j,k)=0
            end if
          end do
        end do
      end do

!Hxセルエッジの材質指定
      do i=0,nx
        do j=0,ny
          do k=0,nz
            if(k.ge.kc0.and.k.lt.kc1.and.j.ge.jc0.and.j.lt.jc1) then
              if(i.lt.ic0.or.i.gt.ic1) then
                 idhx(i,j,k)=0
              else if(i.eq.ic0.or.i.eq.ic1) then
                 idhx(i,j,k)=2
              else
                 idhx(i,j,k)=1
              end if
            else
              idhx(i,j,k)=0
            end if
          end do
        end do
      end do

!Hyセルエッジの材質指定
      do i=0,nx
        do j=0,ny
          do k=0,nz
            if(k.ge.kc0.and.k.lt.kc1.and.i.ge.ic0.and.i.lt.ic1) then
              if(j.lt.jc0.or.j.gt.jc1) then
                 idhy(i,j,k)=0
              else if(j.eq.jc0.or.j.eq.jc1) then
                 idhy(i,j,k)=2
              else
                 idhy(i,j,k)=1
              end if
            else
              idhy(i,j,k)=0
            end if
```

```
            end do
          end do
        end do

!Hzセルエッジの材質指定
        do i=0,nx
          do j=0,ny
            do k=0,nz
              if(j.ge.jc0.and.j.lt.jc1.and.i.ge.ic0.and.i.lt.ic1) then
                if(k.lt.kc0.or.k.gt.kc1) then
                   idhz(i,j,k)=0
                else if(k.eq.kc0.or.k.eq.kc1) then
                   idhz(i,j,k)=2
                else
                   idhz(i,j,k)=1
                end if
              else
                idhz(i,j,k)=0
              end if
            end do
          end do
        end do
        end subroutine epsmu
!-----------------------------------------------------------------------
!       電界の計算
!-----------------------------------------------------------------------
        subroutine e_cal()
        use fdtd_variable
        integer::i,j,k
!Ex
        do k=1,nz-1
           do j=1,ny-1
              do i=0,nx-1
                 id=idex(i,j,k)
                 ex(i,j,k)=aex(id)*ex(i,j,k)+bexy(id)*(hz(i,j,k)
     &                 -hz(i,j-1,k))-bexz(id)*(hy(i,j,k)-hy(i,j,k-1))
              end do
           end do
        end do
!Ey
        do k=1,nz-1
           do j=0,ny-1
              do i=1,nx-1
                 id=idey(i,j,k)
                 ey(i,j,k)=aey(id)*ey(i,j,k)+beyz(id)*(hx(i,j,k)
     &                 -hx(i,j,k-1))-beyx(id)*(hz(i,j,k)-hz(i-1,j,k))
              end do
           end do
        end do
!Ez
        do k=0,nz-1
           do j=1,ny-1
              do i=1,nx-1
                 id=idez(i,j,k)
                 ez(i,j,k)=aez(id)*ez(i,j,k)+bezx(id)*(hy(i,j,k)
     &                 -hy(i-1,j,k))-bezy(id)*(hx(i,j,k)-hx(i,j-1,k))
              end do
           end do
        end do
        end subroutine e_cal
!-----------------------------------------------------------------------
!       磁界の計算
```

```
!-------------------------------------------------------------------
      subroutine h_cal()
      use fdtd_variable
      integer::i,j,k
!Hx
      do k=0,nz-1
         do j=0,ny-1
            do i=1,nx-1
               id=idhx(i,j,k)
               hx(i,j,k)=amx(id)*hx(i,j,k)-bmxy(id)*(ez(i,j+1,k)
     &                   -ez(i,j,k))+bmxz(id)*(ey(i,j,k+1)-ey(i,j,k))
            end do
         end do
      end do
!Hy
      do k=0,nz-1
         do j=1,ny-1
            do i=0,nx-1
               id=idhy(i,j,k)
               hy(i,j,k)=amy(id)*hy(i,j,k)-bmyz(id)*(ex(i,j,k+1)
     &                   -ex(i,j,k))+bmyx(id)*(ez(i+1,j,k)-ez(i,j,k))
            end do
         end do
      end do
!Hz
      do k=1,nz-1
         do j=0,ny-1
            do i=0,nx-1
               id=idhz(i,j,k)
               hz(i,j,k)=amz(id)*hz(i,j,k)-bmzx(id)*(ey(i+1,j,k)
     &                   -ey(i,j,k))+bmzy(id)*(ex(i,j+1,k)-ex(i,j,k))
            end do
         end do
      end do
      end subroutine h_cal

!PMLのinclude
      include "pml3d.f"
```

プログラムコード **B.6** cpml.f

```
      module fdtd_pml
      use fdtd_variable

      type pml_var
         integer::nx0,ny0,nz0,nx1,ny1,nz1
         real,pointer::expml(:,:,:),eypml(:,:,:),ezpml(:,:,:)
         real,pointer::hxpml(:,:,:),hypml(:,:,:),hzpml(:,:,:)
         real,pointer::jxy(:,:,:),jxz(:,:,:)
         real,pointer::jyz(:,:,:),jyx(:,:,:)
         real,pointer::jzx(:,:,:),jzy(:,:,:)
         real,pointer::mxy(:,:,:),mxz(:,:,:)
         real,pointer::myz(:,:,:),myx(:,:,:)
         real,pointer::mzx(:,:,:),mzy(:,:,:)
         real,pointer::kxy(:,:,:),kxz(:,:,:)
         real,pointer::kyz(:,:,:),kyx(:,:,:)
         real,pointer::kzx(:,:,:),kzy(:,:,:)
         real,pointer::kxyp(:,:,:),kxzp(:,:,:)
         real,pointer::kyzp(:,:,:),kyxp(:,:,:)
         real,pointer::kzxp(:,:,:),kzyp(:,:,:)
         real,pointer::lxy(:,:,:),lxz(:,:,:)
```

```
          real,pointer::lyz(:,:,:),lyx(:,:,:)
          real,pointer::lzx(:,:,:),lzy(:,:,:)
          real,pointer::lxyp(:,:,:),lxzp(:,:,:)
          real,pointer::lyzp(:,:,:),lyxp(:,:,:)
          real,pointer::lzxp(:,:,:),lzyp(:,:,:)
          real,pointer::aex(:),amx(:),bex(:),bmx(:),ebx(:),mbx(:)
          real,pointer::aey(:),amy(:),bey(:),bmy(:),eby(:),mby(:)
          real,pointer::aez(:),amz(:),bez(:),bmz(:),ebz(:),mbz(:)
       end type pml_var
       type(pml_var)::pml_x0,pml_x1,pml_y0,pml_y1,pml_z0,pml_z1
       real,parameter::copml=-1.5280063e-4
       end module fdtd_pml
!-----------------------------------------------------------------------
       subroutine init_pml()
       use fdtd_pml

       call addpml(pml_x0,       0, lpml,       0,    ny,       0,    nz)
       call addpml(pml_x1, nx-lpml,   nx,       0,    ny,       0,    nz)
       call addpml(pml_y0,       0,   nx,       0,  lpml,       0,    nz)
       call addpml(pml_y1,       0,   nx, ny-lpml,    ny,       0,    nz)
       call addpml(pml_z0,       0,   nx,       0,    ny,       0,  lpml)
       call addpml(pml_z1,       0,   nx,       0,    ny, nz-lpml,    nz)
       end subroutine init_pml
!-----------------------------------------------------------------------
       subroutine e_pml()
       use fdtd_pml
       call epml(pml_x0,0,1,0,0,0,0)
       call epml(pml_x1,1,0,0,0,0,0)
       call epml(pml_y0,0,0,0,1,0,0)
       call epml(pml_y1,0,0,1,0,0,0)
       call epml(pml_z0,0,0,0,0,0,1)
       call epml(pml_z1,0,0,0,0,1,0)
       end subroutine e_pml
!-----------------------------------------------------------------------
       subroutine h_pml()
       use fdtd_pml
       call hpml(pml_x0,0,1,0,0,0,0)
       call hpml(pml_x1,1,0,0,0,0,0)
       call hpml(pml_y0,0,0,0,1,0,0)
       call hpml(pml_y1,0,0,1,0,0,0)
       call hpml(pml_z0,0,0,0,0,0,1)
       call hpml(pml_z1,0,0,0,0,1,0)
       end subroutine h_pml
!-----------------------------------------------------------------------
       subroutine addpml(pml,nx0,nx1,ny0,ny1,nz0,nz1)
       use fdtd_pml
       type(pml_var)::pml

       pml%nx0=nx0
       pml%nx1=nx1
       pml%ny0=ny0
       pml%ny1=ny1
       pml%nz0=nz0
       pml%nz1=nz1
       allocate(pml%expml(nx0:nx1,ny0:ny1,nz0:nz1))
       allocate(pml%eypml(nx0:nx1,ny0:ny1,nz0:nz1))
       allocate(pml%ezpml(nx0:nx1,ny0:ny1,nz0:nz1))
       allocate(pml%hxpml(nx0:nx1,ny0:ny1,nz0:nz1))
       allocate(pml%hypml(nx0:nx1,ny0:ny1,nz0:nz1))
       allocate(pml%hzpml(nx0:nx1,ny0:ny1,nz0:nz1))
       allocate(pml%jxy(nx0:nx1,ny0:ny1,nz0:nz1))
       allocate(pml%jxz(nx0:nx1,ny0:ny1,nz0:nz1))
```

```
        allocate(pml%jyz(nx0:nx1,ny0:ny1,nz0:nz1))
        allocate(pml%jyx(nx0:nx1,ny0:ny1,nz0:nz1))
        allocate(pml%jzx(nx0:nx1,ny0:ny1,nz0:nz1))
        allocate(pml%jzy(nx0:nx1,ny0:ny1,nz0:nz1))
        allocate(pml%kxy(nx0:nx1,ny0:ny1,nz0:nz1))
        allocate(pml%kxz(nx0:nx1,ny0:ny1,nz0:nz1))
        allocate(pml%kyz(nx0:nx1,ny0:ny1,nz0:nz1))
        allocate(pml%kyx(nx0:nx1,ny0:ny1,nz0:nz1))
        allocate(pml%kzx(nx0:nx1,ny0:ny1,nz0:nz1))
        allocate(pml%kzy(nx0:nx1,ny0:ny1,nz0:nz1))
        allocate(pml%kxyp(nx0:nx1,ny0:ny1,nz0:nz1))
        allocate(pml%kxzp(nx0:nx1,ny0:ny1,nz0:nz1))
        allocate(pml%kyzp(nx0:nx1,ny0:ny1,nz0:nz1))
        allocate(pml%kyxp(nx0:nx1,ny0:ny1,nz0:nz1))
        allocate(pml%kzxp(nx0:nx1,ny0:ny1,nz0:nz1))
        allocate(pml%kzyp(nx0:nx1,ny0:ny1,nz0:nz1))
        allocate(pml%mxy(nx0:nx1,ny0:ny1,nz0:nz1))
        allocate(pml%mxz(nx0:nx1,ny0:ny1,nz0:nz1))
        allocate(pml%myz(nx0:nx1,ny0:ny1,nz0:nz1))
        allocate(pml%myx(nx0:nx1,ny0:ny1,nz0:nz1))
        allocate(pml%mzx(nx0:nx1,ny0:ny1,nz0:nz1))
        allocate(pml%mzy(nx0:nx1,ny0:ny1,nz0:nz1))
        allocate(pml%lxy(nx0:nx1,ny0:ny1,nz0:nz1))
        allocate(pml%lxz(nx0:nx1,ny0:ny1,nz0:nz1))
        allocate(pml%lyz(nx0:nx1,ny0:ny1,nz0:nz1))
        allocate(pml%lyx(nx0:nx1,ny0:ny1,nz0:nz1))
        allocate(pml%lzx(nx0:nx1,ny0:ny1,nz0:nz1))
        allocate(pml%lzy(nx0:nx1,ny0:ny1,nz0:nz1))
        allocate(pml%lxyp(nx0:nx1,ny0:ny1,nz0:nz1))
        allocate(pml%lxzp(nx0:nx1,ny0:ny1,nz0:nz1))
        allocate(pml%lyzp(nx0:nx1,ny0:ny1,nz0:nz1))
        allocate(pml%lyxp(nx0:nx1,ny0:ny1,nz0:nz1))
        allocate(pml%lzxp(nx0:nx1,ny0:ny1,nz0:nz1))
        allocate(pml%lzyp(nx0:nx1,ny0:ny1,nz0:nz1))

        allocate(pml%ebx(nx0:nx1))
        allocate(pml%eby(ny0:ny1))
        allocate(pml%ebz(nz0:nz1))
        allocate(pml%mbx(nx0:nx1))
        allocate(pml%mby(ny0:ny1))
        allocate(pml%mbz(nz0:nz1))
        allocate(pml%aex(nx0:nx1))
        allocate(pml%aey(ny0:ny1))
        allocate(pml%aez(nz0:nz1))
        allocate(pml%amx(nx0:nx1))
        allocate(pml%amy(ny0:ny1))
        allocate(pml%amz(nz0:nz1))
        allocate(pml%bex(nx0:nx1))
        allocate(pml%bey(ny0:ny1))
        allocate(pml%bez(nz0:nz1))
        allocate(pml%bmx(nx0:nx1))
        allocate(pml%bmy(ny0:ny1))
        allocate(pml%bmz(nz0:nz1))
        pml%jxy=0.0
        pml%jxz=0.0
        pml%jyz=0.0
        pml%jyx=0.0
        pml%jzx=0.0
        pml%jzy=0.0
        pml%kxy=0.0
        pml%kxz=0.0
        pml%kyz=0.0
```

```
      pml%kyx=0.0
      pml%kzx=0.0
      pml%kzy=0.0
      pml%kxyp=0.0
      pml%kxzp=0.0
      pml%kyzp=0.0
      pml%kyxp=0.0
      pml%kzxp=0.0
      pml%kzyp=0.0
      pml%mxy=0.0
      pml%mxz=0.0
      pml%myz=0.0
      pml%myx=0.0
      pml%mzx=0.0
      pml%mzy=0.0
      pml%lxy=0.0
      pml%lxz=0.0
      pml%lyz=0.0
      pml%lyx=0.0
      pml%lzx=0.0
      pml%lzy=0.0
      pml%lxyp=0.0
      pml%lxzp=0.0
      pml%lyzp=0.0
      pml%lyxp=0.0
      pml%lzxp=0.0
      pml%lzyp=0.0
      pml%expml=0.0
      pml%eypml=0.0
      pml%ezpml=0.0
      pml%hxpml=0.0
      pml%hypml=0.0
      pml%hzpml=0.0

      alpml=lpml
      smax0x=copml*rmax*(order+1)/(alpml*dx)
      smax0y=copml*rmax*(order+1)/(alpml*dy)
      smax0z=copml*rmax*(order+1)/(alpml*dz)

      do i=nx0,nx1
         if(i<=lpml) then
            sigmxe=((alpml-i)/alpml)**order*smax0x
            axe=(i/alpml)**ordera*ras*smax0x
         else if(i>=nx-lpml) then
            sigmxe=((i-nx+alpml)/alpml)**order*smax0x
            axe=((nx-i)/alpml)**ordera*ras*smax0x
         else
            sigmxe=0.0
            axe=0.0
         end if
         if(i<lpml) then
            sigmxm=((alpml-i-0.5)/alpml)**order*smax0x
            axm=((i+0.5)/alpml)**ordera*ras*smax0x
         else if(i>=nx-lpml) then
            sigmxm=((i-nx+alpml+0.5)/alpml)**order*smax0x
            axm=((nx-i-0.5)/alpml)**ordera*ras*smax0x
         else
            sigmxm=0.0
            axm=0.0
         end if

         aaa=axe
```

```
          sgm=sigmxe
          ppp=kpx
          be=aaa/eps0+sgm/(eps0*ppp)
          bt=be*dt
          ep=exp(-bt)
          if(bt>1e-20)then
             aa=(1.0-(1.0+bt)*ep)/(bt*bt)
             bb=(ep-(1.0-bt))/(bt*bt)
          else
             aa=0.5
             bb=0.5
          end if
          pml%ebx(i)=ep
          pml%aex(i)=(ep+sgm*dt/(ppp*eps0)*aa)/ppp
          pml%bex(i)=(1.0-sgm*dt/(ppp*eps0)*bb)/ppp

          aaa=axm
          sgm=sigmxm
          ppp=kpx
          be=aaa/eps0+sgm/(eps0*ppp)
          bt=be*dt
          ep=exp(-bt)
          if(bt>1e-20)then
             aa=(1.0-(1.0+bt)*ep)/(bt*bt)
             bb=(ep-(1.0-bt))/(bt*bt)
          else
             aa=0.5
             bb=0.5
          end if
          pml%mbx(i)=ep
          pml%amx(i)=(ep+sgm*dt/(ppp*eps0)*aa)/ppp
          pml%bmx(i)=(1.0-sgm*dt/(ppp*eps0)*bb)/ppp
       end do

       do j=ny0,ny1
          if(j<=lpml) then
             sigmye=((alpml-j)/alpml)**order*smax0y
             aye=(j/alpml)**ordera*ras*smax0y
          else if(j>=ny-lpml) then
             sigmye=((j-ny+alpml)/alpml)**order*smax0y
             aye=((ny-j)/alpml)**ordera*ras*smax0y
          else
             sigmye=0.0
             aye=0.0
          end if
          if(j<lpml) then
             sigmym=((alpml-j-0.5)/alpml)**order*smax0y
             aym=((j+0.5)/alpml)**ordera*ras*smax0y
          else if(j>=ny-lpml) then
             sigmym=((j-ny+alpml+0.5)/alpml)**order*smax0y
             aym=((ny-j-0.5)/alpml)**ordera*ras*smax0y
          else
             sigmym=0.0
             aym=0.0
          end if

          aaa=aye
          sgm=sigmye
          ppp=kpy
          be=aaa/eps0+sgm/(eps0*ppp)
          bt=be*dt
          ep=exp(-bt)
```

```
      if(bt>1e-20)then
         aa=(1.0-(1.0+bt)*ep)/(bt*bt)
         bb=(ep-(1.0-bt))/(bt*bt)
      else
         aa=0.5
         bb=0.5
      end if
      pml%eby(j)=ep
      pml%aey(j)=(ep+sgm*dt/(ppp*eps0)*aa)/ppp
      pml%bey(j)=(1.0-sgm*dt/(ppp*eps0)*bb)/ppp

      aaa=aym
      sgm=sigmym
      ppp=kpy
      be=aaa/eps0+sgm/(eps0*ppp)
      bt=be*dt
      ep=exp(-bt)
      if(bt>1e-20)then
         aa=(1.0-(1.0+bt)*ep)/(bt*bt)
         bb=(ep-(1.0-bt))/(bt*bt)
      else
         aa=0.5
         bb=0.5
      end if
      pml%mby(j)=ep
      pml%amy(j)=(ep+sgm*dt/(ppp*eps0)*aa)/ppp
      pml%bmy(j)=(1.0-sgm*dt/(ppp*eps0)*bb)/ppp
   end do

   do k=nz0,nz1
      if(k<=lpml) then
          sigmze=((alpml-k)/alpml)**order*smax0z
          aze=(k/alpml)**ordera*ras*smax0z
      else if(k>=nz-lpml) then
         sigmze=((k-nz+alpml)/alpml)**order*smax0z
         aze=((nz-k)/alpml)**ordera*ras*smax0z
      else
         sigmze=0.0
         aze=0.0
      end if
      if(k<lpml) then
         sigmzm=((alpml-k-0.5)/alpml)**order*smax0z
         azm=((k+0.5)/alpml)**ordera*ras*smax0z
      else if(k>=nz-lpml) then
         sigmzm=((k-nz+alpml+0.5)/alpml)**order*smax0z
         azm=((nz-k-0.5)/alpml)**ordera*ras*smax0z
      else
         sigmzm=0.0
         azm=0.0
      end if

      aaa=aze
      sgm=sigmze
      ppp=kpz
      be=aaa/eps0+sgm/(eps0*ppp)
      bt=be*dt
      ep=exp(-bt)
      if(bt>1e-20)then
         aa=(1.0-(1.0+bt)*ep)/(bt*bt)
         bb=(ep-(1.0-bt))/(bt*bt)
      else
         aa=0.5
```

```
          bb=0.5
        end if
        pml%ebz(k)=ep
        pml%aez(k)=(ep+sgm*dt/(ppp*eps0)*aa)/ppp
        pml%bez(k)=(1.0-sgm*dt/(ppp*eps0)*bb)/ppp

        aaa=azm
        sgm=sigmzm
        ppp=kpz
        be=aaa/eps0+sgm/(eps0*ppp)
        bt=be*dt
        ep=exp(-bt)
        if(bt>1e-20)then
          aa=(1.0-(1.0+bt)*ep)/(bt*bt)
          bb=(ep-(1.0-bt))/(bt*bt)
        else
          aa=0.5
          bb=0.5
        end if
        pml%mbz(k)=ep
        pml%amz(k)=(ep+sgm*dt/(ppp*eps0)*aa)/ppp
        pml%bmz(k)=(1.0-sgm*dt/(ppp*eps0)*bb)/ppp
      end do
      end subroutine addpml
!-----------------------------------------------------------------------
      subroutine epml(pml,i0,i1,j0,j1,k0,k1)
      use fdtd_pml
      type(pml_var)::pml

      do k=pml%nz0+1-k0,pml%nz1-1+k1
        do j=pml%ny0+1-j0,pml%ny1-1+j1
          do i=pml%nx0,pml%nx1-1
            pml%kzx(i,j,k)=-(hy(i,j,k)-hy(i,j,k-1))/dz
            pml%kyx(i,j,k)=(hz(i,j,k)-hz(i,j-1,k))/dy
            pml%jzx(i,j,k)=pml%ebz(k)*pml%jzx(i,j,k)-pml%aez(k)
     &                      *pml%kzxp(i,j,k)+pml%bez(k)*pml%kzx(i,j,k)
            pml%jyx(i,j,k)=pml%eby(j)*pml%jyx(i,j,k)-pml%aey(j)
     &                      *pml%kyxp(i,j,k)+pml%bey(j)*pml%kyx(i,j,k)
            pml%expml(i,j,k)=pml%expml(i,j,k)+dt/eps0*(pml%jzx(i,j,k)
     &                        +pml%jyx(i,j,k))
            pml%kzxp(i,j,k)=pml%kzx(i,j,k)
            pml%kyxp(i,j,k)=pml%kyx(i,j,k)
            ex(i,j,k)=pml%expml(i,j,k)
          end do
        end do
      end do

      do k=pml%nz0+1-k0,pml%nz1-1+k1
        do j=pml%ny0,pml%ny1-1
          do i=pml%nx0+1-i0,pml%nx1-1+i1
            pml%kxy(i,j,k)=-(hz(i,j,k)-hz(i-1,j,k))/dx
            pml%kzy(i,j,k)=(hx(i,j,k)-hx(i,j,k-1))/dz
            pml%jxy(i,j,k)=pml%ebx(i)*pml%jxy(i,j,k)-pml%aex(i)
     &                      *pml%kxyp(i,j,k)+pml%bex(i)*pml%kxy(i,j,k)
            pml%jzy(i,j,k)=pml%ebz(k)*pml%jzy(i,j,k)-pml%aez(k)
     &                      *pml%kzyp(i,j,k)+pml%bez(k)*pml%kzy(i,j,k)
            pml%eypml(i,j,k)=pml%eypml(i,j,k)+dt/eps0*(pml%jxy(i,j,k)
     &                        +pml%jzy(i,j,k))
            pml%kxyp(i,j,k)=pml%kxy(i,j,k)
            pml%kzyp(i,j,k)=pml%kzy(i,j,k)
            ey(i,j,k)=pml%eypml(i,j,k)
          end do
```

```
            end do
         end do

         do k=pml%nz0,pml%nz1-1
            do j=pml%ny0+1-j0,pml%ny1-1+j1
               do i=pml%nx0+1-i0,pml%nx1-1+i1
                  pml%kyz(i,j,k)=-(hx(i,j,k)-hx(i,j-1,k))/dy
                  pml%kxz(i,j,k)=(hy(i,j,k)-hy(i-1,j,k))/dx
                  pml%jyz(i,j,k)=pml%eby(j)*pml%jyz(i,j,k)-pml%aey(j)
     &                         *pml%kyzp(i,j,k)+pml%bey(j)*pml%kyz(i,j,k)
                  pml%jxz(i,j,k)=pml%ebx(i)*pml%jxz(i,j,k)-pml%aex(i)
     &                         *pml%kxzp(i,j,k)+pml%bex(i)*pml%kxz(i,j,k)
                  pml%ezpml(i,j,k)=pml%ezpml(i,j,k)+dt/eps0*(pml%jyz(i,j,k)
     &                           +pml%jxz(i,j,k))
                  pml%kyzp(i,j,k)=pml%kyz(i,j,k)
                  pml%kxzp(i,j,k)=pml%kxz(i,j,k)
                  ez(i,j,k)=pml%ezpml(i,j,k)
               end do
           end do
         end do
         end subroutine epml
!-----------------------------------------------------------------------
         subroutine hpml(pml,i0,i1,j0,j1,k0,k1)
         use fdtd_pml
         type(pml_var)::pml

         do k=pml%nz0,pml%nz1-1
            do j=pml%ny0,pml%ny1-1
               do i=pml%nx0+1-i0,pml%nx1-1+i1
                  pml%lzx(i,j,k)=-(ey(i,j,k+1)-ey(i,j,k))/dz
                  pml%lyx(i,j,k)=(ez(i,j+1,k)-ez(i,j,k))/dy
                  pml%mzx(i,j,k)=pml%mbz(k)*pml%mzx(i,j,k)-pml%amz(k)
     &                         *pml%lzxp(i,j,k)+pml%bmz(k)*pml%lzx(i,j,k)
                  pml%myx(i,j,k)=pml%mby(j)*pml%myx(i,j,k)-pml%amy(j)
     &                         *pml%lyxp(i,j,k)+pml%bmy(j)*pml%lyx(i,j,k)
                  pml%hxpml(i,j,k)=pml%hxpml(i,j,k)-dt/mu0*(pml%mzx(i,j,k)
     &                           +pml%myx(i,j,k))
                  pml%lzxp(i,j,k)=pml%lzx(i,j,k)
                  pml%lyxp(i,j,k)=pml%lyx(i,j,k)
                  hx(i,j,k)=pml%hxpml(i,j,k)
               end do
            end do
         end do

         do k=pml%nz0,pml%nz1-1
            do j=pml%ny0+1-j0,pml%ny1-1+j1
               do i=pml%nx0,pml%nx1-1
                  pml%lxy(i,j,k)=-(ez(i+1,j,k)-ez(i,j,k))/dx
                  pml%lzy(i,j,k)=(ex(i,j,k+1)-ex(i,j,k))/dz
                  pml%mxy(i,j,k)=pml%mbx(i)*pml%mxy(i,j,k)-pml%amx(i)
     &                         *pml%lxyp(i,j,k)+pml%bmx(i)*pml%lxy(i,j,k)
                  pml%mzy(i,j,k)=pml%mbz(k)*pml%mzy(i,j,k)-pml%amz(k)
     &                         *pml%lzyp(i,j,k)+pml%bmz(k)*pml%lzy(i,j,k)
                  pml%hypml(i,j,k)=pml%hypml(i,j,k)-dt/mu0*(pml%mxy(i,j,k)
     &                           +pml%mzy(i,j,k))
                  pml%lxyp(i,j,k)=pml%lxy(i,j,k)
                  pml%lzyp(i,j,k)=pml%lzy(i,j,k)
                  hy(i,j,k)=pml%hypml(i,j,k)
               end do
            end do
         end do

```

```
      do k=pml%nz0+1-k0,pml%nz1-1+k1
         do j=pml%ny0,pml%ny1-1
            do i=pml%nx0,pml%nx1-1
               pml%lyz(i,j,k)=-(ex(i,j+1,k)-ex(i,j,k))/dy
               pml%lxz(i,j,k)=(ey(i+1,j,k)-ey(i,j,k))/dx
               pml%myz(i,j,k)=pml%mby(j)*pml%myz(i,j,k)-pml%amy(j)
     &                        *pml%lyzp(i,j,k)+pml%bmy(j)*pml%lyz(i,j,k)
               pml%mxz(i,j,k)=pml%mbx(i)*pml%mxz(i,j,k)-pml%amx(i)
     &                        *pml%lxzp(i,j,k)+pml%bmx(i)*pml%lxz(i,j,k)
               pml%hzpml(i,j,k)=pml%hzpml(i,j,k)-dt/mu0*(pml%myz(i,j,k)
     &                          +pml%mxz(i,j,k))
               pml%lyzp(i,j,k)=pml%lyz(i,j,k)
               pml%lxzp(i,j,k)=pml%lxz(i,j,k)
               hz(i,j,k)=pml%hzpml(i,j,k)
            end do
         end do
      end do
      end subroutine hpml
```

B.3 全電磁界・散乱界プログラム

プログラムコード B.7　tsfdtd.f

```
!-----------------------------------------------------------------------
!        Total_Scattering Field FDTDの共通変数
!-----------------------------------------------------------------------
      module fdtd_variable
      . . . . .
      . . . . .
!散乱界領域と全電磁界領域との幅
      integer,parameter::lx=20,ly=20,lz=20
!入射平面波の到来方向とパスルのパラメータ
      real,parameter::gamma0=180             !arctan(E_phi/E_theta)〔°〕
      real,parameter::theta0=90.0,phi0=30.0
      real,parameter::amp=1.0,tau0=0.5e-9,alpha=16.0/tau0/tau0
      . . . . .
      . . . . .
      real,parameter::z0=376.73031                     !真空のインピーダンス
      end module fdtd_variable
!-----------------------------------------------------------------------
!        メインプログラム
!-----------------------------------------------------------------------
      program tsfdtd_3d
      use fdtd_variable

      call setup()                         !FDTDの初期設定
      call init_pml()                      !PMLの初期設定
      call init_ts()                       !入射平面波の初期設定

      t=dt
      do n=1,nstep                         !繰り返し計算
         write(*,*)'Time step:',n
         call e_cal                        !電界の計算
         call e_add                        !入射電界の追加
         call e_pml()                      !電界に対するPML
         t=t+0.5*dt                        !時間の更新
```

```
      call h_cal                   !磁界の計算
      call h_add                   !入射磁界の追加
      call h_pml()                 !磁界に対するPML
      t=t+0.5*dt                   !時間の更新
      call out_emf(n)              !計算結果の出力
   end do
   end program tsfdtd_3d
!-----------------------------------------------------------------------
!     計算結果の出力
!-----------------------------------------------------------------------
   subroutine out_emf(n)
   . . . . .
   . . . . .
   end subroutine out_emf
!-----------------------------------------------------------------------
!     FDTDの初期設定：
!-----------------------------------------------------------------------
   subroutine setup()
   . . . . .
   . . . . .
   end subroutine setup
!-----------------------------------------------------------------------
!直方体の媒質定数
!-----------------------------------------------------------------------
   subroutine epsmu()
   . . . . .
   . . . . .
   end subroutine epsmu
!-----------------------------------------------------------------------
!     電界の計算
!-----------------------------------------------------------------------
   subroutine e_cal()
   . . . . .
   . . . . .
   end subroutine e_cal
!-----------------------------------------------------------------------
!     磁界の計算
!-----------------------------------------------------------------------
   subroutine h_cal()
   . . . . .
   . . . . .
   end subroutine h_cal
!
!--------- PML吸収境界と散乱・全電磁界のinclude ----------------------
   include "pml3d.f"
   include "total-scat.f"
```

プログラムコード **B.8** total-scat.f

```
!-----------------------------------------------------------------------
!     共通変数
!-----------------------------------------------------------------------
   module pwave_variable
   use fdtd_variable
   real::vxthe,vxphi,vythe,vyphi,vzthe
   real::uxthe,uxphi,uythe,uyphi,uzphi
   real::r0x,r0y,r0z
   real::cogam,sigam
   real::dis,vbk
   integer::ibd0,ibd1,jbd0,jbd1,kbd0,kbd1
   real,parameter::radi0=1.74532925e-2          ! pi/180
```

```
      end module pwave_variable
!--------------------------------------------------------------------
      subroutine init_ts()
!--------------------------------------------------------------------
      use pwave_variable
      real::zbk,theta,phi,gam,qx,qy,qz

!散乱領域の速度，波動インピーダンス
      vbk=c/sqrt(epsbk*mubk)
      zbk=z0*sqrt(mubk/epsbk)
!入射角度の変換
      theta=theta0*radi0
      phi=phi0*radi0
      gam=gamma0*radi0
!入射方向の単位ベクトル
      r0x=sin(theta)*cos(phi)
      r0y=sin(theta)*sin(phi)
      r0z=cos(theta)
!球座標から直角座標への変換パラメータ
      vxthe=cos(theta)*cos(phi)
      vxphi=-sin(phi)
      vythe=cos(theta)*sin(phi)
      vyphi=cos(phi)
      vzthe=-sin(theta)
      uxthe=-vxphi/zbk
      uxphi=vythe/zbk
      uythe=-vyphi/zbk
      uyphi=vythe/zbk
      uzphi=vzthe/zbk

      cogam=cos(gam)
      sigam=sin(gam)
!全電磁界領域：(ibd0,jbd0,kbd0)-(ibd1,jbd1,kbd1)
      ibd0=lpml+lx
      jbd0=lpml+ly
      kbd0=lpml+lz
      ibd1=nx-ibd0
      jbd1=ny-jbd0
      kbd1=nz-kbd0
!波頭の位置
      qx=(nx-lpml)*dx*r0x
      qy=(ny-lpml)*dy*r0y
      qz=(nz-lpml)*dz*r0z
      dis=0.0
      dd=qx
      if(dd > dis) dis=dd
      dd=qy
      if(dd > dis) dis=dd
      dd=qz
      if(dd > dis) dis=dd
      dd=qx+qy
      if(dd > dis) dis=dd
      dd=qx+qz
      if(dd > dis) dis=dd
      dd=qy+qz
      if(dd > dis) dis=dd
      dd=qx+qy+qz
      if(dd > dis) dis=dd
      end subroutine init_ts
!--------------------------------------------------------------------
      subroutine e_add()
!--------------------------------------------------------------------
```

```
      use pwave_variable
      integer::i,j,k
!E_x
      do j=jbd0,jbd1
         do i=ibd0,ibd1-1
            k=kbd0
            ex(i,j,k)=ex(i,j,k)+bexz(i,j,k)*hyinc(i,j,k-1)
            k=kbd1
            ex(i,j,k)=ex(i,j,k)-bexz(i,j,k)*hyinc(i,j,k)
         end do
      end do
      do k=kbd0,kbd1
         do i=ibd0,ibd1-1
            j=jbd0
            ex(i,j,k)=ex(i,j,k)-bexy(i,j,k)*hzinc(i,j-1,k)
            j=jbd1
            ex(i,j,k)=ex(i,j,k)+bexy(i,j,k)*hzinc(i,j,k)
         end do
      end do
!E_y
      do j=jbd0,jbd1-1
         do i=ibd0,ibd1
            k=kbd0
            ey(i,j,k)=ey(i,j,k)-beyz(i,j,k)*hxinc(i,j,k-1)
            k=kbd1
            ey(i,j,k)=ey(i,j,k)+beyz(i,j,k)*hxinc(i,j,k)
         end do
      end do
      do k=kbd0,kbd1
         do j=jbd0,jbd1-1
            i=ibd0
            ey(i,j,k)=ey(i,j,k)+beyx(i,j,k)*hzinc(i-1,j,k)
            i=ibd1
            ey(i,j,k)=ey(i,j,k)-beyx(i,j,k)*hzinc(i,j,k)
         end do
      end do
!E_z
      do k=kbd0,kbd1-1
         do j=jbd0,jbd1
            i=ibd0
            ez(i,j,k)=ez(i,j,k)-bezx(i,j,k)*hyinc(i-1,j,k)
            i=ibd1
            ez(i,j,k)=ez(i,j,k)+bezx(i,j,k)*hyinc(i,j,k)
         end do
      end do
      do k=kbd0,kbd1-1
         do i=ibd0,ibd1
            j=jbd0
            ez(i,j,k)=ez(i,j,k)+bezy(i,j,k)*hxinc(i,j-1,k)
            j=jbd1
            ez(i,j,k)=ez(i,j,k)-bezy(i,j,k)*hxinc(i,j,k)
         end do
      end do
      end subroutine e_add
!-----------------------------------------------------------------------
      subroutine h_add()
!-----------------------------------------------------------------------
      use pwave_variable
      integer::i,j,k
!H_x
      do j=jbd0,jbd1-1
         do i=ibd0,ibd1
```

```
              k=kbd0-1
              hx(i,j,k)=hx(i,j,k)-bmxz(i,j,k)*eyinc(i,j,k+1)
              k=kbd1
              hx(i,j,k)=hx(i,j,k)+bmxz(i,j,k)*eyinc(i,j,k)
           end do
        end do
        do k=kbd0,kbd1-1
           do i=ibd0,ibd1
              j=jbd0-1
              hx(i,j,k)=hx(i,j,k)+bmxy(i,j,k)*ezinc(i,j+1,k)
              j=jbd1
              hx(i,j,k)=hx(i,j,k)-bmxy(i,j,k)*ezinc(i,j,k)
           end do
        end do
!H_y
        do j=jbd0,jbd1
           do i=ibd0,ibd1-1
              k=kbd0-1
              hy(i,j,k)=hy(i,j,k)+bmyz(i,j,k)*exinc(i,j,k+1)
              k=kbd1
              hy(i,j,k)=hy(i,j,k)-bmyz(i,j,k)*exinc(i,j,k)
           end do
        end do
        do k=kbd0,kbd1-1
           do j=jbd0,jbd1
              i=ibd0-1
              hy(i,j,k)=hy(i,j,k)-bmyx(i,j,k)*ezinc(i+1,j,k)
              i=ibd1
              hy(i,j,k)=hy(i,j,k)+bmyx(i,j,k)*ezinc(i,j,k)
           end do
        end do
!H_z
        do k=kbd0,kbd1
           do i=ibd0,ibd1-1
              j=jbd0-1
              hz(i,j,k)=hz(i,j,k)-bmzy(i,j,k)*exinc(i,j+1,k)
              j=jbd1
              hz(i,j,k)=hz(i,j,k)+bmzy(i,j,k)*exinc(i,j,k)
           end do
        end do
        do k=kbd0,kbd1
           do j=jbd0,jbd1-1
              i=ibd0-1
              hz(i,j,k)=hz(i,j,k)+bmzx(i,j,k)*eyinc(i+1,j,k)
              i=ibd1
              hz(i,j,k)=hz(i,j,k)-bmzx(i,j,k)*eyinc(i,j,k)
           end do
        end do
        end subroutine h_sub
!-----------------------------------------------------------------------
        real function exinc(i,j,k)          ! E_x^inc
!-----------------------------------------------------------------------
        use pwave_variable
        real::x,y,z,eth,eph
        x=(i+0.5)*dx
        y=j*dy
        z=k*dz
        eth=cogam*einc(x,y,z)
        eph=sigam*einc(x,y,z)
        exinc=vxthe*eth+vxphi*eph
        end function exinc
!-----------------------------------------------------------------------
```

```
      real function eyinc(i,j,k)            ! E_y^inc
!-----------------------------------------------------------------------
      use pwave_variable
      real::x,y,z,eth,eph
      x=i*dx
      y=(j+0.5)*dy
      z=k*dz
      eth=cogam*einc(x,y,z)
      eph=sigam*einc(x,y,z)
      eyinc=vythe*eth+vyphi*eph
      end function eyinc
!-----------------------------------------------------------------------
      real function ezinc(i,j,k)            ! E_z^inc
!-----------------------------------------------------------------------
      use pwave_variable
      real::x,y,z,eth
      x=i*dx
      y=j*dy
      z=(k+0.5)*dz
      eth=cogam*einc(x,y,z)
      ezinc=vzthe*eth
      end function ezinc
!-----------------------------------------------------------------------
      real function hxinc(i,j,k)            ! H_x^inc
!-----------------------------------------------------------------------
      use pwave_variable
      real::x,y,z,eth,eph
      x=i*dx
      y=(j+0.5)*dy
      z=(k+0.5)*dz
      eth=cogam*einc(x,y,z)
      eph=sigam*einc(x,y,z)
      hxinc=uxthe*eth+uxphi*eph
      end function hxinc
!-----------------------------------------------------------------------
      real function hyinc(i,j,k)            ! H_y^inc
!-----------------------------------------------------------------------
      use pwave_variable
      real::x,y,z,eth,eph
      x=(i+0.5)*dx
      y=j*dy
      z=(k+0.5)*dz
      eth=cogam*einc(x,y,z)
      eph=sigam*einc(x,y,z)
      hyinc=uythe*eth+uyphi*eph
      end function hyinc
!-----------------------------------------------------------------------
      real function hzinc(i,j,k)            ! H_z^inc
!-----------------------------------------------------------------------
      use pwave_variable
      real::x,y,z,eph
      x=(i+0.5)*dx
      y=(j+0.5)*dy
      z=k*dz
      eph=sigam*einc(x,y,z)
      hzinc=uzphi*eph
      end function hzinc
!-----------------------------------------------------------------------
      real function einc(x,y,z)
!-----------------------------------------------------------------------
      use pwave_variable
      real::tau,x,y,z
```

```
      tau=t+(r0x*x+r0y*y+r0z*z-dis)/vbk
      einc=pulse(tau)
      end function einc
!-------------------------------------------------------------------
      real function pulse(tau)
!-------------------------------------------------------------------
       use pwave_variable
       real::tt
       tt=tau-tau0
       tt=tt*tt
       pulse=amp*exp(-alpha*tt)
       if(tau<0.0.or.tau>2.0*tau0) pulse=0.0
       end function pulse
```

B.4　時間領域遠方界

プログラムコード B.9　fdtd3dfar.f

```
!-------------------------------------------------------------------
!        FDTDの共通変数
!-------------------------------------------------------------------
      module fdtd_variable
      . . . . .
      . . . . .
      real,parameter::epsr=1.0                          !直方体の比誘電率
      . . . . .
      . . . . .
      real,parameter::duration=0.2e-9,t0=4.0*duration
      . . . . .
      . . . . .
      real,parameter::z0=376.73031
      end module fdtd_variable
!-------------------------------------------------------------------
!       メインプログラム
!-------------------------------------------------------------------
      program fdtd3d_far
      use fdtd_variable

      call setup()                          !FDTDの初期設定
      call init_pml()                       !PMLの初期設定
      call init_far()                       !遠方界の初期設定

      t=dt
      do n=1,nstep                          !繰り返し計算
         write(*,*)'Time step:',n
         call e_cal                         !電界の計算
         call e_pml()                       !電界に対するPML
         call feed()                        !電流源の励振
         call mfarfld()                     !磁流による寄与
       t=t+0.5*dt                           !時間の更新
         call h_cal                         !磁界の計算
         call h_pml()                       !磁界に対するPML
         call jfarfld()                     !電流による寄与
         t=t+0.5*dt                         !時間の更新
         call out_emf(n)                    !近傍電界の出力
      end do
```

```
      call out_far()                        !遠方過渡電界の出力
      end program fdtd3d_far
!-------------------------------------------------------------------------
!        近傍界計算結果の出力
!-------------------------------------------------------------------------
      subroutine out_emf(n)
      . . . . .
      . . . . .
      end subroutine out_emf
!-------------------------------------------------------------------------
!        励振電流源
!-------------------------------------------------------------------------
      subroutine feed()
      . . . . .
      . . . . .
      end subroutine feed
!-------------------------------------------------------------------------
!     FDTDの初期設定：
!-------------------------------------------------------------------------
      subroutine setup()
      . . . . .
      . . . . .
      end subroutine setup
!-------------------------------------------------------------------------
!直方体の媒質定数
!-------------------------------------------------------------------------
      subroutine epsmu()
      . . . . .
      . . . . .
      end subroutine epsmu
!-------------------------------------------------------------------------
!     電界の計算
!-------------------------------------------------------------------------
      subroutine e_cal()
      . . . . .
      . . . . .
      end subroutine e_cal
!-------------------------------------------------------------------------
!     磁界の計算
!-------------------------------------------------------------------------
      subroutine h_cal()
      . . . . .
      . . . . .
      end subroutine h_cal
!
!--------- PMLのinclude ------------------------------------------------
      include "pml3d.f"
!
!--------- 遠方界のinclude ---------------------------------------------
      include "fartime1.f"
c      include "fartime2.f"
```

プログラムコード **B.10**　fartime1.f

```
!-------------------------------------------------------------------------
!     遠方界計算の共通変数
!-------------------------------------------------------------------------
      module far_field
      use fdtd_variable
!積分面とPMLとの距離
      integer,parameter::isx=5,isy=5,isz=5
```

```
!積分面の位置
      integer,parameter::i0=lpml+isx,i1=nx-lpml-isx
      integer,parameter::j0=lpml+isy,j1=ny-lpml-isy
      integer,parameter::k0=lpml+isz,k1=nz-lpml-isz
!座標系の原点（閉曲面の中心）
      real,parameter::ic0=0.5*(i0+i1)
      real,parameter::jc0=0.5*(j0+j1)
      real,parameter::kc0=0.5*(k0+k1)
!観測角（度）
      real,parameter::theta0=60.0,phi0=30.0
!ラジアンに変換
      real,parameter::radi0=1.74532925e-2
      real,parameter::theta=theta0*radi0
      real,parameter::phi=phi0*radi0
!電磁流ポテンシャルW,U
      real,pointer::wx(:),wy(:),wz(:)
      real,pointer::ux(:),uy(:),uz(:)
!極座標のポテンシャル
      real,pointer::dtheta(:)                  !D_theta=-Z_0 W_theta-U_phi
      real,pointer::dphi(:)                    !D_phi=-Z_0 W_phi+U_theta
!観測方向の単位ベクトルと極座標変換係数
      real::hatx,haty,hatz
      real::sx,sy,sz,px,py
      real::ct
!時間ステップの範囲
      integer::ms,me,mf
      real,parameter::pai=3.14159265
      end module far_field
!-----------------------------------------------------------------
!     遠方界の初期設定
!-----------------------------------------------------------------
      subroutine init_far()
      use far_field
      real::rrmax
      integer::intpm

      ct=c*dt
      rrmax=sqrt(((i0-ic0)*dx)**2+((j0-jc0)*dy)**2+((k0-kc0)*dz)**2)
      ms=intpm(1.0-rrmax/ct)
      me=intpm(1.5+rrmax/ct)+nstep
      mf=ms+nstep

      allocate(wx(ms:me))
      allocate(wy(ms:me))
      allocate(wz(ms:me))
      allocate(ux(ms:me))
      allocate(uy(ms:me))
      allocate(uz(ms:me))
      allocate(dtheta(ms:me))
      allocate(dphi(ms:me))
      wx=0.0
      wy=0.0
      wz=0.0
      ux=0.0
      uy=0.0
      uz=0.0

      hatx=sin(theta)*cos(phi)
      haty=sin(theta)*sin(phi)
      hatz=cos(theta)
      sx=cos(theta)*cos(phi)
      sy=cos(theta)*sin(phi)
```

```
      sz=-sin(theta)
      px=-sin(phi)
      py=cos(phi)
      end subroutine init_far
!-----------------------------------------------------------------------
!     遠方電界の出力
!-----------------------------------------------------------------------
      subroutine out_far()
      use far_field
      real::xf,yf,zf,tt
      real::a,b,et,ep,dxt,exth,exph,tsift
      integer::m

      a=1.0/(4.0*pai*ct)
      b=dz*sin(theta)*mu0/(4.0*pai)
!給電点の位置に関する時間シフト（厳密解）
      xf=(ifed-ic0)*dx
      yf=(jfed-jc0)*dy
      zf=(kfed-kc0)*dz
      tsift=(hatx*xf+haty*yf+hatz*zf)/c
      call esf()
      open(11,file='fardpl1.txt')
        do m=ms,mf
          tt=(m+0.5)*dt
          et=a*(dtheta(m+1)-dtheta(m))
          ep=a*(dphi(m+1)-dphi(m))
          call dpulse(tt+tsift,dxt)
          exth=b*dxt
          exph=0.0
        write(11,220)tt,et,ep,exth,exph
        end do
      close(11)
  220 format(5e15.6)
      end subroutine out_far
!-----------------------------------------------------------------------
!     ガウスパルスの微分
!-----------------------------------------------------------------------
      subroutine dpulse(tm,dxt)
      use far_field
      real::tt,tau2,dxt,tm

      tt=tm-t0
      tau2=duration*duration
      dxt=-2.0*tt/tau2*exp(-tt*tt/tau2)
      end subroutine dpulse
!-----------------------------------------------------------------------
!     -Z_0 W_theta-U_phi と -Z_0 W_phi+U_theta
!-----------------------------------------------------------------------
      subroutine esf()
      use far_field
      real::wt,wp,ut,up
      integer ::m

      do m=ms,me
        wt=wx(m)*sx+wy(m)*sy+wz(m)*sz
        wp=wx(m)*px+wy(m)*py
        ut=ux(m)*sx+uy(m)*sy+uz(m)*sz
        up=ux(m)*px+uy(m)*py
        dtheta(m)=-z0*wt-up
        dphi(m)=-z0*wp+ut
      end do
      end subroutine esf
```

```
!------------------------------------------------------------------
!      電流の寄与
!------------------------------------------------------------------
      subroutine jfarfld()
      use far_field
      call jsur1()
      call jsur2()
      call jsur3()
      call jsur4()
      call jsur5()
      call jsur6()
      end subroutine jfarfld
!------------------------------------------------------------------
!      磁流による寄与
!------------------------------------------------------------------
      subroutine mfarfld()
      use far_field
      call msur1()
      call msur2()
      call msur3()
      call msur4()
      call msur5()
      call msur6()
      end subroutine mfarfld
!------------------------------------------------------------------
!      i=i0の面の電流
!------------------------------------------------------------------
      subroutine jsur1()
      use far_field
      integer ::i,j,k,m,intpm
      real::x,y,z,ds,eta,nt,tn
      real::hyavg,hzavg

      i=i0
      ds=dy*dz
      nt=t/dt
      x=(i-ic0)*dx
      do k=k0,k1-1
        do j=j0,j1-1
          y=(j-jc0+0.5)*dy
          z=(k-kc0+0.5)*dz
          hyavg=0.25*(hy(i,j,k)+hy(i,j+1,k)+hy(i-1,j,k)+hy(i-1,j+1,k))
          hzavg=0.25*(hz(i,j,k)+hz(i,j,k+1)+hz(i-1,j,k)+hz(i-1,j,k+1))
            tn=nt-(hatx*x+haty*y+hatz*z)/ct
            m=intpm(tn)
            eta=tn-m
            wy(m)=wy(m)+(1.0-eta)*hzavg*ds
            wz(m)=wz(m)-(1.0-eta)*hyavg*ds
            wy(m+1)=wy(m+1)+eta*hzavg*ds
            wz(m+1)=wz(m+1)-eta*hyavg*ds
        end do
      end do
      end subroutine jsur1
!------------------------------------------------------------------
!      i=i0の面の磁流
!------------------------------------------------------------------
      subroutine msur1()
      use far_field
      integer::i,j,k,m,intpm
      real::x,y,z,ds,eta,nt,tn
      real::eyavg,ezavg

```

```
      i=i0
      ds=dy*dz
      nt=t/dt
      x=(i-ic0)*dx
      do k=k0,k1-1
         do j=j0,j1-1
          y=(j-jc0+0.5)*dy
          z=(k-kc0+0.5)*dz
          eyavg=0.5*(ey(i,j,k)+ey(i,j,k+1))
          ezavg=0.5*(ez(i,j,k)+ez(i,j+1,k))
            tn=nt-(hatx*x+haty*y+hatz*z)/ct
            m=intpm(tn)
            eta=tn-m
            uy(m)=uy(m)-(1.0-eta)*ezavg*ds
            uz(m)=uz(m)+(1.0-eta)*eyavg*ds
            uy(m+1)=uy(m+1)-eta*ezavg*ds
            uz(m+1)=uz(m+1)+eta*eyavg*ds
        end do
      end do
      end subroutine msur1
!-----------------------------------------------------------------------
!     i=i1の面の電流
!-----------------------------------------------------------------------
      subroutine jsur2()
      use far_field
      integer::i,j,k,m,intpm
      real::x,y,z,ds,eta,nt,tn
      real::hyavg,hzavg

      i=i1
      ds=dy*dz
      nt=t/dt
      x=(i-ic0)*dx
      do k=k0,k1-1
         do j=j0,j1-1
          y=(j-jc0+0.5)*dy
          z=(k-kc0+0.5)*dz
          hyavg=0.25*(hy(i,j,k)+hy(i,j+1,k)+hy(i-1,j,k)+hy(i-1,j+1,k))
          hzavg=0.25*(hz(i,j,k)+hz(i,j,k+1)+hz(i-1,j,k)+hz(i-1,j,k+1))
            tn=nt-(hatx*x+haty*y+hatz*z)/ct
            m=intpm(tn)
            eta=tn-m
            wy(m)=wy(m)-(1.0-eta)*hzavg*ds
            wz(m)=wz(m)+(1.0-eta)*hyavg*ds
            wy(m+1)=wy(m+1)-eta*hzavg*ds
            wz(m+1)=wz(m+1)+eta*hyavg*ds
        end do
      end do
      end subroutine jsur2
!-----------------------------------------------------------------------
!     i=i1の面の磁流
!-----------------------------------------------------------------------
      subroutine msur2()
      use far_field
      integer::i,j,k,m,intpm
      real::x,y,z,ds,eta,nt,tn
      real::eyavg,ezavg

      i=i1
      ds=dy*dz
      nt=t/dt
      x=(i-ic0)*dx
```

```
      do k=k0,k1-1
         do j=j0,j1-1
          y=(j-jc0+0.5)*dy
          z=(k-kc0+0.5)*dz
          eyavg=0.5*(ey(i,j,k)+ey(i,j,k+1))
          ezavg=0.5*(ez(i,j,k)+ez(i,j+1,k))
            tn=nt-(hatx*x+haty*y+hatz*z)/ct
            m=intpm(tn)
            eta=tn-m
            uy(m)=uy(m)+(1.0-eta)*ezavg*ds
            uz(m)=uz(m)-(1.0-eta)*eyavg*ds
            uy(m+1)=uy(m+1)+eta*ezavg*ds
            uz(m+1)=uz(m+1)-eta*eyavg*ds
        end do
      end do
      end subroutine msur2
!---------------------------------------------------------------------
!     j=j0の面上の電流
!---------------------------------------------------------------------
      subroutine jsur3()
      use far_field
      integer::i,j,k,m,intpm
      real::x,y,z,ds,eta,nt,tn
      real::hxavg,hzavg

      j=j0
      ds=dx*dz
      nt=t/dt
      y=(j-jc0)*dy
      do k=k0,k1-1
         do i=i0,i1-1
          x=(i-ic0+0.5)*dx
          z=(k-kc0+0.5)*dz
          hxavg=0.25*(hx(i,j,k)+hx(i+1,j,k)+hx(i,j-1,k)+hx(i+1,j-1,k))
          hzavg=0.25*(hz(i,j,k)+hz(i,j,k+1)+hz(i,j-1,k)+hz(i,j-1,k+1))
            tn=nt-(hatx*x+haty*y+hatz*z)/ct
            m=intpm(tn)
            eta=tn-m
            wz(m)=wz(m)+(1.0-eta)*hxavg*ds
            wx(m)=wx(m)-(1.0-eta)*hzavg*ds
            wz(m+1)=wz(m+1)+eta*hxavg*ds
            wx(m+1)=wx(m+1)-eta*hzavg*ds
        end do
      end do
      end subroutine jsur3
!---------------------------------------------------------------------
!     j=j0の面上の磁流
!---------------------------------------------------------------------
      subroutine msur3()
      use far_field
      integer::i,j,k,m,intpm
      real::x,y,z,ds,eta,nt,tn
      real::exavg,ezavg

      j=j0
      ds=dx*dz
      nt=t/dt
      y=(j-jc0)*dy
      do k=k0,k1-1
         do i=i0,i1-1
          x=(i-ic0+0.5)*dx
          z=(k-kc0+0.5)*dz
```

```
            exavg=0.5*(ex(i,j,k)+ex(i,j,k+1))
            ezavg=0.5*(ez(i,j,k)+ez(i+1,j,k))
              tn=nt-(hatx*x+haty*y+hatz*z)/ct
              m=intpm(tn)
              eta=tn-m
              uz(m)=uz(m)-(1.0-eta)*exavg*ds
              ux(m)=ux(m)+(1.0-eta)*ezavg*ds
              uz(m+1)=uz(m+1)-eta*exavg*ds
              ux(m+1)=ux(m+1)+eta*ezavg*ds
        end do
      end do
      end subroutine msur3
!-----------------------------------------------------------------------
!     j=j1の面上の電流
!-----------------------------------------------------------------------
      subroutine jsur4()
      use far_field
      integer::i,j,k,m,intpm
      real::x,y,z,ds,eta,nt,tn
      real::hxavg,hzavg

      j=j1
      ds=dx*dz
      nt=t/dt
      y=(j-jc0)*dy
      do k=k0,k1-1
         do i=i0,i1-1
          x=(i-ic0+0.5)*dx
          z=(k-kc0+0.5)*dz
          hxavg=0.25*(hx(i,j,k)+hx(i+1,j,k)+hx(i,j-1,k)+hx(i+1,j-1,k))
          hzavg=0.25*(hz(i,j,k)+hz(i,j,k+1)+hz(i,j-1,k)+hz(i,j-1,k+1))
            tn=nt-(hatx*x+haty*y+hatz*z)/ct
            m=intpm(tn)
            eta=tn-m
            wz(m)=wz(m)-(1.0-eta)*hxavg*ds
            wx(m)=wx(m)+(1.0-eta)*hzavg*ds
            wz(m+1)=wz(m+1)-eta*hxavg*ds
            wx(m+1)=wx(m+1)+eta*hzavg*ds
        end do
      end do
      end subroutine jsur4
!-----------------------------------------------------------------------
!     j=j1の面上の磁流
!-----------------------------------------------------------------------
      subroutine msur4()
      use far_field
      integer::i,j,k,m,intpm
      real::x,y,z,ds,eta,nt,tn
      real::exavg,ezavg

      j=j1
      ds=dx*dz
      nt=t/dt
      y=(j-jc0)*dy
      do k=k0,k1-1
         do i=i0,i1-1
          x=(i-ic0+0.5)*dx
          z=(k-kc0+0.5)*dz
          exavg=0.5*(ex(i,j,k)+ex(i,j,k+1))
          ezavg=0.5*(ez(i,j,k)+ez(i+1,j,k))
            tn=nt-(hatx*x+haty*y+hatz*z)/ct
            m=intpm(tn)
```

```
          eta=tn-m
          uz(m)=uz(m)+(1.0-eta)*exavg*ds
          ux(m)=ux(m)-(1.0-eta)*ezavg*ds
          uz(m+1)=uz(m+1)+eta*exavg*ds
          ux(m+1)=ux(m+1)-eta*ezavg*ds
        end do
      end do
      end subroutine msur4
!-----------------------------------------------------------------------
!     k=k0の面上の電流
!-----------------------------------------------------------------------
      subroutine jsur5()
      use far_field
      integer::i,j,k,m,intpm
      real::x,y,z,ds,eta,nt,tn
      real::hxavg,hyavg

      k=k0
      ds=dx*dy
      nt=t/dt
      z=(k-kc0)*dz
      do j=j0,j1-1
         do i=i0,i1-1
          x=(i-ic0+0.5)*dx
          y=(j-jc0+0.5)*dy
          hxavg=0.25*(hx(i,j,k)+hx(i+1,j,k)+hx(i,j,k-1)+hx(i+1,j,k-1))
          hyavg=0.25*(hy(i,j,k)+hy(i,j+1,k)+hy(i,j,k-1)+hy(i,j+1,k-1))
          tn=nt-(hatx*x+haty*y+hatz*z)/ct
          m=intpm(tn)
          eta=tn-m
          wx(m)=wx(m)+(1.0-eta)*hyavg*ds
          wy(m)=wy(m)-(1.0-eta)*hxavg*ds
          wx(m+1)=wx(m+1)+eta*hyavg*ds
          wy(m+1)=wy(m+1)-eta*hxavg*ds
        end do
      end do
      end subroutine jsur5
!-----------------------------------------------------------------------
!     k=k0の面上の磁流
!-----------------------------------------------------------------------
      subroutine msur5()
      use far_field
      integer::i,j,k,m,intpm
      real::x,y,z,ds,eta,nt,tn
      real::exavg,eyavg

      k=k0
      ds=dx*dy
      nt=t/dt
      z=(k-kc0)*dz
      do j=j0,j1-1
         do i=i0,i1-1
          x=(i-ic0+0.5)*dx
          y=(j-jc0+0.5)*dy
          exavg=0.5*(ex(i,j,k)+ex(i,j+1,k))
          eyavg=0.5*(ey(i,j,k)+ey(i+1,j,k))
          tn=nt-(hatx*x+haty*y+hatz*z)/ct
          m=intpm(tn)
          eta=tn-m
          ux(m)=ux(m)-(1.0-eta)*eyavg*ds
          uy(m)=uy(m)+(1.0-eta)*exavg*ds
          ux(m+1)=ux(m+1)-eta*eyavg*ds
```

```
            uy(m+1)=uy(m+1)+eta*exavg*ds
          end do
        end do
        end subroutine msur5
!------------------------------------------------------------------
!       k=k1の面上の電流
!------------------------------------------------------------------
        subroutine jsur6()
        use far_field
        integer::i,j,k,m,intpm
        real::x,y,z,ds,eta,nt,tn
        real::hxavg,hyavg

        k=k1
        ds=dx*dy
        nt=t/dt
        z=(k-kc0)*dz
        do j=j0,j1-1
           do i=i0,i1-1
            x=(i-ic0+0.5)*dx
            y=(j-jc0+0.5)*dy
            hxavg=0.25*(hx(i,j,k)+hx(i+1,j,k)+hx(i,j,k-1)+hx(i+1,j,k-1))
            hyavg=0.25*(hy(i,j,k)+hy(i,j+1,k)+hy(i,j,k-1)+hy(i,j+1,k-1))
              tn=nt-(hatx*x+haty*y+hatz*z)/ct
              m=intpm(tn)
              eta=tn-m
              wx(m)=wx(m)-(1.0-eta)*hyavg*ds
              wy(m)=wy(m)+(1.0-eta)*hxavg*ds
              wx(m+1)=wx(m+1)-eta*hyavg*ds
              wy(m+1)=wy(m+1)+eta*hxavg*ds
          end do
        end do
        end subroutine jsur6
!------------------------------------------------------------------
!       k=k1の面上の磁流
!------------------------------------------------------------------
        subroutine msur6()
        use far_field
        integer::i,j,k,m,intpm
        real::x,y,z,ds,eta,nt,tn
        real::exavg,eyavg

        k=k1
        ds=dx*dy
        nt=t/dt
        z=(k-kc0)*dz
        do j=j0,j1-1
           do i=i0,i1-1
            x=(i-ic0+0.5)*dx
            y=(j-jc0+0.5)*dy
            exavg=0.5*(ex(i,j,k)+ex(i,j+1,k))
            eyavg=0.5*(ey(i,j,k)+ey(i+1,j,k))
              tn=nt-(hatx*x+haty*y+hatz*z)/ct
              m=intpm(tn)
              eta=tn-m
              ux(m)=ux(m)+(1.0-eta)*eyavg*ds
              uy(m)=uy(m)-(1.0-eta)*exavg*ds
              ux(m+1)=ux(m+1)+eta*eyavg*ds
              uy(m+1)=uy(m+1)-eta*exavg*ds
          end do
        end do
        end subroutine msur6
```

```
!-----------------------------------------------------------------
!      int関数
!-----------------------------------------------------------------
       integer function intpm(x)
       real::x

       if(x >= 0.0) then
          intpm=int(x)
       else
          intpm=int(x)-1
       end if
       end function intpm
```

プログラムコード **B.11** `fartime2.f`

```
!-----------------------------------------------------------------
!      遠方界計算の共通変数
!-----------------------------------------------------------------
       module far_field
       . . . . .
       . . . . .
       real,pointer::etheta(:)
       real,pointer::ephi(:)
       . . . . .
       . . . . .
       end module far_field
!-----------------------------------------------------------------
!      遠方界の初期設定
!-----------------------------------------------------------------
       subroutine init_far()
       . . . . .
       . . . . .
       ms=intpm(0.5-rrmax/ct)
       me=intpm(2.0+rrmax/ct)+nstep
       . . . . .
       . . . . .
       allocate(etheta(ms:me))
       allocate(ephi(ms:me))
       . . . . .
       . . . . .
       end subroutine init_far
!-----------------------------------------------------------------
!      遠方電界の出力
!-----------------------------------------------------------------
       subroutine out_far()
       . . . . .
       . . . . .
       real::b,dxt,exth,exph,tsift
       . . . . .
       . . . . .
       open(11,file='fardpl2.txt')
       . . . . .
       . . . . .
       write(11,220)tt,etheta(m),ephi(m),exth,exph
       . . . . .
       . . . . .
       end subroutine out_far
!-----------------------------------------------------------------
!      ガウスパルスの微分
!-----------------------------------------------------------------
       subroutine dpulse(tm,dxt)
```

```
      . . . . .
      . . . . .
      end subroutine dpulse
!-----------------------------------------------------------------------
!     遠方電界
!-----------------------------------------------------------------------
      subroutine esf()
      use far_field
      real::a,wt,wp,ut,up
      integer ::m

      a=1.0/(4.0*pai*ct)
      do m=ms,me
      . . . . .
      . . . . .
        etheta(m)=a*(-z0*wt-up)
        ephi(m)=a*(-z0*wp+ut)
      end do
      end subroutine esf
!-----------------------------------------------------------------------
!     電流の寄与
!-----------------------------------------------------------------------
      subroutine jfarfld()
      . . . . .
      . . . . .
      end subroutine jfarfld
!-----------------------------------------------------------------------
!     磁流による寄与
!-----------------------------------------------------------------------
      subroutine mfarfld()
      . . . . .
      . . . . .
      end subroutine mfarfld
!-----------------------------------------------------------------------
!     i=i0の面の電流
!-----------------------------------------------------------------------
      subroutine jsur1()
      use far_field
      integer ::i,j,k,m,intpm
      real::x,y,z,ds,eta,etam,nt,tn
      real::hyavg,hzavg

      i=i0
      ds=dy*dz
      nt=t/dt+0.5
      x=(i-ic0)*dx
      do k=k0,k1-1
        do j=j0,j1-1
          y=(j-jc0+0.5)*dy
          z=(k-kc0+0.5)*dz
          hyavg=0.25*(hy(i,j,k)+hy(i,j+1,k)+hy(i-1,j,k)+hy(i-1,j+1,k))
          hzavg=0.25*(hz(i,j,k)+hz(i,j,k+1)+hz(i-1,j,k)+hz(i-1,j,k+1))
            tn=nt-(hatx*x+haty*y+hatz*z)/ct
            m=intpm(tn)
            eta=tn-m
            etam=2.0*eta-1.0
            wy(m-1)=wy(m-1)+(1.0-eta)*hzavg*ds
            wz(m-1)=wz(m-1)-(1.0-eta)*hyavg*ds
            wy(m)=wy(m)+etam*hzavg*ds
            wz(m)=wz(m)-etam*hyavg*ds
            wy(m+1)=wy(m+1)-eta*hzavg*ds
            wz(m+1)=wz(m+1)+eta*hyavg*ds
```

```
       end do
     end do
     end subroutine jsur1
!-----------------------------------------------------------------------
!    i=i0の面の磁流
!-----------------------------------------------------------------------
     subroutine msur1()
     use far_field
     integer::i,j,k,m,intpm
     real::x,y,z,ds,eta,etam,nt,tn
     real::eyavg,ezavg

     i=i0
     ds=dy*dz
     nt=t/dt+0.5
     x=(i-ic0)*dx
     do k=k0,k1-1
        do j=j0,j1-1
         y=(j-jc0+0.5)*dy
         z=(k-kc0+0.5)*dz
         eyavg=0.5*(ey(i,j,k)+ey(i,j,k+1))
         ezavg=0.5*(ez(i,j,k)+ez(i,j+1,k))
           tn=nt-(hatx*x+haty*y+hatz*z)/ct
           m=intpm(tn)
           eta=tn-m
           etam=2.0*eta-1.0
           uy(m-1)=uy(m-1)-(1.0-eta)*ezavg*ds
           uz(m-1)=uz(m-1)+(1.0-eta)*eyavg*ds
           uy(m)=uy(m)-etam*ezavg*ds
           uz(m)=uz(m)+etam*eyavg*ds
           uy(m+1)=uy(m+1)+eta*ezavg*ds
           uz(m+1)=uz(m+1)-eta*eyavg*ds
       end do
     end do
     end subroutine msur1
!-----------------------------------------------------------------------
!    i=i1の面の電流
!-----------------------------------------------------------------------
     subroutine jsur2()
     use far_field
     integer::i,j,k,m,intpm
     real::x,y,z,ds,eta,etam,nt,tn
     real::hyavg,hzavg

     i=i1
     ds=dy*dz
     nt=t/dt+0.5
     x=(i-ic0)*dx
     do k=k0,k1-1
        do j=j0,j1-1
         y=(j-jc0+0.5)*dy
         z=(k-kc0+0.5)*dz
         hyavg=0.25*(hy(i,j,k)+hy(i,j+1,k)+hy(i-1,j,k)+hy(i-1,j+1,k))
         hzavg=0.25*(hz(i,j,k)+hz(i,j,k+1)+hz(i-1,j,k)+hz(i-1,j,k+1))
           tn=nt-(hatx*x+haty*y+hatz*z)/ct
           m=intpm(tn)
           eta=tn-m
           etam=2.0*eta-1.0
           wy(m-1)=wy(m-1)-(1.0-eta)*hzavg*ds
           wz(m-1)=wz(m-1)+(1.0-eta)*hyavg*ds
           wy(m)=wy(m)-etam*hzavg*ds
           wz(m)=wz(m)+etam*hyavg*ds
```

```
            wy(m+1)=wy(m+1)+eta*hzavg*ds
            wz(m+1)=wz(m+1)-eta*hyavg*ds
        end do
      end do
      end subroutine jsur2
!-----------------------------------------------------------------------
!     i=i1の面の磁流
!-----------------------------------------------------------------------
      subroutine msur2()
      use far_field
      integer::i,j,k,m,intpm
      real::x,y,z,ds,eta,etam,nt,tn
      real::eyavg,ezavg

      i=i1
      ds=dy*dz
      nt=t/dt+0.5
      x=(i-ic0)*dx
      do k=k0,k1-1
         do j=j0,j1-1
          y=(j-jc0+0.5)*dy
          z=(k-kc0+0.5)*dz
          eyavg=0.5*(ey(i,j,k)+ey(i,j,k+1))
          ezavg=0.5*(ez(i,j,k)+ez(i,j+1,k))
            tn=nt-(hatx*x+haty*y+hatz*z)/ct
            m=intpm(tn)
            eta=tn-m
            etam=2.0*eta-1.0
            uy(m-1)=uy(m-1)+(1.0-eta)*ezavg*ds
            uz(m-1)=uz(m-1)-(1.0-eta)*eyavg*ds
            uy(m)=uy(m)+etam*ezavg*ds
            uz(m)=uz(m)-etam*eyavg*ds
            uy(m+1)=uy(m+1)-eta*ezavg*ds
            uz(m+1)=uz(m+1)+eta*eyavg*ds
        end do
      end do
      end subroutine msur2
!-----------------------------------------------------------------------
!     j=j0の面上の電流
!-----------------------------------------------------------------------
      subroutine jsur3()
      use far_field
      integer::i,j,k,m,intpm
      real::x,y,z,ds,eta,etam,nt,tn
      real::hxavg,hzavg

      j=j0
      ds=dx*dz
      nt=t/dt+0.5
      y=(j-jc0)*dy
      do k=k0,k1-1
         do i=i0,i1-1
          x=(i-ic0+0.5)*dx
          z=(k-kc0+0.5)*dz
          hxavg=0.25*(hx(i,j,k)+hx(i+1,j,k)+hx(i,j-1,k)+hx(i+1,j-1,k))
          hzavg=0.25*(hz(i,j,k)+hz(i,j,k+1)+hz(i,j-1,k)+hz(i,j-1,k+1))
            tn=nt-(hatx*x+haty*y+hatz*z)/ct
            m=intpm(tn)
            eta=tn-m
            etam=2.0*eta-1.0
            wz(m-1)=wz(m-1)+(1.0-eta)*hxavg*ds
            wx(m-1)=wx(m-1)-(1.0-eta)*hzavg*ds
```

```
            wz(m)=wz(m)+etam*hxavg*ds
            wx(m)=wx(m)-etam*hzavg*ds
            wz(m+1)=wz(m+1)-eta*hxavg*ds
            wx(m+1)=wx(m+1)+eta*hzavg*ds
        end do
      end do
      end subroutine jsur3
!-----------------------------------------------------------------------
!     j=j0の面上の磁流
!-----------------------------------------------------------------------
      subroutine msur3()
      use far_field
      integer::i,j,k,m,intpm
      real::x,y,z,ds,eta,etam,nt,tn
      real::exavg,ezavg

      j=j0
      ds=dx*dz
      nt=t/dt+0.5
      y=(j-jc0)*dy
      do k=k0,k1-1
         do i=i0,i1-1
          x=(i-ic0+0.5)*dx
          z=(k-kc0+0.5)*dz
          exavg=0.5*(ex(i,j,k)+ex(i,j,k+1))
          ezavg=0.5*(ez(i,j,k)+ez(i+1,j,k))
            tn=nt-(hatx*x+haty*y+hatz*z)/ct
            m=intpm(tn)
            eta=tn-m
            etam=2.0*eta-1.0
            uz(m-1)=uz(m-1)-(1.0-eta)*exavg*ds
            ux(m-1)=ux(m-1)+(1.0-eta)*ezavg*ds
            uz(m)=uz(m)-etam*exavg*ds
            ux(m)=ux(m)+etam*ezavg*ds
            uz(m+1)=uz(m+1)+eta*exavg*ds
            ux(m+1)=ux(m+1)-eta*ezavg*ds
        end do
      end do
      end subroutine msur3
!-----------------------------------------------------------------------
!     j=j1の面上の電流
!-----------------------------------------------------------------------
      subroutine jsur4()
      use far_field
      integer::i,j,k,m,intpm
      real::x,y,z,ds,eta,nt,tn
      real::hxavg,hzavg

      j=j1
      ds=dx*dz
      nt=t/dt+0.5
      y=(j-jc0)*dy
      do k=k0,k1-1
         do i=i0,i1-1
          x=(i-ic0+0.5)*dx
          z=(k-kc0+0.5)*dz
          hxavg=0.25*(hx(i,j,k)+hx(i+1,j,k)+hx(i,j-1,k)+hx(i+1,j-1,k))
          hzavg=0.25*(hz(i,j,k)+hz(i,j,k+1)+hz(i,j-1,k)+hz(i,j-1,k+1))
            tn=nt-(hatx*x+haty*y+hatz*z)/ct
            m=intpm(tn)
            eta=tn-m
            etam=2.0*eta-1.0
```

```
            wz(m-1)=wz(m-1)-(1.0-eta)*hxavg*ds
            wx(m-1)=wx(m-1)+(1.0-eta)*hzavg*ds
            wz(m)=wz(m)-etam*hxavg*ds
            wx(m)=wx(m)+etam*hzavg*ds
            wz(m+1)=wz(m+1)+eta*hxavg*ds
            wx(m+1)=wx(m+1)-eta*hzavg*ds
         end do
      end do
      end subroutine jsur4
!-----------------------------------------------------------------------
!     j=j1の面上の磁流
!-----------------------------------------------------------------------
      subroutine msur4()
      use far_field
      integer::i,j,k,m,intpm
      real::x,y,z,ds,eta,etam,nt,tn
      real::exavg,ezavg

      j=j1
      ds=dx*dz
      nt=t/dt+0.5
      y=(j-jc0)*dy
      do k=k0,k1-1
         do i=i0,i1-1
          x=(i-ic0+0.5)*dx
          z=(k-kc0+0.5)*dz
          exavg=0.5*(ex(i,j,k)+ex(i,j,k+1))
          ezavg=0.5*(ez(i,j,k)+ez(i+1,j,k))
            tn=nt-(hatx*x+haty*y+hatz*z)/ct
            m=intpm(tn)
            eta=tn-m
            etam=2.0*eta-1.0
            uz(m-1)=uz(m-1)+(1.0-eta)*exavg*ds
            ux(m-1)=ux(m-1)-(1.0-eta)*ezavg*ds
            uz(m)=uz(m)+etam*exavg*ds
            ux(m)=ux(m)-etam*ezavg*ds
            uz(m+1)=uz(m+1)-eta*exavg*ds
            ux(m+1)=ux(m+1)+eta*ezavg*ds
         end do
      end do
      end subroutine msur4
!-----------------------------------------------------------------------
!     k=k0の面上の電流
!-----------------------------------------------------------------------
      subroutine jsur5()
      use far_field
      integer::i,j,k,m,intpm
      real::x,y,z,ds,eta,etam,nt,tn
      real::hxavg,hyavg

      k=k0
      ds=dx*dy
      nt=t/dt+0.5
      z=(k-kc0)*dz
      do j=j0,j1-1
         do i=i0,i1-1
          x=(i-ic0+0.5)*dx
          y=(j-jc0+0.5)*dy
          hxavg=0.25*(hx(i,j,k)+hx(i+1,j,k)+hx(i,j,k-1)+hx(i+1,j,k-1))
          hyavg=0.25*(hy(i,j,k)+hy(i,j+1,k)+hy(i,j,k-1)+hy(i,j+1,k-1))
            tn=nt-(hatx*x+haty*y+hatz*z)/ct
            m=intpm(tn)
```

```
            eta=tn-m
            etam=2.0*eta-1.0
            wx(m-1)=wx(m-1)+(1.0-eta)*hyavg*ds
            wy(m-1)=wy(m-1)-(1.0-eta)*hxavg*ds
            wx(m)=wx(m)+etam*hyavg*ds
            wy(m)=wy(m)-etam*hxavg*ds
            wx(m+1)=wx(m+1)-eta*hyavg*ds
            wy(m+1)=wy(m+1)+eta*hxavg*ds
        end do
      end do
      end subroutine jsur5
!-----------------------------------------------------------------------
!     k=k0の面上の磁流
!-----------------------------------------------------------------------
      subroutine msur5()
      use far_field
      integer::i,j,k,m,intpm
      real::x,y,z,ds,eta,etam,nt,tn
      real::exavg,eyavg

      k=k0
      ds=dx*dy
      nt=t/dt+0.5
      z=(k-kc0)*dz
      do j=j0,j1-1
         do i=i0,i1-1
          x=(i-ic0+0.5)*dx
          y=(j-jc0+0.5)*dy
          exavg=0.5*(ex(i,j,k)+ex(i,j+1,k))
          eyavg=0.5*(ey(i,j,k)+ey(i+1,j,k))
            tn=nt-(hatx*x+haty*y+hatz*z)/ct
            m=intpm(tn)
            eta=tn-m
            etam=2.0*eta-1.0
            ux(m-1)=ux(m-1)-(1.0-eta)*eyavg*ds
            uy(m-1)=uy(m-1)+(1.0-eta)*exavg*ds
            ux(m)=ux(m)-etam*eyavg*ds
            uy(m)=uy(m)+etam*exavg*ds
            ux(m+1)=ux(m+1)+eta*eyavg*ds
            uy(m+1)=uy(m+1)-eta*exavg*ds
        end do
      end do
      end subroutine msur5
!-----------------------------------------------------------------------
!     k=k1の面上の電流
!-----------------------------------------------------------------------
      subroutine jsur6()
      use far_field
      integer::i,j,k,m,intpm
      real::x,y,z,ds,eta,etam,nt,tn
      real::hxavg,hyavg

      k=k1
      ds=dx*dy
      nt=t/dt+0.5
      z=(k-kc0)*dz
      do j=j0,j1-1
         do i=i0,i1-1
          x=(i-ic0+0.5)*dx
          y=(j-jc0+0.5)*dy
          hxavg=0.25*(hx(i,j,k)+hx(i+1,j,k)+hx(i,j,k-1)+hx(i+1,j,k-1))
          hyavg=0.25*(hy(i,j,k)+hy(i,j+1,k)+hy(i,j,k-1)+hy(i,j+1,k-1))
```

```
            tn=nt-(hatx*x+haty*y+hatz*z)/ct
            m=intpm(tn)
            eta=tn-m
            etam=2.0*eta-1.0
            wx(m-1)=wx(m-1)-(1.0-eta)*hyavg*ds
            wy(m-1)=wy(m-1)+(1.0-eta)*hxavg*ds
            wx(m)=wx(m)-etam*hyavg*ds
            wy(m)=wy(m)+etam*hxavg*ds
            wx(m+1)=wx(m+1)+eta*hyavg*ds
            wy(m+1)=wy(m+1)-eta*hxavg*ds
        end do
      end do
      end subroutine jsur6
!-----------------------------------------------------------------------
!     k=k1の面上の磁流
!-----------------------------------------------------------------------
      subroutine msur6()
      use far_field
      integer::i,j,k,m,intpm
      real::x,y,z,ds,eta,etam,nt,tn
      real::exavg,eyavg

      k=k1
      ds=dx*dy
      nt=t/dt+0.5
      z=(k-kc0)*dz
      do j=j0,j1-1
         do i=i0,i1-1
          x=(i-ic0+0.5)*dx
          y=(j-jc0+0.5)*dy
          exavg=0.5*(ex(i,j,k)+ex(i,j+1,k))
          eyavg=0.5*(ey(i,j,k)+ey(i+1,j,k))
            tn=nt-(hatx*x+haty*y+hatz*z)/ct
            m=intpm(tn)
            eta=tn-m
            etam=2.0*eta-1.0
            ux(m-1)=ux(m-1)+(1.0-eta)*eyavg*ds
            uy(m-1)=uy(m-1)-(1.0-eta)*exavg*ds
            ux(m)=ux(m)+etam*eyavg*ds
            uy(m)=uy(m)-etam*exavg*ds
            ux(m+1)=ux(m+1)-eta*eyavg*ds
            uy(m+1)=uy(m+1)+eta*exavg*ds
        end do
      end do
      end subroutine msur6
!-----------------------------------------------------------------------
!     int関数
!-----------------------------------------------------------------------
      integer function intpm(x)
      . . . . .
      . . . . .
      end function intpm
```

B.5　ダイポールアンテナ

プログラムコード **B.12**　fdtd_dpl.f

```
!--------------------------------------------------------------------
!      FDTD法の共通変数
!--------------------------------------------------------------------
      module fdtd_variable
      . . . . .
      . . . . .
      real,parameter::dx=0.006,dy=0.006,dz=0.006        !セルサイズ
      . . . . .
      . . . . .
      real,parameter::epsr=1.0                          !四角柱の比誘電率

      real,parameter::duration=0.25e-9,t0=4.0*duration  !パルス幅, ピーク時刻
      integer,parameter::ifed=20, jfed=jc, kfed=kc      !給電位置
      real,parameter::V0=1.0                            !パルスピーク値
      . . . . .
      end module fdtd_variable
!--------------------------------------------------------------------
!      メインプログラム
!--------------------------------------------------------------------
      program fdtd_dpl
      use fdtd_variable

      call setup()
      call init_pml()
      call setup_dip()          !ダイポールアンテナの初期設定

      t=dt
      do n=1,nstep
         write(*,*)'Time step:',n
         call e_cal
         call e_pml()
         call e_dip             !ダイポールアンテナ上の電界の計算
         t=t+0.5*dt
         call h_cal
         call h_pml()
         call h_dip             !ダイポールアンテナ上の磁界の計算
         call out_vi(n)         !ダイポールアンテナの給電点電圧, 電流の出力
         t=t+0.5*dt
      end do
      end program fdtd_dpl
!--------------------------------------------------------------------
!      FDTD法の初期設定
!--------------------------------------------------------------------
      subroutine setup()
      . . . . .
      . . . . .
      end subroutine setup
!--------------------------------------------------------------------
!直方体の媒質定数
!--------------------------------------------------------------------
      subroutine epsmu()
      . . . . .
      . . . . .
      end subroutine epsmu
```

```
!-----------------------------------------------------------------------
!      電界の計算
!-----------------------------------------------------------------------
      subroutine e_cal()
      . . . . .
      . . . . .
      end subroutine e_cal
!-----------------------------------------------------------------------
!      磁界の計算
!-----------------------------------------------------------------------
      subroutine h_cal()
      . . . . .
      . . . . .
      end subroutine h_cal

!---------- PML吸収境界のinclude ----------------------------------------
      include "pml.f"

!---------- ダイポールアンテナ計算のinclude ---------------------------
      include "dipole.f"
```

プログラムコード **B.13** dipole.f

```
!-----------------------------------------------------------------------
!      ダイポールアンテナの共通変数
!-----------------------------------------------------------------------
      module dipole_variable
      real::ip=0.0                                         !(n-1/2)時間の電流
      real::ldip=0.15                                      !ダイポールの全長
      real,parameter::a_dip=1e-3,d_fed=0.1*a_dip           !半径，給電ギャップ長
      integer::kbtm, ktop                                 !ダイポールの下端，上端
      real::am_d,bm_d                                     !係数
      real::s_dip                                         !ダイポールセルの断面積
      end module dipole_variable
!-----------------------------------------------------------------------
!ダイポールアンテナの初期設定
!-----------------------------------------------------------------------
      subroutine setup_dip()
      use fdtd_variable
      use dipole_variable

!タイポール長の設定
      ldip_2=0.5*(ldip-dz)/dz+0.5                        !h/2, +0.5は四捨五入のため
      ktop=kfed+1+ldip_2
      kbtm=kfed-ldip_2
!係数の設定
      am_d=1.0
      bm_d=dt/mu0
      s_dip=dx*dy-0.25*pi*a_dip*a_dip

      do k=kbtm,ktop-1
         amx(ifed,jfed,k)=1.0
         bmxy(ifed,jfed,k)=0.0
         bmxz(ifed,jfed,k)=0.0
         amx(ifed,jfed-1,k)=1.0
         bmxy(ifed,jfed-1,k)=0.0
         bmxz(ifed,jfed-1,k)=0.0
         amy(ifed,jfed,k)=1.0
         bmyz(ifed,jfed,k)=0.0
         bmyx(ifed,jfed,k)=0.0
         amy(ifed-1,jfed,k)=1.0
```

```
         bmyz(ifed-1,jfed,k)=0.0
         bmyx(ifed-1,jfed,k)=0.0
      end do
      do i=ifed-1,ifed
         do j=jfed-1,jfed
            do k=kbtm,ktop
               amz(i,j,k)=1.0
               bmzx(i,j,k)=0.0
               bmzy(i,j,k)=0.0
            end do
         end do
      end do
      end subroutine setup_dip
!-----------------------------------------------------------------------
!ダイポール中心軸上の電界
!-----------------------------------------------------------------------
      subroutine e_dip()
      use fdtd_variable
      use dipole_variable

      do k=kbtm, ktop-1
         if(k .ne. kfed) then
!導体部
            ez(ifed,jfed,k)=0.0
         else
!励振部
            ez(ifed,jfed,k)=-p_fed()/d_fed
         end if
      end do
      end subroutine e_dip
!-----------------------------------------------------------------------
!      励振電圧
!-----------------------------------------------------------------------
      real function p_fed()
      use fdtd_variable
      use dipole_variable
      a=(t-t0)/duration
      p_fed=V0*exp(-a*a)
      end function p_fed
!-----------------------------------------------------------------------
!導体近傍の磁界
!-----------------------------------------------------------------------
      subroutine h_dip()
      use fdtd_variable
      use dipole_variable

! Hx, Hy に対するCP法
      do k=kbtm,ktop-1
         hy(ifed-1,jfed,k)=am_d*hy(ifed-1,jfed,k)+bm_d*
     &        ((ez(ifed,jfed,k)*d_fed/dz-ez(ifed-1,jfed,k))/(dx-a_dip)
     &            -(ex(ifed-1,jfed,k+1)-ex(ifed-1,jfed,k))/dz)
         hy(ifed,jfed,k)=am_d*hy(ifed,jfed,k)+bm_d*
     &        ((ez(ifed+1,jfed,k)-ez(ifed,jfed,k)*d_fed/dz)/(dx-a_dip)
     &            -(ex(ifed,jfed,k+1)-ex(ifed,jfed,k))/dz)

         hx(ifed,jfed-1,k)=am_d*hx(ifed,jfed-1,k)-bm_d*
     &        ((ez(ifed,jfed,k)*d_fed/dz-ez(ifed,jfed-1,k))/(dy-a_dip)
     &            -(ey(ifed,jfed-1,k+1)-ey(ifed,jfed-1,k))/dz)
         hx(ifed,jfed,k)=am_d*hx(ifed,jfed,k)-bm_d*
     &        ((ez(ifed,jfed+1,k)-ez(ifed,jfed,k)*d_fed/dz)/(dy-a_dip)
     &            -(ey(ifed,jfed,k+1)-ey(ifed,jfed,k))/dz)
      end do
```

```
! Hzに対するCP法
      do k=kbtm,ktop
         hz(ifed-1,jfed-1,k)=am_d*hz(ifed-1,jfed-1,k)+bm_d/s_dip*
     &          ( (ex(ifed-1,jfed,k)*(dx-a_dip)-ex(ifed-1,jfed-1,k)*dx)
     &            -(ey(ifed,jfed-1,k)*(dy-a_dip)-ey(ifed-1,jfed-1,k)*dy))
         hz(ifed-1,jfed,k)=am_d*hz(ifed-1,jfed,k)+bm_d/s_dip*
     &          ( (ex(ifed-1,jfed+1,k)*dx-ex(ifed-1,jfed,k)*(dx-a_dip))
     &            -(ey(ifed,jfed,k)*(dy-a_dip)-ey(ifed-1,jfed,k)*dy) )
         hz(ifed,jfed-1,k)=am_d*hz(ifed,jfed-1,k)+bm_d/s_dip*
     &          ( (ex(ifed,jfed,k)*(dx-a_dip)-ex(ifed,jfed-1,k)*dx)
     &            -(ey(ifed+1,jfed-1,k)*dy-ey(ifed,jfed-1,k)*(dy-a_dip)))
         hz(ifed,jfed,k)=am_d*hz(ifed,jfed,k)+bm_d/s_dip*
     &          ( (ex(ifed,jfed+1,k)*dx-ex(ifed,jfed,k)*(dx-a_dip))
     &            -(ey(ifed+1,jfed,k)*dy-ey(ifed,jfed,k)*(dy-a_dip)) )
      end do
      end subroutine h_dip
!-----------------------------------------------------------------------
!給電点電圧，電流の出力
!-----------------------------------------------------------------------
      subroutine out_vi(n)
      use fdtd_variable
      use dipole_variable
      real v,i
c
      if(n == 1) then
         open(33,file='out_vi.txt')
      end if
      v=-ez(ifed,jfed,kfed)*d_fed
      i=(hy(ifed,jfed,kfed)-hy(ifed-1,jfed,kfed))*dy
     &  +(hx(ifed,jfed-1,kfed)-hx(ifed,jfed,kfed))*dx
      write(33,330)t-0.5*dt,v,0.5*(i+ip)
      ip=i
      if(n == nstep) then
         close(33)
      end if
  330 format(3e15.6)
      end subroutine out_vi
```

C 数値積分と離散フーリエ変換

C.1 滑らかな関数の積分

数値積分公式には数多くの種類があり，被積分関数の性質に合わせて適切な公式を選択する必要がある．ここでは被積分関数が滑らかな関数の数値積分法のうち，代表的なものを紹介する．

図 C.1 のように，積分区間 $[a,b]$ 内に N 個のサンプリング点 $x_1=a<x_1<x_2<\cdots<x_N=b$ をとったとき，被積分関数 $f(x)$ は $f(x_1), f(x_2), \cdots, f(x_N)$ を通る多項式 $L_n(x)$，例えばラグランジュ多項式を用いて

$$f(x)=\sum_{n=1}^{N} L_n(x)f(x_n)+E_N(x) \tag{C.1}$$

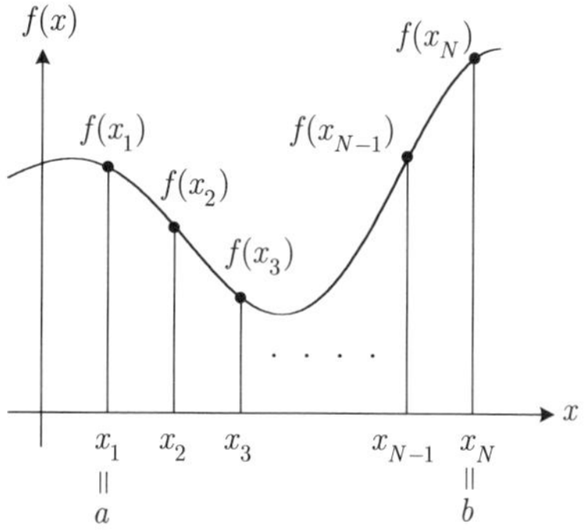

図 C.1 関数 $f(x)$ のサンプリング

と表すことができるから，両辺を積分すると

$$I=\int_a^b f(x)\,dx=\sum_{n=1}^{N} W_n f(x_n)+e_N \tag{C.2}$$

を得る．ここで

$$W_n=\int_a^b L_n(x)\,dx, \qquad e_N=\int_a^b E_N(x)\,dx \tag{C.3}$$

はそれぞれ重み係数と誤差である．すなわち，どのような数値積分でも式 (C.2) のように，重み係数と関数値の和で表されることになる．なお，式 (C.1) の $E_N(x)$ は補間の誤差で N を大きくすると特に端点 x_1, x_N 付近で大きくなる．

C.1.1 台　形　則

台形則は最も基本的なものである．積分 I を

$$I = \int_a^b f(x)\,dx = \int_{x_1}^{x_2} f(x)\,dx + \cdots + \int_{x_{N-1}}^{x_N} f(x)\,dx \tag{C.4}$$

と表したとき，微小区間内で被積分関数を直線近似するのが台形則である．例えば，$x_1 \leq x \leq x_2$ の直線は $f(x) \simeq (x_2 - x)/(x_2 - x_1)f(x_1) + (x - x_1)/(x_2 - x_1)f(x_2)$ と表すことができるから

$$\int_{x_1}^{x_2} f(x)\,dx = \frac{x_2 - x_1}{2}\big[f(x_1) + f(x_2)\big] \tag{C.5}$$

となる．他の微小区間でも同様に計算することができて，$h = x_2 - x_1 = (b - a)/(N - 1)$ と等分割したとすると

$$I = \frac{h}{2}\big[f(x_1) + 2f(x_2) + \cdots + 2f(x_{N-1}) + f(x_N)\big] \tag{C.6}$$

を得る．すなわち，台形則の重み係数は $W_1 = W_N = h/2$, $W_n = h\ (1 < n < N - 1)$, サンプリング点は $x_n = a + (n - 1)h$ となる．

FDTD 法では関数 $f(x)$ を与えておいて，その積分値を求めるというようなことはほとんどなく，離散的な数値データ $f(1), \cdots, f(N)$ が与えられたときにその積分値を求めるというような計算がほとんどである．このようなデータ列が与えられたときの台形則のサブプログラムの例を**プログラムコード C.1** に示した．

プログラムコード C.1　台形則

```
!----------------------------------------------------------------------
      subroutine  trapet(fx,n,h,aig)
!----------------------------------------------------------------------
      real::aig,h,fx(n)
      integer::i,n

      aig=0.0
```

```
      if(n<2) return

      do i=1,n-1
      aig=aig+0.5*h*(fx(i)+fx(i+1))
      enddo
      end subroutine trapet
```

C.1.2　シンプソン則

台形則では被積分関数を部分区間ごとに 1 次関数で近似したのに対して，シンプソン則では被積分関数を 2 次関数で近似する．サンプリング数 N を奇数ととすると

$$I = \int_{x_1}^{x_3} f(x)\,dx + \cdots + \int_{x_{N-2}}^{x_N} f(x)\,dx \tag{C.7}$$

と書けるから，例えば $x_1 \le x \le x_3$ の区間を 2 次関数

$$f(x) = \frac{(x-x_2)(x-x_3)}{(x_1-x_2)(x_1-x_3)}f(x_1) + \frac{(x-x_1)(x-x_3)}{(x_2-x_1)(x_2-x_3)}f(x_2) + \frac{(x-x_1)(x-x_2)}{(x_3-x_1)(x_3-x_2)}f(x_3) \tag{C.8}$$

によって近似すると，$\displaystyle\int_{x_1}^{x_3} f(x)\,dx = \frac{h}{3}\left[f(x_1) + 4f(x_2) + f(x_3)\right]$ を得る．ただし，$x_2 - x_1 = x_3 - x_2 = h$ とした．他の区間も同様にできるから，式 (C.7) は

$$I = \frac{h}{3}\sum_{m=1}^{M}\left\{f\left(x_{2m-1}\right) + 4f\left(x_{2m}\right) + f\left(x_{2m+1}\right)\right\} \tag{C.9}$$

となる．ただし，すべての区間の幅は等しく，$h = (b-a)/(N-1)$ とした．また，$M = (N-1)/2$ である．これをシンプソン 1/3 則という．サブプログラムの例を**プログラムコード C.2** に示す．このプログラムでは，サンプリング点が偶数の場合は，最後の区間を台形則で計算するようにしている．一方，4 点をとり 3 次関数で近似するシンプソン 3/8 則もあるが，ラグランジュ補間は端点付近で誤差が大きくなるため，1/3 則のほうが精度がよい．

プログラムコード **C.2**　シンプソン 1/3 則

```
!----------------------------------------------------------------------
      subroutine  simpt(fx,n,h,aig)
```

```
!-----------------------------------------------------------------------
      real::aig,h,fx(n)
      integer::n,n2,m,i,l

      aig=0.0
      if(n<3) return

      if(mod(n,2)==0) then
      aig0=0.5*h*(f(n-1)+f(n))
      n2=n-1
      else
      aig0=0.0
      n2=n
      endif
c
      m=(n2-1)/2
      do l=1,m
      i=2*l-1
      aig=aig+(f(i)+4.0*fx(i+1)+fx(i+2))
      enddo
      aig=aig*h/3.0+aig0
      end subroutine simpt
```

C.1.3　ガウス・ルジャンドル則

ガウス・ルジャンドル則は滑らかな関数の数値積分の中で最も精度が高い積分法である．このため，モーメント法や有限要素法に限らず多くの数値計算で使われている．ここではその基本的な考え方を示す．

積分区間が $[-1,1]$ の積分を考え，$f(x)$ が $2N-1$ 次の多項式のときに式(C.2) の誤差 e_N が 0 となるような N 個のサンプリング点 x_n と N 個の重み W_n を求めてみよう．簡単のため，3 次関数 $f(x)=a_0+a_1x+a_2x^2+a_3x^3$ を考える．このとき，$N=2$ であるから，二つの重み係数と二つのサンプリング点を考えればよいが，$W_1=W_2$, $x_1=-x_2$ とすると

$$\int_{-1}^{1}\left(a_0+a_1x+a_2x^2+a_3x^3\right)dx$$
$$=2a_0+\frac{2}{3}a_2=W_1f(x_1)+W_2f(x_2)=2W_1(a_0+a_2x_2^2)$$

となる．両辺を比較して，$W_1=W_2=1$, $x_1=-x_2=-1/\sqrt{3}$ を得る．一般には

$$\int_a^b f(y)\,dy=\frac{b-a}{2}\sum_{n=1}^{N}W_nf(y_n) \tag{C.10}$$

としたとき

$$y_n = \frac{b-a}{2}x_n + \frac{b+a}{2}, \qquad W_n = \frac{2}{1-x_n^2}\frac{1}{\left[\dfrac{dP_N(x_n)}{dx}\right]^2} \tag{C.11}$$

である．ここで x_n はルジャンドル関数 $P_N(x)$ の n 番目の 0 点である．このため，台形則やシンプソン則のようにサンプリング点の間隔は一定にはならない．また，実際にガウス・ルジャンドル則を利用するときには，サンプリング点と重み係数はその都度計算するのではなく，前もって計算しておき，それを数表としてデータ文に書いておけば効率的である．このようにした $N=4$ 次のプログラム例を**プログラムコード C.3** に示す．このプログラムでは，関数値をデータとして与えるのではなく，関数を呼び出すようにしている．

プログラムコード C.3　ガウス・ルジャンドル則

```
!-----------------------------------------------------------------------
      subroutine  gas4(a,b,aig,func)
!-----------------------------------------------------------------------
      real::w(4),x(4)
      real::a,b,d1,d2,y,w,x,func,aig
c
      data w    /.34785 48451e0, .65214 51549e0,
     &           .65214 51549e0, .34785 48451e0/
      data x    /.86113 63116e0, .33998 10436e0,
     &          -.33998 10436e0,-.86113 63116e0/
c
      d1=.5*(b-a)
      d2=.5*(b+a)
      aig=0.0
      do i=1,4
      y=d2+d1*x(i)
      aig=aig+w(i)*func(y)
      enddo
      aig=d1*aig
      end subroutine gas4
```

C.1.4　そのほかの積分

ガウス・ルジャンドル則は被積分関数が多項式で表されるような場合にはきわめて有効であるが，$1/x$ や $\sqrt{x}$ というような関数に対してはサンプリング点を増やしても収束は遅い．また，積分区間内に特異性がある場合には積分区間を分けるなどの工夫が必要である．このような特異性を持つ場合でも，それが積分区間の上端あるいは下端にある場合，すなわち

$$\int_a^b \frac{f(x)}{\sqrt{(x-a)(b-x)}}\,dx, \qquad \int_{-1}^1 \frac{f(x)}{\sqrt{1-x^2}}\,dx$$

のような積分に対しては，精度よく計算するための重み係数とサンプリング点が知られている[27]．

さらに，無限積分 $\int_0^\infty f(x)e^{-x}\,dx$, $\int_{-\infty}^\infty f(x)e^{-x^2}\,dx$ の積分についても W_n と x_n が与えられている．一方，電磁界解析の分野では収束がきわめて遅い無限積分がたびたび現れるが，このような積分には 2 重指数積分がよいとの報告がある[106]．

C.2　多　重　積　分

2 変数関数 $f(x,y)$ の積分についても，例えば x で積分するときは y を定数と考えればよいから，式 (C.2) と同様な表現を得ることができて

$$I = \int_a^b \int_c^d f(x,y)\,dy\,dx = \sum_{n=1}^{N_x}\sum_{m=1}^{N_y} W_n^{(x)} W_m^{(y)} f(x_n, y_m) + e \tag{C.12}$$

を得る．このため 1 変数関数の数値積分をそのまま拡張することができる．3 変数以上の多変数関数の数値積分もまったく同様の表現式が得られるが，実際の計算では変数が多くなると丸め誤差のためにサンプリング点の数を増やしても精度はそれほど向上しない．被積分関数の性質にもよるが，高精度の数値積分ができるのは 2 重積分程度までであると考えてよい．

C.3　離散フーリエ変換

C.3.1　フーリエ変換と離散フーリエ変換

時間を t，角周波数を $\omega = 2\pi f$ としたとき，フーリエ変換対は

$$\dot{X}(\omega) = \int_{-\infty}^{\infty} x(t) e^{-j\omega t}\,dt \tag{C.13a}$$

$$x(t) = \frac{1}{2\pi}\int_{-\infty}^{\infty} \dot{X}(\omega)e^{j\omega t}\, d\omega \tag{C.13b}$$

によって定義される．ここで，$-\infty < \omega < \infty$, $-\infty < t < \infty$ である．

ここで，$x(t)$ を時間ステップ Δt ごとにサンプリングし，Δt の逆数を

$$f_{\max} = \frac{1}{\Delta t} \tag{C.14}$$

とおく．このとき，式 (C.13b) を周波数 f の積分に置き換えると

$$\begin{aligned}
x(k\Delta t) &= \frac{1}{2\pi}\int_{-\infty}^{\infty} \dot{X}(\omega)e^{j\omega(k\Delta t)}\, d\omega = \int_{-\infty}^{\infty} \dot{X}(f)e^{j2\pi kf/f_{\max}}\, df \\
&= \sum_{\ell=-\infty}^{\infty}\int_{-\ell f_{\max}}^{(\ell+1)f_{\max}} \dot{X}(f)e^{j2\pi kf/f_{\max}}\, df \\
&= \sum_{\ell=-\infty}^{\infty}\int_{0}^{f_{\max}} \dot{X}(f+\ell f_{\max})e^{j2\pi k(f+\ell f_{\max})/f_{\max}}\, df \\
&= \int_{0}^{f_{\max}} \dot{X}_p(f)e^{j2\pi kf/f_{\max}}\, df
\end{aligned} \tag{C.15}$$

となる．ただし

$$\dot{X}_p(f) = \sum_{\ell=-\infty}^{\infty} \dot{X}(f+\ell f_{\max}) \tag{C.16}$$

である．

関数 $\dot{X}_p(f)$ は，式 (C.16) 関数のように $\dot{X}(f)$ を $f_{\max}$ の整数倍ずらした関数を重ね合わせたものであるから，**図 C.2** のように $f_{\max}$ 付近の高周波部分は $f = 0$ 付近の低周波部分に重なる．逆もまた同様である．これは，Δt ごとに離散化（標本化）したことに起因するものである．実用上は $\dot{X}_p(f)$ をフーリエ変換 $\dot{X}(f)$ の代わりに用いることが多いが，本質的には異なった関数であることに注意していた

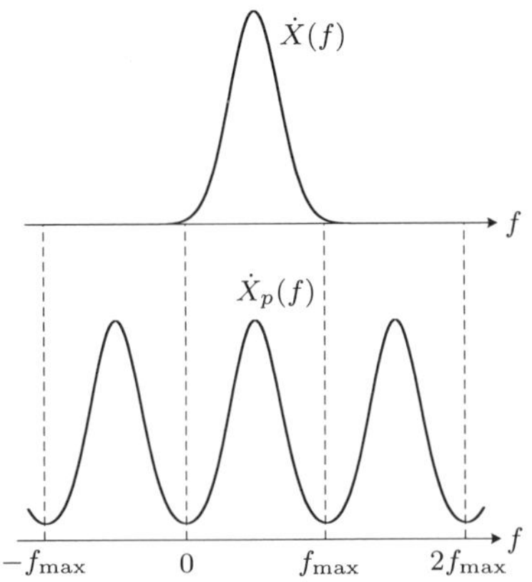

図 **C.2**　$\dot{X}(f)$ と $\dot{X}_p(f)$

だきたい．なお，$\dot{X}_p(f)$ を $\dot{X}(f)$ の代用，という意味を込めてエイリアシング (aliasing) 関数，あるいは折り返し関数と呼ぶことがある．一方，FDTD 法の時間ステップ $\varDelta t$ は式 (1.60) の Courant 安定条件によって決まるから，式 (C.14) の最大周波数 $f_{\max}$ はセルサイズによって決まり，例えば，$\varDelta x = \varDelta y = \varDelta z$ の立方体セルを用いた場合には，$f_{\max} = \sqrt{3}v/\varDelta x$ となる．一方，1.5.2 項で述べたように，セルサイズは波長の 1/10，あるいはそれ以下にしなければならないため，FDTD 法の最大周波数は $10v/\sqrt{3}\varDelta x$ 以上である．したがって，エイリアシングによる誤差を少なくするためには，入射パルスのスペクトルが $f_{\max}$ で十分小さくなっているようにしなけばならない．

式 (C.16) より $\dot{X}_p(f) = \dot{X}_p(f + f_{\max})$ であるから，$\dot{X}_p(f)$ は周期 $f_{\max}$ の周期関数である．したがって，$\dot{X}_p(f) = \sum_{k=-\infty}^{\infty} c_k e^{-j2\pi kf/f_{\max}}$ のようにフーリエ級数展開できて，その係数 c_k は

$$c_k = \frac{1}{f_{\max}} \int_0^{f_{\max}} \dot{X}_p(f) e^{j2\pi kf/f_{\max}}\, df$$

によって与えられる．また，式 (C.15) より $c_k = x(k\varDelta t)/f_{\max}$ である．これより

$$\dot{X}_p(f) = \frac{1}{f_{\max}} \sum_{k=-\infty}^{\infty} x(k\varDelta t) e^{-j2\pi kf/f_{\max}} \tag{C.17}$$

となる．右辺は $k = -\infty$ から $k = \infty$ の和となっているが，f を

$$\varDelta f = \frac{f_{\max}}{N} = \frac{1}{N\varDelta t} \tag{C.18}$$

ごとにサンプリングするものとすると，$e^{-j2\pi m} = 0$ より

$$\begin{aligned}
\dot{X}_p(m\varDelta f) &= \frac{1}{f_{\max}} \left[\cdots + \sum_{k=0}^{N-1} x(k\varDelta t) e^{-j2\pi mk/N} \right.\\
&\qquad \left. + \sum_{k=N}^{2N-1} x(k\varDelta t) e^{-j2\pi mk/N} + \cdots \right]\\
&= \frac{1}{f_{\max}} \sum_{k=0}^{N-1} x_p(k\varDelta t) e^{-j2\pi mk/N}
\end{aligned} \tag{C.19}$$

となる．ただし，$T = N\Delta t = N/f_{\max} = 1/\Delta f$ として

$$x_p(t) = \sum_{\ell=-\infty}^{\infty} x(t + \ell T) \tag{C.20}$$

であり，$x_p(t)$ は周期 T の関数である．したがって，$x(t)$ と $x_p(t)$ とは $\dot{X}(f)$ と $\dot{X}_p(f)$ と同様の関係があり，時間に関して図 C.2 のような折り返しがある．式 (C.19) の両辺に $e^{j2\pi mk'/N}$ を掛けて $\sum_{k=0}^{N-1} e^{j2\pi(k-k')/N} = N\delta_{kk'}$ の関係を用いると

$$x_p(k\Delta) = \frac{f_{\max}}{N}\sum_{m=0}^{N-1} \dot{X}_p(m\Delta f)e^{j2\pi mk/N} \tag{C.21}$$

を得る．さらに $N = f_{\max}$ と選び，折り返しが無視できるほど N を十分大きくとったとすると，$x_p(t) \simeq x(t)$, $\dot{X}_p(f) \simeq \dot{X}(f)$ と考えることができる．このようにして，離散フーリエ変換として

$$\dot{X}(m) = \frac{1}{N}\sum_{k=0}^{N-1} x(k)e^{-j2\pi km/N} \tag{C.22a}$$

$$x(k) = \sum_{m=0}^{N-1} \dot{X}_p(m)e^{j2\pi km/N} \tag{C.22b}$$

を得る．ただしここでは Δf, Δt を省略した．

C.3.2　高速フーリエ変換とそのプログラム例

$\omega = e^{j(2\pi/N)}$ とすると，式 (C.22) は関数値と ω^{mk} との積を求めてから加え合わせるという演算になる．このため，計算時間は N^2 に比例する．ところが，$N = 2^M$ とすると，ω^{mk} に対称性，周期性が現れるため，計算時間を減らすことができる．これを高速フーリエ変換という．

詳細は文献 107) に譲ることにして，ここではそのプログラム例だけを**プログラムコード C.4** に示す．`n` はデータの数 N で，$N = 2^M$ となっていなければならない．これに誤りがなければ，エラー識別変数 `irr` を `irr=0` とするようにしている．そうでない場合には，`irr=-2`，$N = 1$ の場合は `irr=-1` としている．

cx はデータを与える配列で，icon>0 と指定した場合には式 (C.22a) の $x(k)$ に相当する．計算結果も同じ配列 cx に蓄えられ $\dot{X}(m)$ になる．これに対して icon<0 と指定した場合には式 (C.22b) の逆フーリエ変換を計算する．このときの入力データ cx は式 (C.22b) の $\dot{X}(m)$ で，出力の cx は $x(k)$ である．このため，逆フーリエ変換の値は cx$/N$ としなければならない．

プログラムコード **C.4** cfft.f

```
!-----------------------------------------------------------------------
      subroutine cfft(n,cx,icon,irr)
!-----------------------------------------------------------------------
      complex::cx(n),ct,cu,ca,cuc
      real,parameter:: pai=3.1415926536
c
      if(n.lt.2) then
        irr=-1
        return
      end if
      fn=n
      m=nint(alog(fn)/alog(2.0))
      ii=2**m-n
      if(ii.ne.0) then
        irr=-2
        return
      end if
c
      do l=1,m
         kl=2**(l-1)
         fkl=kl
         fjl=0.5*fn/fkl
         jl=fjl
         jl2=2*jl
         th=2.0*pai*fkl/fn
         th2=0.5*th
         st=sin(th)
         tt=-2.0*sin(th2)*sin(th2)
         ct=cmplx(tt,st)
c
         do k=1,kl
            jj=jl2*(k-1)
            cu=(1.0,0.0)
            do j=1,jl
               j1=j+jj
               j2=j1+jl
               ca=cx(j1)-cx(j2)
               cx(j1)=cx(j1)+cx(j2)
               if(icon.lt.0) goto 201
               cuc=conjg(cu)
               cx(j2)=ca*cuc
               go to 202
 201           cx(j2)=ca*cu
 202           cu=cu+cu*ct
            end do
         end do
      end do
!
!     ビット変換
```

```
      fm=m
      ffm=0.5*fm
      llb=ffm
c
      do lb=1,llb
         klb=2**(lb-1)
         fklb=klb
         fjlb=0.25*fn/fklb
         jlb=fjlb
         jb2=2*jlb
         jb4=4*jlb
         do kb=1,klb
            jjb=jb4*(kb-1)
            jf1=jjb+klb
            jf2=jjb+jb2
            do jb=1,jlb
               ff=jb-1
               ff=ff/fklb
               jff=ff
               jf=jb+jff*klb
               j1=jf+jf1
               j2=jf+jf2
               ct=cx(j1)
               cx(j1)=cx(j2)
               cx(j2)=ct
            end do
         end do
      end do
      irr=0
      return
      end
```

D 連立一次方程式と逆行列

D.1 連立一次方程式

連立一次方程式 (simultaneous linear equation)

$$\begin{bmatrix} a_{11} & a_{12} & \ldots & a_{1N} \\ a_{21} & a_{22} & \ldots & a_{2N} \\ \vdots & \vdots & \ddots & \vdots \\ a_{N1} & a_{N2} & \ldots & a_{NN} \end{bmatrix} \begin{bmatrix} x_1 \\ x_2 \\ \vdots \\ x_N \end{bmatrix} = \begin{bmatrix} b_1 \\ b_2 \\ \vdots \\ b_N \end{bmatrix} \tag{D.1}$$

の基本的な解法であるガウスの消去法を説明する．

まず，式 (D.1) の 1 行目を a_{11} で割ると

$$\begin{bmatrix} 1 & u_{12} & \ldots & u_{1N} \\ a_{21} & a_{22} & \ldots & a_{2N} \\ \vdots & \vdots & \ddots & \vdots \\ a_{N1} & a_{N2} & \ldots & a_{NN} \end{bmatrix} \begin{bmatrix} x_1 \\ x_2 \\ \vdots \\ x_N \end{bmatrix} = \begin{bmatrix} c_1 \\ b_2 \\ \vdots \\ b_N \end{bmatrix} \tag{D.2}$$

となる．ただし，$u_{12} = a_{12}/a_{11}, \cdots, u_{1N} = a_{1N}/a_{11}, c_1 = b_1/a_{11}$ である．つぎに，式 (D.2) の 1 行目を a_{21} 倍した式を第 2 行目から差し引く．3 行目も同様に 1 行目に a_{31} を掛けて，第 3 行目から差し引く．これを繰り返すと

$$
\begin{bmatrix}
1 & u_{12} & \ldots & u_{1N} \\
0 & v_{22} & \ldots & v_{2N} \\
\vdots & \vdots & \ddots & \vdots \\
0 & v_{N2} & \ldots & v_{NN}
\end{bmatrix}
\begin{bmatrix}
x_1 \\ x_2 \\ \vdots \\ x_N
\end{bmatrix}
=
\begin{bmatrix}
c_1 \\ d_2 \\ \vdots \\ d_N
\end{bmatrix}
\tag{D.3}
$$

となる．ただし，$v_{22} = a_{22} - a_{22}u_{22}, \cdots, v_{2N} = a_{2N} - a_{21}u_{1N}, v_{N2} = a_{N2} - a_{N1}u_{12}, \cdots, v_{NN} = a_{NN} - a_{N1}u_{1N}$ および $d_2 = b_2 - a_{21}c_1, \cdots, d_N = b_N - a_{N1}c_1$ である．

式 (D.3) の 2 行目以下についても同様の操作を繰り返すと，結局

$$
\begin{bmatrix}
1 & u_{12} & u_{13} & \ldots & u_{1N} \\
0 & 1 & u_{23} & \ldots & u_{2N} \\
0 & 0 & 1 & \ldots & u_{3N} \\
\vdots & \vdots & \vdots & \ddots & \vdots \\
0 & 0 & \ldots & \ldots & 1
\end{bmatrix}
\begin{bmatrix}
x_1 \\ x_2 \\ x_3 \\ \vdots \\ x_N
\end{bmatrix}
=
\begin{bmatrix}
c_1 \\ c_2 \\ c_3 \\ \vdots \\ c_N
\end{bmatrix}
\tag{D.4}
$$

と変形できるから

$$
\left.
\begin{aligned}
& x_N = c_N \\
& x_m = c_m - \sum_{n=m+1}^{N} u_{mn} x_n \qquad (m = N-1, N-2, \cdots, 1)
\end{aligned}
\right\}
\tag{D.5}
$$

を得る．これをガウスの消去法という．

$a_{11} = 0$ の場合には式 (D.2) のようにすることはできないが，行の順番を入れ替えて $a_{11} \neq 0$ となる行を第一行にすればよい．このような方法をピボッティング (pivoting) という．列に対してもピボッテイングを行うことができるが，この場合は変数を入れ替えなければならない．詳細は数値計算の専門書を参照していただきたい．一方，モーメント法におけるインピーダンスの対角要素は微小電流要素の自己インピーダンスになり $\dot{Z}_{nn} = 0$ になるようなことはない．このことから，ピボッティングは必要としない場合がほとんどである．

D.2 逆　　行　　列

$$\overline{\overline{A}} = \begin{bmatrix} a_{11} & a_{12} & \ldots & a_{1N} \\ a_{21} & a_{22} & \ldots & a_{2N} \\ \vdots & \vdots & \ddots & \vdots \\ a_{N1} & a_{N2} & \ldots & a_{NN} \end{bmatrix}, \quad \overline{\overline{I}} = \begin{bmatrix} 1 & 0 & \ldots & 0 \\ 0 & 1 & \ldots & 0 \\ \vdots & \vdots & \ddots & \vdots \\ 0 & 0 & \ldots & 1 \end{bmatrix} \tag{D.6}$$

としたとき，$\overline{\overline{A}}$ の**逆行列** (inverse matrix) $\overline{\overline{A}}^{-1}$ とは $\overline{\overline{A}}\,\overline{\overline{X}} = \overline{\overline{I}}$ を満たす行列

$$\overline{\overline{X}} = \begin{bmatrix} x_{11} & x_{12} & \ldots & x_{1N} \\ x_{21} & x_{22} & \ldots & x_{2N} \\ \vdots & \vdots & \ddots & \vdots \\ x_{N1} & x_{N2} & \ldots & x_{NN} \end{bmatrix} \tag{D.7}$$

のことであるから，$n = 1, 2, \cdots, N$ に対して

$$\boldsymbol{x}_n = \begin{bmatrix} x_{1n} \\ \vdots \\ x_{nn} \\ \vdots \\ x_{Nn} \end{bmatrix}, \quad \boldsymbol{e}_n = \begin{bmatrix} 0 \\ \vdots \\ 1 \\ \vdots \\ 0 \end{bmatrix} \tag{D.8}$$

とおき，$\overline{\overline{A}}\boldsymbol{x}_n = \boldsymbol{e}_n$ を前節で説明したガウスの消去法を用いて $n = 1, 2, \cdots, N$ に対して $\boldsymbol{x}_n$ を計算すれば逆行列 $\overline{\overline{X}}$ 得ることができる．$\overline{\overline{A}}$ に対する消去法の計算はすべての n に対して同じであるから，実際には一度に逆行列を計算するようにすることができる．また，消去法よりも効率的なアルゴリズムが存在する．詳細は数値計算の専門書を参照していただきたい．

引用・参考文献

第 1 章

1) J. A. Stratton : Eelectromagnetic Theory, McGraw-Hill Book Co. (1941)

2) 砂川重信：理論電磁気学，紀伊国屋書店 (1973)

3) 宇野亨，白井宏：電磁気学，コロナ社 (2010)

4) I. V. Lindell, A. H. Sihvoka, S. A. Tretyakov and A. J. Viitanen : Electromagnetic Waves in Chiral and Bi-isotropic Media, Artech House (1994)

5) 服部利明：非線形光学入門，裳華房 (2009)

6) A. Ishimaru : Wave Propagation and Scattering in Random Media, IEEE Press (1999)

7) F. Capolino, ed. : Metamaterials Handbook, Part I: Theory and Phenomena of Metamaterials, Part II: Applications of Metamaterials, CRC Press (2009); 萩原正憲，石原照也，真田篤志 監訳：メタマテリアルハンドブック，基礎編，応用編，講談社 (2015)

8) K. S. Yee, "Numerical Solution of Initial Boundary Value Problems Involving Maxwell's Equations in Isotropic Media," IEEE Trans. Antennas Propagat., vol.14, no.4, pp.302-307 (1966)

9) K. S. Kunz and R. J. Luebbers : The Finite Difference Time Domain Method for Electromagnetics, CRC Press (1993)

10) 宇野亨：FDTD 法による電磁界およびアンテナ解析，コロナ社 (1998)

11) A. Taflove and S. C. Hagness : Computational Electrodynamics: The Finite-Difference Time-Domain Method, Artech House, 3-rd ed.(2005)

第 2 章

12) G. Mur, "Absorbing Boundary Conditions for the Finite-Difference Approximation of the Time-domain Electromagnetic-field Equation," *IEEE Trans. Electromagnetic Compat.*, EMC-23, no.4, pp.377-382 (1981)

13) J.-P. Berenger, "A Perfectly Matched Layer for the Absorption of Electromagnetic Waves," *Journal of Computational Physics*, vol.114, no.1, pp. 185-200 (1994)

14) J. A. Roden and S. D. Gedney, "Convolutional PML(CPML): An Efficient FDTD Implementation of the CFS-PML for Arbitrary Media," Microwave Optical Tech. Lett., vol.27, pp.334-339 (2000)
15) Z. S. Sacks, M. D. Kingsland, R. Lee, and J. F. Lee, "A Perfect Matched Anisotropic Absorber for use as an Absorbing Boundary Condition," IEEE Trans. Antenans Prppagat., vol.43, pp.1460-1463 (1995)
16) J. L. Volakis, A. Chatterjee and L. C. Kempel : Finite Element Method for Electromegnetics, IEEE Press (1998)
17) W. C. Chew and W. H. Weedon, "A 3D Perfectly Matched Medium from Modified Maxwell's Equations with Stretched Coordinates," IEEE Microwave Guided Wave Lett., vol.7, pp.599-604 (1994)
18) ホルブルーク著，宮脇一男 訳：エレクトロニクスエンジニアのためのラプラス変換，朝倉書店 (1962)
19) Chen-To Tai：Dyadic Green Functions in Electromagnetic Theory, 2-nd ed., IEEE Press (1994)

第 3 章

20) 新井親夫：FORTRAN90 入門—基礎から再帰手続きまで—, 森北出版 (1998)
21) 牛島省：数値計算のための Fortran90/95 プログラミング入門，森北出版 (2007)

第 4 章

22) D. F. Kelly and R. J. Luebbers, "Piecewise Linear Recursive Convolution for Dispersive Media Using FDTD," IEEE Trans. Antennas Propagat., vol.44, no.6, pp.792-797 (1996)
23) T. Kashiwa and I. Fukai, "A Treatment by FDTD Method of Dispersive Chacteristics Associated with Electronic Polarization," Microwave Oprics Tech. Lett., vol.3, pp.1412-1414 (1991)
24) M. Okoniewski, M. Mrozowski and M. A. Stuchly, "Simple Treatment of Multi-term Dispersion in FDTD," IEEE Microwave Guided Wave Lett., vol.7, pp.121-123 (1997)
25) M. Fujii, T. Tahara, I. Sakaggami, W. Freude, and P. Russer, "High-order FDTD and Auxiliary Differential Equation Formulation of Optical Pulse Propagation in 2D Kerr and Raman Nonlinear Dispersive Media," IEEE J. Quantum Electronics, vol.40, pp.175-182 (2004)
26) 石原照也，真田篤志，梶川浩太郎：メタマテリアル II, シーエムシー出版 (2012)
27) M. Abramowitz and I. A. Stegun, ed., Handbook of Mathematical Functions,

Dover Publ., Inc. (1972)

28) 電子通信学会 編，飯島泰蔵 監修：電磁界の近代解析法，第 4 章，コロナ社 (1979)

29) Y. He, T. Uno, and S. Adachi, "PML Absorbing Boundary Condition for Dielectric Anisotropic Media," Int. Symp. Electromagnetic Theory, vol.II, pp.713-715 (1998)

第 5 章

30) W. Yu and R. Mittra, "A Technique for Improving the Accuracy of the Nonuniform Finite-Difference Time-Domain Algorithm", IEEE Trans. Microwave Theory Tech., vol.47, no.3, pp.353-356 (1999)

31) H. Jiang and H. Arai, "Analysis of Computation Error in Antennas's Simulation by Using Non-Uniform Mesh FDTD", IEICE Trans. Commun., vol.83-B, no.7, pp.1544-1551 (2000)

32) M. W. Chevalier, R. J. Luebbers, and V. P. Cable, "FDTD Local Grid with Material Traverse," IEEE Trans. Antennas Propagat., vol.45, no.3, pp.411-421 (1997)

33) M. Okoniewski, E. Okoniewski, and M. A. Stuchly, "Three-Dimensional Subgridding Algorithm for FDTD," IEEE Trans. Antennas Propagat., vol.45, no.3, pp.422-429 (1997)

34) T. G. Jurgens, A. Taflove, K. R. Umashankar, and T. G. Moore, "Finite-difference Time-Domain Modeling of Curved Surfaces," IEEE Trans. Antennas Propagat., vol.40, no.4, pp.357-366 (1992)

35) T. G. Jurgens and A. Taflove, "Three-Dimensional Contour FDTD Modeling of Scattering From Single and Multiple Bodies," IEEE Trans. Antennas Propagat., vol.41, no.12, pp.1703-1708 (1993)

36) W. Yu and R. Mittra, "A Conformal Finite Difference Time Domain Technique for Modeling Curved Dielectric Surface," IEEE Microwave Wireless Components Lett., vol.11, pp.25-27, 2001.

37) N. Kaneda, B. Houshand and T. Itoh, "FDTD Analysis of Dielectric Resonators with Curved Surfaces," IEEE Trans. Microwave Theory Tech., vol.45, pp.1645-1649, 1997.

38) J. M. Johnson and Y. Rahmat-Samii, "MR/FDTD: A Multiple-Region Finite-Difference Time-Domain Method," Microwave Optical Tech. Lett., vol.14, no.2, pp.101-105 (1997)

39) R. E. Collin : Field Theory of Guided Waves, 2-nd ed., IEEE Press (1991)

40) R. Holland, "Finite-Difference Time-Domain(FDTD) Analysis of Magnetic Diffusion," IEEE Trans. Electromagn. Compat., vol.36, no.1, pp.32-39 (1994)

41) Y. Nishioka, O. Maeshima, T. Uno, and S. Adachi, "FDTD Analysis of Resistor-Loaded Bow-tie Antenna Covered with Ferrite-Coated Conducting Cavity for Subsurface Radar," IEEE Trans. Antennas Propagat., vol.47, no.6, pp.970-977 (1999)

第 6 章

42) J. V. Bladel：Singular Electromagnetic Fields and Sources, IEEE Press (1991)

43) 柴田随道，伊藤龍男，"導体縁特異点に対する FDTD 計算式の補正法，" 電子情報通信学会論文誌 C-II, vol.J80-C-II, no.5, pp.176-177 (1997)

44) 有馬卓司，宇野亨，"準静近似を利用した FDTD 法による誘電体基板上線状アンテナ解析の高精度化，" 電子情報通信学会論文誌 B, vol.J85-BI, no.2, pp.200-206 (2002)

45) 横尾雄司，道下尚文，新井宏之，"CP 法を用いた板状逆 F アンテナの FDTD 解析，" 電子情報通信学会技術報告，AP99-8, pp.7-12 (1999)

46) 越智久晃，山本悦治，陳強，澤谷邦男，"線状と板状の導体で構成されたアンテナ系のモーメント法解析，" 電子情報通信学会論文誌 B-II, vol.J79-B-II, no.9, pp.566-573 (1996)

47) ポンパイブーン ポーンアノン，宇野亨，佐藤広行，"短いダイポールアンテナの FDTD 解析における誤差とその低減法，" 電子情報通信学会論文誌 B, vol.J86-B, no.9, pp.1758-1765 (2003)

48) R. Luebbers, L. Chen, T. Uno, and S. Adachi, "FDTD Calculation of Radiation Patterns, Impedance and Gain for Monopole Antenna on a Conducting Box," IEEE Trans. Antennas Propagat., vol.40, no.12, pp.1577-1583 (1992)

49) W. C. Gibson, The Method of Moments in Electromagnetics, Chapman & Hall/CRC (2008)

50) T. Do-Nhat and R. H. Macphie, "Effect of Gap Length on the Input Admittance of Center Fed Coaxial Waveguides and Infinite Dipoles," IEEE Trans. Antennas Propagat., vol.AP-35, no.11, pp.1293-1299 (1987)

51) R. J. Luebbers and H. S. Langdon, "A Simple Feed Model that Reduces Time Steps Needed for FDTD Antenna and microstrip Calculations," IEEE Trans. Antennas Propagat., vol.44, no.7, pp.1000-1005 (1996)

52) 越川常治：信号解析入門，近代科学社 (1992)

53) A. K. Shaw and K. Naishadham, "ARMA-Based Time-Signiture Estimator for Analyzing Resonant Structures by the FDTD Method", *IEEE Trans. Antennas Propagat.*, vol.49, no.3, pp.327-339 (2001)
54) 中島将光：マイクロ波工学—基礎と原理—（森北電気工学シリーズ 3），森北出版 (1975)
55) K. C. Gupta, R. Garg, and I. J. Bahl, Microstrip Lines and Slot Lines, Artech House (1979)
56) 喜安善市，斎藤伸自：回路論（電気工学基礎講座 6），朝倉書店 (1967)
57) M. Obara, N. Honma, and Y. Suzuki, "Fast S-Parameter Calculation Technique for Multi-Antenna System Using Temporal-Spectral Orthogonality for FDTD Method," IEICE Trans. Commun., vol.E95-B, no.4, pp.1338-1344 (2012)
58) 安達三郎：電磁波工学（電子情報通信学会大学シリーズ F-8），コロナ社 (1983)
59) 宇野亨，"平面層状不均質媒質に対するダイアディックグリーン関数の簡略化と無損失 DNG スラブへの応用，" 電子情報通信学会論文誌 B, vol.J89-B, no.9, pp.1661-1671 (2006)
60) 白井宏：幾何光学的回折理論，コロナ社 (2015)

第 7 章

61) C. Caloz and T. Itoh：Electromagnetic Metamaterials: Transmission Line Theory and Microwave Applications, John Wiley & Sons Inc. (2006)
62) F. Yang and Y. Rahmat-Samii：Electromagnetic Band Gap Structures in Antenna Engineering, Cambridge Univ. Press (2009)
63) T. Uno, "Electromagnetic Modeling of Metamaterials," IEICE Trans. Commun., vol.E96-B, no.10, pp.2340-2347 (2013)
64) S. Tretyakov：Analytical Modeling in Applied Electromagnetics, Artech House (2003)
65) P. Harms, R. Mittra and W. Ko, "Implementation of the Periodic Boudary Condition in the Finite-Difference Time-Domain Algorithm for FSS Structures," IEEE Trans. Antennas Propagat., vol.42, no.9, pp.1317-1324 (1994)
66) 井出守，宇野亨，櫛山祐次郎，有馬卓司，"誘電体スラブ上周期ストリップ導体による平面電磁波散乱の高速モーメント法解析," 電子情報通信学会論文誌 B, vol.94-B, no.9, pp.1086-1093 (2011)
67) J. A. Roden, S. D. Gedney, M. P. Kesler, J. G. Maloney, and P. H. Harms, "Time-Domain Analysis of Periodic Structures at Oblique Incidence: Or-

thogonal and Nonorthogonal FDTD Implementations," IEEE Trans. Microwave Theory Tech., vol.46, no.4, pp.420-427 (1998)

68) Y. Hao and R. Mittra：FDTD Modeling of Metamaterials: Theory and Applications, Artech House (2009)

69) C. L. Holloway, M. A. Mohamed, E. F. Kuester, and A. Dienstfrey, "Reflection and Transmission Properties of Metafilm: With an Application to a Controllable Surface Composed of Resonant Particles," IEEE Trans. Electromagn. Compat., vol.47, no.4, pp.853-865 (2005)

70) F. Capolino, D. R. Jackson, and D. R. Wilton, "Fundamental Properties of the Field at the Interface Between Air and a Periodic Artificial Material Excited by a Line Source," IEEE Trans. Antennas Propagat., vol.53, no.1, pp.91-99 (2005)

71) F. Capolino, D. R. Jackson, D. R. Wilton, and L. B. Felsen, "Comparison of Methods for Calculating the Field Excited by a Dipole Near a 2-D Periodic Material," IEEE Trans. Antennas Propagat., vol.55, no.6, pp.1644-1655 (2007)

72) K. Yasumoto：Electromagnetic Theory and Applications for Photonic Crystals, CRC Press (2006)

73) A. G. Hanif, Y. Kushiyama, T. Uno, and T. Arima, "FDFD and FDTD Methods for Band Diagram Analysis of 2- Dimensional Periodic Structure", IEICE Trans. Commun., vol.E93-B, no.10, pp.2670-2672 (2010)

第 8 章

74) T. Namiki, "A New FDTD Algorithm Baed on Alternating-Direction Implicit Method", IEEE Trans. Microwave Theory Tech., vol.47, no.10, pp.2003-2007 (1999)

75) S. G. Garsia, A. R. Bretones, R. G. Martin, and S .C . Hagness, "Accurate Imprementation of Current Sources in ADI-FDTD Scheme", IEEE Antennas Wireless Propagat. Lett., vol.3, pp.141-144 (2004)

76) J. Shibayama, M. Muraki, J. Yamauchi, and H. Nakano, "Efficient Implicit FDTD Algorithm Based on Locally One-Dimensional Scheme," Electron. Lett., vol.41, no.19, pp.1046-1047 (2005)

77) Q.-F. Liu, Z. Chen, and W-Y. Yin, "An Arbitrary-Order LOD-FDTD Method and Its Stability and Numerical Dispersion," IEEE Trans. Antennas Propagat., vol.57, no.8, pp.2409-2417 (2009)

78) 吉田耕作：微分方程式の解法 第 2 版（岩波全書），岩波書店 (1978)
79) M. N. Özişik：Finite Difference Methods in Heat Transfer, CRC Press (1994)
80) J. B. Cole, "A High-Accuracy Realization of the Yee Algorithm Using Non-Standard Finite Difference," IEEE Trans. Microwave theory Tech., vol.45, no.6, pp.991-996 (1997)
81) T. Ohtani, K. Taguchi, T. Kashiwa, Y. Kanai, and J. B. Cole, "Nonstandard FDTD method for wideband analysis," IEEE Trans. Antennas Propagat., vol.57, no.8, pp.2386-2396 (2009)
82) D. B. Shorthouse and C. J. Railton, "The Incorporation of Static Field Solutions into the Finite Difference Time Domain Algorithm", IEEE Microwave Theory Tech., vol.40, no.5, pp.986-994 (1992)
83) P. H. Aoyagi, L. Jin-Fa, and R. Mittra, "A Hybrid Yee Algorithm/Scalar-Wave Equation Approach," IEEE Trans. Microwave Theory Tech., vol.41, no.9, pp.1503-1600 (1993)
84) D. V. Krupezevie, V. J. Brankovic, and F. Arndt, "The Wave-Equation FD-TD Method for the Efficient Eigenvalue Analysis and S-Matrix Computation of Waveguide Structures," IEEE Trans. Microwave Theory Tech., vol.41, no.12, pp.2109-2115 (1993)
85) A. R. Bretones, R. Mittra, and R. G. Matin, "A Hybrid Technique Combining the Method of Moments in the time Domain and FDTD," IEEE Microwave Guided Waqve Lett., vol.8, no.8, pp.281-283 (1998)
86) S. Mochizuki, S. Watanabe, M. Taki, Y. Yamanaka, and H. Shirai, "A new Iterative MoM/FDTD Formulation for Simulation of Human Exposure to Electromagnetic Waves," IEICE Trans. Electron., vol.87-C, no.9, pp.1540-1547 (2004)
87) R. Lee and C. Tse-Tong, "Analysis of Electromagnetic Scattering From A Cavity with a Complex Termination by Means of a Hybrid Ray-FDTD Method," IEEE Trans. Antennas Propagat., vol.41, no.11, pp.1560-1569 (1993)
88) 本間利久，五十嵐一，川口秀樹：数値電磁力学—基礎と応用—（計算電気・電子工学シリーズ 14），森北出版 (2002)
89) V. Shanker, A. Mohammadian and W. F. Hall, "A Time-Domain Finite-Volume Treatment for the Maxwell Equations", Electromagnetics, vol.10, pp.127-145, 1990.

90) 矢部孝，内海隆行，尾形陽一：CIP 法―原子から宇宙までを解くマルチスケール解法―，森北出版 (2003)
91) 山下榮吉 監修：電磁波問題の基礎解析法，電子情報通信学会，コロナ社 (1987)
92) 羽石操，平澤一紘，鈴木康夫：小形・平面アンテナ，電子情報通信学会，コロナ社 (1996)
93) V. A. Thomas, M. E. Jones, M. Piket-May, A. Taflove, and E. Harrigan, "The Use of SPICE Lumped Circuits as Sub-grid Models for FDTD Analysis," IEEE Microwave Guided Wave Lett., vol.4, no.5, pp.141-143 (1994)
94) C.-N. Kuo, R.-B. Wu, B. Houshmand, and T. Ito, "Modeling of Microwave Active Devices Using the FDTD Analysis Based on the Voltage-Source Approach," IEEE Microwave Guided Wave Lett., vol.6, no.5, pp.199-201 (1996)
95) J. コワリック，M. R. オズボーン著，山本善之，小山建夫 訳：非線形最適化問題，培風館 (1970)
96) 荒川忠一：数値流体工学，東京大学出版会 (1994)
97) 橋本修：実践 FDTD 時間領域差分法，森北出版 (2006)
98) A. Ishimaru：Electromagnetic Wave Propagation, Radiation and Scattering, Prentice Hall (1991).
99) L. B. Felsen and N. Marcuvitz：Radiation and Scattering of Waves, Prentice-Hall, Inc. (1973)
100) J. M. Song and W. C. Chew, "Multilevel Fast Multipole Argorithm for Electromagnetic Scattering for Large Complex Objects", IEEE Trans. Antennas Progatat., vol.45, no.10, pp.1488-1493 (1997)
101) 小柴正則：光・波動のための有限要素法の基礎，森北出版 (1990)
102) 岩井誠人：移動通信における電波伝搬―無線通信シミュレーションのための基礎知識―，コロナ社 (2012)
103) 電子情報通信学会 編：アンテナ工学ハンドブック（第 2 版），オーム社 (2008)

付録 A

104) 国立天文台 編：理科年表（平成 21 年度版），丸善 (2009)
105) A. Hippel, ed.：Dielectric Materials and Applications, Artech House (1995)

付録 C

106) J. R. Mosig, "Weighted Averages and Double Exponential Algorithms," IEICE Trans. Commun., vol.E96-B, no.10, pp.2355-2363 (2013)
107) 伏見康治，赤井逸：直交関数系，共立出版 (1981)

索　　　　引

―編著者・著者略歴―

宇野　　亨（うの　とおる）

1980 年　東京農工大学工学部電気工学科卒業
1985 年　東北大学大学院博士課程修了（電気及通信工学専攻）
　　　　工学博士
1985 年　東北大学助手
1991 年　東北大学助教授
1994 年　東京農工大学助教授
1998 年　東京農工大学教授
　　　　現在に至る

何　　一偉（か　いちえい）

1985 年　南京大学物理系無線電物理学科卒業
1992 年　東北大学大学院博士課程修了（電気及通信工学専攻）
　　　　博士（工学）
1992 年　東北大学助手
1995 年　九州大学助手
1996 年　大阪電気通信大学講師
2009 年　大阪電気通信大学准教授
　　　　現在に至る

有馬　卓司（ありま　たくじ）

1998 年　東京農工大学工学部電子情報工学科卒業
2003 年　東京農工大学大学院博士後期課程修了（電子情報工学専攻）
　　　　博士（工学）
2003 年　東京農工大学助手
2009 年　東京農工大学講師
2013 年　東京農工大学准教授
　　　　現在に至る

数値電磁界解析のための FDTD 法
—基礎と実践—
FDTD Method for Computational Electromagnetics
—Fundamentals and Practical Applications—

2016 年 5 月 25 日　初版第 1 刷発行
2021 年 5 月 25 日　初版第 2 刷発行

検印省略

編著者　宇野　亨
著　者　何　一偉
　　　　有馬　卓司
発行者　株式会社　コロナ社
　　　　代表者　牛来真也
印刷所　三美印刷株式会社
製本所　有限会社　愛千製本所

112–0011　東京都文京区千石 4–46–10
発行所　株式会社　コロナ社
CORONA PUBLISHING CO., LTD.
Tokyo Japan
振替 00140–8–14844・電話(03)3941–3131(代)
ホームページ　https://www.coronasha.co.jp

ISBN 978–4–339–00884–5　C3055　Printed in Japan　（鈴木）

電子情報通信レクチャーシリーズ

（各巻B5判，欠番は品切または未発行です）

■電子情報通信学会編

共通

配本順		書名	著者	頁	本体
A-1	（第30回）	電子情報通信と産業	西村吉雄著	272	4700円
A-2	（第14回）	電子情報通信技術史 —おもに日本を中心としたマイルストーン—	「技術と歴史」研究会編	276	4700円
A-3	（第26回）	情報社会・セキュリティ・倫理	辻井重男著	172	3000円
A-5	（第6回）	情報リテラシーとプレゼンテーション	青木由直著	216	3400円
A-6	（第29回）	コンピュータの基礎	村岡洋一著	160	2800円
A-7	（第19回）	情報通信ネットワーク	水澤純一著	192	3000円
A-9	（第38回）	電子物性とデバイス	益一哉・天川修平共著	244	4200円

基礎

配本順		書名	著者	頁	本体
B-5	（第33回）	論理回路	安浦寛人著	140	2400円
B-6	（第9回）	オートマトン・言語と計算理論	岩間一雄著	186	3000円
B-7		コンピュータプログラミング	富樫敦著		
B-8	（第35回）	データ構造とアルゴリズム	岩沼宏治他著	208	3300円
B-9	（第36回）	ネットワーク工学	田村裕・中野敬介・仙石正和共著	156	2700円
B-10	（第1回）	電磁気学	後藤尚久著	186	2900円
B-11	（第20回）	基礎電子物性工学 —量子力学の基本と応用—	阿部正紀著	154	2700円
B-12	（第4回）	波動解析基礎	小柴正則著	162	2600円
B-13	（第2回）	電磁気計測	岩﨑俊著	182	2900円

基盤

配本順		書名	著者	頁	本体
C-1	（第13回）	情報・符号・暗号の理論	今井秀樹著	220	3500円
C-3	（第25回）	電子回路	関根慶太郎著	190	3300円
C-4	（第21回）	数理計画法	山下信雄・福島雅夫共著	192	3000円